Mathematik für Wirtschaftswissensch

Band 1

Heinrich Rommelfanger

Mathematik für Wirtschaftswissenschaftler

Band 1

6. Auflage

Autor:
Prof. Dr. Heinrich Rommelfanger
Universität Frankfurt
Fachbereich Wirtschaftswissenschaften
Institut für Statistik und Mathematik
Robert-Mayer-Straße 1
D-60054 Frankfurt

e-mail: rommelfanger@wiwi.uni-frankfurt.de

Wichtiger Hinweis für den Benutzer
Der Verlag, der Herausgeber und der Autor haben alle Sorgfalt walten lassen, um vollständige und akkurate Informationen in diesem Buch zu publizieren. Der Verlag übernimmt weder Garantie noch die juristische Verantwortung oder irgendeine Haftung für die Nutzung dieser Informationen, für deren Wirtschaftlichkeit oder fehlerfreie Funktion für einen bestimmten Zweck. Der Verlag übernimmt keine Gewähr dafür, dass die beschriebenen Verfahren, Programme usw. frei von Schutzrechten Dritter sind. Die Wiedergabe von Gebrauchsnamen, Handelsnamen, Warenbezeichnungen usw. in diesem Buch berechtigt auch ohne besondere Kennzeichnung nicht zu der Annahme, dass solche Namen im Sinne der Warenzeichen- und Markenschutz-Gesetzgebung als frei zu betrachten wären und daher von jedermann benutzt werden dürften. Der Verlag hat sich bemüht, sämtliche Rechteinhaber von Abbildungen zu ermitteln. Sollte dem Verlag gegenüber dennoch der Nachweis der Rechtsinhaberschaft geführt werden, wird das branchenübliche Honorar gezahlt.

Bibliografische Information der Deutschen Nationalbibliothek
Die Deutsche Nationalbibliothek verzeichnet diese Publikation in der Deutschen Nationalbibliografie; detaillierte bibliografische Daten sind im Internet über http://dnb.d-nb.de abrufbar.

Springer ist ein Unternehmen von Springer Science+Business Media
springer.de

6. Auflage 2004, Nachdruck 2010
© Spektrum Akademischer Verlag Heidelberg 2004
Spektrum Akademischer Verlag ist ein Imprint von Springer

10 11 12   5 4 3

Planung und Lektorat: Dr. Andreas Rüdinger/ Bianca Alton
Herstellung: Andrea Brinkmann
Umschlaggestaltung: SpieszDesign, Neu-Ulm
Satz: Autorensatz

ISBN 978-3-8274-1486-1

Vorwort zur sechsten Auflage

Erfreulicherweise ist schon wieder eine neue Auflage dieses Lehrbuches notwendig. Gute Erfahrungen aus dem Einsatz in Lehrveranstaltungen und das positive Echo von Studenten und Kollegen haben mich in dem Beschluss bestärkt, auf eine größere Überarbeitung des Inhaltes zu verzichten. Die wesentlichsten Änderungen sind daher die Umstellung auf die neue deutsche Rechtschreibung und das Herausstellen von Sätzen und Definitionen mittels Umrandung anstelle der bisherigen Grautönung. Der Dank gilt daher allen Personen, die Hinweise auf mögliche Verbesserungen gaben.

Danken möchte ich aber vor allem meinen Mitarbeiter/innen, die an der Überarbeitung mitgewirkt haben. Insbesondere bin ich Frau Jutta Preußler und Herrn stud. cand. pol. Andreas Wolf zu Dank verpflichtet.

Frankfurt am Main, den 05. Juli 2003   Heinrich Rommelfanger

Vorwort zur vierten Auflage

Nachdem im Vorjahr der Band 2 in einem größeren und handlicheren Format publiziert wurde, war ein wesentliches Ziel der vierten Auflage, auch das Erscheinungsbild des ersten Bandes zu verbessern. Eine größere Überarbeitung des Inhaltes war nicht notwendig, da sich das Buch in Lehrveranstaltungen an mehreren Universitäten bewährt hat. Ich beschränkte mich daher auf punktuelle Ergänzungen und Verbesserung einzelner Passagen. Mit dem Textverarbeitungssystem WINWORD 7.0 wurde eine völlig neue Druckvorlage erarbeitet.

Die Erstellung eines druckreifen Manuskripts war nur dank der tatkräftigen Unterstützung meiner Mitarbeiter/innen realisierbar. Frau Dipl.-Hdl. Gabi Heinz passte das vorliegende Manuskript den neuen Formerfordernissen an. Frau Dipl.-Math. Dagmar Neubauer leitete die redaktionelle Überarbeitung und führte selbst die redaktionellen Feinarbeiten aus. Herr Dipl.-Kfm. Jochen Flach las das neu geschriebene Manuskript sorgfältig durch, gab wertvolle Verbesserungsvorschläge und überarbeitete zahlreiche Abbildungen. Frau cand. rer. pol. Ingrid Hellebrandt erstellte das Symbolverzeichnis und das Sachregister. Alle Mitarbeiter/innen beteiligten sich am Korrekturlesen.

Danken möchte ich auch dem Spektrum Verlag, insbesondere Herrn Dr. Georg Botz, für die Unterstützung bei der formalen Gestaltung der Druckvorlage.

Frankfurt am Main, den 04. September 1998   Heinrich Rommelfanger

Vorwort zur dritten Auflage

Erfreulicherweise ist schon wieder eine Neuauflage dieses Lehrbuches notwendig. Erfahrungen aus dem Einsatz des Buches in Lehrveranstaltungen an mehreren Universitäten und der Erfahrungsaustausch mit Kollegen und Studenten haben mich bestärkt, die Konzeption dieses Werkes nicht zu ändern. Zu verbessern war aber das äußere Erscheinungsbild, denn das mit Schreibmaschine geschriebene Manuskript genügte nicht mehr den in den letzten Jahren stark gestiegenen Ansprüchen an das Druckbild. Mit dem Textverarbeitungssystem WINWORD 6.0 wurde daher eine völlig neue Druckvorlage erarbeitet. Die Neugestaltung ermöglichte eine stärkere Überarbeitung und Ergänzung des Textes.

Die Erstellung eines druckreifen Manuskripts war nur dank der tatkräftigen Unterstützung meiner Mitarbeiter realisierbar. Frau Dipl.-Kff. Susanne Dierks und Herr Dipl.-Kfm. Gregor Wolf haben den mit vielen mathematischen Formeln gespickten Text neu geschrieben, unterstützt von Herrn cand. rer. pol. Michael Geib und Herrn stud. rer. pol. Christian Gibitz.. Auch die Zeichnungen wurden neu gestaltet, die hervorragende Qualität der mit COREL DRAW 4.0 erarbeiteten Abbildungen ist Herrn Dipl.-Kfm. Michael Schüpke zu danken. Alle Mitarbeiter haben sich am Korrekturlesen beteiligt; mein besonderer Dank geht an Frau Dr. Doris Planer, die das neu gestaltete Manuskript akribisch gelesen und viele Verbesserungsvorschläge eingebracht hat.

Frankfurt am Main, den 15. Januar 1995   Heinrich Rommelfanger

Vorwort zur ersten Auflage

Während der letzten 30 Jahre hat die Anwendung mathematischer Methoden und Modelle in den Wirtschaftswissenschaften eine ständig wachsende Verbreitung gefunden. Nach den Naturwissenschaftlern haben auch die Wirtschafts- und Sozialwissenschaftler erkannt, dass komplexe Zusammenhänge mit Hilfe mathematischer Modelle übersichtlicher dargestellt werden können als mit verbalen Formulierungen. Darüber hinaus erleichtert auch der streng logische Aufbau der Mathematik das Erkennen von Widersprüchen und das Ableiten von Schlussfolgerungen. Im Vergleich zur Theoretischen Physik steckt die Entwicklung mathematischer Konzepte zur Beschreibung und Lösung ökonomischer Fragestellungen erst „in den Kinderschuhen". Zurzeit ist man nur in der Lage, stark vereinfachte Modelle der Realität zu formulieren. Je mehr man sich aber bemüht, Licht in die komplexe Struktur eines ökonomischen Systems zu bringen, umso mehr Mathematik wird benötigt. Gute Mathematikkenntnisse erleichtern daher das Verständnis für wirtschaftliche Zusammenhänge und damit ganz allgemein das Studium der Wirtschaftswissenschaften. Vielleicht hilft das folgende, sicher nicht ganz zutreffende Beispiel, Ihnen die Rolle der Mathematik als „Hilfswissenschaft" der Wirtschaftswissenschaften plausibel zu machen:

Die Aufgabe eines Elektrikers, in einem Neubau an vorgegebenen Stellen Steckdosen, Schalter, Stromausgänge u. dgl. anzubringen und an dem Schaltkasten im Keller anzuschließen, wird sehr vereinfacht, wenn er über das Hilfsmittel „Elektroschaltplan" verfügt. Dieser ermöglicht ihm, sowohl bei der Montage als auch bei späteren Reparaturen oder Umbauten die Zusammenhänge der einzelnen Ausgänge klar zu überblicken.

Neben allgemeinen mathematischen Grundlagen finden vor allem die Analysis, die Finanzmathematik und die lineare Algebra breite Anwendung in den Wirtschaftswissenschaften. Mittlerweile verlangen alle wirtschaftswissenschaftlichen Fachbereiche von ihren Studenten, dass sie sich gleich zu Beginn des Studiums mit den mathematischen Konzepten vertraut machen, die für ein erfolgreiches Studium der Volks- oder Betriebswirtschaftslehre unbedingt erforderlich sind.

Das vorliegende Lehrbuch basiert auf mehrfach überarbeiteten Skripten zu Vorlesungen, die ich seit 1971 an den Universitäten Saarbrücken und Frankfurt am Main gehalten habe. Dabei ist mein Hauptanliegen, ein Verständnis für die mathematische Denkweise und damit für eine sachgerechte Anwendung mathematischer Formeln und Sätze zu wecken. Da leider auch heutzutage noch in vielen Oberschulen die mathematischen Konzepte in Form aneinander gereihter „Kochrezepte" vermittelt werden, wird hier versucht, Mathematik als harmonisch aufgebautes Gesamtgebilde darzustellen. Für Anwender der Mathematik ist dabei das Einüben von Beweistechniken nicht notwendig. Beweise werden in diesem Buch nur dann geführt, wenn sie unmittelbar zum Verständnis beitragen und nicht zu kompliziert sind. Soweit möglich, wird versucht, Begriffe und Methoden aus ihren anschaulichen Quellen heraus zu begründen. Zahlreiche Beispiele, darunter viele ökonomische Anwendungsfälle, sollen dazu beitragen, das Verständnis zu erleichtern und die Leser mit den Rechentechniken vertraut zu machen. Zum Überprüfen des Wissensstandes werden am Schluss jedes Kapitels Kontrollaufgaben gestellt, deren Lösungswege am Ende des Buches kurz skizziert sind.

Mein Dank gilt allen, die mir bei der Fertigstellung des Manuskriptes geholfen haben: Frau M. L. Kramer, die mit großer Geduld und Sorgfalt das mit zahlreichen Formeln gespickte Manuskript in druckreife Form gebracht hat, den Herren cand. rer. pol. W. Mathes und Dipl.-Geogr. V. Bilello für die Anfertigung von

Zeichnungen, Frau Dipl.-Hdl. U. Goedecke, Herrn Dr. R. Hanuscheck und Herrn Dr. D. Unterharnscheidt für die kritische Durchsicht des Manuskriptes.

Danken möchte ich auch den vielen, hier ungenannt bleibenden Tutoren und Studenten, deren Hinweise und Diskussionsbeiträge immer wieder zur Verbesserung und Überarbeitung der Vorlesungsmanuskripte geführt haben.

Frankfurt am Main, den 4. Mai 1987   Heinrich Rommelfanger

Inhaltsverzeichnis

Symbolverzeichnis

Die Symbole sind in der Reihenfolge ihres ersten Auftretens verzeichnet. Die Zahlenangaben beziehen sich auf die Seiten, auf denen das Symbol zum ersten Mal auftritt.

Griechisches Alphabet

	α	Alpha		ν	Ny
	β	Beta		ξ	Xi
Γ	γ	Gamma	Π	π	Pi
Δ	δ	Delta		ρ	Rho
	ε	Epsilon	Σ	σ	Sigma
	ζ	Zeta		τ	Tau
	η	Eta		χ	Chi
Θ	θ	Theta	Φ	φ	Phi
	κ	Kappa	Ψ	ψ	Psi
Λ	λ	Lambda	Ω	ω	Omega
	μ	My			

1. Grundlagen

In diesem Kapitel wird mathematisches Grundwissen vermittelt, welches für das Verständnis der nachfolgenden Kapitel erforderlich ist. Die hier behandelten Definitionen und Regeln gehören zur Allgemeinbildung und zählen überwiegend zum Lehrstoff der Sekundarstufe I. Leider zeigen empirische Untersuchungen, dass viele Studienanfänger dieses Basiswissen nicht sicher beherrschen. Es wird daher hier nochmals kurz zusammengestellt.

1.1 Mengen und Elemente

Da die Sprache der Mengenlehre besonders gut geeignet ist, mathematische Probleme zu formulieren, soll als erstes der Begriff „Menge" eingeführt werden:
Der Begründer der Mengenlehre, der Mathematiker Georg CANTOR (1845-1918), definierte den Begriff „Menge" folgendermaßen:

Definition 1.1:
Unter einer *Menge* verstehen wir jede Zusammenfassung von bestimmten, wohl unterschiedenen Objekten unserer Anschauung oder unseres Denkens zu einem Ganzen. Die zu einer Menge zusammengefassten Objekte werden als *Elemente* der Menge bezeichnet.

Bemerkung:
a. Die Objekte einer Menge müssen wohl bestimmt sein, d. h. es muss feststehen oder feststellbar sein, ob ein Objekt zur Menge gehört oder nicht.
So ist z. B. die „Menge der Hochhäuser in Frankfurt am Main" noch keine Menge im mathematischen Sinn, denn die bloße Forderung, dass die Häuser hoch (mehrgeschossig) sein sollen, führt nicht zu einer eindeutigen Abgrenzung. Es muss eindeutig festgelegt werden, mit wie vielen Stockwerken bzw. ab welcher Gesamthöhe ein in Frankfurt/M. befindliches Haus als „Hochhaus" gelten soll.

Auch eine „Menge Fleiß" oder eine „Produktionsmenge" sind keine Mengen im CANTORschen Sinne, denn ihre Elemente sind nicht wohl unterschieden, d. h. nicht klar voneinander zu trennen.

b. Die Unbestimmtheit liegt bei diesem Beispiel darin, dass der Begriff „hoch" vom persönlichen Empfinden der Betrachter abhängt. Darüber hinaus bleibt bei einer Festlegung einer unteren Höhe für Hochhäuser, z. B. auf 50 m, immer ein Erklärungsproblem, warum Häuser mit einer nur geringeren Höhe, z. B. von 49,50 m, das Prädikat „Hochhaus" nicht verdienen. Einen Ausweg aus diesem Dilemma der fehlenden Wohlunterscheidung bei Objekten in solche, die zu einer Menge gehören, und solche, die nicht dazu gehören, bietet die *Theorie unscharfer Mengen* (*Fuzzy Set-Theorie*) vgl. [ROMMELFANGER 1994].

Mengen werden gewöhnlich durch (lateinische) Großbuchstaben, ihre Elemente durch (lateinische) Kleinbuchstaben abgekürzt.

Gehört ein Objekt *a* zur Menge A, so symbolisiert man dies mit $a \in A$
und sagt   *a ist Element der Menge* A   oder
             das Element a ist in der Menge A *enthalten.*
Ist dies nicht der Fall, so sagt man   *a ist nicht Element der Menge* A
und verwendet die Schreibweise $a \notin A$.

< **1.1** > Bezeichnet A die Menge der europäischen Hauptstädte,
a die Stadt Paris,   b die Stadt New York,   c die Stadt London, so gilt:
    $a \in A, \quad b \notin A, \quad c \in A.$ ◆

Mengen lassen sich auf zwei Arten definieren:
i. durch <u>Aufzählen</u>: Man schreibt ihre sämtlichen Elemente auf und fasst sie mit Hilfe von geschweiften Klammern zusammen;
ii. durch <u>Beschreibung</u>: Man gibt die Eigenschaften an, welche die Elemente der zu definierenden Menge, aber keine anderen Objekte besitzen. Dabei benutzt man die Schreibweise $\{x \mid ...\}$
    und sagt   *„die Menge aller Elemente x mit der Eigenschaft ...".*

< **1.2** > $M_1 = \{-3, +1\}$,
        $M_2 = \{2, 4, 6, 8\}$,
        $M_3 = \{$London, Bern, Paris, Moskau, Rom$\}$,
        $M_4 = \{ x \mid x$ ist eine reelle Zahl und $x^2 + 2x - 3 = 0\}$,
        $M_5 = \{ x \mid x$ ist eine einstellige, gerade, natürliche Zahl$\}$,
        $M_6 = \{ x \mid x$ ist eine europäische Hauptstadt$\}$.   ◆

Mengen lassen sich gut durch VENN-*Diagramme* veranschaulichen; darunter versteht man Flächenstücke in einer Zeichenebene, die durch geschlossene Linien gebildet werden.

Dabei kann die Menge sowohl aus allen Punkten des eingeschlossenen Flächenstückes bestehen als auch nur aus isolierten Punkten des Flächenstückes.

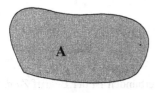

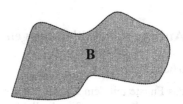

Abb. 1.1: Fläche einschließlich   *Abb. 1.2: Fläche ausschließlich*
des Randes   *des Randes*

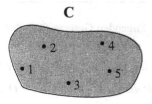

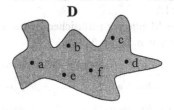

Abb. 1.3: C = {1, 2, 3, 4, 5}   *Abb. 1.4:* D = {a, b, c, d, e, f}

Da eine Menge durch ihre Elemente eindeutig charakterisiert wird, sind die
Reihenfolge und die Häufigkeit, in der die Elemente einer Menge oder die sie
definierenden Eigenschaften aufgeführt werden, ohne Bedeutung.

Definition 1.2:
Zwei Mengen A und B heißen *gleich*, und man schreibt A = B, wenn beide
Mengen genau dieselben Elemente besitzen, unabhängig davon, wie oft die
Elemente in der Menge aufgezählt werden.
Ist dies nicht der Fall, so nennt man die Mengen *ungleich* und schreibt A ≠ B.

< 1.3 >   **a.** $\{-3, +1\} = \{+1, -3\} = \{-3, -3, +1, -3\}$
        b. $M_2 = M_5$, vgl. < 1.2 >
        c. $\{2, 3, 4\} \neq \{2, 4, 5\}$ ◆

Definition 1.3:
Als *Mächtigkeit* einer Menge A bezeichnet man die Anzahl der **unterscheid-
baren** Elemente von A und verwendet dafür das Abkürzungssymbol n(A) oder
|A|.

< 1.4 > **a.** $n(M_1) = |M_1| = 2$ mit $M_1 = \{-3, +1\}$
      b. $n(M_2) = |M_2| = 4$ mit $M_2 = \{2, 4, 6, 8\}$ ♦

1.2 Aufbau der Zahlenmengen

Natürliche Zahlen

Auf das Engste mit dem Begriff Mathematik verbunden ist der Begriff *Zahl*. Wir wollen uns daher den Aufbau der Zahlenmenge in Erinnerung rufen, wobei wir die *natürlichen Zahlen* 1, 2, 3, ... und die nachstehenden Rechenregeln für die Grundoperationen der *Addition* und der *Multiplikation* als etwas Gegebenes hinnehmen. Die Menge der natürlichen Zahlen bezeichnen wir mit **N**.

Satz 1.1:

In der Menge der natürlichen Zahlen gelten die folgenden Gesetze für beliebige Elemente $a, b, c \in \mathbf{N}$:

$(a + b) + c = a + (b + c)$	*Assoziativität der Addition*	(1.1)
$a + b = b + a$	*Kommutativität der Addition*	(1.2)
$(a \cdot b) \cdot c = a \cdot (b \cdot c)$	*Assoziativität der Multiplikation*	(1.3)
$a \cdot b = b \cdot a$	*Kommutativität der Multiplikation*	(1.4)
$a \cdot (b + c) = a \cdot b + a \cdot c$	*Distributivität*	(1.5)

Während die Summe oder das Produkt zweier natürlicher Zahlen immer wieder eine natürliche Zahl darstellen, sind die Umkehrungen der Addition und der Multiplikation, d. h. die Subtraktion und die Division, nicht mehr unbeschränkt durchführbar.

Ganze Zahlen

Um die Menge **N** so zu erweitern, dass die Obermenge, vgl. S. 24, zunächst bzgl. der Subtraktion abgeschlossen ist, wurden die Zahl 0 und die negativen ganzen Zahlen -1, -2, -3, ... eingeführt. Als Menge der *ganzen Zahlen* bezeichnet man die Menge

$$\mathbf{Z} = \{..., -3, -2, -1, 0, 1, 2, 3, ...\}$$
$$= \{x \mid x \in \mathbf{N} \text{ oder } x = 0 \text{ oder } x \in \{-1, -2, -3, ...\}\}.$$

Rationale Zahlen

Erweitert man diese Menge **Z** noch um die Brüche $\frac{m}{n}$, so sind in der Menge **Q** der *rationalen Zahlen*

$$\mathbf{Q} = \{ \tfrac{m}{n} \mid m \in \mathbf{Z} \text{ und } n \in \mathbf{N} \}$$

die Rechenoperationen Addition, Multiplikation, Subtraktion und Division unbeschränkt ausführbar, d. h. die Menge **Q** ist bzgl. dieser Rechenoperationen *abgeschlossen*.

Rationale Zahlen lassen sich anschaulich durch Punkte einer geraden Linie, der *Zahlengeraden*, darstellen.

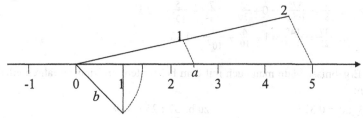

Abb. 1.5: Zahlengerade

Dazu legt man zunächst auf dieser Geraden einen Punkt als Nullpunkt fest, trägt dann vom Punkt 0 ausgehend nach beiden Seiten Strecken der gleichen Länge ab und ordnet den Streckenpunkten der Reihe nach natürliche bzw. negative ganze Zahlen zu. Dabei werden üblicherweise die positiven Zahlen rechts und die negativen Zahlen links vom Nullpunkt eingetragen.

Um den Punkt der Zahlengeraden zu bestimmen, der einer nicht ganzen Zahl zuzuordnen ist, kann der Strahlensatz der ebenen Geometrie „*werden zwei sich schneidende Linien von Parallelen geschnitten, so verhalten sich die Abschnitte der einen Gerade wie die entsprechenden Abschnitte der anderen*" zu Hilfe genommen werden, vgl. dazu in der Abbildung 1.5 die Konstruktion des der rationalen Zahl $\frac{5}{2}$ entsprechenden Punktes:

$$a : 5 = 1 : 2; \quad \text{d. h.} \quad a = \tfrac{5}{2}.$$

Reelle Zahlen

Obgleich die Menge der rationalen Zahlen auf der Zahlengeraden *überall dicht* ist, d. h. dass zwischen zwei beliebigen rationalen Zahlen stets weitere rationale Zahlen liegen, entspricht doch nicht jedem Punkt der Zahlengeraden eine rationale

Zahl. So entspricht der Länge b der Hypothenuse in einem rechtwinkligen, gleich-schenkligen Dreieck mit der Kathetenlänge 1, vgl. Abbildung 1.5, keine rationale Zahl; denn nach dem Satz von PYTHAGORAS gilt $b^2 = 1^2 + 1^2 = 2$, und es gibt keine rationale Zahl, deren Quadrat gleich 2 ist; vgl. den Beweis auf den Seiten 23-24.

Das Postulat, dass den Punkten auf einer Geraden eindeutig „Zahlen" entsprechen sollen und umgekehrt, wird erfüllt, wenn man die Menge aller endlichen und un-endlichen Dezimalbrüche als ein Zahlensystem auffasst. Dabei lässt sich jede rationale Zahl durch einen endlichen oder einen unendlichen periodischen Dezimalbruch darstellen und umgekehrt.

$< 1.5 >$ **a.** $\dfrac{3}{8} = \dfrac{375}{1000} = 0 + \dfrac{3}{10} + \dfrac{7}{10^2} + \dfrac{5}{10^3} = 0{,}375$

$\qquad$ **b.** $\dfrac{37}{25} = \dfrac{148}{100} = 1 + \dfrac{4}{10} + \dfrac{8}{10^2} = 1{,}48$

Diese Ergebnisse hätte man auch mit dem bekannten Divisionsverfahren erhalten können:

zu a. $\underline{3}\, : 8 = 0{,}375$ $\qquad\qquad$ zu b. $37 : 25 = 1{,}48$
$\quad\ \ 30$ $\qquad\qquad\qquad\qquad\qquad\ \ \underline{25}$
$\quad\ \ \underline{24}$ $\qquad\qquad\qquad\qquad\qquad\ \ 120$
$\quad\ \ \ 60$ $\qquad\qquad\qquad\qquad\qquad\ \ \underline{100}$
$\quad\ \ \ \underline{56}$ $\qquad\qquad\qquad\qquad\qquad\ \ 200$
$\quad\ \ \ \ 40$ $\qquad\qquad\qquad\qquad\qquad\ \ \underline{200}$
$\quad\ \ \ \ \underline{40}$

Führt man dieses Divisionsverfahren für solche rationalen Zahlen durch, deren Nenner sich nicht durch Multiplikation mit einer ganzen Zahl in eine Potenz 10^n, $n \in \mathbf{N}$, abändern lässt, so bricht die Division nicht ab, die Reste wiederholen sich. Es entstehen unendliche periodische Dezimalbrüche:

$\underline{3}\, : 7 = 0{,}\overline{428571}...$ $\qquad\qquad$ $\underline{7}\, : 15 = 0{,}4\overline{6}...$
30 $\qquad\qquad\qquad\qquad\qquad\quad 70$
$\underline{28}$ $\qquad\qquad\qquad\qquad\qquad\quad \underline{60}$
20 $\qquad\qquad\qquad\qquad\qquad\quad 100$
$\underline{14}$ $\qquad\qquad\qquad\qquad\qquad\quad \underline{90}$
60 $\qquad\qquad\qquad\qquad\qquad\quad 100$
$\underline{56}$
40
$\underline{35}$
50
$\underline{49}$
10
$\underline{7}$
30

$\blacklozenge$

Die den unendlichen nichtperiodischen Dezimalbrüchen entsprechenden Zahlen werden als *irrationale* Zahlen bezeichnet. Die Menge dieser in umkehrbar eindeutiger Weise den Punkten der Zahlengeraden zugeordneten rationalen **und** irrationalen Zahlen heißt Menge der *reellen Zahlen* und wird mit **R** symbolisiert. Dabei werden die irrationalen reellen Zahlen so definiert, dass die Menge **R** bzgl. der Grundrechenoperationen abgeschlossen ist und die Rechenregeln von Satz 1.1 gültig sind.

Durch die Anordnung der reellen Zahlen auf der Zahlengerade ist die Menge der reellen Zahlen *wohlgeordnet* und für zwei beliebige reelle Zahlen a und b gilt genau eine der drei folgenden Beziehungen:

$a < b$ gesprochen: *a ist kleiner als b*

$a = b$ *a ist gleich b*

$a > b$ *a ist größer als b*

Dabei gilt $a < b$ bzw. $b > a$ genau dann, wenn es eine positive reelle Zahl c so gibt, dass $a + c = b$ bzw. $b - c = a$.

Die strengen Ordnungssymbole $<$ und $>$ lassen sich abschwächen, indem man auch den Grenzfall der Gleichheit zulässt:

$a \leqq b, \ a \leqslant b, \ a \leq b$ gesprochen: *a ist kleiner oder gleich b*

oder   *a ist nicht größer als b*

oder   *a ist höchstens so groß wie b*

$a \geqq b, \ a \geqslant b, \ a \geq b$ gesprochen: *a ist größer oder gleich b*

oder   *a ist nicht kleiner als b*

oder   *a ist mindestens so groß wie b*

Verknüpft man zwei mathematische Ausdrücke mittels eines dieser Ordnungssymbole $<$, $>$, $\leq$, $\geq$, so bezeichnet man jede solche Darstellungsform als eine *Ungleichung.*

< 1.6 >   **a.** $3 < 7$,   denn $3 + 4 = 7$.

b. Sollen die Kosten K einen Betrag von 100 € nicht übersteigen, so kann man dies ausdrücken durch: $K \leq 100$.   ♦

Komplexe Zahlen

Bereits zu Beginn des 16. Jahrhunderts wurden die komplexen Zahlen eingeführt. Anlass dazu war die Tatsache, dass selbst eine so einfache Gleichung wie $z^2 + 1 = 0$ keine reellwertige Lösung besitzt. Um zu erreichen, dass diese und ähnliche Gleichungen lösbar sind, ist man daher gezwungen, die Menge **R** zu erweitern. Formal führt man dazu die *imaginäre Zahl i* ein, die definiert ist als $i^2 = -1$.

Mit Hilfe dieser imaginären Zahl bildet man dann die Menge der *komplexen Zahlen*

$$\mathbf{C} = \{ z = x + iy \mid x, y \in \mathbf{R} \}$$

und bezeichnet x als den *Realteil* und y als den *Imaginärteil* der komplexen Zahl $z = x + iy$.

Im speziellen Fall, dass der Imaginärteil $y = 0$ ist, stellt die komplexe Zahl $z = x + iy = x$ eine reelle Zahl dar. Ist andererseits der Realteil $x = 0$ und der Imaginärteil $y \neq 0$, so heißt die komplexe Zahl $z = x + iy = iy$ *rein imaginär*.

Um die komplexen Zahlen $a + ib$ und $c + id$ graphisch darzustellen, kann man sie in eine cartesische Koordinatenebene, vgl. S. 106f, einzeichnen. Wird dabei der Realteil a bzw. c auf der Abszisse (*Reelle Achse*) und der Imaginärteil b bzw. d auf der Ordinate (*Imaginäre Achse*) abgetragen, so bezeichnet man die Koordinatenebene als GAUSSsche Zahlenebene, wobei jeder Punkt dieser Ebene eine komplexe Zahl repräsentiert.

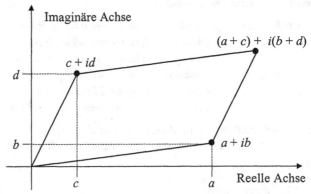

Abb. 1.6: GAUSS*sche Zahlenebene*

Für komplexe Zahlen gelten die nachfolgenden Rechenoperationen, die so gewählt sind, dass die algebraischen Eigenschaften der reellen Zahlen auch in der erweiterten Zahlenmenge gültig sind.

Satz 1.2:

Für komplexe Zahlen $a + ib$ und $c + id$ gilt:

$$a + ib = c + id \quad \Leftrightarrow \quad a = c \text{ und } b = d \tag{1.6}$$

$$(a + ib) \pm (c + id) = (a \pm c) + i(b \pm d) \tag{1.7}$$

$$(a + ib) \cdot (c + id) = (ac - bd) + i(ad + bc) \tag{1.8}$$

$$(a + ib) : (c + id) = \frac{ac + bd}{c^2 + d^2} + i\frac{bc - ad}{c^2 + d^2}, \quad c + id \neq 0 \tag{1.9}$$

Von besonderer Bedeutung für das Lösen von algebraischen Gleichungen sind die Paare komplexer Zahlen, die sich nur im Vorzeichen des Imaginärteils unterscheiden. Man sagt dann $z = a + ib$ und $\bar{z} = a - ib$ sind *konjungiert komplexe Zahlen*. Ihre Bedeutung ist darin zu sehen, dass die Produkte

$$(a + ib) \cdot (a - ib) = a^2 + b^2 \quad \text{und}$$

$$(x - (a + ib)) \cdot (x - (a - ib)) = x^2 - 2ax + a^2 + b^2 \quad \text{mit} \quad x \in \mathbf{R}$$

reelle Größen sind.

< 1.7 >   **a.** $(3 + 4i) \cdot (2 - i) = 6 + 4 + i(-3 + 8) = 10 + 5i$

   b. $(3 + 4i) \cdot (3 - 4i) = 9 + 16 + i(-12 + 12) = 25$

   c. $(x - (3 + 4i)) \cdot (x - (3 - 4i)) = ((x - 3) - 4i) \cdot ((x - 3) + 4i)$
   $$= (x - 3)^2 + 4^2 \qquad \blacklozenge$$

Übersichtlich lässt sich der Aufbau der Zahlen in Form des nachstehenden Diagramms darstellen.

				KOMPLEXE ZAHLEN			**C**
Nichtreelle komplexe Zahlen			REELLE ZAHLEN				**R**
	Irrationale Zahlen		RATIONALE ZAHLEN				**Q**
		Nichtganze Zahlen	GANZE ZAHLEN				**Z**
			NEGATIVE GANZE ZAHLEN	0	NATÜRLICHE ZAHLEN		**N**

1.3 Aussagenlogik

Um Missverständnissen und Mehrdeutigkeiten in der Ausdrucksweise vorzubeugen, bedient sich die Mathematik einer Kunstsprache, die als *formale* oder *mathematische Logik* bezeichnet wird. Dabei orientierte man sich bei der Entwicklung dieser mathematischen Sprache an der Umgangssprache, definierte dann aber Aussagen und Verknüpfungen von Aussagen abstrakt.

In dem nachfolgend dargestellten Teilgebiet der mathematischen Logik, der *Aussagenlogik*, wird ein Kalkül eingeführt, das es gestattet, den Wahrheitsgehalt der Aussagen formal zu überprüfen.

1.3.1 Aussagen und Aussageformen

Betrachtet man eine Sprache, in der sich Menschen unterhalten, so treten verschiedene Formen von Sätzen auf, u. a.

- Aussagesätze,   z. B. „Dieses Buch hat 204 Seiten."
- Befehlssätze,   z. B. „Lösen Sie diese Aufgabe!"
- Fragesätze,   z. B. „Wie heißen Sie?"
- Wertungssätze, z. B. „Dieses Kleid ist schön."
- Wunschsätze,   z. B. „Ich möchte ein Auto besitzen."

Dagegen beschränkt sich die Mathematik auf Sätze, bei denen sich (mindestens theoretisch) eindeutig feststellen lässt, ob sie wahr oder falsch sind. Diesem Anspruch genügen aus der obigen Auswahl nur Aussagesätze, welche die objektive Realität entweder richtig oder falsch widerspiegeln.

Definition 1.4:
Eine *Aussage* ist ein sinnvoller Satz, der entweder wahr (w) oder falsch (f) ist.

< **1.8** > i.   Es gibt Menschen mit einer Körperlänge von mehr als 2 m   (w)

ii. 3 ist eine Primzahl   (w)

iii. 8 ist eine ungerade Zahl   (f)

iv. $3 \cdot 7 = 20$ (f)

v. 49 ist eine Quadratzahl   (w)   ♦

Betrachten wir die Formulierung „x ist eine ungerade Zahl", so ist dies keine Aussage, da sich wegen der Variablen x nicht entscheiden lässt, ob dieser Satz sinnvoll ist, und wenn ja, ob er wahr oder falsch ist. Da er aber sprachlich die Form einer Aussage aufweist, bezeichnet man ihn als eine *Aussageform*. Der Buchstabe x steht dabei stellvertretend für ein Objekt, das anstelle von x in die Aussageform eingesetzt werden kann. Man bezeichnet daher x als einen *Platz-*

halter oder, da diese Größe verschiedene Werte annehmen kann, als eine *Veränderliche* oder *Variable*. Zur Darstellung variabler Größen benutzt man zumeist die letzten Buchstaben des Alphabets, d. h. x, y, z.

Während Aussagen im Folgenden mit kleinen lateinischen Buchstaben symbolisiert werden, zumeist mit p oder q, bezeichnen wir die entsprechenden Aussageformen mit $p(x)$, $q(x)$ usw.

Soll aus einer Aussageform eine Aussage entstehen, so darf die Variable nicht durch jedes beliebige Objekt ersetzt werden. Ersetzen wir z. B. in der Aussageform „x ist eine ungerade Zahl" x durch „Mond", so erhalten wir keine Aussage, da dieser Satz nicht sinnvoll ist. Tauschen wir dagegen x durch eine natürliche Zahl aus, so erhalten wir eine Aussage. Diese kann entweder wahr, z. B. für $x = 3$, oder falsch, z. B. für $x = 6$, sein.

Definition 1.5:

Als *Definitionsmenge* einer Aussageform $p(x)$ bezeichnet man eine Menge D mit der Eigenschaft, dass für alle Elemente $x \in$ D die Aussageform $p(x)$ zu einer Aussage wird.

< 1.9 > **a.** Als Definitionsmenge für die Aussageform „$x < 4$" kommen die Zahlenmengen **N**, **Z**, **Q** und **R** in Frage.

b. Als Definitionsmenge für die Aussageform „y ist eine Primzahl" kommen nur Mengen natürlicher Zahlen in Betracht, weil die Eigenschaft, eine Primzahl zu sein, nur für natürliche Zahlen definiert ist. ♦

Bei der Anwendung mathematischer Methoden trifft man häufig auf Problemstellungen der folgenden Art:

Gesucht sind **die** Elemente einer Menge G, die eine vorgegebene Aussageform $p(x)$ zu einer wahren Aussage werden lassen.

Definition 1.6:

Als *Lösungsmenge* der Aussageform $p(x)$ auf der *Grundmenge* G bezeichnet man die Menge

$L = \{x \in G \mid p(x) \text{ ist eine wahre Aussage}\}$.

Für die Lösungsmenge L kommen offensichtlich nur diejenigen Elemente der Menge G in Betracht, bei deren Einsetzung in die Aussageform $p(x)$ Aussagen entstehen, d.h. die Elemente der Menge

$D = \{x \in G \mid p(x) \text{ ist eine Aussage}\}$,

welche die *größtmögliche Definitionsmenge von $p(x)$ bzgl.* G ist.

Das nebenstehende VENN-Diagramm veranschaulicht den
Zusammenhang zwischen den Mengen G, D und L; dabei
kann G mit D und D mit L übereinstimmen.

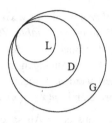

Abb. 1.7:

< 1.10 > Gegeben sei die Aussageform „$\sqrt{x} \leq 2$".

a. Für die Grundmenge G = **R** ist D = { $x \in \mathbf{R} \mid x \geq 0$ }, da die Quadratwurzel nur
für nichtnegative reelle Zahlen erklärt ist. Die Lösungsmenge bzgl. **R** ist
L = [0, 4].

b. Für G = **Z** ist D = { $x \in \mathbf{Z} \mid x \geq 0$ } und L = {0, 1, 2, 3, 4}.

c. Für die Grundmenge G = **N** ist D = **N** und L = {1, 2, 3, 4}.   ◆

Aussageformen können auch durch so genannte *Quantifizierungen* in Aussagen
überführt werden. Darunter versteht man, dass mittels der Wendungen „für alle
$x \in D$" bzw. „es gibt ein $x \in D$" eine Aussageform auf eine geeignete Definitionsmenge D beschränkt wird.

In der Logik ist es üblich, für die *Quantoren* „für alle" und „es existiert" die folgenden Symbole zu verwenden:

$\forall$ *für alle* bzw. *für jede(s)*   „All-Quantor"[1]

$\exists$ *es existiert (mindestens) ein* bzw. *es gibt ein*   „Existenz-Quantor"[2]

$\exists!$ *es existiert genau ein*

$\nexists$ *es existiert kein*

< 1.11 > Für reelle Zahlen x und y sind die folgenden Aussagen wahr:

$\forall x : x^2 \geq 0$ gesprochen: *Für jedes x gilt:* $x^2 \geq 0$.

$\exists x \mid x^2 = 4$ *Es existiert ein x, so dass* $x^2 = 4$.

$\exists! x \mid 8x = 4$ *Es gibt genau ein x, so dass* $8x = 4$.

$\nexists x \mid x^2 = -1$ *Es existiert kein x, so dass* $x^2 = -1$.

---

[1] Hierfür verwendet man auch das Symbol $\bigwedge\limits_{a}$ *(für alle a gilt ...).*

[2] Hierfür verwendet man auch das Symbol $\bigvee\limits_{a}$ *(es existiert (mindestens) ein a ...).*

$\forall x \neq 0 \quad \exists y \geq 0 \, \big| \, x^2 > y$ *Für alle $x \neq 0$ existiert ein $y \geq 0$, so dass*

                              $x^2 > y$.

$\forall x > 0 \quad \exists \ y < x \, \big| \, x^2 > y^2$ *Für jede positive Zahl x existiert eine kleinere*

                              Zahl y, so dass x^2 größer als y^2 ist.   ◆

Oft werden mathematische Aussagen nicht nur für einen Einzelfall sondern gleichzeitig für eine Menge gleichartiger Fälle formuliert.

< 1.12 > $\{x = \frac{b+3}{4}\}$ ist die Lösungsmenge der Aussageform „$4x - 3 = b$" auf der Grundmenge **R**, wobei der Buchstabe b für eine beliebige reelle Zahl steht. Für $b = 5$ hat dann $4x - 3 = b$ die Lösung

    $x = \frac{5+3}{4} = 2$.   ◆

Die Aussage „$x = \frac{b+3}{4}$" ist gewissermaßen eine Sammelaussage, die gleichzeitig für alle anstelle des Platzhalters b gewählten reellen Zahlen eine Lösung der Gleichung $4x - 3 = b$ angibt. Im Gegensatz zur Variablen x steht das Symbol b hier stellvertretend für ein einmal ausgewähltes und **dann festgehaltenes Element** einer Menge. Man will sich nur nicht näher festlegen, welches Element dieser Menge gemeint ist und verwendet daher einen Buchstaben als Vertreter. Zumeist werden dazu die ersten Buchstaben des Alphabetes verwandt, z. B. a, b, c. Diese Größen werden als *konstante Größen* oder *Konstanten* oder *Parameter* bezeichnet.

1.3.2 Operationen mit Aussagen

Da der Wahrheitswert einer Aussage p nur die Ausprägungen wahr oder falsch besitzt, können wir jeder Aussage p eine (neue) Aussage zuordnen, welche den umgekehrten Wahrheitswert aufweist:

Definition 1.7:

Als *logische Negation* der Aussage p bezeichnet man die Aussage „*nicht p*", die mit $\neg p$ symbolisiert wird.

Man ordnet $\neg p$ folgende Wahrheitswerte zu:
Es sei $\neg p$ wahr, wenn p falsch ist   und $\neg p$ sei falsch, wenn p wahr ist.

Diese Zuordnung können wir in einer Wahrheitstafel zusammenfassen:

Tab. 1.1: Wahrheitstafel der Negation

p	$\neg p$
f	w
w	f

< **1.13** > **a.** Die Negation der Aussage „das Hemd ist grün" ist „das Hemd ist nicht grün".
   b. Die Negation der Aussage „2 = 5" ist „¬(2 = 5)" oder „2 ≠ 5".
   c. Die Negation der Aussage „alle Studenten können schwimmen" ist „mindestens ein Student kann nicht schwimmen". ◆

Weitere neue Aussagen erhält man durch das Verknüpfen zweier Aussagen mit dem logischen „und" bzw. dem logischen „oder":

Definition 1.8:
Verknüpft man zwei Aussagen p und q durch das *(logische) und* miteinander, so schreibt man $p \wedge q$ und nennt die Aussage $p \wedge q$ die *(logische) Konjunktion* von p und q.

Entsprechend dem üblichen Sprachgebrauch ordnet man der Konjunktion $p \wedge q$ die folgenden Wahrheitswerte zu:

Tab. 1.2: Wahrheitstafel der Konjunktion

p	q	$p \wedge q$
w	w	w
w	f	f
f	w	f
f	f	f

Die Aussage $p \wedge q$ ist also nur dann wahr, wenn sowohl p als auch q jeweils wahre Aussagen sind.

< **1.14** > **a.** „$(5 > 0) \wedge (-2 \in \mathbf{Q})$" ist eine wahre Aussage.
   b. „$(3 \in \mathbf{N}) \wedge (2 < 0)$" ist eine falsche Aussage, da die zweite Teilaussage „$2 < 0$" falsch ist. ◆

Definition 1.9:
Verknüpft man zwei Aussagen p und q durch das *(logische) oder*, so schreibt man $p \vee q$ und nennt die Aussage $p \vee q$ die *(logische) Disjunktion* von p und q.

Die Disjunktion $p \vee q$ hat die folgenden Wahrheitswerte:

Tab. 1.3: Wahrheitstafel der Disjunktion

p	q	$p \vee q$
w	w	w
w	f	w
f	w	w
f	f	f

Die Aussage $p \vee q$ ist nach Tabelle 1.3 dann und nur dann wahr, wenn **mindestens** eine der beiden Teilaussagen wahr ist. Die Disjunktion entspricht somit dem „einschließenden oder", wie es in den folgenden Beispielen verwandt wird:

< 1.15 > **a.** „Gesucht wird eine Sekretärin mit englischen oder französischen Sprachkenntnissen". Es reicht aus, wenn die Sekretärin eine dieser Sprachen spricht, sie darf aber auch beide Sprachen beherrschen.

b. „Durch Steuererleichterungen oder verbilligte Absatzwege lässt sich die Ertragslage des Unternehmens verbessern" (da es dann kostengünstiger anbieten kann). ◆

In der Umgangssprache wird „oder" auch in einem anderen Sinne gebraucht, etwa in dem Satz „ich gehe morgen früh in die Mathematikvorlesung oder ich bleibe zu Hause und spiele Geige". Hier schließen sich beide Teilaussagen aus. Dieses „ausschließende oder" wird im Folgenden stets durch „*entweder ... oder ...*" ausgedrückt.

Die Aussage „entweder p oder q" ist dann und nur dann wahr, wenn genau eine der beiden Teilaussagen wahr ist.

Die Konjunktion und die Disjunktion können auch auf Aussageformen angewandt werden:

< 1.16 > **a.** Die Aussageform „$(x < 3) \vee (x = 5)$" hat auf der Grundmenge $G = N$ die Lösungsmenge $L = \{1, 2, 5\}$.

b. Die Aussageform „$(x \leq 5) \wedge (2 < x)$" hat auf der Grundmenge $G = R$ die Lösungsmenge $L = \{x \in R \mid 2 < x \leq 5\}$. ◆

1.3.3 Implikation und Äquivalenz

Ein wichtiges Konstruktionsprinzip beim Aufbau des „Gebäudes" Mathematik besteht darin, von als wahr erkannten Aussagen neue wahre Aussagen abzuleiten. Solche Schlussfolgerungen können z. B. in Gestalt eines „Wenn ..., dann ..."- Satzes formuliert werden.

Definition 1.10:
Verknüpft man zwei Aussagen p und q durch *wenn p, dann q*, so schreibt man $p \Rightarrow q$ und nennt die Aussage „$p \Rightarrow q$" *logische Folgerung* oder *Implikation*.

Für die Implikation $p \Rightarrow q$ sind auch die folgenden gleichbedeutenden Ausdrucksweisen gebräuchlich:

> *aus p folgt q;*
> *p impliziert q;*
> *nur wenn q, dann (kann) p;*
> *p ist eine hinreichende Bedingung für q;*
> *q ist eine notwendige Bedingung für p.*

Dabei heißt p *Vordersatz, Voraussetzung* oder *Prämisse* und q *Hintersatz* oder *Behauptung* der Implikation $p \Rightarrow q$.

Der Implikation $p \Rightarrow q$ als Operation wird die folgende Wahrheitstafel zugeordnet:

Tab. 1.4: Wahrheitstafel der Implikation

p	q	$p \Rightarrow q$
w	w	w
w	f	f
f	w	w
f	f	w

Die Implikation $p \Rightarrow q$ ist somit nur dann falsch, wenn von einer wahren Voraussetzung auf eine falsche Behauptung geschlossen wird. Andererseits besagt die Wahrheitstafel der Implikation, dass aus einer nicht wahren Prämisse nie eine falsche Schlussfolgerung gezogen werden kann.

< 1.17 > **a.** Die Implikation „$3 < 5 \Rightarrow -3 < -5$" ist falsch, da die Voraussetzung „$3 < 5$" wahr, aber die Behauptung „$-3 < -5$" falsch ist.

      b. Die Schlussfolgerung „heute ist Donnerstag $\Rightarrow$ morgen ist Freitag" ist immer wahr, denn entweder sind sowohl die Prämisse als auch die Behauptung wahr oder die Teilsätze sind beide falsch.   ♦

Die Implikation kann auch auf Aussageformen angewendet werden.

< 1.18 > Die nachstehenden Schlussfolgerungen

a. „$x \geq 1 \quad \Rightarrow \quad x$ ist positiv",

b. „x ist eine ungerade Zahl $\quad \Rightarrow \quad x \in \mathbf{Z}$"

sind wahr, denn für beide Fälle gilt:

- Ist die Voraussetzung wahr, dann ist auch die Behauptung wahr
(*hinreichende Bedingung !*).
- Ist die Behauptung falsch, so ist auch die Voraussetzung falsch
(*notwendige Bedingung nicht erfüllt !*).   ◆

Manchmal lassen sich zwei Aussagen bzw. zwei Aussageformen in beiden Richtungen durch eine wahre Implikation verknüpfen.

< 1.19 > **a.** „8 ist durch 2 teilbar $\quad \Rightarrow \quad$ 8 ist eine gerade Zahl"   und

„8 ist eine gerade Zahl $\quad \Rightarrow \quad$ 8 ist durch zwei teilbar".

b. „$3x = 9 \quad \Rightarrow \quad x = 3$"   und   „$x = 3 \quad \Rightarrow \quad 3x = 9$".   ◆

Definition 1.11:

Verknüpft man zwei Aussagen p und q durch die Implikation $p \Rightarrow q$ und die Implikation $q \Rightarrow p$, so spricht man von *(logischer) Äquivalenz* und schreibt

$p \Leftrightarrow q$ gesprochen: *p ist äquivalent mit q;*

p ist gleichwertig mit q;

dann und nur dann p, wenn q;

genau dann p, wenn q;

p ist eine hinreichende und notwendige Bedingung für q.

Dabei kann in allen diesen äquivalenten Ausdrucksweisen p mit q vertauscht werden.

Der Äquivalenz $p \Leftrightarrow q$ als Operation wird gemäß ihrer Definition als Konjunktion zweier Implikationen die folgende Wahrheitstafel zugeordnet:

Tab. 1.5: Wahrheitstafel der Äquivalenz

p	q	$p \Rightarrow q$	$p \Leftarrow q$	$p \Leftrightarrow q$
w	w	w	w	w
w	f	f	w	f
f	w	w	f	f
f	f	w	w	w

Die Äquivalenz $p \Leftrightarrow q$ ist somit wahr, wenn entweder „p und q" wahr oder „p und q" falsch sind. Angewandt auf Aussageformen besagt die Äquivalenz $p(x) \Leftrightarrow q(x)$, dass beide Aussageformen die gleiche Lösungsmenge über einer vorgegebenen Grundmenge haben, vgl. Beispiel < 1.19b >.

Da man in der Mathematik nur an wahren Implikationen und Äquivalenzen interessiert ist, wollen wir die Symbole „$\Rightarrow$" und „$\Leftrightarrow$" außerhalb des Abschnitts 1.3 Aussagenlogik nur benutzen, um wahre Schlussfolgerungen und wahre Äquivalenzbedingungen auszudrücken.

1.3.4 Gesetze der Aussagenlogik

Mit Hilfe der Operatoren $\neg$, $\wedge$, $\vee$, $\Rightarrow$ und $\Leftrightarrow$ können aus vorgegebenen Aussagen p, q, r, ... weitere Aussagen gebildet werden. Dabei wird die Eindeutigkeit der zusammengesetzten Aussagen durch

- die Rangfolge zuerst i. Negation,
            dann ii. Konjunktion und Disjunktion,
            dann iii. Implikation und Äquivalenz,
- das Setzen von Klammern, die von innen nach außen interpretiert werden,

gesichert.

< 1.20 >

$$\neg(p \vee q) \quad \Leftrightarrow \quad \neg p \wedge \neg q \qquad \text{(1.10)}$$
$$\neg(p \wedge q) \quad \Leftrightarrow \quad \neg p \vee \neg q \qquad \qquad \text{Gesetze von DE MORGAN} \qquad \text{(1.11)}$$

$$\neg\neg p \quad \Leftrightarrow \quad p \qquad \text{(1.12)}$$

♦

Die in dem Beispiel < 1.20 >, aber auch in dem nachfolgenden Beispiel < 1.21 > dargestellten zusammengesetzten Aussagen sind immer wahr. Für Aussagen mit dieser Eigenschaft hat man einen eigenen Namen geprägt.

Definition 1.12:
Eine Aussage, die **immer** wahr ist, heißt *Tautologie*.
Eine Aussage, die **immer** falsch ist, wird als *Kontradiktion* oder *Widerspruch* bezeichnet.

Aus der Definition der Negation folgt der

Satz 1.3:
Ist p eine Tautologie, so ist $\neg p$ eine Kontradiktion und umgekehrt.

Die Bestimmung des Wahrheitswertes einer zusammengesetzten Aussage erfolgt am übersichtlichsten anhand einer Wahrheitstafel, in der alle Wahrheitsmöglichkeiten für die vorgegebenen Aussagen berücksichtigt werden.

$< 1.21 >$ $\quad [(p \Rightarrow q) \wedge (q \Rightarrow r)] \quad \Rightarrow \quad (p \Rightarrow r) \quad$ *Transitivität*

Tab. 1.6: Wahrheitstafel der Transitivität der Implikation

p	q	r	$p \Rightarrow q$	$\wedge$	$q \Rightarrow r$	$\Rightarrow$	$p \Rightarrow r$
w	w	w	w	w	w	w	w
w	w	f	w	f	f	w	f
w	f	w	f	f	w	w	w
w	f	f	f	f	w	w	f
f	w	w	w	w	w	w	w
f	w	f	w	f	f	w	w
f	f	w	w	w	w	w	w
f	f	f	w	w	w	w	w
Reihenfolge der Bewertung			1.	2.	1.	3.	1.

Da in der zuletzt ausgefüllten Spalte nur der Wahrheitswert w auftritt, ist die Implikation transitiv. ♦

Für Aussagen p, q, r, ... und daraus zusammengesetzten Aussagen gelten neben den Gesetzen in den Beispielen $< 1.20 >$ und $< 1.21 >$ eine Reihe weiterer Gesetze, die zusammengestellt werden zum

Satz 1.4:

Aussagen p, q, r genügen den folgenden Gesetzen:

(Ia)	$p \wedge q \iff q \wedge p$	Kommutativität
(Ib)	$p \vee q \iff q \vee p$	
(IIa)	$(p \wedge q) \wedge r \iff p \wedge (q \wedge r)$	Assoziativität
(IIb)	$(p \vee q) \vee r \iff p \vee (q \vee r)$	
(IIIa)	$p \wedge (p \vee q) \iff p$	Adjunktivität
(IIIb)	$p \vee (p \wedge q) \iff p$	
(IVa)	$p \wedge (q \vee r) \iff (p \wedge q) \vee (p \wedge r)$	Distributivität
(IVb)	$p \vee (q \wedge r) \iff (p \vee q) \wedge (p \vee r)$	
(Va)	$p \wedge \neg p \iff$ *Kontradiktion*	Komplementarität
(Vb)	$p \vee \neg p \iff$ *Tautologie*	

Definition 1.13:

Eine Menge von Aussagen $\{p, q, r, ...\}$ mit den Verknüpfungen $\wedge$, $\vee$ und $\neg$, die den Gesetzen des Satzes 1.4 genügt, wird als *Aussagealgebra* oder nach dem englischen Mathematiker George BOOLE (1815-1864) als BOOLE*sche Algebra* bezeichnet.

1.3.5 Der Mathematische Beweis

Die Mathematik ist ein logisch aufgebautes Gedankengebäude, an dem auch heute noch ständig weitergebaut wird. Dies geschieht einerseits mittels *Definitionen*, in denen neue Begriffe, z. B. Strukturen und Operatoren, eingeführt werden. Diese neuen Bauteile müssen so gestaltet sein, dass sie zu dem bisher errichteten Baukörper passen; der Mathematiker sagt, sie müssen „widerspruchsfrei" sein. Der Einfachheit halber werden dabei oft schon vorhandene Strukturen kopiert.

Eine zweite Möglichkeit, das Mathematikgebäude weiter zu bauen, besteht darin, *logische Schlussfolgerungen* zu ziehen. Im Unterschied zu der Erweiterung mittels neuer Definitionen könnte man dies als „Innenausbau" bezeichnen. In Betracht kommen dabei nur wahre Schlussfolgerungen, die von Voraussetzungen ausgehen, die schon als wahr erkannt sind, die sich also auf die vorhandene „Bausubstanz" beziehen. Eine Schlussfolgerung $p \Rightarrow q$ gilt aber bei einer wahren Prämisse p nur dann als wahr, wenn gezeigt werden kann, dass auch die Behauptung q wahr ist; vgl. hierzu Tab. 1.4 auf S. 16.

Zu einem mathematischen *Satz* gehört daher neben der *Voraussetzung* und der *Behauptung* stets ein *Beweis*. Da i. Allg. in einem mathematischen Satz eine Aussage B(x) behauptet wird für alle Elemente x einer Definitionsmenge D, ist die Gültigkeit der Behauptung B(x) nur dann bewiesen, wenn **allgemein**, d. h. für alle $x \in$ D gezeigt wird, dass B(x) wahr ist. Es reicht keineswegs aus, die Behauptung nur für ein oder mehrere oder auch sehr viele Elemente aus D zu beweisen.

Solange man sich darauf beschränkt, schon bewiesene mathematische Sätze zu benutzen, kann auf die Angabe der Beweise verzichtet und auf die Literatur verwiesen werden. Wirtschaftswissenschaftlern, die die Mathematik als geeignetes Handwerkzeug benutzen und sich dabei auf die Arbeiten von Fachleuten verlassen, ist also kein Vorwurf zu machen, wenn sie sich nicht mit mathematischen Beweisen beschäftigen. Und so finden sich auch in diesem Mathematikbuch für Wirtschaftswissenschaftler nur wenige Beweise. Sind die Sätze aber sehr einfach zu verifizieren, so halte ich es für sinnvoller, die Richtigkeit der Behauptung aufzuzeigen und die Zusammenhänge darzulegen, anstatt den „Glauben" an die Richtigkeit der Behauptung zu stark zu strapazieren.

Der Verzicht auf das Nachvollziehen von Beweisen und die tiefer gehende Beschäftigung mit der Entwicklung mathematischer Konzepte ist aber mit dem Nachteil verbunden, dass reine Anwender die Richtigkeit von Sätzen und die Sinnhaftigkeit von Definitionen glauben und die entsprechenden Formulierungen aus den Mathematikbüchern wortgetreu übernehmen müssen. Sie sollten dann aber konsequenterweise auch auf Fragen der Art „Ich verstehe nicht, warum der Satz „S" richtig ist" oder „Wozu soll die Definition „D" gut sein" verzichten.

Da es i. Allg. nicht zum Aufgabengebiet von Wirtschaftswissenschaftlern gehört, mathematische Sätze aufzustellen und zu beweisen, ist das Üben von Beweistechniken unnötig. Um den Lesern aber ein besseres Verständnis für mathematische Sätze und Regeln zu vermitteln, sollen dennoch die drei wichtigsten Beweistechniken dargestellt werden.

Der direkte Beweis

Eine Möglichkeit, die Allgemeingültigkeit einer Behauptung zu beweisen, besteht darin, die Behauptung durch äquivalente Transformationen in eine schon als wahr erkannte Aussage überzuführen.

< 1.22 > Der bekannte Satz

„Für zwei nichtnegative reelle Zahlen a und b ist das geometrische Mittel $\sqrt{a \cdot b}$ stets kleiner oder gleich dem arithmetischen Mittel $\frac{a+b}{2}$ "

lässt sich wie folgt beweisen:

$$\sqrt{a \cdot b} \le \frac{a+b}{2} \quad \Leftrightarrow \quad 2 \cdot \sqrt{a \cdot b} \le a+b \quad \Leftrightarrow \quad 4a \cdot b \le (a+b)^2$$

$$4a \cdot b \le a^2 + 2ab + b^2 \quad \Leftrightarrow \quad 0 \le a^2 - 2ab + b^2 \quad \Leftrightarrow \quad 0 \le (a-b)^2.$$

Da die letzte Ungleichung stets wahr ist und für a, $b \ge 0$ nur Äquivalenztransformationen durchgeführt wurden, ist die Behauptung bewiesen.   ♦

Weitere Beispiele für direkte Beweise findet man u. a. auf den Seiten 154 und 205.

Beweisprinzip der vollständigen Induktion

Hängt die Behauptung funktional von einer natürlichen Zahl $n \in \mathbf{N}$ ab und soll sie für alle natürlichen Zahlen ab einem gewissen Anfangsglied n^* bewiesen werden, so kann der Beweis mit Hilfe des auf Blaise PASCAL (1623-1662) zurückgehenden Prinzips der vollständigen Induktion erbracht werden.

Prinzip der vollständigen Induktion
Eine Aussage sei richtig für $n = n^*$.
Wenn aus der Richtigkeit für eine natürliche Zahl $n \ge n^*$ stets die Richtigkeit für die Zahl $n + 1$ folgt, dann ist die Aussage richtig für alle natürlichen Zahlen.

< 1.23 > Es soll bewiesen werden, dass gilt

$$B(n) = 1^2 + 2^2 + \cdots + n^2 = \frac{n(n+1)(2n+1)}{6} \quad \forall\, n \in \mathbf{N} \qquad (1.13)$$

i. Induktionsanfang:
   Für $n = 1$ gilt

$$B(1) = 1^2 = \frac{1(1+1)(2 \cdot 1 + 1)}{6} = \frac{1 \cdot 2 \cdot 3}{6} = 1.$$

ii. Induktionsvoraussetzung:
   Die Behauptung $B(n)$ gelte für eine beliebige Zahl n.

iii. Induktionsbehauptung:
   Die Aussage gilt auch für die nachfolgende natürliche Zahl $n + 1$.

$$B(n+1) = 1^2 + 2^2 + \cdots + n^2 + (n+1)^2 = \frac{(n+1)(n+2)(2n+3)}{6}$$

iv. Induktionsbeweis:

$$B(n+1) = 1^2 + 2^2 + \cdots + n^2 + (n+1)^2 = B(n) + (n+1)^2$$

$$= \frac{n(n+1)(2n+1)}{6} + (n+1)^2 = \frac{n(n+1)(2n+1) + 6(n+1)^2}{6}$$

$$= \frac{1}{6}(n+1)[n(2n+1)+6(n+1)] = \frac{1}{6}(n+1)[2n^2 + 7n + 6]$$

$$= \frac{(n+1)(n+2)(2n+3)}{6} \qquad \blacklozenge$$

Weitere Anwendungen des Prinzips der vollständigen Induktion findet man auf den Seiten 59f, 64-66, 68, 70f.

Der indirekte Beweis

Ein anderes, oft angewandtes Beweisprinzip basiert auf der logischen Äquivalenz

$$\neg(p \wedge q) \quad \Leftrightarrow \quad \neg p \vee \neg q, \quad \text{vgl. S. 17,}$$

die durch Quantifizierung die Form erhält

$$\neg (p(x) \ \forall x \in X) \quad \Leftrightarrow \quad \exists x \in X \mid \neg p(x). \tag{1.14}$$

Um das Wahrsein einer allgemeinen Aussage zu verneinen, reicht es also aus, ein Gegenbeispiel anzugeben, d. h., sie zu falsifizieren.

< 1.24 > Die Aussage $x \in \mathbf{R} \Rightarrow (x^2 > 4 \Rightarrow x > 2)$ ist falsch, denn z. B. gilt für die reelle Zahl $x = -3$ zwar $(-3)^2 = 9 > 4$, nicht aber $-3 > 2$. $\qquad \blacklozenge$

Bildet man nun die Negation zu (1.14), so besagt die Äquivalenz

$$\neg [\neg(p(x) \ \forall x \in X)] \quad \Leftrightarrow \quad \neg [\exists x \in X \mid \neg p(x)]$$
$$\Leftrightarrow \quad p(x) \ \forall x \in X,$$

dass es zum Beweis des Wahrseins einer Aussage ausreicht zu zeigen, dass kein Gegenbeispiel existiert. Die Beweisdurchführung erfolgt so, dass man die Annahme trifft, es existiere ein Gegenbeispiel, und man weist dann nach, dass diese Annahme zu einem Widerspruch zur Voraussetzung führt.

< 1.25 > Zu beweisen ist die

Behauptung: $\sqrt{2}$ ist eine irrationale Zahl.

Der Beweis wird indirekt geführt:

Annahme: $\sqrt{2}$ ist eine rationale Zahl $\Leftrightarrow \sqrt{2} = \frac{m}{n}$ mit $m, n \in \mathbf{N}$.

Ohne Beschränkung der Allgemeinheit können wir annehmen, dass m und n keinen gemeinsamen Teiler haben, da wir diesen von vornherein wegkürzen könnten.

$\Leftrightarrow \quad 2 = (\frac{m}{n})^2 = \frac{m^2}{n^2} \quad \Leftrightarrow \quad 2n^2 = m^2 \quad \Rightarrow \quad m^2$ ist durch 2 teilbar

$\Rightarrow \quad m$ ist durch 2 teilbar, d. h. $\exists\, p \in \mathrm{N} \mid m = 2p$

$\Rightarrow \quad 2n^2 = m^2 = (2p)^2 = 4p^2 \quad \Leftrightarrow \quad n^2 = 2p^2$

$\Rightarrow \quad n^2$ ist durch 2 teilbar $\quad \Rightarrow \quad n$ ist durch 2 teilbar.

Dies ist ein Widerspruch zur Voraussetzung, dass m und n keinen gemeinsamen Teiler haben. Die Annahme, dass die reelle Zahl durch einen Bruch $\frac{m}{n}$ darstellbar ist, hat sich damit als falsch erwiesen. ♦

1.4 Mengenverknüpfungen

Verknüpfen wir die Eigenschaften logisch miteinander, die die Elemente zweier Mengen A und B beschreiben, so wird dadurch eine Verknüpfung zwischen diesen Mengen induziert.

Definition 1.14:

Ist **jedes** Element einer Menge A ebenfalls Element einer Menge B, d. h. ist die Aussage „$a \in A \Rightarrow a \in B$" wahr, so bezeichnet man diese Schlussfolgerung als *Mengeninklusion* und symbolisiert sie durch

$A \subseteq B$,   gesprochen: A *ist eine Teilmenge von* B

                               A *ist eine Untermenge von* B

                               A *ist enthalten in* B,

oder durch die dazu äquivalente Darstellungsform

$B \supseteq A$,   gesprochen: B *ist eine Obermenge von* A

                               B *enthält* A.

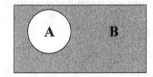

Abb. 1.8: Venn-*Diagramm* $A \subseteq B$

< 1.26 > a. $\{2, 4, 6\} \subseteq \{1, 2, 3, 4, 5, 6\}$
    b. $\{2, 4, 6\} \subseteq \{2, 4, 6\}$
    c. $N \subseteq Z \subseteq Q \subseteq R \subseteq C$ ◆

Die *Gleichheit* zweier Mengen ist dann logisch äquivalent mit der Aussage, dass jede dieser Mengen Untermenge der anderen ist, d. h.

$$A = B \iff A \subseteq B \wedge B \subseteq A \iff (x \in A \iff x \in B).$$

Man spricht speziell von *echten Unter-* bzw. *echten Obermengen*, wenn keine Gleichheit vorliegt, und schreibt dann:

$$A \subset B \iff A \subseteq B \text{ und } A \neq B$$
$$B \supset A \iff B \supseteq A \text{ und } B \neq A.$$

Definition 1.15:
Als *Vereinigung* oder *Vereinigungsmenge* zweier Mengen A und B bezeichnet man die Menge

$$A \cup B = \{ x \mid x \in A \text{ oder } x \in B\},$$

gesprochen: *Vereinigung von* A *und* B oder A *vereinigt mit* B.

Definition 1.16:
Als *Durchschnitt* oder *Schnittmenge* zweier Mengen A und B bezeichnet man die Menge

$$A \cap B = \{ x \mid x \in A \text{ und } x \in B\},$$

gesprochen: *Durchschnitt von* A *und* B oder A *geschnitten mit* B.

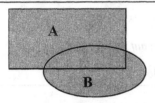 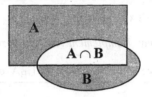

Abb. 1.9: $A \cup B$ *Abb. 1.10:* $A \cap B$
(Die Ränder von $A \cup B$ und $A \cap B$ gehören zur jeweiligen Menge.)

< 1.27 > a. $\{2, 4, 6\} \cup \{3, 4, 5, 6\} = \{2, 3, 4, 5, 6\}$
       $\{2, 4, 6\} \cap \{3, 4, 5, 6\} = \{4, 6\}$
    b. Auf der Grundmenge $G = \{1, 2, 3, 4, 5, 6, 7\}$ ist
       i. die Lösungsmenge von „$x \geq 3$" gleich $L_1 = \{3, 4, 5, 6, 7\}$,
       ii. die Lösungsmenge von „$x < 5$" gleich $L_2 = \{1, 2, 3, 4\}$,

iii. die Lösungsmenge von „$x \geq 3$ oder $x < 5$" gleich
$\{1, 2, 3, 4, 5, 6, 7\} = L_1 \cup L_2$,

iv. die Lösungsmenge von „$x \geq 3$ und $x < 5$" gleich $\{3, 4\} = L_1 \cap L_2$.
$\blacklozenge$

Beim Bilden des Durchschnitts zweier Mengen kann es vorkommen, dass kein gemeinsames Element existiert, z. B. $\{-2, 0, 1\} \cap \{4, 5, 6\}$. Auch beim Beschreiben einer Menge durch die Eigenschaften ihrer Elemente kann es geschehen, dass kein Element mit diesen Eigenschaften existiert, z. B. $\{x \in \mathbf{R} \mid x^2 = -1\}$.
Anstatt nun in einem solchen Fall zu sagen, die Menge existiere nicht, führt man den abstrakten Begriff der leeren Menge ein.

Definition 1.17:

Eine Menge, die kein Element enthält, wird als *leere Menge* bezeichnet und durch das Symbol $\varnothing$ oder $\{ \}$ dargestellt.

Man definiert, dass die leere Menge Untermenge jeder Menge ist und dass es nur eine leere Menge gibt.

Ist der Durchschnitt zweier Mengen A und B leer, d. h. $A \cap B = \varnothing$, so heißen A und B *punktfremd*, *elementfremd* oder *disjunkt*.

Ist eine Menge A Teilmenge einer Menge B, d. h. $A \subseteq B$, so lassen sich die Elemente der Obermenge B aufteilen auf die Menge A und eine zweite Menge, die alle diejenigen Elemente von B enthält, die nicht zu A gehören.

Definition 1.18:

Ist eine Menge A Teilmenge einer Menge B, d. h. $A \subseteq B$, so bezeichnet man als *Komplement* oder *Komplementärmenge* von A in bezug auf B die Menge

$$\overline{A}_B = \{ x \mid x \in B \text{ und } x \notin A \},$$

gesprochen: *Komplement von* A *in Bezug auf* B.

Alternative Schreibweisen sind $\complement_B A$ oder A'_B.

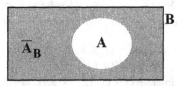

Abb. 1.11: VENN-*Diagramm* $\overline{A}_B$
(Der Rand von A gehört nicht zu $\overline{A}_B$.)

Bei der Behandlung mengentheoretischer Probleme ist es oft zweckmäßig, eine so genannte *Allmenge* oder *Universalmenge* vorzugeben, die definitionsgemäß alle in dem jeweiligen Problem vorkommenden Mengen als Untermengen besitzt. Sie wird zumeist mit dem griechischen Buchstaben Ω symbolisiert.

< 1.28 > **a.** Eine geeignete Allmenge für ein Problem, in dem die Mengen $\{1, 2, 3\}$, $\{3, 5, 7, 9\}$, $\{4, 6, 8, 10\}$ vorkommen, wäre die Menge $\Omega = \{1, 2, 3, 4, 5, 6, 7, 8, 9, 10\}$ oder die Menge **N**.

b. In statistischen Problemen ist die Ergebnismenge eines Zufallsexperiments eine solche Allmenge. Beim einmaligen Werfen mit einem Würfel ist die Ergebnismenge $\Omega = \{1, 2, 3, 4, 5, 6\}$.

Dem Ereignis, eine gerade Zahl zu werfen, entspricht dann die Teilmenge $\{2, 4, 6\}$. ◆

Das Komplement einer Menge A in Bezug auf die Allmenge Ω schreibt man vereinfachend $\overline{A}$ oder $\complement A$ anstelle von $\overline{A}_\Omega$ oder $\complement_\Omega A$.

Für zwei Teilmengen A und B einer Allmenge Ω können wir nun die Differenzmenge $A \setminus B$ definieren.

Definition 1.19:

Als *Differenz* oder *Restmenge* zweier Mengen A und B bezeichnet man die Menge

$A \setminus B = A \cap \overline{B}$,   gesprochen: A *minus* B.

Die Restmenge $A \setminus B$ enthält somit alle diejenigen Elemente der Menge A, die nicht zugleich Elemente der Menge B sind. Man kann deshalb die Restmenge auch darstellen als

$$A \setminus B = \{ x \mid x \in A \wedge x \notin B \} = \{ x \mid x \in A \wedge x \notin (A \cap B)\}.$$

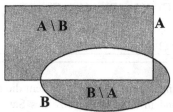

Abb. 1.12: VENN-*Diagramme* $A \setminus B$ *und* $B \setminus A$

(Gehört der Rand von A zu A und der Rand von B nicht zu B, dann umfasst die Menge $A \setminus B$ ihren Rand, während die Randpunkte von $B \setminus A$ nicht dazu gehören)

Definition 1.20:

Als *symmetrische Differenz* zweier Mengen A und B bezeichnet man die Menge

$$A \triangle B = (A \setminus B) \cup (B \setminus A).$$

$A \triangle B$ ist die Menge aller derjenigen Elemente, die *entweder zu A oder zu B* gehören; es werden verschärfend zum *einschließenden oder* aus der Vereinigungsmenge $A \cup B$ die Elemente ausgeschlossen, die zu beiden Mengen gehören. Die symmetrische Differenz lässt sich daher auch schreiben als

$$A \triangle B = (A \cup B) \setminus (A \cap B).$$

$< 1.29 >$ $\{2, 4, 6\} \setminus \{3, 4, 5, 6\} = \{2\}$

           $\{3, 4, 5, 6\} \setminus \{2, 4, 6\} = \{3, 5\}$

           $\{2, 4, 6\} \triangle \{3, 4, 5, 6\} = \{2, 3, 5\} = \{2, 3, 4, 5, 6\} \setminus \{4, 6\}$ ◆

Da die Mengenoperationen $\cap$, $\cup$ und $\complement$ auf den Aussageoperationen $\wedge$, $\vee$ und $\neg$ basieren, lassen sich die in Satz 1.4 zusammengefassten Gesetze auch auf Mengen übertragen.

Satz 1.5:

Mengen A, B, C genügen den folgenden Gesetzen:

(MIa) $A \cap B = B \cap A$		*Kommutativität*
(MIb) $A \cup B = B \cup A$		
(MIIa)	$(A \cap B) \cap C = A \cap (B \cap C)$	*Assoziativität*
(MIIb)	$(A \cup B) \cup C = A \cup (B \cup C)$	
(MIIIa)	$A \cap (A \cup B) = A$	*Adjunktivität*
(MIIIb)	$A \cup (A \cap C) = A$	
(MIVa)	$A \cap (B \cup C) = (A \cap B) \cup (A \cap C)$	*Distributivität*
(MIVb)	$A \cup (B \cap C) = (A \cup B) \cap (A \cup C)$	
(MVa)	$A \cap \complement A = \varnothing$	*Komplementarität*
(MVb)	$A \cup \complement A = \Omega$	

Definition 1.21:

Ein System von Teilmengen einer Menge Ω, in dem die drei Operatoren $\cap$, $\cup$ und $\complement$ erklärt sind und in dem die Gesetze des Satzes 1.5 gelten, wird als BOOLEsche *Mengenalgebra* bezeichnet.

Die Bedeutung der Gesetze einer BOOLEschen Mengenalgebra besteht darin, dass man weitere allgemeine Aussagen über Teilmengen von Ω aus ihnen ableiten kann, ohne auf die Definitionen der Operationen $\cap$, $\cup$ und $\complement$ zurückzugreifen.

Satz 1.6:

Für Teilmengen A und B einer Allmenge Ω gelten die folgenden Gesetze:

$A \cap A = A$	*Idempotenz*	(1.15a)
$A \cup A = A$		(1.15b)
$A \cap \varnothing = \varnothing$		(1.16a)
$A \cup \Omega = \Omega$		(1.16b)
$A \cup \varnothing = A$		(1.17a)
$A \cap \Omega = A$		(1.17b)
$C\varnothing = \Omega$		(1.18a)
$C\Omega = \varnothing$		(1.18b)
$C(A \cap B) = CA \cup CB$	*Gesetze von* DE MORGAN	(1.19a)
$C(A \cup B) = CA \cap CB$		(1.19b)
$CCA = A$		(1.20)

Zum Beispiel folgt das Idempotenzgesetz (1.15a) unmittelbar aus den Gesetzen (MIIIb) und (MIIIa). Gemäß (MIIIb) gilt nämlich

$$A \cap A = A \cap (A \cup (A \cap C)), \quad \text{und dies ist nach (MIIIa) gleich A.}$$

Aus den Assoziativgesetzen (MIIa) und (MIIb) folgt, dass man bei mehrfacher Vereinigungs- oder mehrfacher Durchschnittsbildung auf Klammern verzichten kann. Die Begriffe Vereinigung und Durchschnitt können daher auf mehr als zwei gegebene Mengen verallgemeinert werden.

Definition 1.22:

Als *Vereinigung* der Mengen A_1, A_2, ..., A_n definiert man die Menge aller derjenigen Elemente, die zu mindestens einer dieser Mengen A_1, A_2, ..., A_n gehören, und schreibt:

$$\bigcup_{i=1}^{n} A_i = A_1 \cup A_2 \cup \cdots \cup A_n = \{ x \mid \exists\, i \in \{1, ..., n\} \mid x \in A_i \},$$

gesprochen: *Vereinigung aller A_i für i von 1 bis n.*

Als *Durchschnitt* der Mengen A_1, A_2, ..., A_n definiert man die Menge aller derjenigen Elemente, die gleichzeitig zu allen diesen Mengen A_1, A_2, ..., A_n gehören, und schreibt:

$$\bigcap_{i=1}^{n} A_i = A_1 \cap A_2 \cap \cdots \cap A_n = \{ x \mid \forall\, i \in \{1, ..., n\} \mid x \in A_i \},$$

gesprochen: *Durchschnitt aller A_i für i von 1 bis n.*

Betrachten wir das System aller Mengen, die Teilmengen einer gegebenen Menge A sind, so stellt dieses Mengensystem (als eine Gesamtheit wohl unterschiedener Objekte) eine Menge dar.

Definition 1.23:

Die Menge aller Teilmengen einer Menge A heißt *Potenzmenge* der Menge A und wird symbolisiert durch

$$\mathcal{P}A = \{\, x \mid x \subseteq A \}.$$

Die Potenzmenge ist also eine Menge, deren Elemente selbst Mengen sind. Zu den Elementen der Potenzmenge $\mathcal{P}A$ gehört sowohl die leere Menge $\varnothing$ als auch die Menge A selbst. Hat eine Menge A die Mächtigkeit $|A| = n$, so enthält die Potenzmenge $\mathcal{P}A$ gerade 2^n Elemente, vgl. das Beispiel $< 2.9 >$ auf S. 70.

$< 1.30 >$ Für A = {1, 2, 3} ist die Potenzmenge gleich

$$\mathcal{P}A = \{\varnothing, \{1\}, \{2\}, \{3\}, \{1, 2\}, \{1, 3\}, \{2, 3\}, \{1, 2, 3\}\},$$

sie hat also $2^3 = 8$ Elemente.

Man beachte die Unterschiede in den nachfolgenden Beziehungen:

$$2 \in A, \quad \{2\} \subset A, \quad \{2\} \in \mathcal{P}A, \quad \{\{2\}\} \subset \mathcal{P}A,$$
$$1 \in A, \quad 3 \in A, \quad \{1, 3\} \subset A, \quad \{1, 3\} \in \mathcal{P}A, \quad \{\{1,3\}\} \subset \mathcal{P}A. \qquad \blacklozenge$$

Probleme, bei denen die vorkommenden Objekte mehreren Teilmengen zugeordnet werden können, lassen sich oft anhand von VENN-Diagrammen besonders übersichtlich darstellen und einer Lösung zuführen.

$< 1.31 >$ An einer Vorlesung nehmen 300 Personen teil. Bei genauerem Hinsehen erkennt man, dass
i. genau doppelt so viele männliche wie weibliche Teilnehmer anwesend sind,
ii. 90 Teilnehmer einen Bart haben,
iii. 30 Teilnehmerinnen und 30 bärtige Teilnehmer eine Brille tragen,
iv. insgesamt 100 Personen eine Brille tragen.

a. Wie viele männliche Brillenträger (unter den anwesenden 300 Personen) haben keinen Bart?
b. Wie viele an der Vorlesung teilnehmende Personen tragen weder Bart noch Brille?

Lösung: Bezeichnen wir mit M die Menge der männlichen und mit W die Menge der weiblichen Teilnehmer, mit B die Menge der Brillenträger und mit A $\subseteq$ M die Menge der (ausschließlich männlichen) Bartträger, dann lassen sich aus den Angaben die folgenden Mächtigkeiten ableiten:

$|M| = 200$, $|W| = 100$, $|A| = 90$, $|B| = 100$.

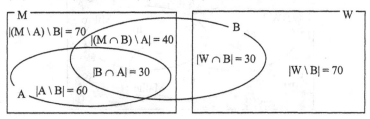

Abb. 1.13: VENN-*Diagramm zu < 1.31 >*

Aus diesem VENN-Diagramm lässt sich ablesen, dass
a. 40 der männlichen Brillenträger keinen Bart tragen,
b. insgesamt 140 Personen weder Bart noch Brille tragen.   ◆

< **1.32** > An den wirtschaftswissenschaftlichen Vorexamensklausuren in den Fächern Betriebswirtschaftliches Rechnungswesen (BWR), Mathematik (Mathe) und Mikroökonomie (Mikro) nahmen am Ende des WS 1994/95 insgesamt 350 Studierende teil, die eine, zwei oder drei Klausuren mitschrieben. Die Auswertung der Klausuren ergab das folgende Ergebnis:

• Insgesamt bestanden 210 Studierende die Klausur in BWR,
  darunter 60 Studierende nur die Klausur in BWR.
• Insgesamt bestanden 120 Studierende die Klausur in Mikro,
  darunter 40 Studierende nur die Klausur in Mikro.
• Jeweils 50 Studierende bestanden die Klausuren in BWR und Mikro bzw. die
  Klausuren in Mathe und Mikro.
• Genau 60 Studierende bestanden nur die Klausur in Mathe.
• Genau 100 Studierende bestanden nur die Klausuren in BWR und Mathe.

a. Wie viele Studierende bestanden alle drei Klausuren?
b. Wie viele Studierende bestanden insgesamt die Klausur in Mathe?
c. Wie viele Studierende bestanden keine der drei Klausuren?

<u>Lösung:</u>
Aus den Angaben lassen sich den Teilmengen des VENN-Diagramms die folgenden Mächtigkeiten zuordnen:

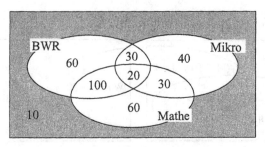

Abb. 1. 14: VENN-*Diagramm zu* < *1.32* >

a. Weiterhin gilt:

$$|\text{Mikro} \cap \text{BWR} \cap \text{Mathe}| = |\text{BWR} \cap \text{Mikro}| + |\text{Mathe} \cap \text{Mikro}|$$
$$+ |\text{Mikro} \setminus (\text{BWR} \cup \text{Mathe})| - |\text{Mikro}|$$
$$= 50 + 50 + 40 - 120 = 20,$$

d. h. 20 Personen bestanden alle drei Prüfungen.

b. $|\text{Mathe}| = 60 + 100 + 50 = 210$,

d. h. insgesamt bestanden 210 Personen die Klausur in Mathematik.

c. $350 - (210 + 60 + 30 + 40) = 10$,

d. h. nur 10 Teilnehmer bestanden keine der drei Klausuren.   ◆

1.5 Beschränkte und unbeschränkte Teilmengen von R

Bei vielen mathematischen Problemstellungen hat man es mit Mengen reeller Zahlen zu tun, deren Elemente größer bzw. größer gleich einer vorgegebenen Zahl *a* und kleiner bzw. kleiner gleich einer vorgegebenen Zahl *b* sind. Eine solche Menge bezeichnet man als ein *Intervall.* Die zweiseitige Begrenzung der Elemente *x* eines Intervalls lässt sich durch eine *Doppelungleichung* der Form

$$a \le x \le b, \quad a < x < b, \quad a \le x < b \quad \text{oder} \quad a < x \le b$$

ausdrücken.

Man unterscheidet vier Typen von *endlichen Intervallen:*

- das *abgeschlossene Intervall* (die Endpunkte gehören dazu)

$$[a, b] = \{x \in \mathbf{R} \mid a \le x \le b\}$$

- das *offene Intervall* (die Endpunkte gehören nicht dazu)

  $]a, b[= \{x \in \mathbf{R} \mid a < x < b\}$

- die *halboffenen Intervalle* (nur ein Endpunkt gehört dazu)

  $[a, b[= \{x \in \mathbf{R} \mid a \leq x < b\}$

  $]a, b] = \{x \in \mathbf{R} \mid a < x \leq b\}$

Mengen reeller Zahlen, die nur einseitig begrenzt sind, werden ebenfalls als Intervalle bezeichnet, doch spricht man hierbei genauer von *unendlichen Intervallen*, da sie sich **nicht** durch ein Geradenstück endlicher Länge auf der Zahlengeraden darstellen lassen.

Verwenden wir das Symbol "∞" für eine *unendlich große Zahl*, die selbst **keine** reelle Zahl ist, für die aber gilt, dass sie in der Ausprägung "-∞" die reellen Zahlen nach unten und in der Version "+∞" die reellen Zahlen nach oben abschließt, dann lassen sich die unendlichen Intervalle darstellen als:

$[a, +\infty[= \{x \in \mathbf{R} \mid a \leq x\}$

$]-\infty, b[= \{x \in \mathbf{R} \mid x < b\}$

$]-\infty, +\infty[= \{x \in \mathbf{R} \mid -\infty < x < +\infty\} = \mathbf{R}$

Da man es im Bereich der Wirtschaftswissenschaften zumeist mit nichtnegativen Größen zu tun hat, definieren wir noch

$\mathbf{R}_0 = [0, +\infty[$ Menge der nichtnegativen reellen Zahlen,

$\mathbf{R}_+ =]0, +\infty[$ Menge der positiven reellen Zahlen.

In der Literatur werden anstelle der Symbole $\mathbf{R}_0$ und $\mathbf{R}_+$ auch die Abkürzungen $\mathbf{R}^{+0}$, $\mathbf{R}_0^+$ bzw. $\mathbf{R}^+$ verwendet.

Definition 1.24:

Eine Menge reeller Zahlen M heißt *nach oben beschränkt*, wenn es eine reelle Zahl $\bar{k}$ so gibt, dass für jedes $x \in M$ gilt $x \leq \bar{k}$. $\bar{k}$ heißt dann (eine) *obere Schranke* der Menge M.

Die reelle Zahl $\bar{k}^*$ heißt *kleinste obere Schranke* oder *obere Grenze* oder *Supremum* von M, wenn für jede obere Schranke $\bar{k}$ der Menge M gilt $\bar{k}^* \leq \bar{k}$. Man schreibt dann: $\bar{k}^* = \text{Sup } M$.

Ist $\bar{k}^*$ selbst Element von M, dann nennt man $\bar{k}^*$ das *Maximum* von M und schreibt: $\bar{k}^* = \text{Max M}$. $\bar{k}^*$ ist dann das größte Element der Menge M.

Eine Menge reeller Zahlen M heißt *nach unten beschränkt*, wenn es eine reelle Zahl $\underline{k}$ so gibt, dass für jedes $x \in M$ gilt $\underline{k} \leq x$. $\underline{k}$ heißt dann (eine) *untere Schranke* der Menge M.

Die reelle Zahl $\underline{k}^*$ heißt *größte untere Schranke* oder *untere Grenze* oder *Infimum* von M, wenn für jede untere Schranke $\underline{k}$ der Menge M gilt $\underline{k} \leq \underline{k}^*$. Man schreibt dann: $\underline{k}^* = \text{Inf M}$.

Ist $\underline{k}^*$ selbst ein Element von M, dann nennt man $\underline{k}^*$ das *Minimum* von M und schreibt: $\underline{k}^* = \text{Min M}$. $\underline{k}^*$ ist somit das kleinste Element der Menge M.

Eine Menge reeller Zahlen heißt *beschränkt*, wenn sie nach oben **und** unten beschränkt ist, d. h. wenn sie ein Supremum **und** ein Infimum besitzt.

Für eine Menge reeller Zahlen gilt die im Satz 1.7 ausgedrückte *Eigenschaft der Vollständigkeit*.

Satz 1.7:
Jede nichtleere, nach oben beschränkte (bzw. nach unten beschränkte) Menge reeller Zahlen besitzt eine kleinste obere Schranke (bzw. größte untere Schranke).

< 1.33 >
a. Die Menge A = {1, 4, -2, 3, 0} ist beschränkt,

denn es gilt: -2 = Inf A = Min A   und   4 = Sup A = Max A.

b. Die Menge B =]-1, 5] ist beschränkt,

denn es gilt: -1 = Inf B   und   5 = Sup B = Max B,
ein Minimum von B existiert nicht.

c. Die Menge $C =]-\infty, 3[$ ist nicht beschränkt,

da C keine untere Schranke besitzt. C ist aber nach oben beschränkt, Sup $C = 3$.
Ein Maximum existiert nicht.   ◆

1.6 Das Rechnen mit Ungleichungen

Die am häufigsten verwendete Form eines algebraischen Ausdruckes ist die *Glei-chung*. Sie entsteht, wenn zwei mathematische Ausdrücke mit einem *Identitäts-gleichheitszeichen* ”=” miteinander verbunden werden. Auf diese Weise soll aus-gedrückt werden, dass die Aussage auf der linken Seite des Gleichheitszeichens identisch gleich der Aussage auf der rechten Seite ist. Für das Rechnen mit Glei-chungen sind die nachfolgenden äquivalenten Umformungen geläufig:

Satz 1.8:
Für reelle Zahlen a, b und c gilt:

(G.1) $a = b \quad \Leftrightarrow \quad a + c = b + c$

(G.2) $a = b \quad \Leftrightarrow \quad a \cdot c = b \cdot c, \quad$ für $c \neq 0$.

(G.3) $a = b \quad \Rightarrow \quad a^n = b^n \quad$ für $n \in Z$,

dabei gilt für $n < 0$ die Regel (G.3) nur, wenn $a, b \neq 0$.
Ist $a, b > 0$, so lässt sich die Regel (G.3) auch auf rationale
Exponenten erweitern.

Bei wirtschaftswissenschaftlichen Anwendungen spielen neben den Gleichungen auch die *Ungleichungen* eine bedeutende Rolle, bei denen zwei mathematische Ausdrücke mit einem Ordnungszeichen $<$, $\leq$, $>$ bzw. $\geq$ verbunden sind. Von den vorstehenden Rechengesetzen für Gleichungen lässt sich nur die Regel (G.1) uneingeschränkt auf Ungleichungen übertragen, für die übrigen Regeln sind zu-sätzliche Einschränkungen notwendig.

Satz 1.9:

Für reelle Zahlen a, b und c gilt:

(U.1) $a \;\square\; b \;\Leftrightarrow\; a + c \;\square\; b + c$

(U.2) $a \;\square\; b \;\Leftrightarrow\; a \cdot c \;\square\; b \cdot c$ für $c > 0$

(U.3) $a \;\square\; b \;\Leftrightarrow\; a^r \;\square\; b^r$ für $a, b > 0$ und $r \in Q$, $r > 0$,

dabei steht das Symbol $\square$ für eines der Ordnungszeichen $<$, $\leq$, $>$, $\geq$.

Wird aber eine Ungleichung mit einer negativen Zahl multipliziert bzw. in eine Potenz mit negativem Exponent erhoben, dann ist die neue Gesamtaussage genau dann wahr, wenn die Ordnungszeichen wie folgt ausgetauscht werden:

An die Stelle von $<$, $\leq$, $>$, $\geq$

            treten $>$, $\geq$, $<$, $\leq$.

Man sagt dann, die Ungleichung *wechselt ihre Richtung.*

Wegen der vorstehenden Rechenregeln für Gleichungen reicht es aus, diese zusätzlichen Regeln für das Rechnen mit Ungleichungen für die strengen Ordnungssymbole $<$ bzw. $>$ zu formulieren.

Satz 1.10:

Für reelle Zahlen a, b und c gilt:

(U.4) $\underset{(>)}{a \;<\; b} \;\Leftrightarrow\; \underset{(<)}{a \cdot c \;>\; b \cdot c}$ für $c < 0$

(U.5) $\underset{(>)}{a \;<\; b} \;\Leftrightarrow\; \underset{(<)}{a^r \;>\; b^r}$ für $a, b > 0$ und für $r \in Q$, $r < 0$.

$< 1.34 >$ $4 < 9 \overset{\text{(U.3)}}{\Leftrightarrow} 2 = \sqrt{4} = 4^{\frac{1}{2}} < 9^{\frac{1}{2}} = \sqrt{9} = 3$

$2 < 5 \overset{\text{(U.4)}}{\Leftrightarrow} -6 = 2(-3) > 5(-3) = -15$

$3 > 2 \overset{\text{(U.5)}}{\Leftrightarrow} \frac{1}{9} = \frac{1}{3^2} = 3^{-2} < 2^{-2} = \frac{1}{2^2} = \frac{1}{4}$ ◆

Die vorstehenden Umformungen sind Äquivalenztransformationen, d. h. enthält eine Ungleichung Variablen, so ändert sich bei Anwendung der Regeln (U.1) bis (U.5) die Lösungsmenge nicht.

< 1.35 >

a.

$$3x + 7 \leq 25 \quad \overset{(U.1)}{\Leftrightarrow} \quad 3x \leq 25 - 7 = 18$$

$$\overset{(U.2)}{\Leftrightarrow} \quad x \leq \frac{18}{3} = 6$$

b. Wird die Menge der reellen Zahlen gesucht, die der Ungleichung

$$\frac{2x-1}{3x+5} < 1$$

genügen, so ist bei der Multiplikation dieser Ungleichung mit dem Nenner $3x + 5$ darauf zu achten, ob dieser Multiplikator positiv oder negativ ist. Um hierzu eine eindeutige Aussage geben zu können, zerlegen wir die Definitionsmenge $\mathbf{R} \setminus \{-\frac{5}{3}\}$ so in disjunkte Teilmengen, dass in jeder dieser Teilmengen der Multiplikator $3x + 5$ entweder nur positiv oder nur negativ ist. In jeder dieser Teilmengen wird dann die Lösungsmenge dieser Ungleichung gesucht und abschließend werden dann die Lösungsmengen zur Gesamtlösungsmenge des Problems vereinigt.

$$\frac{2x-1}{3x+5} < 1 \quad \Big| \cdot (3x+5)$$

1. Fall: $3x + 5 > 0 \Leftrightarrow x > -\frac{5}{3}$ 2. Fall: $3x + 5 < 0 \Leftrightarrow x < -\frac{5}{3}$

$\Leftrightarrow 2x - 1 < 3x + 5$ $\Leftrightarrow 2x - 1 > 3x + 5$

$\Leftrightarrow -6 < x$ $\Leftrightarrow -6 > x$

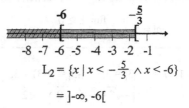

$L_1 = \{x \mid x > -\frac{5}{3} \wedge x > -6\}$ $L_2 = \{x \mid x < -\frac{5}{3} \wedge x < -6\}$

$= \,] -\frac{5}{3}, +\infty[$ $= \,]-\infty, -6[$

Die Ungleichung ist für alle reellen Zahlen

$$x \in L = L_1 \cup L_2 =]-\infty, -6[\, \cup \,]-\frac{5}{3}, +\infty[\quad \text{erfüllt.} \qquad \blacklozenge$$

Während die Addition und die Subtraktion zweier Gleichungen wieder eine Gleichung ergibt, gilt für Ungleichungen diese Aussage nur in eingeschränkter Form.

> **Satz 1.11:**
> Zwei **gleichgerichtete** Ungleichungen können **addiert** werden. Dabei heißen zwei Ungleichungen *gleichgerichtet*, wenn in beiden Ungleichungen ein "Größerzeichen" (">" oder "≥") oder in beiden Ungleichungen ein "Kleinerzeichen" ("<" oder "≤") auftritt. Für reelle Zahlen a, b, c und d gilt daher
>
> (U.6) $\underset{(>)}{a} < b$ und $\underset{(\geq)}{c} \leq d \Rightarrow \underset{(>)}{a+c} < b+d$

Werden dagegen zwei **gleichgerichtete** Ungleichungen voneinander **subtrahiert**, so können sich die verschiedensten Ergebnisse einstellen, wie die nachfolgenden Beispiele aufzeigen.

< 1.36 >

$$
\begin{array}{ccc}
3 < 4 & 3 < 4 & 2 < 7 \\
2 < 7 & 1 < 2 & 3 < 4 \\
\hline
1 = 3 - 2 > 4 - 7 = -3 & 2 = 3 - 1 = 4 - 2 = 2 & -1 = 2 - 3 < 7 - 4 = 3
\end{array}
$$
♦

1.7 Der absolute Betrag

Stellt man die reellen Zahlen auf der Zahlengeraden dar, vgl. Abb. 1.5 auf Seite 5, so haben die beiden Zahlen -3 und +3 den gleichen Abstand vom Nullpunkt. Man sagt auch, die Zahlen -3 und +3 haben den gleichen *absoluten Betrag*.

> **Definition 1.25**
> Der *absolute Betrag* einer reellen Zahl a, symbolisiert durch $|a|$, ist definiert als
>
> $$|a| = \begin{cases} a & \text{für } a \geq 0 \\ -a & \text{für } a < 0 \end{cases}$$

< 1.37 > $|3| = 3$, $|-3| = -(-3) = 3$, $|0| = 0$, $\left|\frac{7}{5}\right| = \frac{7}{5}$,

$\left|-\sqrt{2}\right| = -(-\sqrt{2}) = \sqrt{2}$
♦

Der absolute Betrag besitzt die folgenden Eigenschaften:

Satz 1.12:

Für reelle Zahlen a und b gelten die folgenden Regeln:

(A.1) $|-a| = |a|$

(A.2) $|a \cdot b| = |a| \cdot |b|$

(A.3) $\left|\dfrac{a}{b}\right| = \dfrac{|a|}{|b|}$ *für* $b \neq 0$

(A.4) $\big|\,|a| - |b|\,\big| \leq |a \pm b| \leq |a| + |b|$ *Dreiecksungleichung*

Tritt in einer Bestimmungs(un-)gleichung die Variable innerhalb eines absoluten Betrages auf, so empfiehlt es sich, die Grundmenge so in disjunkte Teilmengen zu zerlegen, dass in jeder einzelnen Teilmenge der Ausdruck innerhalb der Betragsschranken ein einheitliches Vorzeichen aufweist und der absolute Betrag somit gemäß seiner Definition ersetzt werden kann.

< 1.38 > Welche reellen Zahlen genügen der Ungleichung

$$5|x - 3| + 2x - |2x + 4| < 16\,?$$

Da $x - 3 \geq 0 \Leftrightarrow x \geq 3$ und $2x + 4 \geq 0 \Leftrightarrow x \geq -2$, wählen wir für die Grundmenge $\mathbf{R}$ die Zerlegung $\mathbf{R} =]-\infty, -2[\, \cup\, [-2, 3[\, \cup\, [3, +\infty[$.

1. Fall: $x \in [3, +\infty[$
  $\Leftrightarrow$ $5(x - 3) + 2x - (2x + 4) < 16$
  $\Leftrightarrow$ $5x < 35 \Leftrightarrow x < 7$,   d.h. $L_1 = [3, 7[$

2. Fall: $x \in [-2, 3[$
  $\Leftrightarrow$ $-5(x - 3) + 2x - (2x + 4) < 16$
  $\Leftrightarrow$ $-5x < 5 \Leftrightarrow x > -1$,   d.h. $L_2 =]-1, 3[$

3. Fall: $x \in]-\infty, -2[$
  $\Leftrightarrow$ $-5(x - 3) + 2x + (2x + 4) < 16$
  $\Leftrightarrow$ $-x < -3 \Leftrightarrow x > 3$,   d.h. $L_3 = \emptyset$

Die Ungleichung ist somit erfüllt für alle Zahlen

$$x \in L = L_1 \cup L_2 \cup L_3 =]-1, 7[. \qquad \blacklozenge$$

Durch eine Zerlegung der Grundmenge $\mathbf{R}$ in nichtnegative und in negative Elemente lassen sich die folgenden Äquivalenzaussagen leicht nachweisen.

> **Satz 1.13:**
>
> Für $a > 0$ gilt
>
> (A.5)　　$|y| = a \iff y = -a$ oder $y = +a$
>
> (A.6)　　$|y| < a \iff -a < y < +a$
>
> (A.7)　　$|y| > a \iff y < -a$ oder $+a < y$

< 1.39 >

a. $|y| = 5 \iff y = -5$ oder $y = +5$

b. $|y| < 3 \iff -3 < y < +3$

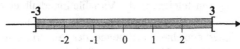

c. $|y| > 2 \iff y < -2$ oder $2 < y$

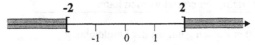

< **1.40** > Für welche reellen Zahlen gilt: $x^2 + 3x \le 4$?

Lösung: $x^2 + 3x \le 4 \iff x^2 + 3x + (\tfrac{3}{2})^2 \le 4 + \tfrac{9}{4} \iff (x + \tfrac{3}{2})^2 \le \tfrac{25}{4}$

$\overset{(U.3)}{\iff} \left| x + \tfrac{3}{2} \right| \le \tfrac{5}{2} \overset{(A.6)}{\iff} -\tfrac{5}{2} \le x + \tfrac{3}{2} \le +\tfrac{5}{2} \iff -4 \le x \le 1$

Die Ungleichung ist für alle $x \in [-4, 1]$ erfüllt.

< **1.41** > Welche reellen Zahlen genügen der Ungleichung

$$\frac{3x + 10}{x - 2} \le 2x + 3 \ ?$$

Lösung: $D = \mathbf{R} \setminus \{2\}$

1. Fall: $x - 2 > 0 \iff x > 2$　　　　　　　　2. Fall: $x - 2 < 0 \iff x < 2$

$\iff 3x + 10 \le 2x^2 + 3x - 4x - 6$

$\iff 16 \le 2x^2 - 4x$

$\iff 1 + 8 \le x^2 - 2x + 1$

$\iff 9 \le (x - 1)^2$

$\iff 3 \le |x - 1|$　　　　　　　　　　　　　　$\iff 3 \ge |x - 1|$

$\overset{(A.7)}{\iff} x - 1 \le -3$ oder $3 \le x - 1$　　　　$\overset{(A.6)}{\iff} -3 \le x - 1 \le +3$

$\iff x \le -2$ oder $4 \le x$　　　　　　　　$\iff -2 \le x \le +4$

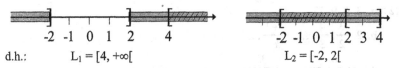

d.h.: $L_1 = [4, +\infty[$ $L_2 = [-2, 2[$

Die Ungleichung ist somit für alle

$\quad x \in L = L_1 \cup L_2 = [-2, 2[\cup [4, +\infty[$ erfüllt.   ◆

1.8 Folgen und Reihen

Im täglichen Leben kann man oft beobachten, dass die Objekte einer Menge durchnummeriert sind. Man denke nur an die Seiten eines Buches, die Blätter in einem Ordner, Buchungsbelege oder die Teilnehmerliste zu einem Kursus.

Bezeichnen wir die Elemente einer Menge A allgemein mit dem Symbol a, so können wir diese durchnummerieren, indem wir jedem Element eine Nummer, d. h. eine natürliche Zahl, als Index anhängen:

$\quad a_1, a_2, ..., a_k, ...$

Definition 1.26:

Eine Menge A, deren Elemente derart geordnet sind, dass jeder natürlichen Zahl $k \in I \subseteq \mathbf{N}$ ein Objekt der Menge A zugeordnet ist, und zwar der Zahl k das Objekt $a_k \in A$, wollen wir als eine *Folge* bezeichnen und symbolisieren durch:

$\quad a_1, a_2, a_3, ...$ oder $a_1, a_2, ..., a_k, ...$ oder $\{a_k\}_{k \in I}$.

Die einzelnen Elemente a_k bezeichnet man als *Glieder* der Folge.

Ist die Indexmenge I nur eine endliche Teilmenge der Menge der natürlichen Zahlen, z. B. $I = \{1, 2, ..., n\} \subset \mathbf{N}$, $n \in \mathbf{N}$, so spricht man genauer von einer *endlichen Folge* und schreibt:

$\quad a_1, a_2, a_3, ..., a_n$ oder $\{a_k\}_{k = 1, 2, ..., n}$.

Anderenfalls, d. h. für $I = \mathbf{N}$, liegt eine *unendliche Folge* vor.

Sind die zugeordneten Objekte a_k reelle Zahlen, so spricht man speziell von *Zahlenfolgen*.

Von besonderem Interesse sind dabei Zahlenfolgen, die im Aufbau eine Gesetzmäßigkeit aufweisen.

< 1.42 > **a.** 3, 6, 9, 12, ..., $3k$, ...

    b. $2, \dfrac{3}{2}, \dfrac{4}{3}, ..., \dfrac{k+1}{k}, ...$

    c. $\dfrac{3}{2}, \dfrac{6}{5}, \dfrac{9}{10}, ..., \dfrac{3k}{k^2+1}, ...$

    d. $5, 10, 20, ..., 5 \cdot 2^{k-1}, ...$

    e. $-3, 0, 5, ..., -4 + k^2, ...$ ◆

Häufig ist man nicht direkt an den Gliedern einer Folge $a_1, a_2, ..., a_k, ...$ interessiert, sondern an den *Partialsummen*

$$s_n = a_1 + a_2 + ... + a_n.$$

Definition 1.27:

Ist $\{a_k\}$ eine beliebige Zahlenfolge, so heißt die Zahlenfolge $\{s_n\}$ ihrer Partialsummen *Reihe*. Die Elemente s_k heißen *Glieder der Reihe*.

< 1.43 > Zur Zahlenfolge 5, 8, 11, ..., $3k + 2$, ... gehört die Reihe

$$5, \; 5 + 8 = 13, \; 5 + 8 + 11 = 24, \; 5 + 8 + 11 + 14 = 38, ...   ◆$$

Diese Partialsummen lassen sich besonders einfach für *arithmetische* und *geometrische Folgen* berechnen.

Arithmetische Folgen

Eine Zahlenfolge $\{a_k\}$ mit der Eigenschaft $a_{k+1} - a_k = d, \; \forall \, k \in I$ mit konstantem $d \neq 0$ heißt *arithmetisch*. Die Folgenglieder haben dann die Gestalt

$$a_1, \; a_2 = a_1 + d, \; a_3 = a_2 + d = a_1 + 2d, \; a_4 = a_3 + d = a_1 + 3d, ...$$

Das allgemeine Bildungsgesetz einer *arithmetischen* Folge ist somit

$$a_k = a_1 + (k - 1)d.$$

< 1.44 >

a. Die arithmetische Folge 3, 6, 9, ... mit $d = 3$ hat das allgemeine Bildungsgesetz

$$a_k = 3 + (k - 1)3 = 3k.$$

b. Die Folge 14, 9, 4, ..., -36 ist arithmetisch, die Differenz zweier aufeinanderfolgender Glieder ist $d = -5$ und die Folgenglieder haben allgemein die Form

$$a_k = 14 + (k - 1) \cdot (-5) = 19 - 5k.   ◆$$

Bei endlichen arithmetischen Folgen lässt sich die *Anzahl* der Folgenglieder bestimmen, indem man die Gleichung $a_n = a_1 + (n - 1)d$ nach n auflöst, d. h.

$$n = \frac{a_n - a_1}{d} + 1.$$

Die Folge 14, 9, 4, ..., -36 hat daher $n = \frac{-36-14}{-5} + 1 = 10 + 1 = 11$ Glieder.

Geometrische Folgen

Eine Zahlenfolge $\{a_k\}$ mit der Eigenschaft

$$\frac{a_{k+1}}{a_k} = q, \quad \forall\, k \in I, a_k \neq 0 \quad \text{mit konstantem } q, \; q \neq 0, q \neq 1$$

heißt geometrisch.
Die Folgenglieder haben dann die Gestalt

$$a_1, \; a_2 = a_1 \cdot q, \; a_3 = a_2 \cdot q = a_1 \cdot q^2, \; a_4 = a_3 \cdot q = a_1 \cdot q^3, \; ...$$

Das allgemeine Bildungsgesetz einer geometrischen Folge ist somit

$$a_k = a_1 \cdot q^{k-1}.$$

< 1.45 >
a. Die geometrische Folge 5, 10, 20, ... mit $q = 2$ hat das allgemeine Bildungsgesetz $a_k = 5 \cdot 2^{k-1}$.
b. Die Folge 3, -9, 27, ..., -6561 ist geometrisch, der Quotient zweier aufeinanderfolgender Glieder ist $q = -3$ und die Folgenglieder haben allgemein die Form $a_k = 3(-3)^{k-1} = -(-3)^k$.

Auch bei endlichen geometrischen Folgen lässt sich die Anzahl der Folgenglieder bestimmen: Hier ist die Gleichung $a_n = a_1 \cdot q^{n-1}$ nach n aufzulösen.

Aus $q^n = \dfrac{a_n \cdot q}{a_1}$ ergibt sich durch Logarithmieren

$$n = \frac{^{10}\log\left|\dfrac{a_n \cdot q}{a_1}\right|}{^{10}\log|q|}, \quad \text{vgl. S. 153.}$$

Die Folge 3, -9, 27, ..., -6.561 hat daher

$$n = \frac{^{10}\log\left|\dfrac{-6.561(-3)}{3}\right|}{^{10}\log|-3|} \approx \frac{3{,}81697}{0{,}47712} \approx 8 \text{ Glieder.} \qquad \blacklozenge$$

1.9 Das Summenzeichen

Partialsummen einer Folge lassen sich mit Hilfe des so genannten *Summenzeichens* kompakt darstellen, das durch den griechischen Buchstaben Σ ("Sigma") symbolisiert wird:

$$\sum_{k=1}^{n} a_k = a_1 + a_2 + \cdots + a_n.$$

Die linke Seite dieser Formel liest man: "*Summe der a_k von $k = 1$ bis $k = n$*".
Den Buchstaben k bezeichnet man als *Summationsindex*; die Zahlen, die unter bzw. über dem Summenzeichen stehen, heißen *Summationsgrenzen*.

Das Summenzeichen wird dahingehend verallgemeinert, dass beliebige ganze Zahlen als Summationsgrenzen gewählt werden können, solange die untere Grenze kleiner gleich der oberen Grenze ist:

$$\sum_{k=r}^{m} a_k = a_r + a_{r+1} + \cdots + a_m, \quad r, m \in \mathbf{Z}, \quad r \le m \tag{1.21}$$

Bemerkungen:

i. Wenn aus dem Zusammenhang klar hervorgeht, innerhalb welcher Grenzen und über welchen Index summiert werden soll, kann auf die Angabe der Summationsgrenzen und des Summationsindexes unterhalb des Summenzeichens verzichtet werden:

$$\sum_{k=1}^{n} a_k = \sum_k a_k = \sum a_k.$$

ii. Solange keine Verwechselungen möglich sind, kommt es nicht auf das Symbol (den Buchstaben) für den Summationsindex an:

$$\sum_{k=1}^{n} a_k = \sum_{j=1}^{n} a_j = \sum_{i=1}^{n} a_i.$$

iii. Die Grenzen des Summationszeichens lassen sich in beliebiger Weise verschieben:

$$\sum_{k=r}^{m} a_k = a_r + a_{r+1} + \ldots + a_m = \underset{\substack{j=k-s \\ \Leftrightarrow k=j+s}}{\sum_{j=r-s}^{m-s}} a_{j+s} = \underset{\substack{i=j+t \\ \Leftrightarrow j=i-t}}{\sum_{i=r-s+t}^{m-s+t}} a_{i+s-t}.$$

< 1.46 >

$$\sum_{k=3}^{8} k^2 = \sum_{\substack{j=k-2\\k=j+2}}^{6} (j+2)^2 = \sum_{\substack{i=j-12\\j=i+12}}^{-6} (i+14)^2 = \sum_{\substack{v=i+16\\i=v-16}}^{10} (v-2)^2 \quad \blacklozenge$$

$$\sum_{\substack{j=1}} \qquad \sum_{i=-11} \qquad \sum_{v=5}$$

Rechenregeln für das Summenzeichen

Für das Rechnen mit dem Summenzeichen gelten Regeln, die sich unmittelbar aus den Rechenregeln für reelle Zahlen und der Definition des Summenzeichens ergeben:

(S.1) $\displaystyle\sum_{i=r}^{m} d = (m-r+1)\,d$, speziell gilt: $\displaystyle\sum_{k=1}^{n} d = n \cdot d$,

(S.2) $\displaystyle\sum_{k=r}^{m} (d \cdot a_k) = d \cdot \sum_{k=r}^{m} a_k$,

(S.3) $\displaystyle\sum_{k=r}^{m} (a_k + b_k - c_k) = \sum_{k=r}^{m} a_k + \sum_{k=r}^{m} b_k - \sum_{k=r}^{m} c_k$,

(S.4) $\displaystyle\sum_{k=r}^{m} a_k + \sum_{k=m+1}^{n} a_k = \sum_{k=r}^{n} a_k$,

dabei sind $r, m, n \in \mathbf{Z}$; $a_k, b_k, c_k, d \in \mathbf{R}$.

< 1.47 >

a. $\displaystyle\sum_{k=3}^{7} 4 = 4+4+4+4+4 = (7-3+1)\cdot 4 = 5\cdot 4 = 20$

b. $\displaystyle\sum_{i=-2}^{3} 2\cdot i^2 = 2(-2)^2 + 2(-1)^2 + 2\cdot 0^2 + 2\cdot 1^2 + 2\cdot 2^2 + 2\cdot 3^2 = 2\cdot \sum_{i=-2}^{3} i^2$

c. $\displaystyle\sum_{k=2}^{7} (2^{k-2} + 5k - 4) = \sum_{k=2}^{7} 2^{k-2} + \sum_{k=2}^{7} 5k - \sum_{k=2}^{7} 4$

$$= \sum_{\substack{j=k-2\\j=0}}^{5} 2^j + 5\cdot \sum_{k=2}^{7} k - 4(7-2+1)$$

d. $\displaystyle\sum_{k=-1}^{4} k^2 + \sum_{j=2}^{10} (j+3)^2 = \sum_{k=-1}^{4} k^2 + \sum_{\substack{k=j+3\\k=5}}^{13} k^2 = \sum_{k=-1}^{13} k^2 \quad \blacklozenge$

Doppelsummen

Ein Unternehmen produziere n Güter. Wollen wir die Umsätze der einzelnen Güter in m Monaten darstellen, so können wir dies in Form der folgenden Tab. 1.9 tun, wobei jede Umsatzgröße u_{ij} von zwei unabhängigen Indizes abhängt. Dabei soll der 1. Index die Zeile (im Beispiel den Monat) kennzeichnen und der 2. Index die Spalte (im Beispiel das Gut).

Tab. 1.9

Gut Monat	1	2	$\cdots$	j	$\cdots$	n	monatlicher Gesamtumsatz
1	u_{11}	u_{12}	$\cdots$	u_{1j}	$\cdots$	u_{1n}	$\sum\limits_{j=1}^{n} u_{1j}$
2	u_{21}	u_{22}	$\cdots$	u_{2j}	$\cdots$	u_{2n}	$\sum\limits_{j=1}^{n} u_{2j}$
$\vdots$	$\vdots$	$\vdots$		$\vdots$		$\vdots$	$\vdots$
i	u_{i1}	u_{i2}	$\cdots$	u_{ij}	$\cdots$	u_{in}	$\sum\limits_{j=1}^{n} u_{ij}$
$\vdots$	$\vdots$	$\vdots$		$\vdots$		$\vdots$	$\vdots$
m	u_{m1}	u_{m2}	$\cdots$	u_{mj}	$\cdots$	u_{mn}	$\sum\limits_{j=1}^{n} u_{mj}$
Gesamt- umsatz je Gut	$\sum\limits_{i=1}^{m} u_{i1}$	$\sum\limits_{i=1}^{m} u_{i2}$	$\cdots$	$\sum\limits_{i=1}^{m} u_{ij}$	$\cdots$	$\sum\limits_{i=1}^{m} u_{in}$	

Der Gesamtumsatz dieses Unternehmens lässt sich auf zwei Wegen ermitteln:

i. Man berechnet die *Zeilen-Randsummen*, d. h. die monatlichen Gesamtumsätze, und summiert dann diese über die Monate auf:

$$\sum_{i=1}^{m} \left(\sum_{j=1}^{n} u_{ij} \right)$$

ii. Man berechnet die *Spalten-Randsummen*, d. h. die Gesamtumsätze je Gut in den m Monaten, und addiert dann diese für alle n Güter:

$$\sum_{j=1}^{n} \left(\sum_{i=1}^{m} u_{ij} \right).$$

Da die beiden so gebildeten *Doppelsummen* aus den gleichen Summanden gebildet sind, gilt:

$$\sum_{j=1}^{n} \left(\sum_{i=1}^{m} u_{ij} \right) = \sum_{i=1}^{m} \left(\sum_{j=1}^{n} u_{ij} \right). \tag{1.22}$$

Bemerkungen:

1. Häufig werden bei Doppelsummen die Klammern weggelassen.

2. Die Regel (1.22) über die Vertauschbarkeit der Reihenfolge der Summanden bei Doppelsummen gilt nur, wenn m und n natürliche Zahlen sind und über alle Glieder u_{ij} summiert wird.

3. Eine Anordnung $\begin{pmatrix} a_{11} & a_{12} & \cdots & a_{1n} \\ a_{21} & a_{22} & \cdots & a_{2n} \\ \cdot & \cdot & & \cdot \\ \cdot & \cdot & & \cdot \\ a_{m1} & a_{m2} & \cdots & a_{mn} \end{pmatrix}$ wird als *Matrix* mit *m Zeilen und n Spalten* bezeichnet. Man spricht abkürzend von einer $m \times n$-Matrix.

4. Sind die Summationsgrenzen beider Summen identisch, so kann eine Doppelsumme auch abgekürzt mit nur einem Summationszeichen geschrieben werden:

$$\sum_{i=1}^{n} \sum_{j=1}^{n} u_{ij} = \sum_{i,j=1}^{n} u_{ij}. \tag{1.23}$$

5. Doppelsummen lassen sich mit Hilfe der Summationsregeln (S.1)-(S.4) umformen, indem man das äußere Summenzeichen unverändert lässt und die innere Summe gemäß dieser Regeln umformt; der Summationsindex des äußeren Summenzeichens wird dabei als konstant angesehen.

< 1.48 >

$$\sum_{k=1}^{3} \sum_{j=3}^{7}(jk^2-3j+k) = \sum_{k=1}^{3}\left(\sum_{j=3}^{7}(j(k^2-3)+k)\right)$$

$$= \sum_{k=1}^{3}\left((k^2-3)\cdot\sum_{j=3}^{7}j+\sum_{j=3}^{7}k\right) = \sum_{k=1}^{3}((k^2-3)\cdot(3+4+5+6+7)+k(7-3+1))$$

$$= \sum_{k=1}^{3}25(k^2-3)+\sum_{k=1}^{3}5k = 25(-2+1+6)+5(1+2+3)$$

$$= 25\cdot 5+5\cdot 6 = 155$$

2. Weg:

$$\sum_{k=1}^{3} \sum_{j=3}^{7}(jk^2-3j+k) = \sum_{j=3}^{7}\left(\sum_{k=1}^{3}(jk^2-3j+k)\right)$$

$$= \sum_{j=3}^{7}\left(j\cdot\sum_{k=1}^{3}(k^2-3)+\sum_{k=1}^{3}k\right) = \sum_{j=3}^{7}(j\cdot(-2+1+6)+(1+2+3))$$

$$= \sum_{j=3}^{7}5j+\sum_{j=3}^{7}6 = 5\sum_{j=3}^{7}j+6(7-3+1) = 5\cdot 25+6\cdot 5 = 155 \qquad \blacklozenge$$

Die GAUSSsche Summenformel

Ist uns die Aufgabe gestellt, die natürlichen Zahlen von 1 bis n aufzuaddieren, so könnten wir wie folgt vorgehen:

Wir schreiben die Summe $\sum_{i=1}^{n} i$ einmal in aufsteigender Folge und einmal in ab-steigender Folge untereinander und addieren die beiden Summen so, dass auf der rechten Seite zunächst die jeweils übereinander stehenden Summanden addiert werden. Aus

$$\left.\begin{array}{l}\sum_{i=1}^{n} i = 1 + 2 + 3 + ... + (n-1) + n \\[2mm] \sum_{i=1}^{n} i = n + (n-1) + (n-2) + ... + 2 + 1\end{array}\right\}+$$

$$2\sum_{i=1}^{n} i = \underbrace{(n+1)+(n+1)+(n+1)+...+(n+1)+(n+1)}_{n\text{ Summanden}}$$

folgt die GAUSS*sche Summenformel*

$$\sum_{i=1}^{n} i = \frac{n(n+1)}{2}. \qquad\qquad\qquad\qquad (1.24)$$

< **1.49** > Carl Friedrich GAUSS (1777-1855) soll die nach ihm benannte Formel entwickelt haben, als sein Lehrer ihm und seinen Mitschülern die Aufgabe stellte, die Zahlen von 1 bis 100 aufzuaddieren:

$$1 + 2 + 3 + \cdots + 100 = \sum_{i=1}^{100} i = \frac{100 \cdot 101}{2} = 5.050.$$ ◆

Die Summenformel der arithmetischen Reihe

Mittels der GAUSSschen Summenformel lassen sich die Partialsummen aller arithmetischen Folgen, vgl. S. 42, berechnen:

$$s_n = \sum_{k=1}^{n} (a_1 + (k-1)d) = \sum_{k=1}^{n} (a_1 - d) + \sum_{k=1}^{n} kd = n(a_1 - d) + d \cdot \sum_{k=1}^{n} k$$

$$= n(a_1 - d) + d \frac{n(n+1)}{2} = \frac{n}{2}(2a_1 - 2d + d(n+1)) = \frac{n}{2}(a_1 + \underbrace{a_1 + (n-1)d}_{=a_n}),$$

d. h.

$$s_n = \sum_{k=1}^{n} (a_1 + (k-1)d) = n \cdot \frac{a_1 + a_n}{2}.$$

Diese Formel lässt sich verallgemeinern für Partialsummen von arithmetischen Folgen, deren erstes Glied nicht die Laufnummer 1 aufweisen muss:

$$a_r + a_{r+1} + \ldots + a_m = \frac{a_r + a_m}{2} \cdot (m - r + 1) \tag{1.25}$$

< **1.50** >

a. $\sum_{k=1}^{15} (4 + 3(k-1)) = \sum_{k=1}^{15} (4-3) + 3\sum_{k=1}^{15} k = 15 \cdot 1 + 3\frac{15 \cdot 16}{2}$

$$= 15(1 + 3 \cdot 8) = 15 \cdot 25 = 375$$

b. $14 + 9 + 4 - 1 - \cdots - 36 \overset{(1.25)}{=} 11 \cdot \frac{14 + (-36)}{2} = 11(-11) = -121$ ◆

Die Summenformel der geometrischen Reihe

Um die Summe $\quad \sum\limits_{k=r}^{m} q^k = q^r + q^{r+1} + \cdots + q^m, \quad r, m \in \mathbf{Z}, q \in \mathbf{R} \setminus \{0, 1\}$

aufzuaddieren, multipliziert man die Gleichung mit $(1 - q)$

$$(1-q) \cdot \sum_{k=r}^{m} q^k = (q^r - q^{r+1}) + (q^{r+1} - q^{r+2}) + \cdots + (q^m - q^{m+1})$$

und erhält nach Vereinfachung der rechten Seite

$$(1-q) \cdot \sum_{k=r}^{m} q^k = q^r - q^{m+1}, \quad \text{d. h.}$$

$$\sum_{k=r}^{m} q^k = \frac{q^r - q^{m+1}}{1-q}, \quad \text{für } q \in \mathbf{R} \setminus \{0, 1\}, \ r, m \in \mathbf{Z}. \tag{1.26}$$

Ist speziell die untere Summationsgrenze $r = 0$, so vereinfacht sich die Formel (1.26) zu

$$\sum_{k=0}^{m} q^k = \frac{1 - q^{m+1}}{1-q}, \quad \text{für } q \in \mathbf{R} \setminus \{0, 1\}, \ m \in \mathbf{N} \cup \{0\}. \tag{1.27}$$

Ist $q > 1$, so empfiehlt es sich, den Quotient auf der rechten Seite der Formel (1.26) mit (-1) zu erweitern und die Formel

$$\sum_{k=r}^{m} q^k = \frac{q^{m+1} - q^r}{q-1}, \quad q \in \mathbf{R} \setminus \{0, 1\} \tag{1.28}$$

zu verwenden.

Mit der *Summenformel der geometrischen Reihe* lassen sich die Partialsummen geometrischer Folgen, vgl. S. 43, leicht berechnen:

$$s_n = \sum_{k=1}^{n} a_1 q^{k-1} \underset{j=k-1}{=} a_1 \sum_{j=0}^{n-1} q^j = a_1 \cdot \frac{1 - q^n}{1 - q}.$$

Der wichtigste Anwendungsfall für die Summenformel der geometrischen Reihe ist die Rentenrechnung, vgl. hierzu S. 77ff.

< 1.51 >

a. $3 + \frac{3}{2} + \frac{3}{4} + \cdots + \frac{3}{1024} = \sum_{k=1}^{11} 3(\frac{1}{2})^{k-1} = 3 \cdot \sum_{j=0}^{10} (\frac{1}{2})^j = 3 \cdot \frac{1-(\frac{1}{2})^{11}}{1-\frac{1}{2}}$

$$= 6(1-(\tfrac{1}{2})^{11}) \approx 6$$

b. $\sum_{k=1}^{8} 2(-3)^{k-1} = 2 \cdot \sum_{j=0}^{7} (-3)^j = 2\frac{(-3)^8-1}{(-3)-1} = 2\frac{3^8-1}{-4}$

$$= -\tfrac{1}{2}(3^8-1) = -3.280 \qquad \blacklozenge$$

< 1.52 >

a. $\sum_{k=5}^{17} (2^{k-2} + 3(k+1) - 17) = 2^{-2} \cdot \sum_{k=5}^{17} 2^k \underset{j=k-4}{+} \sum_{j=1}^{13}(3(j+5)-17)$

$$= 2^{-2} \cdot \frac{2^{18}-2^5}{2-1} + 3 \cdot \sum_{j=1}^{13} j - \sum_{j=1}^{13} 2 = 2^{16} - 2^3 + 3 \cdot \frac{13 \cdot 14}{2} - 2 \cdot 13$$

$$= 2^3(2^{13} - 1) + 247 = 65.775$$

b. $\sum_{k=3}^{20}(2^{k-3} + 5k - 7) - \sum_{j=5}^{16}(2^{j+1} - 3(j-7) + 5)$

$$\underset{i=k-3}{=} \sum_{i=0}^{17} 2^i + \sum_{k=3}^{20}(5k-7) \underset{r=j+1}{-} \sum_{r=6}^{17} 2^r + \sum_{j=5}^{16}(3j-26)$$

$$= \sum_{i=0}^{5} 2^i + (20-3+1)\frac{8+93}{2} + (16-5+1)\frac{-11+22}{2}$$

$$= \frac{2^6-1}{2-1} + 9 \cdot 101 + 6 \cdot 11 = 2^6 - 1 + 909 + 66 = 1.038 \qquad \blacklozenge$$

1.10 Das Produktzeichen

In der Anwendung weniger verbreitet, aber nicht minder kennenswert ist das Produktzeichen Π, das durch den großen griechischen Buchstaben „Pi" symbolisiert wird. Der Unterschied zum Summenzeichen besteht darin, dass die Folgenglieder nicht additiv, sondern multiplikativ verbunden werden:

$$\prod_{i=1}^{n} a_i = a_1 \cdot a_2 \cdot a_3 \cdot \ldots \cdot a_n, \quad a_i \in \mathbf{R}, \ n \in \mathbf{N} \tag{1.29}$$

bzw. allgemein

$$\prod_{k=r}^{m} a_k = a_r \cdot a_{r+1} \cdot a_{r+2} \cdot \ldots \cdot a_m, \quad a_i \in \mathbf{R}, \ r, m \in \mathbf{Z}. \tag{1.30}$$

Ganz in Analogie zum Summenzeichen ist diese Darstellung nur sinnvoll, wenn die untere Grenze kleiner oder gleich der oberen ist, und es gelten analog die dort genannten Vereinfachungen in der Schreibweise.

Steht hinter dem Produktzeichen eine Größe, die nicht vom Produktindex abhängt, so schreibt man dafür

$$d^n = \prod_{i=1}^{n} d = \underbrace{d \cdot d \cdot \ldots \cdot d}_{n-\text{mal}}, \quad d \in \mathbf{R}, n \in \mathbf{N}. \tag{1.31}$$

d^n heißt n-te *Potenz* von d mit der *Basis d* und dem *Exponenten n*.

Für das in der Kombinatorik häufig vorkommende Produkt $\prod_{i=1}^{n} i$, $n \in \mathbf{N}$, hat man ein eigenes Abkürzungssymbol eingeführt. Man schreibt

$$n! = \prod_{i=1}^{n} i = 1 \cdot 2 \cdot 3 \cdot \ldots \cdot n \quad \text{und spricht:} \quad n \text{ Fakultät}. \tag{1.32}$$

Zusätzlich definiert man: $0! = 1$.

< **1.53** > **a.** $5! = 1 \cdot 2 \cdot 3 \cdot 4 \cdot 5 = 120$

  b. $10! = \prod_{i=1}^{10} i = 3.628.800$ ◆

Rechenregeln für das Produktzeichen

Für das Rechnen mit dem Produktzeichen gelten Regeln, die sich unmittelbar aus den Gesetzen der Multiplikation mit reellen Zahlen und der Definition des Produktzeichens ergeben:

(R.1) $\displaystyle\prod_{k=r}^{m} d = d^{(m-r+1)}$

(R.2) $\displaystyle\prod_{k=r}^{m} \frac{a_k \cdot b_k}{c_k} = \frac{\displaystyle\prod_{k=r}^{m} a_k \cdot \prod_{k=r}^{m} b_k}{\displaystyle\prod_{k=r}^{m} c_k}, \quad c_k \neq 0$

(R.3) $\displaystyle\prod_{k=r}^{m} a_k \cdot \prod_{k=m+1}^{n} a_k = \prod_{k=r}^{n} a_k$

(R.4) $\displaystyle\prod_{k=r}^{m} (a_k)^s = \left(\prod_{k=r}^{m} a_k\right)^s$,

dabei sind $a_k, b_k, c_k, d \in \mathbf{R}, r, m, n \in \mathbf{Z}, s \in \mathbf{N}$.

< 1.54 > **a.** $\displaystyle 4^3 \cdot \prod_{i=-2}^{1} \frac{2^i}{(i-3)} = 4^3 \cdot \frac{2^{-2}}{-5} \cdot \frac{2^{-1}}{-4} \cdot \frac{2^0}{-3} \cdot \frac{2^1}{-2} = \frac{2}{15}$

b. $\displaystyle \frac{1}{2^{10}} \cdot \prod_{k=3}^{12} \frac{2k}{k+2} = \frac{1}{2^{10}} \cdot \frac{\displaystyle\prod_{k=3}^{12} 2 \cdot \prod_{k=3}^{12} k}{\displaystyle\prod_{k=3}^{12}(k+2)} = \frac{2^{12-3+1}}{2^{10}} \cdot \frac{3 \cdot 4}{13 \cdot 14} = \frac{6}{91}$ ◆

Potenzregeln

Für den speziellen Fall, dass nur Größen vorkommen, die unabhängig vom Produktindex sind, vereinfachen sich die vorstehenden Rechenregeln zu den bekannten Potenzregeln:

Für $r = 1$ folgt aus (R.2) bzw. (R.3) bzw. (R.4):

(P.1) $\displaystyle \left(\frac{a \cdot b}{c}\right)^m = \frac{a^m \cdot b^m}{c^m}$, $c \neq 0$.

(P.2) $a^m \cdot a^{n-m} = a^n$ oder   (P.2') $a^m \cdot a^s = a^{m+s}$.

Potenzen mit gleicher Basis werden multipliziert, indem man die Exponenten addiert.

(P.3) $(a^s)^m = (a^m)^s = a^{m \cdot s}$.

Potenzen werden potenziert, indem man die Exponenten multipliziert.

Dabei sind $a, b, c \in \mathbf{R}, m, n, s \in \mathbf{N}$.

Definiert man noch

$a^0 = 1$ für $a \in \mathbf{R}, a \neq 0$,

$a^{-n} = \dfrac{1}{a^n}$ für $a \in \mathbf{R}, a \neq 0, n \in \mathbf{N}$,

so kann man Potenzen mit beliebigen ganzzahligen Exponenten bilden. Die Potenzregeln (P.1) bis (P.3) bleiben auch in dieser erweiterten Klasse gültig für beliebige positive oder negative Basen.

< 1.55 >

$$3^0 = 1, \quad (-\tfrac{1}{3})^0 = 1, \quad 3^{-2} = \frac{1}{3^2} = \tfrac{1}{9}, \quad ((-2)^2)^3 = (-2)^6 = 64,$$

$$\frac{3^5}{3^2} = 3^5 \cdot 3^{-2} = 3^3.$$ ◆

Basierend auf dem

Satz 1.14:
Für jede reelle Zahl $a \geq 0$ und jede natürliche Zahl n hat die Gleichung $x^n = a$
genau eine reelle Lösung $x \geq 0$[1],

---

können wir Potenzen mit rationalen Exponenten einführen, sofern wir uns auf
nichtnegative Basen beschränken.

Definition 1.28:
Die eindeutig bestimmte **nichtnegative** Lösung der Gleichung

$$x^n = a, \quad a \geq 0, n \in \mathbf{N}$$

wird *n-te Wurzel aus a* genannt und durch $\sqrt[n]{a}$ symbolisiert. Die Zahl a heißt
Radikand von $\sqrt[n]{a}$. Statt $\sqrt[2]{a}$ schreibt man zumeist $\sqrt{a}$ und spricht von der
Quadratwurzel.

Man definiert weiter

$$a^{\frac{1}{n}} = \sqrt[n]{a}; \quad a^{\frac{m}{n}} = \sqrt[n]{a^m} \qquad \text{für } a \geq 0, \ m, n \in \mathbf{N};$$

$$a^{-r} = \frac{1}{a^r} \qquad\qquad \text{für } a > 0, r \in \mathbf{Q}, r > 0$$

und kann somit *Potenzen mit rationalem Exponent* bilden, vorausgesetzt die
Basis ist **positiv.**

< 1.56 > $$9^{\frac{1}{2}} = \sqrt{9} = 3, \quad 8^{\frac{1}{3}} = \sqrt[3]{8} = 2, \quad 27^{-\frac{1}{3}} = \frac{1}{27^{\frac{1}{3}}} = \frac{1}{\sqrt[3]{27}} = \frac{1}{3}$$ ◆

---
[1] Ein Beweis dieses Satzes findet man z.B. in HEUSER [1980, S. 77f].

Die Potenzregeln (P.1) bis (P.3) gelten auch für diese erweiterte Klasse von Potenzen, z. B.

$$(\sqrt[n]{a})^n = a^{\frac{1}{n} \cdot n} = a \qquad \text{für } a > 0, \ n \in \mathbf{N},$$

$$(\sqrt[n]{a})^m = a^{\frac{1}{n} \cdot m} = \sqrt[n]{a^m} \qquad \text{für } a > 0, \ n, m \in \mathbf{N}.$$

$$< 1.57 > \qquad \sqrt{9 \cdot 16} = (9 \cdot 16)^{\frac{1}{2}} \overset{(P.1)}{=} 9^{\frac{1}{2}} \cdot 16^{\frac{1}{2}} = \sqrt{9} \cdot \sqrt{16} = 3 \cdot 4 = 12$$

$$9^{\frac{1}{3}} \cdot 9^{\frac{1}{6}} \overset{(P.2')}{=} 9^{\frac{1}{3} + \frac{1}{6}} = 9^{\frac{1}{2}} = \sqrt{9} = 3$$

$$(\sqrt{8})^{\frac{2}{3}} = (8^{\frac{1}{2}})^{\frac{2}{3}} \overset{(P.3)}{=} 8^{\frac{1}{3}} = 2 \qquad \blacklozenge$$

Bei der Anwendung der Potenzregeln auf Potenzen mit rationalem Exponent ist streng darauf zu achten, dass keine negativen Basen vorliegen; dies verdeutlicht das nachfolgende fehlerhafte Beispiel.

$$< 1.58 >$$

$$2 = 2^1 = 2^{\frac{2}{2}} \overset{(P.3)}{=} (2^2)^{\frac{1}{2}} = 4^{\frac{1}{2}} = ((-2)^2)^{\frac{1}{2}} \underset{\textbf{falsch}}{\overset{(P.3)}{=}} (-2)^{\frac{2}{2}} = (-2)^1 = -2 \qquad \blacklozenge$$

Da für jede ungerade natürliche Zahl m gilt $(-1)^m = -1$, kann man für ungerade Zahlen m Potenzen mit rationalem Exponent auch auf **negative Basen** erweitern, indem man definiert:

$$(-1)^{\frac{1}{m}} = \sqrt[m]{-1} = -1 \qquad \text{für } m \in \mathbf{N}, \ m \text{ ungerade};$$

$$b^{\frac{1}{m}} = \sqrt[m]{b} = -\sqrt[m]{|b|} = -|b|^{\frac{1}{m}} \qquad \text{für } m \in \mathbf{N}, \ m \text{ ungerade}, \ b < 0.$$

$$< 1.59 > \qquad (-27)^{\frac{1}{3}} = \sqrt[3]{-27} = -\sqrt[3]{27} = -3,$$

$$\sqrt[5]{-32} = -\sqrt[5]{32} = -(2^5)^{\frac{1}{5}} = -2^{\frac{5}{5}} = -2 \qquad \blacklozenge$$

Um den Potenzbegriff auch auf irrationale reelle Zahlen zu erweitern, benutzen wir zunächst die

Definition 1.29:

Für reelle Zahlen $a \geq 1$ und irrationale reelle Zahlen $x > 0$ gilt

$$a^x = \mathrm{Sup} \{a^r \mid r \in \mathbf{Q} \text{ und } 0 < r < x\}. \qquad (1.33)$$

Da für jede reelle Zahl b mit $0 < b < 1$ eine reelle Zahl $a > 1$ so existiert, dass $b = \dfrac{1}{a}$ ist, können wir Potenzen mit positiven reellen Exponenten für alle positiven Basen bilden, indem wir definieren

$$b^x = \left(\frac{1}{a}\right)^x = \frac{1}{a^x} \qquad \text{für } 0 < b < 1, \; x > 0.$$

Definieren wir außerdem

$$a^{-x} = \frac{1}{a^x} \qquad \text{für } a > 0, x > 0,$$

so ist der Potenz-Begriff für beliebige reelle Exponenten und **positive Basen** erklärt, und es gelten für diese erweiterten Potenzklassen die Potenzregeln (P.1)-(P.3).

1.11 Binomialkoeffizient, binomische Reihe

Berechnen wir die Potenzen einer Summe $a + b \neq 0$, so erhalten wir

$(a + b)^0 = 1,$

$(a + b)^1 = a + b,$

$(a + b)^2 = a^2 + 2ab + b^2,$

$(a + b)^3 = a^3 + 3a^2b + 3ab^2 + b^3,$

$(a + b)^4 = a^4 + 4a^3b + 6a^2b^2 + 4ab^3 + b^4,$

$(a + b)^5 = a^5 + 5a^4b + 10a^3b^2 + 10a^2b^3 + 5ab^4 + b^5,$

$(a + b)^6 = a^6 + 6a^5b + 15a^4b^2 + 20a^3b^3 + 15a^2b^4 + 6ab^5 + b^6.$

In dieser Aufstellung erkennt man schon das Bildungsgesetz der jeweils entstehenden Summe:

Eine Potenz $(a + b)^n$ liefert eine Summe von Ausdrücken der Form

$a^{n-k} \cdot b^k$, $\quad k = 0, 1, ..., n$,

die jeweils noch mit einem Zahlenfaktor behaftet sind, den man mit $\binom{n}{k}$ symbolisiert und als *Binomialkoeffizient* bezeichnet; $\binom{n}{k}$ wird gesprochen „*n über k*".

Allgemein ergibt sich somit die Formel

$$(a + b)^n = \binom{n}{0}a^n b^0 + \binom{n}{1}a^{n-1}b^1 + \cdots + \binom{n}{n}b^n a^0 = \sum_{k=0}^{n} \binom{n}{k}a^{n-k}b^k, \quad (1.34)$$

die in der Literatur als *Binomischer Lehrsatz* bezeichnet wird.

Dabei kennzeichnet die „obere Zahl" n die Zeile und die „untere Zahl" k die Position des Binomialkoeffizienten $\binom{n}{k}$ in dieser Zeile, wobei k von 0 bis n läuft. Der Binomialkoeffizient $\binom{6}{3} = 20$ steht z. B. in der Zeile $n = 6$ an der Position $k = 3$.

Für $n = 0, 1, ..., 6$ lassen sich die Binomialkoeffizienten offensichtlich mit dem PASCAL*schen Dreieck* berechnen, nach dem jeder innere Koeffizient sich als Summe der beiden links und rechts darüberstehenden Koeffizienten ergibt.

n	Binomialkoeffizienten $\binom{n}{k}$						
0				1			
1			1		1		
2			1	2	1		
3		1	3	3	1		
4		1	4	6	4	1	
5	1	5	10	10	5	1	
6	1	6	15	20	15	6	1

Abb. 1.15: Das PASCALsche Dreieck

Die Zahlen am Außenrand des PASCALschen Dreiecks sind stets gleich 1; wir definieren deshalb:

$$\binom{n}{0} = 1 \quad \text{für } n \in \mathbf{N} \cup \{0\}, \quad (1.35)$$

$$\binom{n}{n} = 1 \quad \text{für } n \in \mathbf{N}. \quad (1.36)$$

Für die übrigen Binomialkoeffizienten machen wir den Ansatz

$$\binom{n}{k} = \frac{n \cdot (n-1) \cdot (n-2) \cdots (n-k+1)}{1 \cdot 2 \cdot 3 \cdots k}, \quad n \in \mathbf{N}, k = 1, 2, \ldots, n, \qquad (1.37)$$

der für n = 0, 1, ..., 6 die gleichen Koeffizienten liefert, wie wir sie oben ausgerechnet haben. Nachfolgend wird gezeigt, dass die Eigenschaften des PASCALschen Dreiecks auch für $n > 6$ gültig sind.

Mittels des Fakultätsymbols lassen sich die Binomialkoeffizienten auch darstellen als

$$\binom{n}{k} = \frac{n!}{k!(n-k)!} = \frac{n \cdot (n-1) \cdots (n-k+1)}{1 \cdot 2 \cdot 3 \cdots k} \cdot \frac{(n-k) \cdots 1}{(n-k) \cdots 1}. \qquad (1.38)$$

$< 1.60 >$
$$\binom{5}{0} = 1, \quad \binom{5}{3} = \frac{5 \cdot 4 \cdot 3}{1 \cdot 2 \cdot 3} = 10, \quad \binom{5}{5} = \frac{5 \cdot 4 \cdot 3 \cdot 2 \cdot 1}{1 \cdot 2 \cdot 3 \cdot 4 \cdot 5} = 1$$

$$\binom{6}{2} = \frac{6 \cdot 5}{1 \cdot 2} = 15$$

$$\binom{27}{5} = \frac{27 \cdot 26 \cdot 25 \cdot 24 \cdot 23}{1 \cdot 2 \cdot 3 \cdot 4 \cdot 5} = 27 \cdot 26 \cdot 5 \cdot 23 = 80.730$$

Bei Verwendung des Taschenrechners und der Fakultätstaste empfiehlt sich die alternative Darstellung mittels Fakultäten:

$$\binom{6}{2} = \frac{6!}{2!(6-2)!} = \frac{6!}{2!4!}, \quad \binom{27}{5} = \frac{27!}{5!(27-5)!} = \frac{27!}{5!22!}. \qquad \blacklozenge$$

Diese Überprüfung ist aber kein ausreichender Beweis dafür, dass diese Definition der Binomialkoeffizienten **allgemein** sinnvoll und der Binomische Lehrsatz dann für **alle** $n \in \mathbf{N}$ richtig ist. Um dies zu zeigen, wollen wir zunächst nachweisen, dass die nach (1.37) definierten Binomialkoeffizienten allgemein dem Bildungsgesetz des PASCALschen Dreiecks genügen, d. h. es muss gelten:

$$\binom{n+1}{k+1} = \binom{n}{k} + \binom{n}{k+1} \quad \text{für alle } k = 0, 1, \ldots, n-1; \ n \in \mathbf{N}. \qquad (1.39)$$

Beweis:

$$\binom{n}{k} + \binom{n}{k+1} = \frac{n \cdot (n-1) \cdots (n-k+1) \cdot (k+1)}{1 \cdot 2 \cdots k \cdot (k+1)} + \frac{n \cdot (n-1) \cdots (n-k+1) \cdot (n-k)}{1 \cdot 2 \cdots k \cdot (k+1)}$$

$$= \frac{n \cdot (n-1) \cdot (n-2) \cdots (n-k+1) \cdot [(k+1) + (n-k)]}{1 \cdot 2 \cdots k \cdot (k+1)}$$

$$= \frac{(n+1) \cdot n \cdot (n-1) \cdots (n-k+1)}{1 \cdot 2 \cdots k \cdot (k+1)} = \binom{n+1}{k+1}.$$

Damit ist gleichzeitig bewiesen, dass alle Binomialkoeffizienten, die im PASCALschen Dreieck ersichtlichen Symmetrieeigenschaften aufweisen:

$$\binom{n}{k} = \binom{n}{n-k} \quad \text{für } k = 0, 1, 2, ..., n. \tag{1.40}$$

Diese Symmetrieeigenschaften kann man ausnutzen zur Rechenvereinfachung bei der Bestimmung von Binomialkoeffizienten, deren unten stehende Zahl mindestens halb so groß ist wie die oben stehende.

< 1.61 > $\quad \binom{8}{6} = \binom{8}{8-6} = \binom{8}{2} = \frac{8 \cdot 7}{1 \cdot 2} = 28$

$$\binom{27}{22} = \binom{27}{27-22} = \binom{27}{5} = 80.730, \quad \text{vgl. Beispiel} < 1.60 > \quad \blacklozenge$$

Auch nach der Überprüfung der Formel (1.39) ist noch nicht bewiesen, dass der Binomische Lehrsatz (1.34) für alle natürliche Zahlen n gültig ist, denn bisher wurde nur für die Zahlen $n = 1, 2, ..., 6$ gezeigt, dass die Koeffizienten in der Formel (1.34) dem Bildungsgesetz des PASCALschen Dreiecks genügen. Die Allgemeingültigkeit des Binomischen Lehrsatzes lässt sich aber mittels des Prinzips der vollständigen Induktion, vgl. S. 22, leicht beweisen:

Beweis des Binomischen Lehrsatzes:

Für $n = 1$ ist die Formel richtig, denn $\binom{1}{0}a^1 + \binom{1}{1}b^1 = (a+b)^1$.

Aus $(a+b)^n = \sum_{k=0}^{n} \binom{n}{k} a^{n-k} b^k$ folgt

$$(a+b)^{n+1} = (a+b)(a+b)^n = \sum_{k=0}^{n}\left[\binom{n}{k}a^{n-k+1}b^k + \binom{n}{k}a^{n-k}b^{k+1}\right]$$

$$= a^{n+1} + \sum_{k=1}^{n}\binom{n}{k}a^{n+1-k}b^k + \sum_{k=0}^{n-1}\binom{n}{k}a^{n-k}b^{k+1} + b^{n+1}$$

$$= a^{n+1} + \sum_{k=1}^{n}\left[\binom{n}{k}+\binom{n}{k-1}\right]a^{n+1-k}b^k + b^{n+1}$$

$$= a^{n+1} + \sum_{k=1}^{n}\binom{n+1}{k}a^{n+1-k}b^k + b^{n+1}$$

$$= \sum_{k=0}^{n+1}\binom{n+1}{k}a^{n+1-k}b^k \; .$$

Anwendung finden die Binomialkoeffizienten in der Kombinatorik, vgl. S. 63ff, und in der Wahrscheinlichkeitsrechnung, vgl. S. 73f.

1.12 Aufgaben

1.1 Geben Sie für die Aussageform „$\sqrt{x-4} < 3$" die Definitionsmenge und die Lösungsmenge bzgl.

a. der Grundmenge **N**,   **b.** der Grundmenge **R**   an.

1.2 Schreiben Sie die nachfolgenden Aussagen in mathematischer Abkürzungsschreibweise:

a. Für alle negativen reellen Zahlen x gilt, dass ihr Produkt mit sich selbst positiv ist

b. Es existiert genau eine positive Zahl x, so dass $3x + 7 = 22$.

c. Es existiert keine reelle Zahl mit der Eigenschaft, dass ihr Produkt mit sich selbst negativ ist.

1.3 Gegeben sind die Mengen $A = \{1, 4, 6\}$, $B = \{x \in \mathbf{Z} \mid -2 < x \le 3\}$,

$$C = \{x \in \mathbf{N} \mid x < 6\} \quad \text{und} \quad D = \,]\text{-}3, 4[.$$

a. Bilden Sie die Mengen $A \,\Delta\, B$ und $C \setminus D$.

b. Berechnen Sie das Infimum und das Minimum der Menge B bzw. der Menge D.

c. Tragen Sie die Elemente der Mengen A, B und C in ein VENN-Diagramm der untenstehenden Form ein.

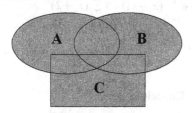

d. Beschreiben Sie die nachfolgenden Mengen mittels der Mengen A, B und C und geeigneter Mengenoperatoren:

$\{1\}$, $\{1, 2, 3, 4, 5, 6\}$, $\{-1, 0\}$, $\emptyset$.

1.4 In einem Kleiderlager befinden sich 200 (Damen- und Herren-) Mäntel; darunter sind 50 Ledermäntel. Von den 70 in diesem Lager vorhandenen Herrenmänteln sind 20 aus Leder gefertigt. Wie viele Damenmäntel sind in diesem Lager, die nicht aus Leder gefertigt sind? (Lösung anhand eines VENN-Diagramms erwünscht!)

1.5 Welche reellen Zahlen genügen der Ungleichung

a. $\dfrac{4x + 24}{3 - x} \geq 5$ **b.** $\dfrac{2 - 175x}{25 - 50x} \leq x + 4$ **c.** $(x-2)^2 < (2x-13)^2$?

1.6 Von einem Motor ist die Leistung L in Abhängigkeit der Drehzahl U für $U < 6000$ gegeben durch $L = U(6000 - U)10^{-5}$ [KW]. In welchem Drehzahlbereich kann eine Leistung von (mindestens) 50 [KW] entnommen werden?

1.7 Berechnen Sie die Summen

a. $\displaystyle\sum_{k=1}^{4} \dfrac{k^2}{k+1} - \sum_{j=1}^{3} \dfrac{j(j-1)}{j^2}$ **b.** $\displaystyle\sum_{k=5}^{20} \left(\dfrac{k^2 - 3k}{k-3} - 4 \right)$

c. $\displaystyle\sum_{i=-4}^{5} (2 + (-1)^i)$ **d.** $\displaystyle\sum_{j=1}^{11} (-1)^j 3^{2-j}$

1.8 Berechnen Sie die Summen

a. $\displaystyle\sum_{i=1}^{18}(3-10x_i)+\sum_{i=0}^{17}(x_i-11)+9\sum_{i=0}^{17}(x_i+2)$

b. $\displaystyle\sum_{j=5}^{17}(4^{j-3}+3j+2)-\sum_{i=2}^{14}(2^{2i}-5i)$

1.9 Berechnen Sie die Doppelsummen

a. $\displaystyle\sum_{i=2}^{5}\sum_{k=1}^{3}(3i-ik^2+5k)$ **b.** $\displaystyle\sum_{i=1}^{3}\sum_{k=2}^{5}(3ik+k^2-5i)$

1.10 Berechnen Sie die Produkte

a. $\displaystyle\frac{1}{2^7}\prod_{k=-1}^{2}\frac{2(k+3)}{3^k}$ **b.** $\displaystyle\prod_{j=-2}^{3}\frac{2\cdot 3^j}{3+j}$

c. $\displaystyle\prod_{k=-2}^{2}\frac{3a^k}{k+3},\ a\in\mathbf{R}\setminus\{0\}$

1.11 Berechnen Sie die Summen

a. $\displaystyle\frac{1}{5}\sum_{j=3}^{23}\binom{20}{j-3}5^j(-4)^{24-j}$,   **b.** $\displaystyle\sum_{k=5}^{16}\binom{13}{k-3}(-2)^{k-1}$

2. Kombinatorik

Bei der mathematischen Behandlung ökonomischer Probleme treten häufig Aufgaben mit der Fragestellung auf, wie viele verschiedene Möglichkeiten es gibt, eine Anzahl von Elementen einer gegebenen Menge in einer Reihenfolge zusammenzustellen unter Berücksichtigung gewisser Randbedingungen. Aufgaben dieser Art behandelt die *Kombinatorik*; sie ist die Lehre von den Gesetzmäßigkeiten der Zusammenstellungen und möglichen Anordnungen von endlich vielen Elementen einer Menge. Solche Zusammenstellungen bezeichnet man auch als *Komplexionen*.

In der Kombinatorik werden die folgenden drei Randbedingungen untersucht:

(A) **Alle** gegebenen Elemente müssen in der Komplexion vorkommen.

(B) Die Elemente dürfen in der Komplexion **wiederholt** auftreten.

(C) Die **Anordnung** der Elemente muss berücksichtigt werden.

Je nachdem, ob diese Randbedingungen erfüllt sein müssen oder nicht, lassen sich sechs Grundaufgaben der Kombinatorik unterscheiden, vgl. Tab. 2.1.

Für diese speziellen Zusammenstellungen hat man eigene Begriffe geprägt:

Definition 2.1:

Wenn eine endliche Anzahl von Elementen gegeben ist, so nennt man jede Zusammenstellung, welche dadurch entsteht, dass man alle gegebenen Elemente in irgendeiner Anordnung nebeneinander setzt, eine *Permutation* der gegebenen Elemente.

Wenn n Elemente gegeben sind und r eine natürliche, nicht oberhalb n gelegene Zahl bedeutet, so nennt man jede Zusammenstellung, die man erhält, indem man r beliebige Elemente herausgreift und in irgendeiner Anordnung nebeneinander stellt, eine r-gliedrige *Kombination ohne Wiederholung (o. W.)*. Die Anzahl der möglichen Kombinationen o. W. wird mit C_r^n bezeichnet.

Wenn zwei Kombinationen, welche die gleichen Elemente in verschiedener Anordnung enthalten, als verschieden gelten sollen, so spricht man von *Kombinationen mit Berücksichtigung der Anordnung* oder von r-gliedrigen *Variationen ohne Wiederholung* oder von r-gliedrigen *Arrangements ohne Wiederholung* und benutzt für ihre Anzahl das Symbol V_r^n.

Ist jedes der n Elemente beliebig oft vorhanden und bildet man dann r-gliedrige Kombinationen, so spricht man von *Kombinationen mit Wiederholung (m. W.)* bzw. bei Berücksichtigung der Anordnung von *Variationen mit Wiederholung.* Ihre Anzahlen werden mit $\overline{C}_r^n$ bzw. mit $\overline{V}_r^n$ bezeichnet.

Tab.2.1: Übersicht über die Grundaufgaben der Kombinatorik

Grund-aufgabe	A alle Elemente[1]	B mit Wieder-holung[2]	C mit An-ordnung[3]	
1	ja	nein	ja	Permutation v. E.
2	ja	ja	ja	Permutation g. i. E.
3a	nein	nein	ja	Variation o. W.
3b	nein	nein	nein	Kombination o. W.
4a	nein	ja	ja	Variation m. W.
4b	nein	ja	nein	Kombination m. W.

[1] Alle gegebenen Elemente müssen berücksichtigt werden.
[2] Die Elemente dürfen wiederholt auftreten.
[3] Die Anordnung der Elemente muss berücksichtigt werden.

2.1 Permutationen

Satz 2.1: *(1. Grundaufgabe)*
Die Anzahl $P^1(n)$ der Permutationen von n verschiedenen Elementen (v. E.) ist gleich

$$P^1(n) = 1 \cdot 2 \cdot 3 \cdot \ldots \cdot (n-1) \cdot n = \prod_{j=1}^{n} j = n! \qquad (2.1)$$

Beweis durch vollständige Induktion:

i. Die Behauptung ist richtig für $n = 2$, denn die einzigen Permutationen von 2 Elementen a_1 und a_2 sind $a_1 a_2$ und $a_2 a_1$ und somit ist $P^1(2) = 2 = 2!$

ii. Die Behauptung sei richtig für n Elemente, d.h. $P^1(n) = n!$

iii. Zu zeigen ist dann $P^1(n+1) = (n+1)!$

iv. Dazu betrachtet man irgendeine der $n!$ Permutationen der n Elemente $a_1, a_2, a_3, ..., a_n$:

$$a_{k_1} a_{k_2} ... a_{k_n} \quad \text{mit } k_i \in \{1, 2, ..., n\}, \ k_i \neq k_j \ \forall \ i \neq j.$$

Für das $(n + 1)$-te Elemente a_{n+1} hat man nun $(n + 1)$ Möglichkeiten, es in diese Permutation einzuordnen. Daraus folgt, dass die Anzahl der Permutationen von $(n + 1)$ Elementen gleich $n!(n + 1) = (n + 1)!$ ist.

< **2.1** > Bei einem 100m-Lauf werden 6 Startplätze an die 6 Teilnehmer verlost. Es gibt $P^1(6) = 6! = 720$ verschiedene Startanordnungen. ♦

Sollen alle Permutationen einer größeren Anzahl von Elementen dargestellt werden, so empfiehlt es sich, die Vertauschungen der Elemente in eine übersichtliche Anordnung zu bringen. Sortiert man die einzelnen Permutationen analog der Anordnung der Wörter in einem Lexikon, so bezeichnet man diese Reihenfolge als *lexikographische Anordnung*. Dabei beginnt man stets mit der Permutation, bei der die Elemente in ihrer als natürlich festgesetzten Reihenfolge stehen. Für die Menge mit den Elementen a, b, c und d ergeben sich dann die Permutationen in der lexikographischen Anordnung

$a\ b\ c\ d$	$b\ a\ c\ d$	$c\ a\ b\ d$	$d\ a\ b\ c$
$a\ b\ d\ c$	$b\ a\ d\ c$	$c\ a\ d\ b$	$d\ a\ c\ b$
$a\ c\ b\ d$	$b\ c\ a\ d$	$c\ b\ a\ d$	$d\ b\ a\ c$
$a\ c\ d\ b$	$b\ c\ d\ a$	$c\ b\ d\ a$	$d\ b\ c\ a$
$a\ d\ b\ c$	$b\ d\ a\ c$	$c\ d\ a\ b$	$d\ c\ a\ b$
$a\ d\ c\ b$	$b\ d\ c\ a$	$c\ d\ b\ a$	$d\ c\ b\ a$

Werden n verschiedene Elemente nicht auf einer Linie, sondern auf einem Kreis angeordnet, so verringert sich die Anzahl der möglichen Anordnungen. Es gilt der

---

Satz 2.2:
Man kann n verschiedene Elemente auf $(n - 1)!$ Arten auf einem Kreis anordnen.

<u>Beweis</u> durch vollständige Induktion:
i. Die Behauptung ist richtig
    für $n = 2$: Es gibt nur eine Möglichkeit der Anordnung, und
    für $n = 3$: Es gibt nur **zwei** Möglichkeiten der Anordnung.
Alle anderen Anordnungen lassen sich durch Drehung auf diese zwei zurückführen.

ii. Die Behauptung sei richtig für y Elemente.

iii. Zu zeigen ist dann, dass $(n + 1)$ Elemente sich auf $n!$ Arten auf einem Kreis anordnen lassen.

iv. Dazu betrachtet man irgendeine der $(n - 1)!$ Anordnungen von n Elementen. Für das $(n + 1)$-te Element a_{n+1} gibt es genau n Lücken. Daraus folgt: Die Anzahl der Anordnungen von $(n + 1)$ Elementen auf einem Kreis ist $(n - 1)! n = n!$

< **2.2** > Auf wie viele verschiedene Arten kann man 5 Damen und 5 Herren in „bunter Reihe" an einen runden Tisch setzen?

Lösung: Für die Damen gibt es $4!$ verschiedene Sitzmöglichkeiten. Dazwischen können sich die Herren auf $5!$ Arten niederlassen. Insgesamt gibt es also genau $4! 5! = 2.880$ verschiedene Sitzmöglichkeiten.   ♦

Wird nun nicht mehr angenommen, dass alle Elemente einer Zusammenstellung verschieden sind, sondern wird zugelassen, dass die Elemente gruppenweise identisch sind, so gilt die folgende Aussage über die Anzahl der verschiedenen Anordnungen dieser Elemente auf einer Linie.

Satz 2.3: *(2. Grundaufgabe)*

Es seien n Elemente gegeben, welche nicht alle verschieden sind, sondern so in p Arten $(1 \leq p \leq n)$ zerfallen, dass die Elemente jeder einzelnen Art gleich sind, jedoch Elemente verschiedener Art unterschiedlich sind. Die erste dieser Arten enthalte n_1, die zweite n_2, ..., die letzte n_p Elemente. Die Anzahl der *Permutationen von gruppenweise identischen Elementen (g .i .E.)* ist dann:

$$P^2(n_1, n_2, ..., n_p) = \frac{(n_1 + n_2 + \cdots + n_p)!}{n_1! n_2! \cdots n_p!} = \frac{n!}{\prod\limits_{i=1}^{p} n_i!}. \tag{2.2}$$

Beweis: Werden die Elemente der ersten Art als $a_{11}, a_{12}, ..., a_{1n_1}$ unterschieden, die der zweiten Art als $a_{21}, a_{22}, ..., a_{2n_2}$ usw., die der p-ten Art als $a_{p1}, a_{p2}, ...,$ a_{pn_p}, so liefern diese n Elemente genau $n!$ Permutationen. Nimmt man die Unterscheidungsmerkmale der Elemente a_{1k} wieder fort, so fallen $n_1!$ dieser Permutationen zusammen, ..., schließlich fallen $n_p!$ von ihnen fort, wenn die Merkmale an den Elementen a_{pk} entfernt werden. Die Anzahl der Permutationen g. i. E. ist also:

$$\frac{(n_1 + n_2 + \cdots + n_p)!}{n_1! n_2! \cdots n_p!} = \frac{n!}{\prod\limits_{i=1}^{p} n_i!} \quad .$$

Bemerkung:
Man beachte, dass dieser in Bruchform erscheinende Ausdruck seiner Bedeutung nach stets gleich einer ganzen Zahl sein muss.

< **2.3** > Wie viele verschiedene (auch sinnlose) Wörter kann man bilden, wenn man alle Buchstaben des Worte
a. W E T T E R   b. R I M I N I   benutzt?

Lösung: a. Man kann $\dfrac{6!}{2!2!} = 180$ verschiedene Wörter bilden.

b. Man kann $\dfrac{6!}{3!} = 120$ verschiedene Wörter bilden.   ♦

< **2.4** > Ein Stadtteil von der Form eines Rechtecks ist auf seinen 4 Seiten von Straßen begrenzt und außerdem von $(n - 1)$ Straßen durchzogen, die zu dem einen, und von $(m - 1)$ Straßen, die zu dem anderen Paar von Gegenseiten des begrenzenden Rechtecks parallel laufen. Auf wie vielen verschiedenen Wegen kann man, ohne Umwege zu machen, von einer der 4 äußersten Ecken des Stadtteils zu der diagonal gegenüberliegenden Ecke gelangen?

Lösung: Wie die nebenstehende Abbildung veranschaulicht, setzt sich jeder vom Startpunkt bis zum Zielpunkt führende Weg aus n (= 2) waagerecht und m (= 3) senkrecht gezeichneten Wegstücken zusammen.
Die möglichen Wege können daher eindeutig charakterisiert werden durch die Reihenfolge, in der waagerecht bzw. senkrecht gezeichnete Wegstücke aufeinanderfolgen,
z. B. W W S S S oder S W S W S. Es gibt daher

$$\frac{(n+m)!}{n!m!} = \frac{5!}{2!3!} = 10$$

verschiedene Wege.

Abb. 2.1: Wegenetz   ♦

2.2 Variationen und Kombinationen ohne Wiederholung

Satz 2.4: *(3. Grundaufgabe)*
Es seien n verschiedene Elemente gegeben. Sei r eine nicht oberhalb von n gelegene natürliche Zahl, dann gilt

$$V_r^n = n(n-1)(n-2) \cdots (n-r+1) = \frac{n!}{(n-r)!} = \binom{n}{r} r! \qquad (2.3a)$$

$$C_r^n = \binom{n}{r}. \qquad (2.3b)$$

<u>Beweis:</u> (2.3a) wird durch vollständige Induktion bezüglich r bewiesen:

i. Die Behauptung ist richtig für $r = 1$.

ii. Die Behauptung sei für eine r-gliedrige Variation richtig.

iii. Zu zeigen ist dann: $V_{r+1}^n = n(n-1) \cdots (n-r+1)(n-r)$.

iv. Betrachtet man eine r-gliedrige Variation, so gibt es jedesmal $(n-r)$ Elemente, die in dieser Variation noch nicht vorkommen. Fügt man von diesen Elementen je eines am Ende der betrachteten Variation hinzu, so erhält man $(n-r)$ verschiedene $(r+1)$-gliedrige Variationen. Verfährt man so mit allen r-gliedrigen Variationen, so erhält man:

$$V_{r+1}^n = V_r^n \cdot (n-r) = n(n-1)(n-2) \cdots (n-r+1)(n-r).$$

Zu (2.3b): Wird auf die Anordnung keine Rücksicht genommen, so fallen von den Arrangements jedesmal alle diejenigen zusammen, die die gleichen Elemente in verschiedener Anordnung enthalten. Da aber r verschiedene Elemente auf $r!$ verschiedene Arten nebeneinander gestellt werden können, folgt hieraus:

$$C_r^n = \frac{\binom{n}{r} \cdot r!}{r!} = \binom{n}{r}.$$

< 2.5 > Es nehmen 8 Pferde an einem Rennen teil. Wie viele Möglichkeiten gibt es für die Dreierwette („Sieg", „Platz", „Gezeigt")?

<u>Lösung:</u> Es gibt $V_3^8 = 8 \cdot 7 \cdot 6$ verschiedene Möglichkeiten für die Dreierwette, denn jedes dieser 8 Pferde kann das Rennen gewinnen; für (den 2.) „Platz" kommen dann noch 7 Pferde in Betracht, und eines der bisher nicht ins Ziel gelangten 6 Pferde wird Dritter.   ♦

< **2.6** > Aus den Ziffern 0, 1, 2, 3, 4, 5, 6, 7, 8, 9 sollen dreistellige Zahlen gebildet werden, wobei jede Ziffer nur einmal vorkommen darf und die Null nicht an der ersten Stelle stehen soll.

Lösung: Es gibt dann $V_3^{10} - V_2^9 = 10 \cdot 9 \cdot 8 - 9 \cdot 8 = 648$ verschiedene dreistellige Zahlen, davon sind

$9 \cdot 8 \cdot 5 - 1 \cdot 8 \cdot 5 = 8 \cdot 40 = 320$ Zahlen ungerade und
$9 \cdot 8 \cdot 5 - 1 \cdot 8 \cdot 4 = 8 \cdot 41 = 328$ Zahlen gerade.   ♦

< **2.7** > Zwölf Hochschullehrer treffen sich zu einer Sitzung, und jeder begrüßt jeden mit Handschlag. Wie oft findet diese Begrüßungsform statt?

Lösung: $n = 12$, $r = 2$, d.h. $\quad C_2^{12} = \binom{12}{2} = \frac{12 \cdot 11}{1 \cdot 2} = 66.$ ♦

< **2.8** >
a. Aus einem Skatspiel mit 32 Karten erhält ein Spieler 10 Karten zugeteilt. Wie viele verschiedene Zusammenstellungen von 10 Karten (ohne Berücksichtigung der Reihenfolge) gibt es?
b. Wie viele Möglichkeiten der Kartenverteilung gibt es beim Skatspiel, wenn jeder der drei Spieler 10 Karten erhält und zwei Karten in den „Stock" abgelegt werden?

Lösung:

a. $C_{10}^{32} = \binom{32}{10} = 64.512.240,$ es gibt also mehr als 64 Millionen verschiedene Möglichkeiten für die Kartenverteilung an einen Spieler.

b. Der 1. Spieler hat die Auswahl aus 32 Karten, der 2. aus 22 Karten, der 3. aus 12 Karten und die beiden restlichen Karten bilden den Stock. Die Anzahl der möglichen Kartenverteilungen ist dann

$$\binom{32}{10} \cdot \binom{22}{10} \cdot \binom{12}{10} \cdot \binom{2}{2} = \frac{32!}{10! \cdot 22!} \cdot \frac{22!}{10! \cdot 12!} \cdot \frac{12!}{10! \cdot 2!} \cdot 1$$

$$= \frac{32!}{10! \cdot 10! \cdot 10! \cdot 2!} = 2.753.294.408.504.640.$$

♦

< **2.9** > Die Summe aller k-gliedrigen Kombinationen (ohne Wiederholung) für eine Menge, die aus n Elementen besteht, ist dann gleich

$$C_1^n + C_2^n + C_3^n + \cdots + C_{n-1}^n + C_n^n = \binom{n}{1} + \binom{n}{2} + \binom{n}{3} + \cdots + \binom{n}{n-1} + \binom{n}{n}$$

$$= \sum_{k=1}^{n} \binom{n}{k} = \sum_{k=0}^{n} \binom{n}{k} 1^{n-k} 1^k - \binom{n}{0} = (1+1)^n - 1 = 2^n - 1.$$

(Binomischer Lehrsatz)

Die Potenzmenge einer Menge mit n verschiedenen Elementen enthält daher einschließlich der leeren Menge 2^n Teilmengen als Elemente.   ♦

2.3 Variationen und Kombinationen mit Wiederholung

Satz 2.5: *(4. Grundaufgabe)*
Gegeben seien n verschiedene unbeschränkt wiederholbare Elemente a_k, $k = 1, 2, ..., n$, und eine natürliche Zahl r. Dann gilt

$$\overline{V}_r^n = n^r \tag{2.4a}$$

$$\overline{C}_r^n = \binom{n+r-1}{r}. \tag{2.4b}$$

Beweis: (2.4a) wird durch vollständige Induktion bzgl. r bewiesen:

i. Die Behauptung ist richtig
   - für $r = 1$, denn $\overline{V}_r^n = n = n^1$, und

   - für $r = 2$, denn die Anzahl der 2-gliedrigen Variationen mit Wiederholung ist $\overline{V}_2^n = n^2$, wie die Anordnung aller 2-gliedrigen Variationen in Matrizenform der Menge $\{1, 2, 3, ..., n\}$ zeigt:

$$\begin{pmatrix} 11 & 12 & 13 & \cdots & 1n \\ 21 & 22 & 23 & \cdots & 2n \\ 31 & 32 & 33 & \cdots & 3n \\ \cdots & \cdots & \cdots & \cdots & \cdots \\ n1 & n2 & n3 & \cdots & nn \end{pmatrix}$$

ii. Die Behauptung sei richtig für eine r-gliedrige Variation.

iii. Zu zeigen ist dann: $\overline{V}_{r+1}^n = n^{r+1}$.

iv. In jeder der n^r r-gliedrigen Variationen kann man jedes der gegebenen n Elemente am Ende hinzufügen. Man erhält dann:

$$\overline{V}_{r+1}^n = \overline{V}_r^n \cdot n = n^{r+1}.$$

Die Grundaufgabe 4b, Kombination mit Wiederholung, können wir uns an dem folgenden Modell veranschaulichen. Für jedes der n verschiedenen Objekte stellen wir einen Kasten bereit. Wird nun ein Objekt gezogen und anschließend wieder zurückgelegt, so legen wir eine Kugel in den entsprechenden Kasten. $\overline{C}_r^n$ ist dann die Anzahl der Möglichkeiten, r (nicht unterscheidbare) Kugeln auf n unterscheidbare Kästen zu verteilen. Eine solche Aufteilung lässt sich symbolisieren durch r Kreise und $(n$ - $1)$ Trennstriche auf einer Linie.

Für $n = 3$ und $r = 8$ gibt es u. a. folgende Aufteilungen

0/00/00000;   /0000/0000;   00000//000.

Nach der Grundaufgabe 2 gibt es dann

$$\overline{C}_r^n = \frac{((n-1)+r)!}{(n-1)!\,r!} = \binom{n+r-1}{r} \qquad \text{verschiedene Anordnungen.}$$

< 2.10 > Wie viele verschiedene Tippreihen sind bei der Elferwette des Fußballtotos möglich, wenn auf dem Wettschein ein Heimsieg mit der Zahl 1, ein Auswärtssieg mit der Zahl 2 und ein Unentschieden mit der Zahl 0 markiert werden?

Lösung: Es gibt $\overline{V}_{11}^3 = 3^{11} = 177.147$ verschiedene Tippreihen.   ♦

< 2.11 > Im Morse-Alphabet wird der Buchstabe E durch einen Punkt „•" und der Buchstabe T durch einen Strich „-" dargestellt. Alle anderen Buchstaben setzen sich aus diesen beiden Grundsymbolen zusammen unter Berücksichtigung der Reihenfolge.

Dann können $\overline{V}_2^2 = 2^2 = 4$ Buchstaben durch 2-stellige Symbole ausgedrückt werden: I = • •,   A = • -,   N = - •,   M = - -.

Weitere $\overline{V}_3^2 = 2^3 = 8$ Buchstaben lassen sich durch 3-stellige Symbole wiedergeben. $\overline{V}_4^2 = 2^4 = 16$ vierstellige Symbole stehen zur Wiedergabe der restlichen Buchstaben zur Verfügung.   ♦

< 2.12 > Wie viele verschiedene dreistellige Autonummern gibt es, deren Quersumme 8 beträgt? (Die Zahl 1 werde als 001 geschrieben usw.).

Lösung: Um die Anzahl aller möglichen dreistelligen Zahlen mit der Quersumme 8 zu ermitteln, kann man das folgende Modell benutzen. Man zieht 8-mal mit Zurücklegen eine Kugel aus einer Urne, in der drei verschiedene Kugeln mit den Aufschriften 1, 10 bzw. 100 liegen. Die Anzahl der verschiedenen Autonummern ist damit

$$\overline{C}_8^3 = \binom{3+8-1}{8} = \binom{10}{8} = \binom{10}{2} = 5 \cdot 9 = 45. \qquad \blacklozenge$$

< 2.13 > Eine Urne enthält 6 verschiedenfarbige Kugeln. Man entnimmt nun
a. viermal,   **b.** zehnmal
nacheinander je eine Kugel, wobei die gezogene Kugel vor jeder neuen Ziehung wieder in die Urne zurückgelegt wird. Wie viele verschiedene Farbkombinationen existieren, wenn sowohl die Vielfachheit, in der eine Farbe gezogen wird, als auch die Reihenfolge berücksichtigt werden?

Lösung: Die Anzahl der verschiedenen Farbkombinationen ist

a. $\overline{V}_4^6 = 6^4 = 1.296;$ b. $\overline{V}_{10}^6 = 6^{10} = 60.466.176.$ $\blacklozenge$

Die Formeln für die verschiedenen Grundaufgaben der Kombinatorik sind in der nachfolgenden Tabelle zusammengestellt.

Tab. 2.2: Grundaufgaben der Kombinatorik

	verschiedene Elemente	gruppenweise identische Elemente
Permutationen	$P^1(n) = n!$	$P^2(n_1, n_2, ..., n_p) = \dfrac{(n_1 + n_2 + \cdots + n_p)!}{n_1! n_2! \cdots n_p!}$
Variationen	ohne Wiederholung $V_r^n = \binom{n}{r} r!$	mit Wiederholung $\overline{V}_r^n = n^r$
Kombinationen	ohne Wiederholung $C_r^n = \binom{n}{r}$	mit Wiederholung $\overline{C}_r^n = \binom{n+r-1}{r}$

2.4 Binomialverteilung und Hypergeometrische Verteilung

Ein Hauptanwendungsgebiet der Kombinatorik ist die Statistik. Dort wird sie benutzt zur Berechnung der Wahrscheinlichkeit eines Ereignisses, wenn diese nach der Wahrscheinlichkeitsauffassung von Pierre Simon LAPLACE (1749 - 1827) definiert wird als Quotient aus der Anzahl der für das Ereignis „günstigen" Elementarereignisse und der Anzahl der „möglichen" Elementarereignisse.

Betrachten wir zur Herleitung zweier wichtiger Wahrscheinlichkeitsverteilungen das folgende Experiment:

In einer Urne liegen N Kugeln, von denen M rot und die übrigen N - M weiß sind. Die Wahrscheinlichkeit, beim einmaligen Ziehen eine rote Kugel zu erhalten, ist dann $p = \frac{M}{N}$. Dieser Urne soll nun eine Stichprobe vom Umfang $r < N$ entnommen werden, d. h. die r Kugeln werden nach dem Zufall herausgegriffen, wobei vor jedem Ziehen die Kugeln in der Urne gründlich gemischt werden. Die Stichprobenentnahme kann auf zwei Arten geschehen:

mit Zurücklegen

Bei jedem Ziehen ist die Wahrscheinlichkeit, „gezogen zu werden", für jede beliebige Kugel gleich $\frac{1}{N}$, und die Resultate der einzelnen Ziehungen sind unabhängig voneinander. Die Wahrscheinlichkeit, dass bei den ersten k Zügen eine rote und bei den nachfolgenden $(r$ - $k)$ Zügen eine weiße Kugel gezogen wird, ist dann gleich $p^k(1-p)^{r-k}$.

Da wir nun wissen wollen, mit welcher Wahrscheinlichkeit bei r Entnahmen k mal eine rote Kugel gezogen wird, spielt die Farbfolge der gezogenen Kugeln keine Rolle, und wir erhalten die gesuchte Wahrscheinlichkeit, wenn die vorstehende Wahrscheinlichkeitsgröße multipliziert wird mit der Anzahl der möglichen „günstigen" Farbfolgen, d. h. mit $\binom{r}{k}$. Die Wahrscheinlichkeit, dass sich unter den r so gezogenen Kugeln k rote befinden, ist daher gleich

$$b(k, p, r) = \binom{r}{k} p^k (1-p)^{r-k}. \tag{2.5}$$

Diese Wahrscheinlichkeitsverteilung wird *Binomialverteilung* genannt.

ohne Zurücklegen

Die Anzahl der möglichen Stichproben vom Umfang r aus N Elementen ist $\binom{N}{r}$.

Davon günstig sind die Stichproben, bei denen k gezogene Kugeln rot sind. In der Urne sind M rote Kugeln, also können die k roten Kugeln der Stichprobe auf $\binom{M}{k}$ Arten ausgewählt werden; analog können die $(r - k)$ weißen Kugeln der Stichprobe auf $\binom{N-M}{r-k}$ Arten gezogen werden. Also ist die Wahrscheinlichkeit, dass sich unter den r gezogenen Kugeln k rote befinden, beim Ziehen ohne Zurücklegen gleich

$$p(k, r, N, M) = \frac{\binom{M}{k}\binom{N-M}{r-k}}{\binom{N}{r}}. \tag{2.6}$$

Dies ist die *hypergeometrische Verteilung*.

< **2.14** > In einer Urne befinden sich 15 rote und 5 schwarze Kugeln. Wie groß ist die Wahrscheinlichkeit, bei einer Stichprobe vom Umfang 5 wenigstens 4 rote Kugeln zu ziehen, wenn die Stichprobe

a. mit Zurücklegen,   **b.** ohne Zurücklegen   erfolgt.

<u>Lösung:</u>

a. $p = \frac{15}{20} = \frac{3}{4}$, $r = 5$, $k = 4$ oder $k = 5$. Die gesuchte Wahrscheinlichkeit ist dann

$$p = \binom{5}{5} \cdot \left(\frac{3}{4}\right)^5 \cdot \left(\frac{1}{4}\right)^0 + \binom{5}{4} \cdot \left(\frac{3}{4}\right)^4 \cdot \frac{1}{4} = \frac{3^4}{4^5} \cdot (3+5) = \frac{2 \cdot 3^4}{4^4} \approx 0{,}6328.$$

b. $N = 20$, $M = 15$, $r = 5$, $k = 4$ oder $k = 5$. Die gesuchte Wahrscheinlichkeit ist dann

$$p = \frac{\binom{15}{5} \cdot \binom{5}{0}}{\binom{20}{5}} + \frac{\binom{15}{4} \cdot \binom{5}{1}}{\binom{20}{5}} = \frac{15 \cdot 14 \cdot 13 \cdot 12 \cdot 11 \cdot 1 + 15 \cdot 14 \cdot 13 \cdot 12 \cdot 5 \cdot 5}{20 \cdot 19 \cdot 18 \cdot 17 \cdot 16}$$

$$\approx 0{,}6339. \qquad\qquad\qquad\qquad\qquad\qquad\qquad\qquad\qquad\qquad\qquad \blacklozenge$$

2.5 Aufgaben

2.1 Vor einem Bürogebäude befinden sich 8 PKW-Stellplätze. Auf wie viele Arten können die 8 Fahrzeuge der Beschäftigten abgestellt werden, wenn
  a. jeder Parkplatz von jedem Beschäftigten benutzt werden darf?
  b. Die beiden Parkplätze links und rechts neben dem Eingang für die beiden gehbehinderten Angestellten reserviert sind?

2.2 Bei einer Podiumsdiskussion sollen die beteiligten 4 Männer und 3 Frauen in „bunter Reihe", d. h. abwechselnd, platziert werden. Wie viele verschiedene Sitzordnungen sind möglich?

2.3 Wie viele verschiedene (auch sinnlose) Wörter kann man bilden, wenn man alle Buchstaben des Wortes
  a. MOMO, **b.** SEEAAL, **c.** STATISTIK benutzt?

2.4 Wie viele fünfstellige Zahlen kann man aus den Ziffern der Zahl
  a. 71113, **b.** 21212 **c.** 7654321 bilden?

2.5 Wie viele Möglichkeiten gibt es, einen Ausschuss aus einer Gruppe von 7 Männern und 3 Frauen auszuwählen, der
  a. aus 4 Personen
  b. aus 2 Männern und 2 Frauen bestehen soll?

2.6 Wie viele injektive Abbildungen von $\{a, b, c, d\}$ in $\{1, 2, 3, 4, 5, 6, 7\}$ gibt es?

2.7 Wie viele dreistellige Zahlen lassen sich aus den Ziffern 1, 3, 5, 7, 9 bilden, wenn jede Ziffer höchstens einmal auftreten darf?

2.8 Die Autokennzeichen der KFZ-Zulassungsstelle Frankfurt bestehen neben dem F aus einem oder zwei Buchstaben, denen bis zu vier Ziffern folgen. Wie viele verschiedene Autokennzeichen sind möglich, wenn Wiederholungen von Buchstaben und Ziffern erlaubt sind?

2.9 In einem Code, dessen Zeichen aus dreistelligen Dezimalzahlen bestehen, werden alle diejenigen Zeichen als gleich erachtet, die sich nur in der Reihenfolge der Ziffern unterscheiden. Wie viele verschiedene Zeichen hat dieser Code?

2.10 Aus sechs Grundfarben sollen Farbmischungen derart hergestellt werden, dass je drei Einheiten zu einer Farbe verrührt werden. Dabei dürfen auch mehrere Einheiten einer Grundfarbe verarbeitet werden. Wie viele verschiedene Farbmischungen gibt es, wenn zu jeder Farbmischung mindestens zwei Grundfarben verwendet werden?

2.11 Wie viele dreistellige Zahlen gibt es, deren Quersumme
   a. 7,   **b.** 11   beträgt?
   (Die Zahl 1 werde als 001 geschrieben usw.)

3. Zins- und Rentenrechnung

In diesem Kapitel soll das mathematische Rüstzeug für die Behandlung von Kapitalvorgängen, d. h. die Einzahlung, Verzinsung und Auszahlung von Geldbeträgen dargestellt werden.

< 3.1 > Als Beispiel für einen solchen Kapitalvorgang betrachten wir die Anschaffung eines neuen Personenkraftwagens durch einen Taxiunternehmer. Diese Investition führt zunächst zu einer einmaligen Anschaffungsauszahlung in Höhe des Kaufpreises über 25.000 €. Weiterhin sind regelmäßig für Kfz-Steuer, Kfz-Versicherung, Beiträge zur Taxizentrale u. dgl. 1.500 € jährlich **im Voraus** zu entrichten. Die übrigen Kosten wie Dieselkraftstoff, Inspektionen, Reparaturen und Gehaltszahlungen für die Taxifahrer werden mit den Einnahmen aus den Fahrpreiszahlungen der Taxibenutzer verrechnet. Der Taxiunternehmer erwartet dabei einen konstanten Einnahmeüberschuss von jährlich 8.000 €. Nach 5 Jahren soll das Fahrzeug ausrangiert werden, der Wiederverkaufswert zu diesem Zeitpunkt ist mit 5.000 € anzusetzen.

Die diese Investition charakterisierenden Ausgaben und Einnahmen lassen sich übersichtlich anhand eines *Zeitstrahles* veranschaulichen. Dabei werden in Abb. 3.1 alle Zahlungsgrößen aus der Sicht des Taxiunternehmers bewertet, so dass seine Ausgaben durch negative Zahlen und seine Einnahmen durch positive Zahlen dargestellt werden.

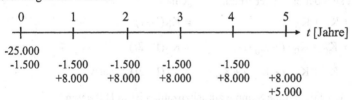

Abb. 3.1: Zeitstrahl der Kfz-Investition

Um zu entscheiden, ob diese Investition „vorteilhaft" ist, muss sie mit anderen Geldanlagemöglichkeiten verglichen werden. Dies ist aber nur möglich, wenn die zu verschiedenen Zeitpunkten anfallenden Zahlungen vergleichbar gemacht werden können. Die Umrechnung auf einen einheitlichen Zeitpunkt wird dadurch erreicht, dass man alle **vorher** anfallenden Zahlungen entsprechend *aufzinst* und alle **späteren** Zahlungen auf diesen Zeitpunkt *abzinst (diskontiert)*. Zur Lösung des „Taxi-Kauf"-Problems siehe Aufgabe 3.9 auf S. 100 und S. 337f.   ♦

3.1 Einfache Verzinsung

Unter *Zins* versteht man Zahlungen, die man für ausgeliehenes Geld erhält oder für aufgenommenen Kredit zu entrichten hat. Der Zins wird üblicherweise so gerechnet, dass für ein Kapital K_0 pro Jahr ein fester Prozentsatz p *(Zinsfuß)* als Zins gezahlt wird. Die entsprechende Dezimalzahl $i = \frac{p}{100}$ heißt *Zinssatz pro Jahr* oder *Zinssatz per annum* (abgekürzt: p. a.) oder *nominaler Zinssatz*.

Der Zins für ein Jahr ist dann $I = K_0 \cdot i$.

Werden das Kapital und die Zinsen nach einem Jahr zurückgezahlt, so beläuft sich die Gesamtsumme K_1 auf

$$K_1 = \underset{\text{Anfangskapital}}{K_0} + \underset{\text{Zinsen}}{I} = K_0 + K_0 \cdot i = K_0(1 + i).$$

Wird das Kapital nicht das ganze Jahr, sondern nur für einen Teil des Jahres ausgeliehen, so berechnet sich der Zins als der entsprechende Anteil. Bezeichnet q, $0 < q \leq 1$, den Bruchteil eines Jahres, so belaufen sich nach dieser Zeitspanne die Zinsen auf $I = K_0 \cdot i \cdot q$, und es sind insgesamt zurückzuzahlen

$$K_0 + K_0 \cdot i \cdot q = K_0(1 + i \cdot q).$$

Wird ein Kapital K_0 länger als ein Jahr ausgeliehen und werden nur Zinsen auf das Anfangskapital K_0 geleistet, nicht aber auf die schon angefallenen Zinsen der vorangehenden Periode(n), so spricht man von *einfacher Verzinsung*. Das Kapital entwickelt sich bei einfacher Verzinsung gemäß:

$$K_1 = K_0 + K_0 \cdot i \qquad\qquad = K_0(1 + i)$$

$$K_2 = K_0 + K_0 \cdot i + K_0 \cdot i \qquad\quad = K_0(1 + 2i)$$

$$K_3 = K_0 + K_0 \cdot i + K_0 \cdot i + K_0 \cdot i \quad = K_0(1 + 3i) \qquad \text{usw.,}$$

so dass nach n Jahren eine Summe zurückzuzahlen ist in Höhe von

$$K_n = K_0 + \underbrace{K_0 \cdot i + \ldots + K_0 \cdot i}_{n-\text{mal}} = K_0(1 + ni). \qquad\qquad (3.1)$$

Bedingt durch die Funktionsform (3.1) spricht man von einem *linearen Wachstum* des Kapitals.

< **3.2** > Der Privatmann R. Eich leiht seinem Freund A. R. Mut am 1.1.2002 einen Betrag in Höhe von 10.000 €. Dieser verpflichtet sich, das Kapital mit 10% (**einfach**) zu verzinsen und am 30.6.2009 zurückzuzahlen.
Welchen Betrag muss A. R. Mut seinem Freund R. Eich zurückgeben?

Lösung: A. R. Mut muss einen Betrag in Höhe von
$10.000(1 + 7,5 \cdot 0,10) = 10.000 \cdot 1,75 = 17.500$ [€]   zurückzahlen.   ♦

Die Bedeutung der einfachen Verzinsung liegt darin, dass nach § 248 BGB die Erhebung von Zinseszinsen zwischen Privatpersonen nicht statthaft ist und somit die einfache Verzinsung die einzige zulässige Verzinsungsform zwischen Privatleuten darstellt. Da bei den meisten Zahlungsvorgängen aber Banken eingeschaltet sind, die Zinseszinsen fordern bzw. gewähren dürfen, spielt die einfache Verzinsung in der Wirtschaftspraxis nur eine untergeordnete Rolle.

3.2 Verzinsung mit Zinseszins

Wird ein Kapital K_0 länger als ein Jahr ausgeliehen und werden die jeweiligen Zinsen am Jahresende dem Kapital zugeschlagen - man sagt: Die Zinsen werden *kapitalisiert*. - und somit im nächsten Jahr mitverzinst, so vermehrt sich das Kapital K_0 bei gegebenem nominalen Zinssatz i wie folgt:

$$K_1 = K_0(1 + i) \qquad \text{Kapital nach 1 Jahr}$$

$$K_2 = K_1(1 + i) \quad = K_0(1+i)^2 \qquad \text{Kapital nach 2 Jahren}$$

$$\vdots \qquad \vdots$$

$$K_n = K_{n-1}(1 + i) = K_0(1+i)^n \qquad \text{Kapital nach } n \text{ Jahren.} \qquad (3.2)$$

Aufgrund der Funktionsform (3.2) spricht man von *exponentiellem Wachstum*. Die *Aufzinsungsfaktoren* $(1+i)^n$ lassen sich bequem mit Hilfe elektronischer Taschenrechner ermitteln, wenn diese die Berechnung allgemeiner Potenzen y^x gestatten.

Die Aufzinsungsfaktoren $(1+i)^n$ wachsen für großes n weit schneller an als die Faktoren $(1 + i \cdot n)$, die sich bei einfachem Zins ergeben würden.

< **3.3** > Ein Kapital K_0 = 1000 € vermehrt sich bei Zinseszins bzw. bei einfachem Zins mit $i = 0,05$ p. a. wie folgt:

n	1	2	5	10	20	50
$K_0 (1+i)^n$	1050	1102,5	1276	1629	2653	11467
$K_0 (1 + in)$	1050	1100	1250	1500	2000	3500

♦

Löst man die Gleichung (3.2) nach K_0 auf

$$K_0 = \frac{K_n}{(1+i)^n}, \tag{3.3}$$

so erhält man die Antwort auf die Frage: Wie groß ist ein Anfangskapital, das bei einem Zinssatz i nach n Jahren zu einem Kapital K_n anwächst? Das so ermittelte Kapital K_0 bezeichnet man als *Barwert* oder *Kapitalwert* des nach n Jahren fälligen Betrages K_n. Um ihn zu berechnen, ist das avisierte Kapital K_n n-mal *abzuzinsen (zu diskontieren)*.

< **3.4** > Wie viel € muss ein Sparer am 1.1.2002 anlegen, wenn er eine Null-Kupon-Anleihe (Zero-Bond) im Nennwert von 10.000 € bei der Bank G. Oldgrube erwirbt, die bei 8% Verzinsung p. a. am 31.12.2007 ausgezahlt wird?

<u>Lösung</u>: Der Sparer muss für diesen Sparbrief am 1.1.2002

$$K_0 = \frac{10.000}{(1+0,08)^6} = \frac{10.000}{1,58687} = 6.301,70 \ [\text{€}] \quad \text{zahlen.} \qquad ♦$$

Löst man die Gleichung (3.2) nach i auf, so lässt sich der Zinssatz (bei Zinsesverzinsung) berechnen, der einem Kapitalgeschäft mit dem Anfangskapital K_0 und dem Endkapital K_n zu Grunde liegt:

$$i = \sqrt[n]{\frac{K_n}{K_0}} - 1. \tag{3.4}$$

< **3.5.** > Frau C. Lever kauft am 1.1.2002 Zero-Bonds im Nennwert von 30.000 €, die am 31.12.2013 zurückgezahlt werden. Wie hoch ist die Verzinsung dieser Anleihen, wenn der Kaufpreis 10.095,06 € beträgt?

Lösung: $n = 12$, $K_n = 30.000$, $K_0 = 10.095,06$,

$$i = \sqrt[12]{\frac{30.000}{10.095,06}} - 1 = 1,0950 - 1 = 0,095$$

Die Zerobonds werden mit 9,5% p. a. verzinst.   ◆

3.3 Effektiver Zinssatz bei unterjähriger Verzinsung

Gelegentlich werden die sich aus einem Zinssatz i ergebenden Zinsen auch halbjährlich oder vierteljährlich oder monatlich kapitalisiert. Man spricht dann von *unterjähriger Verzinsung*. Insbesondere bei Kreditverträgen mit festen Rückzahlungsraten ist monatliche Verzinsung üblich. Teilt man das Jahr in m gleichlange Zeiträume ein, so wird nach jedem dieser Zeitspannen das jeweilige Anfangskapital K_0 mit $(1 + \frac{i}{m})$ aufgezinst. Da die Zinsen jeweils kapitalisiert werden, ergibt sich nach j dieser Zeiträume das Kapital $K_0(1+\frac{i}{m})^j$, $j = 1, \ldots, m$ und somit nach Ablauf eines Jahres, d. h. für $j = m$ das Kapital $K_0(1+\frac{i}{m})^m$.

Man kann jetzt einen *effektiven Zinssatz* i_m pro Jahr bestimmen, der gerade so groß ist, dass er in 1 Jahr dieselbe Kapitalerhöhung wie die unterjährige Verzinsung liefert. Für ihn muss also gelten:

$$K(1 + i_m) = K(1 + \frac{i}{m})^m \quad \text{oder}$$

$$i_m = (1 + \frac{i}{m})^m - 1. \tag{3.5}$$

Für einige Nominalzinssätze i sind die effektiven Zinssätze in der nachfolgenden Tabelle 3.1 für halbjährliche ($m = 2$), vierteljährliche ($m = 4$) und monatliche Verzinsung ($m = 12$) angegeben. Treibt man die Unterteilung immer weiter, so gehen die effektiven Zinssätze gegen eine Grenze, die wir mit i_∞ bezeichnen wollen. Für sie gilt:

$$i_\infty = e^i - 1, \quad \text{da} \quad (1+\frac{i}{m})^m \xrightarrow[m \to \infty]{} e^i, \tag{3.6}$$

dabei ist $e = 2,71828\ldots$ die Basis der natürlichen Logarithmen, vgl. S. 207. Diesen Grenzfall nennt man *stetige Verzinsung*.

Wie aus Tabelle 3.1 ersichtlich, sind bei niedrigen Nominalzinssätzen die Unterschiede zwischen den zugehörigen Effektivzinssätzen für verschiedene m kaum von Bedeutung. Je höher jedoch der nominale Zinssatz wird, desto stärker fallen diese Unterschiede ins Gewicht.

Tab. 3.1: Zinsen für 1 Jahr bei unterjähriger Verzinsung auf ein Kapital von 100.000 €

m \ i	0,02	0,05	0,10	0,20	0,50
2	2.010	5.063	10.250	21.000	56.250
4	2.015	5.095	10.381	21.551	60.181
12	2.018	5.116	10.471	21.939	63.209
∞	2.020	5.127	10.517	22.140	64.872

Weiterhin zeigt sich, dass der Anstieg der Effektivverzinsung bei Erhöhung der Zinstermine pro Jahr immer geringer wird. Praktisch ist bei täglicher Verzinsung ($m = 365$) der Fall der stetigen Verzinsung erreicht.

Bemerkung:
Treten bei Finanzierungsaufgaben unterjährige Zeiträume mit tagesgenauer Berechnung auf, so wird die Zinsberechnung oft einfacher, wenn man mit stetiger Verzinsung arbeitet. Der Zinssatz i_s ist dann so zu wählen, dass der zugehörige effektive Zinssatz gleich der vorgegebenen Nominalverzinsung i_N ist. Aus

$$(1 + i_N) = e^{i_s} \quad \text{folgt} \quad i_s = \ln(1 + i_N).$$

3.4 Rentenrechnung

Unter einer *Rente* versteht man eine Reihe von Zahlungen in **gleichbleibenden** Zeitabständen. Diese Zahlungen können einem Guthaben entnommen werden, wobei sie unter Umständen dieses Guthaben abtragen, so dass dieses nach einer endlichen Anzahl von Zahlungen erlischt; die Zahlungen können aber auch dazu dienen, ein Guthaben anzusammeln.

Man spricht von *nachschüssiger Rente*, wenn **am Ende** jedes Zeitabschnittes ein Betrag aus- oder eingezahlt wird, und von *vorschüssiger Rente*, wenn die Zahlungen **zu Beginn** jeder Periode erfolgen.

Sofern nicht ausdrücklich in einer Aufgabenstellung etwas Gegenteiliges angegeben wird, ist im Rahmen der hier gegebenen Einführung in die Finanzmathematik stets das Modell eines *vollkommenen Kapitalmarktes* unterstellt. Es genügt der zweifachen Annahme, dass es jederzeit möglich ist, Geldbeträge beliebiger Höhe zu dem angegebenen Marktzinssatz (Alternativzinssatz) anzulegen oder auszuleihen. Weiterhin werden nur die Geldgeschäfte im engeren Sinne betrachtet; Gebühren und Verwaltungskosten bleiben grundsätzlich unberücksichtigt.

3.4.1 Nachschüssige Rente

Seien n Anzahl der Perioden,

i Zinssatz **pro** Periode,

$K = K_0$ das Kapital zu Beginn der 1. Periode (*Anfangskapital*),

K_j das Kapital am Ende der j-ten Periode, $j = 1, 2, ..., n$,

       = Kapital zu Beginn der $(j + 1)$-ten Periode, $j = 0, 1, ..., n - 1$,

$S = K_n$ das Kapital am Ende der n-ten Periode (*Endguthaben*),

r_j die Zahlung am Ende der j-ten Periode, dabei sei

       für eine Einzahlung (Erhöhung des Kapitals) $r_j > 0$ und

       für eine Auszahlung (Verminderung des Kapitals) $r_j < 0$.

Bei *periodengerechter Verzinsung* lassen sich die Guthaben K_j, $j = 1, 2, ..., n$ sukzessive berechnen als

$$K_1 = K(1 + i) + r_1$$
$$K_2 = K_1(1 + i) + r_2 = K(1 + i)^2 + r_1(1 + i) + r_2$$
$$K_3 = K_2(1 + i) + r_3 = K(1 + i)^3 + r_1(1 + i)^2 + r_2(1 + i) + r_3$$
$$\vdots \qquad \vdots \qquad \qquad \vdots$$
$$K_n = K_{n-1}(1 + i) + r_n$$
$$= K(1 + i)^n + r_1(1 + i)^{n-1} + \cdots + r_{n-2}(1 + i)^2 + r_{n-1}(1 + i) + r_n$$

Das Endkapital S erhält man somit als Summe aus periodengerecht verzinstem Kapital und Renten, vgl. Abb. 3.2.

$$S = K(1 + i)^n + \sum_{j=1}^{n} r_j(1 + i)^{n-j} \qquad \textit{Nachschüssige Rentenformel} \qquad (3.7)$$

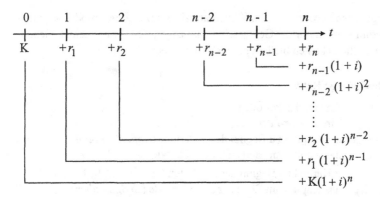

Abb. 3.2: Zur allgemeinen nachschüssigen Rentenformel

Für den speziellen Fall, dass alle Rentenzahlungen gleich groß sind, d. h. $r = r_j$ für alle $j = 1, 2, ..., n$ lässt sich die *allgemeine nachschüssige Rentenformel* (3.7) mittels der Summenformel der geometrischen Reihe (1.27) aufsummieren:

$$S = K(1+i)^n + r[(1+i)^{n-1} + (1+i)^{n-2} + \cdots + (1+i)^1 + (1+i)^0]$$

$$= K(1+i)^n + r \sum_{j=0}^{n-1} (1+i)^j \overset{(1.27)}{=} K(1+i)^n + r \frac{1-(1+i)^n}{1-(1+i)}, \text{d. h.}$$

$$S = K(1+i)^n + r \frac{(1+i)^n - 1}{i} \qquad \begin{array}{l} \textit{Nachschüssige Rentenformel} \\ \textit{mit } r = r_j \textit{ für alle } j \end{array} \qquad (3.8)$$

Die Rentenformel (3.8) enthält fünf Variablen: das Anfangskapital K, das Endkapital S, die Rente r, den Zinssatz pro Periode i und die Anzahl der Perioden n. Sind 4 der 5 Veränderlichen bekannt, so kann die 5. Variable aus der Gleichung (3.8) bestimmt werden. Dabei ist die explizite Auflösung der Rentenformel nach den Variablen S, K bzw. r besonders einfach, so dass es ausreicht, sich die vorstehende Rentenformel zu merken und in konkreten Anwendungsfällen die Auflösung nach der gesuchten Variablen jeweils neu zu berechnen.

< 3.6 > Herr S. Parbuch eröffnet bei der Privatbank R.I.C.H am 1.7.2002 ein Konto und zahlt sofort 10.000 € ein. Außerdem verpflichtet er sich, regelmäßig am Ende jedes 3. Monats 100 € auf dieses Konto einzuzahlen. Die Bank sichert ihm daraufhin einen Zinssatz von 8% p. a. bei vierteljährlicher Abrechnung zu. Auf welchen Betrag ist das Guthaben am 31.12.2009 angewachsen?

Lösung: Bei dieser Rentenaufgabe sind gegeben:
- das Anfangskapital K = 10.000;
- die Höhe der vierteljährlichen Renten r = 100;
- der Zinssatz pro Periode (Jahresquartal) $i = \frac{0,08}{4} = 0,02$;
- die Anzahl der Jahresquartale $n = \underset{\text{(in 1992)}}{2} + \underset{\text{(in 1993-1999)}}{7 \cdot 4} = 30$;

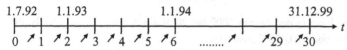

Setzen wir die gegebenen Größen in die Rentenformel (3.8) ein, so lässt sich das gesuchte Endkapital S berechnen als

$$S = 10.000 \cdot (1 + 0,02)^{30} + 100 \cdot \frac{1,02^{30} - 1}{0,02}$$

$$\approx 18.114 + 0,8114 \cdot 5000 = 18.114 + 4057 = 22.171,$$

d. h. das Guthaben ist am 31.12.2009 auf 22.171 € angewachsen.   ◆

< 3.7 > Die Stiftung „K. Zinom" beabsichtigt, ab 2009 jeweils am Jahresende die beste jährliche Forschungsarbeit auf dem Gebiet der Krebsforschung auszuzeichnen und diese Forschung mit einem Geldbetrag zu unterstützen. Zu diesem Zweck steht ein Fonds zur Verfügung, der am 1.1.2002 ein Guthaben über 1.000.000 € aufweist und der pro Jahr mit 8% verzinst wird. Wie hoch dürfen die jährlichen gleich hohen Preise sein, wenn der Fonds am 1.1.2020 noch 500.000 € aufweisen soll?

Lösung: Gegeben sind: K = 1.000.000; S = 500.000; n = 18; i = 0,08;
$r_j = 0$ für $j = 1, 2, ..., 7$; $r_j = r$ für $j = 8, 9, ..., 18$.
Gesucht ist r.

```
1.1.92              1.1.99                   1.1.2010
├──┬──┬──┬──┬──┬──┬──┬──┬──┬──┬──┬──┬──┬──┬──┬──┬──┬──┤─────→ t
0    1    2   .....  7  ↗8 ↗9  ......  ↗  ↗17 ↗18
```

Setzt man die gegebenen Größen in die Formel (3.7) ein, so ergibt sich:

$$500.000 = 1.000.000 \cdot (1 + 0,08)^{18} + \sum_{j=1}^{7} 0 \cdot 1,08^{18-j} + \sum_{j=8}^{18} r \cdot 1,08^{18-j}$$

bzw. $r \sum_{j=8}^{18} 1,08^{18-j} = 500.000 - 1.000.000 \cdot 1,08^{18}$.

Da

$$\sum_{j=8}^{18} 1{,}08^{18-j} = 1{,}08^{10} + 1{,}08^{9} + \cdots + 1{,}08^{0} = \sum_{j=0}^{10} 1{,}08^{j} = \frac{1-1{,}08^{11}}{1-1{,}08} = \frac{1{,}08^{11}-1}{0{,}08},$$

gilt:
$$r = [500.000 - 1.000.000 \cdot 1{,}08^{18}]\frac{0{,}08}{1{,}08^{11}-1}$$

$$\approx [500.000 - 3.996.019]\frac{0{,}08}{1{,}331639} = -210.028,$$

d. h. die Stiftung kann in den Jahren 2009 bis 2019 die Auszeichnung jeweils mit einem Geldbetrag von 210.028 € ausstatten.

In den meisten Fällen mit gruppenweise verschiedenen Rentenhöhen ist es einfacher, die Aufgabe mehrstufig zu lösen.

In diesem Beispiel könnte man zunächst den Zeitraum vom 1.1.2002 bis zum 1.1.2009 betrachten. Da hier keine Renten anfallen, ist das Anfangskapital 7 Jahre lang mit 8% zu verzinsen, d. h.

$$K_{1.1.99} = K_{1.1.92} \cdot 1{,}08^{7} = 1.000.000 \cdot 1{,}08^{7}.$$

Untersuchen wir nun den Zeitraum vom 1.1.2009 bis zum 1.1.2020. Dies ist eine Rentenaufgabe, bei der $n = 11$; $i = 0{,}08$; $K = K_{1.1.09}$ und $S = 500.000$ gegeben sind und r gesucht ist. Mit (3.8) ergibt sich:

$$500.000 = (1.000.000 \cdot 1{,}08^{7}) \cdot 1{,}08^{11} + r\frac{1{,}08^{11}-1}{0{,}08}, \text{ d.h.}$$

$$r = [500.000 - 1.000.000 \cdot 1{,}08^{18}]\frac{0{,}08}{1{,}08^{11}-1} \approx -210.028. \qquad \blacklozenge$$

< 3.8 > Welchen Betrag muss Herr R. Eich am Anfang eines Jahres bei einem Zinsfuß von 6% p. a. investieren, um am Ende dieses und der nächsten 14 Jahre jeweils einen Betrag in Höhe von € 10.000 erhalten zu können?

<u>Lösung:</u> Gegeben sind: $n = 15$; $i = 0{,}06$; $r = -10.000$; $S = 0$.
Eingesetzt in die Rentenformel (3.8) ergibt sich

$$0 = K \cdot 1{,}06^{15} - 10.000\frac{1{,}06^{15}-1}{0{,}06} \quad \text{oder}$$

$$K = 10.000\frac{1{,}06^{15}-1}{1{,}06^{15} \cdot 0{,}06} \approx \frac{13966}{2{,}3966 \cdot 0{,}06} \approx 97.122{,}49.$$

Herr Eich müsste 97.122,49 € investieren. $\blacklozenge$

Löst man die allgemeine Rentenformel (3.7) nach K auf

$$K = \frac{S}{(1+i)^n} - \sum_{j=1}^{n} \frac{r_j}{(1+i)^j},$$

so erkennt man, dass K gerade die Differenz aus dem Barwert des Endkapitals S und der Summe der Barwerte der Renten ist. Das so bestimmte Anfangskapital K wird deshalb auch als *Kapitalwert* (*Barwert*) bezeichnet, da die Anlage dieses Betrages zum Zinssatz i gerade die Realisierung des Zahlungsstromes $\{r_1, ..., r_n, S\}$ ermöglicht.

Löst man die Rentenformel (3.8) nach K auf

$$K = \frac{S}{(1+i)^n} - r\frac{(1+i)^n - 1}{(1+i)^n \cdot i},$$

so stellt der 2. Summand auf der rechten Seite dieser Gleichung ebenfalls die Summe der Barwerte aller Renten dar.

Der Faktor

$$\frac{(1+i)^n - 1}{(1+i)^n \cdot i}$$

wird deshalb auch als *Rentenbarwertfaktor* bezeichnet. Zur Vereinfachung der Rechnung wurden Tabellen mit Rentenbarwertfaktoren entwickelt, vgl. dazu die Tabelle auf S. 355.

3.4.2. Vorschüssige Rente

In einem vollständigen Kapitalmarkt lassen sich vorschüssige Renten leicht auf nachschüssige Renten zurückführen:

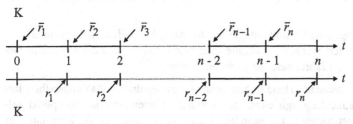

Die am Anfang einer Periode j gezahlten Beträge $\bar{r}_j$ sind am Ende dieser Periode auf $\bar{r}_j \cdot (1+i)$ angewachsen. Daher ist eine vorschüssige Rente der Höhe $\bar{r}_j$ äquivalent einer nachschüssigen der Höhe $r_j = \bar{r}_j(1+i)$. Es gilt somit:

$$S = K(1+i)^n + \sum_{j=1}^{n} \bar{r}_j (1+i)\cdot(1+i)^{n-j} \qquad\qquad (3.9)$$

oder für $\bar{r}_j = \bar{r}$ für alle $j = 1, 2, ..., n$

$$S = K(1+i)^n + \bar{r}(1+i)\,\frac{(1+i)^n - 1}{i}. \qquad\qquad (3.10)$$

Bemerkung:
Es empfiehlt sich, vorschüssige Renten sofort in nachschüssige umzuwandeln und dann mit der nachschüssigen Rentenformel bzw. mit Umformungen derselben zu arbeiten.

< **3.9** > Eine Maschine koste 60.000 €. Mit Hilfe dieser Maschine kann eine Firma vom 1.1.2002 bis zum 31.12.2011 Gewinne von jährlich 10.000 € erzielen. Am Ende dieses Zeitraums habe die Maschine noch einen Wiederverkaufswert von 20.000 €.

Die Maschine kann auch gemietet werden, dann müsste halbjährlich im Voraus eine Miete in Höhe von 4.000 € gezahlt werden.

Soll die Maschine
a. gekauft,   **b.** gemietet werden,
wenn sich alternative Investitionen mit jährlich 10% verzinsen?

Lösung: Da in der Aufgabenstellung nichts Gegenteiliges angegeben ist, wird ein vollkommener Kapitalmarkt unterstellt. Es ist deshalb für die Lösung unerheblich, ob die Firma über die volle Kaufsumme oder einen Bruchteil davon verfügt oder ob sie einen Kredit über die Kaufsumme aufnimmt. Man muss lediglich darauf achten, dass beim Vergleich der Alternativen die gleichen Annahmen getroffen werden.

Eventuelle ungenaue Formulierungen in der Aufgabenstellung sollten durch Annahmen präzisiert werden; so könnte man hier betonen, dass die jährlichen Gewinne jeweils am Jahresende ausgewiesen werden.

Die den verschiedenen Handlungsalternativen zugeordneten Zahlungsreihen lassen sich miteinander vergleichen, indem alle Zahlungen auf einen Zeitpunkt auf- bzw. abgezinst werden. Insbesondere bieten sich dabei der Anfangszeitpunkt (Vergleich der Kapitalwerte) und der Endzeitpunkt (Vergleich der Vermögensendwerte) an. Die vorliegende Aufgabe soll durch Vergleich der Kapitalwerte gelöst werden.

a. Berechnung des Kapitalwertes K_a des Geldstromes, der aus dem Kauf der Maschine resultiert, d. h. der Summe der Barwerte der jährlichen Gewinne plus dem Barwert des Wiederverkaufspreises:

$S = 20.000$; $n = 10$; $i = 0,10$; $r = -10.000$ (nachschüssig).

$K = K_a$ wird gesucht.

$$20.000 = K_a \cdot 1{,}10^{10} - 10.000 \frac{1{,}10^{10} - 1}{0{,}10}$$

$$K_a = \frac{1}{1{,}10^{10}} [20.000 + 100.000(1{,}10^{10} - 1)]$$

$$\approx \frac{1}{2{,}5937} [20.000 + 159.374] \approx 69.156{,}54.$$

Von diesem Kapitalwert $K_a = 69.158$ muss im Zeitpunkt $t = 0$ der Anschaffungspreis der Maschine in Höhe von € 60.000,- abgezogen werden, so dass sich als *Nettokapitalwert* C_a ergibt:

$$C_a = K_a - 60.000 = 9.158.$$

Da C_a positiv ist, ist der Kauf der Maschine einer alternativen Investition mit 10% Verzinsung vorzuziehen.

b. Berechnung des Nettobarwertes C_b des Geldstromes, der aus dem Mieten der Maschine resultiert.

$S = 0$; $n = 10$; $i = 0,10$.

$K = C_b$ wird gesucht.

$$r = -10.000 + 4.000 \cdot 1{,}10 + 4.000 \cdot (1 + \frac{0{,}10}{2}) = -1.400.$$

$$0 = C_b \cdot 1{,}10^{10} + (-1.400) \frac{1{,}10^{10} - 1}{0{,}10}$$

$$C_b = \frac{1}{1{,}10^{10}} [100.000 - 86.000](1{,}10^{10} - 1)$$

$$\approx \frac{1}{2{,}5937} \cdot 14.000 \cdot 1{,}5937 \approx 8.602.$$

Da $C_a = 9.158 > C_b = 8.602 > 0$, ist der Kauf der Maschine günstiger als das Mieten der Maschine, das seinerseits einer alternativen Investition mit 10% Verzinsung vorzuziehen ist.   ◆

Bemerkung:
Nach Definition sind „Renten" Zahlungen in gleichbleibenden Abständen, die gemäß der Rentenformel (3.8) und (3.10) nur am Anfang oder am Ende der Pe-

riode anfallen. Eine Zahlung innerhalb der Periode, wie im Beispiel < 3.9 > eine
Mietzahlung am 1. Juli, genügt nicht exakt dieser Bedingung.
Die in < 3.9 > vorgeschlagene Lösung einer unterperiodigen Verzinsung ist ein
praktikabler Weg, der i. Allg. auch ausreichend genau ist. Er ist aber nicht exakt,
da

$$\frac{4.000 \cdot (1 + \frac{0{,}10}{2})}{1 + 0{,}10} \neq \frac{4.000}{1 + \frac{0{,}10}{2}} \quad \text{ist.}$$

Eine genauere Berechnung der Mietzahlungen ist die Verwendung einer halbjähri-
gen Verzinsung i_H mit einem Effektivzinssatz von $i_H = 0{,}10$. Aus

$$(1 + i_H)^2 = 1{,}10 \quad \text{ergibt sich} \quad i_H = \sqrt{1{,}10} - 1 \approx 0{,}0488.$$

3.4.3 Tilgung durch gleichbleibende Annuitäten

Wird eine Schuld, z. B. eine Staatsanleihe, eine Hypothek oder eine Darlehens-
schuld nicht in einem Betrag zurückgezahlt, sondern in Teilbeträgen (*Raten*), so
spricht man von einer *Tilgungs-* oder *Amortisationsschuld*. Von den vielen Til-
gungsformen soll hier nur der für die Anwendung wichtigste Fall behandelt werden, für den in jeder Periode die *Annuität*, das ist die Summe aus Tilgungs- und
Zinsbeträgen, gleich groß ist. Nehmen wir eine nachschüssige, periodengerechte
Verzinsung mit dem Zinssatz i und nachschüssige Annuitäten der Höhe $-r$ an, so
lässt sich die Restschuld K_n am Ende der Periode n mit Hilfe der allgemeinen
Rentenformel (3.8) berechnen als

$$K_n = K(1 + i)^n + r \frac{(1 + i)^n - 1}{i}. \tag{3.8'}$$

< 3.10 > Einem Bauherrn wird eine Hypothek von 100.000 € bei 100% Aus-
zahlung und 8% Jahreszins angeboten, die mittels gleichbleibender Annuitäten
innerhalb von 10 Jahren getilgt werden soll. Wie hoch ist die Annuität und wie
gestaltet sich der Tilgungsplan?

Lösung: Gegeben ist: $K = 100.000$; $i = 0{,}08$; $n = 10$; $S = K_{10} = 0$.
Die gesuchte Annuität $-r$ erhält man aus der Gleichung

$$0 = 100.000 \cdot (1+0,08)^{10} + r \, \frac{1,08^{10}-1}{0,08}$$

$$-r = 100.000 \cdot 1,08^{10} \, \frac{0,08}{1,08^{10}-1} \approx 100.000 \cdot 0,1490295 = 14.902,95,$$

d. h. die jährliche Tilgungsrate beträgt 14.902,95 €. ◆

Da mit fortlaufender Tilgung die Restschuld und damit auch die Zinsbelastung abnehmen, steigt der Anteil der Tilgung an der Annuität immer stärker an, so dass sich die Rückzahlung der Gesamtschuld im Laufe der Zeit beschleunigt. Daher dauert die Tilgung der halben Ursprungsschuld länger als die halbe Tilgungdauer; vgl. dazu auch den nachfolgenden Tilgungsplan zum Beispiel < 3.10 >.

Tab. 3.1:   *Zinsen für 1 Jahr bei unterjähriger Verzinsung auf ein Kapital von 100.000 €*

Jahr	Restschuld zu Beginn des Jahres	Annuität	8% Zinsen auf die Restschuld	Tilgungs-betrag	Restschuld am Ende des Jahres
(1)	(2)	(3)	(4)	(5)	(6)
			$(4) = (2) \cdot 0,08$	$(5) = (3) - (4)$	$(6) = (2) - (5)$
1	100.000,00	14.902,95	8.000,00	6.902,95	93.097,05
2	93.097,05	14.902,95	7.447,76	7.455,19	85.641,86
3	85.641,86	14.902,95	6.851,35	8.051,60	77.590,26
4	77.590,26	14.902,95	6.207,22	8.695,73	68.894,53
5	68.894,53	14.902,95	5.511,56	9.391,39	59.503,19
6	59.503,19	14.902,95	4.760,25	10.142,70	49.360,45
7	49.360,45	14.902,95	3.948,84	10.954,11	38.406,33
8	38.406,33	14.902,95	3.072,51	11.830,44	26.575,89
9	26.575,89	14.902,95	2.126,07	12.776,88	13.799,01
10	13.799,01	14.902,95	1.103,92	13.799,01	0,00

Bei hohen Krediten an Privatpersonen geht man bei der Aufstellung des Tilgungs-plans zumeist nicht von der Tilgungsdauer aus, sondern man legt unter Berück-sichtigung der finanziellen Möglichkeiten des Schuldners die Annuität fest, z. B. als Prozentsatz der ursprünglichen Darlehenssumme (*Prozentannuität*). Gefragt ist dann nach der Dauer der Tilgung.

Um die Rentenformel (3.8) nach n aufzulösen, multiplizieren wir diese Gleichung zunächst mit i

$$S \cdot i = K \cdot i \cdot (1 + i)^n + r \cdot (1 + i)^n - r.$$

Durch weitere Umformungen folgt

$$S \cdot i + r = (K \cdot i + r)(1 + i)^n \quad \text{oder}$$

$$(1 + i)^n = \frac{S \cdot i + r}{K \cdot i + r}. \tag{3.11}$$

Dabei kann der Fall $K \cdot i + r = 0$ als uninteressant ausgeschlossen werden, denn $-r = K \cdot i$ bedeutet, dass am Ende jeder Periode gerade die Zinsen ausgezahlt werden. Das Kapital ändert sich dann nicht.

Damit die Lösung n positiv und damit sinnvoll ist, muss mit $K \cdot i + r > 0$ auch $S > K$ oder mit $K \cdot i + r < 0$ auch $S < K$ gelten.

Da heutzutage selbst auf preiswerten elektronischen Taschenrechnern der dekadische Logarithmus und/oder der natürliche Logarithmus, vgl. S. 153, 207, programmiert sind, kann auf die näherungsweise Bestimmung von n aus der Gleichung (3.11) unter Verwendung von Aufzinsungstabellen verzichtet werden. Logarithmiert man beide Seiten von (3.11) nach der gleichen Basis und löst dann die logarithmierte Gleichung nach n auf, so erhält man

$$n = \frac{\log \frac{S \cdot i + r}{K \cdot i + r}}{\log(1 + i)}. \tag{3.12}$$

Die nach der Gleichung (3.12) berechnete Größe n ist i. Allg. keine ganze Zahl. Dies bedeutet, dass nach $[n]$ Perioden[1] eine Restschuld verbleibt, die kleiner als die Annuität ist. Diese Restschuld kann dann als so genannte *Abschlusszahlung* mit der letzten Annuitätenzahlung zurückgezahlt werden. Zumeist wird sie aber am Ende der darauffolgenden Periode unter Berechnung von Zinsen getilgt, so dass die Tilgungsdauer gleich $[n] + 1$ ist. Mit Hilfe der Rentenformel (3.8) lässt sich die Abschlusszahlung, die kleiner als die Annuität ist, berechnen als:

$$K(1 + i)^{[n]} + r \frac{(1 + i)^{[n]} - 1}{i},$$

---

[1] Die GAUSS*sche Klammer* $[n]$ ist definiert als „größte ganze Zahl, die kleiner gleich n ist", vgl. S. 178

so dass für die Restzahlung gilt:

$$-r_{[n]+1} = \left[K(1+i)^{[n]} + r\frac{(1+i)^{[n]}-1}{i} \right](1+i).$$ (3.13)

< **3.11** > Ein Bauspardarlehen von 100.000 € mit 100% Auszahlung und 5% Verzinsung p. a. soll durch eine nachschüssige Prozentannuität in Höhe von 10% der Ursprungsschuld getilgt werden.

a. Wie lange dauert die Tilgung und wie groß ist die Restzahlung am Ende des letzten Jahres?

b. Wie lange dauert es, bis die Hälfte der Ursprungsschuld getilgt ist?

<u>Lösung:</u>

a. Gegeben sind: K = 100.000; $r = -0,10 \cdot 100.000 = -10.000$; $i = 0,05$; S = 0.

$$n = \frac{\log\frac{-10.000}{5.000-10.000}}{\log 1,05} = \frac{\log 2}{\log 1,05} \approx 14,2067, \quad [n] = 14,$$

d. h. nach 15 Jahren ist das Darlehen getilgt.

Dabei ist am Ende der 15 Jahre nur eine verminderte Rate in Höhe von

$$\left[100.000 \cdot 1,05^{14} - 10.000\frac{1,05^{14}-1}{0,05} \right] \cdot (1+0,05)$$

$$\approx 2.006,84 \cdot 1.05 \approx 2.107,18 \ [€] \quad \text{zu zahlen.}$$

b. Gegeben sind: K = 100.000; $r = -10.000$; $i = 0,05$; S = 50.000.

$$n = \frac{\log\frac{2.500-10.000}{5.000-10.000}}{\log 1,05} = \frac{\log 1,5}{\log 1,05} \approx 8,31,$$

d. h. nach 9 Jahren ist etwas mehr als die Hälfte der Ursprungsschuld getilgt. ◆

3.4.4 Effektivverzinsung einer Annuitätenschuld

Wird eine Schuld K durch n gleichbleibende Annuitäten der Höhe $-r$ getilgt, so stellt sich die Frage nach dem zu Grunde gelegten Zinssatz pro Periode und bei unterjähriger Ratenzahlung nach der Effektivverzinsung dieses Kredits.

Setzen wir in der Rentenformel (3.8) die Größe S gleich Null und dividieren wir dann die Gleichung durch $r(1+i)^n$, so ergibt sich nach Umordnen

$$\frac{(1+i)^n -1}{(1+i)^n \cdot i} = -\frac{K}{r}.$$ (3.14)

Zur Bestimmung des zu Grunde gelegten Zinssatzes i hat man also zunächst den Quotienten $-\dfrac{K}{r}$ zu bilden und kann dann aus der Tabelle der Rentenbarwert-

faktoren $\dfrac{(1+i)^n - 1}{(1+i)^n \cdot i}$ den periodengerechten Zinssatz bestimmen.

Steht keine umfangreiche Tabelle der Rentenbarwertfaktoren zur Verfügung, sondern wie auf Seite 355 nur eine unvollständige Tabelle, so lassen sich die Zinssätze nur grob abgrenzen. Zur genaueren Berechnung sind dann mittels Taschenrechner weitere Rentenbarwertfaktoren für das gegebene n und für die vermuteten Zinssätze zu berechnen, solange bis die gewünschte Genauigkeit erreicht ist.

< **3.12** > Herr O. Pel möchte ein Auto kaufen, dessen Barpreis 9.000 € beträgt. Er verfügt aber nur über 4.000 €.

I. Sein Freund „Hilfreich" ist bereit, ihm 5.000 € zu geben, wenn Pel ihm dafür jeweils am Ende der nächsten 3 Jahre 2.000 € zahlt.

II. Die Firma „Auto Wucher" räumt ihm folgenden Teilzahlungsbedingungen ein: Laufzeit 36 Monate, Monatsraten (einschließlich Zinsen) in Höhe von 166 €.

Wie hoch sind die den Angeboten zu Grunde gelegten effektiven Zinssätze pro Jahr? Welches Angebot ist das günstigere?

<u>Lösung:</u>

I. Beim Kreditangebot des Freundes sind gegeben:

$n = 3$ (Jahre); $K = 5000$; $S = 0$; $r = -2000$.

Gesucht ist der Zinssatz pro Jahr i_{I}.

$$\frac{(1+i)^3 - 1}{(1+i)^3 \cdot i} = -\frac{K}{r} = -\frac{5.000}{-2.000} = 2,5 \,.$$

In der Tabelle der Rentenbarwertfaktoren findet man unter $n = 3$

für $i = 0,09$ den Wert 2,5313   und
für $i = 0,10$ den Wert 2,4869.

Der Zinssatz i_{I} ist damit auf jeden Fall kleiner als 0,10.
Bessere Näherungswerte lassen sich mit dem Taschenrechner bestimmen, denn mit $n = 3$ gilt

für i	0,095	0,097
der Rentenbarwertfaktor	2,50891	2,500005

Der Zinssatz liegt somit bei ca. 9,7%.

II. Beim Kreditangebot der Autofirma sind gegeben:

$n = 36$ (Monate); $K = 5000 = 9000 - 4000$; $S = 0$; $r = -166$.

Gesucht ist zunächst der Zinssatz i pro Monat bei periodengerechter, d. h. monatlicher Verzinsung.

$$\frac{(1+i)^{36} - 1}{(1+i)^{36} \cdot i} = -\frac{K}{r} = -\frac{5.000}{-166} \approx 30{,}120.$$

In der Tabelle der Rentenbarwertfaktoren auf S. 355 findet man unter $n = 35$:

für i	0,005	0,010
den Rentenbarwertfaktor	32,035	29,409

und unter $n = 40$:

für i	0,005	0,010
den Rentenbarwertfaktor	36,172	32,835

für $n = 36$ errechnet man dann:

für i	0,010	0,011
den Rentenbarwertfaktor	30,10751	29,59423

d. h. der monatlicher Zinssatz ist ungefähr 1%.
Der effektive Zinssatz pro Jahr ist dann

$$i_{\text{II}} = (1 + 0{,}01)^{12} - 1 \approx 0{,}12.$$

Da $i_{\text{I}} < i_{\text{II}}$, ist das Angebot des Freundes das günstigere.   ◆

Abweichend von der Annuitätenschuld, bei der die Zinsen unter Verwendung der Nominalverzinsung von der jeweiligen Restschuld zu Beginn der Zinsperioden berechnet werden, ist es bei Kleinkrediten üblich, die zu zahlenden Zinsen unter Verwendung eines vereinbarten Periodenzinssatzes in jeder Periode von der ursprünglichen Schuldsumme zu berechnen. Dies entspricht einer einfachen Verzinsung über mehrere Perioden, bei der am Ende des Kreditzeitraums die Schuld und die angefallenen Zinsen in einem Betrag zurückzuzahlen sind. Bei den so genannten *Teilzahlungskrediten* wird nun der so berechnete Gesamtrückzahlungskredit, der zumeist noch um unverzinste Bearbeitungsgebühren erhöht wird, durch die Anzahl der Perioden dividiert und die so ermittelte Größe aufgefasst als Annuität einer **periodengerecht zinsesverzinsten** Annuitätenschuld.

< **3.13** > Beispiel für einen Teilzahlungskredit:

Kreditbetrag:	8000,-- €
Verzinsung:	1% pro Monat
Laufzeit:	48 Monate
einmalige Bearbeitungsgebühr:	2% des Kreditbetrages

<u>Ausrechnung der Raten</u>

Kreditbetrag:	€ 8.000	
+ Zinsen:	€ 3.840 =	$48 \cdot 0{,}01 \cdot 8.000$
+ Bearbeitungsgebühr:	€___160 =	$0{,}02 \cdot 8.000$
	€ 12.000 : 48 = 250	

d. h. der Teilzahlungskredit ist rückzahlbar in 48 Monatsraten zu je 250 €.

Mit $-\dfrac{K}{-r} = -\dfrac{8.000}{-250} = 32$ und den Rentenbarwertfaktoren

i	0,02	0,019	0,018	0,0175	0,0179	0,01794
$\dfrac{(1+i)^{48}-1}{(1+i)^{48}\cdot i}$	30,67	31,31	31,96	32,29	32,0262	31,9996

errechnet man einen Periodenzinssatz von $i = 0{,}01794$.
Der effektive Jahreszins ist dann gleich

$$i_{eff} = (1+0{,}01794)^{12} - 1 \approx 0{,}238 \,,$$

d. h. die Effektivverzinsung ist fast doppelt so hoch wie die vorgegebene Nominalverzinsung.   ◆

Selbst für den speziellen Fall S = 0 konnten wir die Rentenformel (3.8) nicht nach dem Zinssatz i auflösen, sondern wir kamen nur zu der Bedingung (3.14), die uns die Berechnung des Zinssatzes über die Rentenbarwertfaktoren eröffnete. Für den allgemeineren Fall S ≠ 0 ist dies aber nicht mehr möglich. Betrachten wir dazu das Beispiel < 3.14 >.

< **3.14** > Gesucht ist die Verzinsung einer Anleihe mit dem Nominalwert 100 € und

– einer Restlaufzeit von 6 Jahren
– einem Koupon von 8%, d. h. $0{,}08 \cdot 100 = 8$ [€]
– einer Tilgung (Rückzahlung): 102 €
– dem Kaufpreis: 110 €.

Eingesetzt in die Rentenformel (3.8) ergibt sich für den Zinssatz i die Bestimmungsgleichung:

$$S(i) = 110 \cdot (1+i)^6 - 8 \cdot \frac{(1+i)^6 - 1}{i} = 102. \tag{3.15}$$

Die Gleichung (3.15) lässt sich nicht nach i auflösen. Die wissenschaftlichen Taschenrechner und geeignete Personalcomputer-Programme erlauben aber eine bequeme Programmierung der linken Seite von (3.15) mit einem variablen Parameter i. Durch Eingabe verschiedener Zinssätze i lässt sich dann $S(i)$ „per Knopfdruck" berechnen. Der Zinssatz i wird dann solange variiert, bis $S(i)$ ausreichend nahe bei 102 liegt.

i	0,07	0,06	0,065	0,062	0,0623	0,06236
$S(i)$	107,85	100,23	104,00	101,73	101,95	101,99792

Die Verzinsung dieser Anleihe beträgt daher näherungsweise 6,236%.

Ein alternativer Lösungsweg ergibt sich, wenn die Gleichung (3.15) nach $K = 110$ aufgelöst wird:

$$110 = \frac{102}{(1+i)^6} + 8 \cdot \frac{(1+i)^6 - 1}{i \cdot (1+i)^6} = K(i). \tag{3.16}$$

Diese Gleichung drückt aus, dass der Barwert des aus dem Anleihekauf resultierenden Geldstromes gleich dem Kaufpreis 110 ist, d. h. der Nettobarwert ist gleich Null. Die rechte Seite von (3.16) lässt sich ebenfalls leicht auf einem Taschenrechner programmieren. Durch Probieren wird dann i so lange variiert, bis $K(i)$ nahe genug bei 110 liegt. Der Zinssatz i, der zu einem Nettokapitalwert 0 führt, wird als *interner Zinssatz* bezeichnet.

i	0,07	0,06	0,062	0,0623	0,06235
$K(i)$	106,10	111,24	110,18	110,03	110,00667

Der interne Zinssatz der betrachteten Anleihe ist daher ungefähr gleich 6,235%.

♦

3.5 Aufgaben

3.1   Ein Kapital K_0 ist durch Zinsesverzinsung von 10% p. a. in 7 Jahren auf 3.800,-- € angewachsen.
      a. Wie hoch war das Anfangskapital K_0 ?
      b. Wie groß ist das Kapital nach 11 Jahren?

3.2   Ein Kapital von 40.000,-- € wird zugunsten einer Hochschule bei einer Bank hinterlegt. Aus diesem Betrag sollen 15 Jahre lang jeweils 5 Studenten zu Beginn eines jeden Jahres eine Unterstützung zugewiesen bekommen. Wie viel erhält jeder Student pro Jahr, wenn das Kapital mit 4% p. a. verzinst wird?

3.3   Eine monatlich vorschüssig zu zahlende Rente über 2.000 € mit einer Laufzeit von 10 Jahren soll umgewandelt werden in eine monatlich nachschüssig zu zahlende Rente mit einer Laufzeit von 20 Jahren. Wie hoch ist die nun zu zahlende Rente, wenn keine Bearbeitungsgebühren berechnet werden und eine Verzinsung von 6% p. a. bei monatlicher Abrechnung zu Grunde zu legen ist?

3.4   Herr R. Eich eröffnet am 1.1.2002 ein Konto bei der Bank Mylord, zahlt sofort 10.000,-- € ein und verpflichtet sich, am Ende dieses und der nächsten 7 Jahre jeweils weitere 2.000,- € auf dieses Konto einzuzahlen. Die Bank verzinst alle auf dem Konto stehenden Beträge mit 10% p. a. (Zinseszins).
      a. Wie hoch ist der Kontostand am 31.12.2015?
      b. Wie viel € mehr hätte Herr Eich am 1.1.2002 einzahlen müssen, um bei gleichem Zinssatz und ohne die zusätzlichen jährlichen Zahlungen den gleichen Kontostand am 31.12.2015 zu erreichen?
      c. Ab 2016 möchte Herr Eich eine nachschüssige Jahresrente in Höhe von 9.000,-- € aus dem angesparten Kapital beziehen. Wie viele Jahre lang kann er diese Rente in voller Höhe beziehen, wenn nun das Kapital mit 8% p. a. verzinst wird?

3.5 Der Student S. Ch. Lau kauft am 1. August 2002 bei der Autofirma „Rappel-kiste" in Autokirchen einen Gebrauchtwagen zu folgenden Bedingungen: Lau zahlt 1.000,-- € in bar und verpflichtet sich, den Restkaufpreis (einschließlich der Zinsen) durch 30 Monatsraten zu je 100 € zu tilgen. Als Laus Vater im Mai 2003 erfährt, dass sein Sohn das wirtschaftswissen-schaftliche Vordiplom mit Erfolg abgeschlossen hat, beschließt er, die noch ausstehende Schuld aus dem Autokauf am Ende dieses Monats zu be-gleichen.

Welchen Betrag muss dann der Vater am 31. Mai 2003 dem Autohändler zahlen, wenn bei Festsetzung der obigen Rentenvereinbarung ein Zinsfuß von 12% p. a. bei monatlicher Abrechnung zu Grunde gelegt wurde und die vorzeitige Rückzahlung nicht mit zusätzlichen Kosten verbunden ist?

3.6 Eine Leasing-Firma kann eine Maschine im Wert von 100.000,-- € kaufen, für die sie jährlich 20.000,-- € investieren muss, um sie neuwertig zu erhalten. Der Wiederverkaufswert der renovierten Maschine steigt pro Jahr um 10%.

Die Maschine lasse sich auf zehn Jahre vermieten und erbringe am Anfang eines jeden Jahres eine Miete von 25.000,-- €. Dann werde die Maschine (zu ihrem Marktwert) verkauft.

Bei einer alternativen Investition gewinnt die Firma 12% pro Jahr. Soll die Firma die Maschine kaufen?

3.7 Familie N. Otlage möchte sich eine neue Einbauküche kaufen. Da ihr zum Barkauf des Modells „Blitzblank" noch 10.000,-- € fehlen, räumt ihr die Fa. Küchenstolz die folgenden Zahlungsbedingungen ein: Laufzeit 72 Monate; Monatsraten (einschließlich Zinsen) in Höhe von 195,-- €.

Bevor Familie Otlage zusagt, zieht sie das Angebot des Geldverleihers W. Ucher in Betracht, der für einen Kredit in Höhe von 10.000,-- € sieben Jahresraten in Höhe von 2.000,-- € verlangt.

Für welches Kreditangebot soll sich Familie Otlage entscheiden?

3.8 Zur Rückzahlung einer Schuld in Höhe von 20.000,-- €, die mit 4% p. a. zu verzinsen ist, wird eine jährliche Annuität in Höhe von 2.500,-- € vereinbart, die das erste Mal am Ende des 3. Jahres und dann regelmäßig am Jahresende zu leisten ist.

   a. Nach wie viel Jahren ist die Schuld getilgt?

   b. Wie hoch ist die Restschuld nach 8 Jahren ?

   c. Um welchen Betrag müsste die Annuität erhöht werden, wenn bei sonst gleichen Bedingungen die Schuld nach 9 Jahren getilgt sein soll?

3.9 Ab welchem Marktzins (Verzinsung alternativer Investitionen) lohnt der Kauf eines Personenkraftwagens unter den im Beispiel < 3.1 > auf Seite 77 angegebenen Bedingungen?

3.10 Die Dipl.-Kff. C. O. Merz möchte sich aus Gründen der Steuerersparnis Ende 2002 eine Eigentumswohnung kaufen. Zur Finanzierung des am 1.1.2003 fälligen Teilbetrages benötigt sie noch einen Kredit über 100.000 €. Sie hat dabei die Auswahl zwischen den folgenden Finanzierungsangeboten:

   I.   Ihre Hausbank City-DG ist bereit, ihr einen Kredit über 100.000 € mit 100% Auszahlung und 6,5% Zinsen p. a. mit einer Laufzeit von 4 Jahren zu geben.

   II. Das Bankinstitut BAUHYPO verlangt zur Rückzahlung des Kredites 50 nachschüssige Monatsraten zu jeweils 2.250 €, beginnend am 31.1.2003.

   III. Bei dem Angebot der amerikanischen Bank Los VEGOS sind 2003 keine Zahlungen fällig, ab 1.1.2004 sind 6 Jahre lang vorschüssig 19.000 € zurückzuzahlen.

Für welches Finanzierungsangebot soll sich Frau Merz entscheiden, wenn ihre Entscheidung sich nach dem geringsten effektiven Jahreszins richtet?

i	0,004	0,005	0,006	0,007	0,008
$\dfrac{(1+i)^{50}-1}{i(1+i)^{50}}$	45,236	44,143	43,086	42,066	41,077

Beachten Sie zusätzlich die Tabelle der Rentenbarwertfaktoren auf S. 355.

4. Funktionen

Beobachten wir die Kosten K, die einem Unternehmen bei der Produktion von x Einheiten eines bestimmten Produktes entstehen, so können wir unsere empirisch ermittelten Größenpaare (x, K) in einer Wertetabelle oder in einer graphischen Darstellung festhalten.

Tab. 4.1: Wertetabelle

x	K
1	4,25
2	6,00
3	8,25
4	11,00
5	14,25
6	18,00
7	22,25
8	27,00

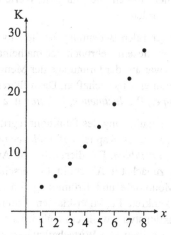

Abb. 4.1: Größenpaare (x, K)

Beide Darstellungsformen lassen einen Zusammenhang zwischen den Beobachtungsgrößen Produktionsoutput und Produktionskosten erkennen: Wird der Output vergrößert, so steigen gleichzeitig die Produktionskosten. Offensichtlich vermittelt dabei die Abb. 4.1 den Zusammenhang zwischen x und K eindrucksvoller als die Wertetabelle in Tab. 4.1.

Wir können nun versuchen, eine mathematische Gleichung $K = f(x)$ zu finden, die ebenfalls zu diesen Größenpaaren führt. Für das vorstehende Beispiel ist $K = f(x) = \frac{1}{4}x^2 + x + 3$ ein geeigneter mathematischer Ausdruck in x, der allen Outputgrößen x der *Definitionsmenge* D = {1, 2, ..., 8} die entsprechenden Produktionskosten $K = f(x)$ zuordnet.

Die Beschreibung des Zusammenhangs zwischen ökonomischen Größen durch eine *Funktionsgleichung* hat viele Vorteile:

i. Sie ist kürzer und zumeist übersichtlicher als eine Beschreibung durch Worte, Tabellen oder Abbildungen.

ii. Sie ist eindeutig; Missverständnisse und Fehlinterpretationen bei der Übermittlung des beobachteten Zusammenhangs sind weitgehend ausgeschlossen. Selbstverständlich muss zur vollständigen Beschreibung neben der Funktionsgleichung auch die Definitionsmenge für die unabhängige Variable, im Beispiel die Menge D = {1, 2, ..., 8} angegeben werden.

iii. Mit Hilfe der Funktionsgleichung lassen sich Prognosen über das Verhalten ökonomischer Größen auch für jene Werte machen, die noch nicht empirisch beobachtet wurden.

Wegen seiner zentralen Bedeutung für die Anwendung in den Wirtschaftswissenschaften wird in diesem Lehrbuch der mathematische Funktionsbegriff allgemein definiert, und zwar auf der Grundlage der Mengenlehre als eine zweistellige Relation mit bestimmten Eigenschaften. Dazu führen wir zunächst die Begriffe *geordnetes Paar, Tupel, Produktmenge, Relation* u. a. ein.

Bei der Veranschaulichung des Funktionsbegriffs und der Funktionseigenschaften beschränkt sich dieses Kapitel auf *reellwertige Funktionen einer reellwertigen unabhängigen Variablen*. Für diesen für die Anwendung wichtigen Funktionstyp definieren wir zunächst in Abschnitt 4.4 verschiedene Funktionseigenschaften wie Symmetrie, Monotonie und Krümmung. Im sich anschließenden Abschnitt 4.5 werden dann konkrete Funktionsklassen diskutiert, die sich dadurch auszeichnen, dass zum Funktionstyp jeweils ein einheitliches Kurvenbild gehört. Diese speziellen Funktionen sollten alle Wirtschaftswissenschaftler umfassend kennen, da sie ständig in betriebs- und volkswirtschaftlichen Lehrbüchern verwendet werden. Zum Abschluss dieses Kapitels wird die für Anwender fundamentale Frage nach der Gewinnung ökonomischer Funktionen in der Praxis erörtert.

4.1 Geordnete Paare, Tupel, Produktmengen

Bei der Darstellung einer Menge, die nur die beiden Elemente a und b besitzt, ist es gleichgültig, vgl. S. 3, in welcher Reihenfolge und wie oft die Elemente vorkommen,

$$\{a, b\} = \{b, a\} = \{a, a, b, a, b\}.$$

Man sagt, die Elemente a und b bilden ein *ungeordnetes Paar*.

Ist dagegen die Reihenfolge wichtig, so können wir zwei verschiedene *geordnete Paare* - auch *2-Tupel* genannt - angeben, die wir mit (a, b) und (b, a) bezeichnen und die die Eigenschaft haben, dass

$$(a, b) \neq (b, a) \quad \text{für} \quad a \neq b.$$

Die beiden Elemente, die ein geordnetes Paar bilden, heißen *Komponenten* des geordneten Paares. Man spricht bei einem 2-Tupel von der *ersten* und der *zweiten Komponente*.

Zwei geordnete Paare (a, b) und (c, d) heißen genau dann *gleich*, und man schreibt $(a, b) = (c, d)$, wenn $a = c$ und $b = d$ ist.

< 4.1 > Bei einer ärztlichen Reihenuntersuchung zum Zeitpunkt T werde die Körpergröße (in cm) und das Gewicht (in kg) für alle Schüler und Schülerinnen einer bestimmten Schulklasse y ermittelt und die Messergebnisse in einer Liste der folgenden Art festgehalten:

Tab. 4.2: Körpergröße und Gewicht

Name	Körpergröße [cm]	Gewicht [kg]
P. Müller	164	50
J. Schmidt	148	38
.	.	.
.	.	.

Für alle Schüler wird dabei ein geordnetes Paar (h, g) gebildet, wobei jeweils die 1. Komponente die Körpergröße und die 2. Komponente das Körpergewicht angeben. Demnach sind die Tupel (164, 50) und (50, 164) ganz unterschiedliche Aussagen.

Die Gesamtheit der geordneten Paare (h, g), die den Schülern der Klasse S zugeordnet werden, bildet offensichtlich eine Menge M, die geschrieben werden kann als

$\text{M} = \{(h, g) \mid h$ ist die Körpergröße (in cm) und g das Körpergewicht (in kg) eines Schülers oder einer Schülerin der Schulklasse S zum Zeitpunkt T$\}$. ♦

Selbst wenn eine Person die Schulklasse S kennt, ist es dennoch für sie schwierig, die Menge M anzugeben, es bedarf dazu genauer Messungen. Viel einfacher ist es, eine Obermenge von M anzugeben, die so bestimmt wird, dass die Variablen h und g unabhängig voneinander aus Mengen gewählt werden können, die nun die möglichen Körpergrößen bzw. die möglichen Gewichtsangaben beinhalten. Diese vereinfachte Konstruktionsweise von Obermengen für eine Menge geordneter Paare führt zur Definition von Produktmengen.

Definition 4.1:

Sind A und B zwei beliebige Mengen, so heißt die Menge **aller** geordneten Paare (a, b) mit $a \in$ A und $b \in$ B *Produktmenge von* A *und* B oder *cartesisches Produkt von* A *und* B.

Sie wird symbolisiert durch A×B:

$\quad$ A $\times$ B $= \{(a, b) \mid a \in$ A und $b \in$ B$\}$.

< **4.2** > Bezeichnen wir mit

A $= \{1, 2, 3, 4, 5, 6\}$ $\quad =$ Menge der Ergebnisse beim einmaligen Werfen mit einem Würfel

B $= \{$K(Kopf), Z(Zahl)$\}$ $=$ Menge der Ergebnisse beim einmaligen Werfen einer Münze

so ist die Menge der Ergebnisse beim gleichzeitigen Werfen mit einer Münze und einem Würfel gleich der Produktmenge

$\quad$ A $\times$ B $= \{(1, K), (1, Z), (2, K), (2, Z), ..., (6, K), (6, Z)\}$.

Die Menge A $\times$ B lässt sich graphisch darstellen als die Menge der Gitterpunkte in der nachfolgenden Abb. 4.2.

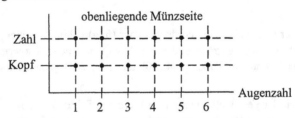

Abb. 4.2: Ergebnismenge $\qquad\qquad$ ◆

Analog der Bildung geordneter Paare können wir

$\qquad$ geordnete Tripel $\qquad$ oder $\qquad$ 3-Tupel $\quad (a_1, a_2, a_3)$,
$\qquad$ geordnete Quadrupel $\qquad$ oder $\qquad$ 4-Tupel $\quad (a_1, a_2, a_3, a_4)$,

$\qquad$ ....

$\qquad\qquad\qquad$ n-Tupel $\quad (a_1, a_2, ..., a_n)$ $\qquad$ bilden.

Soll die horizontale Schreibweise betont werden, so sprechen wir genauer von *Zeilen-Tupeln*, während wir bei vertikaler Schreibweise von *Spalten-Tupeln* reden.

< 4.3 >

a. (3, 4, -5, 2) ist ein Zeilen-4-Tupel;

b. $\begin{pmatrix} a_1 \\ a_2 \\ a_3 \end{pmatrix}, \begin{pmatrix} 2 \\ 1 \\ 5 \end{pmatrix}, \begin{pmatrix} 3 \\ 0 \\ -4 \end{pmatrix}$ sind Spalten-3-Tupel.   ♦

Bemerkung:

In der Literatur wird an Stelle von *Tupel* oft die Bezeichnung *Vektor* verwandt. Zur genauen Definition des Begriffs *Vektor* siehe ROMMELFANGER, H.: „Mathematik für Wirtschaftswissenschaftler", Band 2. Spektrum Akademischer Verlag, Heidelberg, 5. Aufl.2002.

Auch die Bildung der Produktmenge kann auf mehr als zwei Mengen verallgemeinert werden:

Definition 4.2:

Sind A_1, A_2, ..., A_n beliebige Mengen, so wird die *Produktmenge* oder das *cartesische Produkt der Mengen* A_1, A_2, ..., A_n definiert durch

$$A_1 \times A_2 \times \cdots \times A_n = \{(a_1, a_2, ..., a_n) \mid a_i \in A_i \ \forall\, i \in \{1, ..., n\}\}.$$

< 4.4 > Bei einem verstellbaren Tischkalender seien 4 Fenster vorhanden: Beim ersten Fenster lese man den Wochentag, beim zweiten und dritten den Tag und beim vierten den Monat ab.

Definiert man die vier Mengen

> A = {Montag, Dienstag, ..., Sonntag}
> B = {0, 1, 2, 3}
> C = {0, 1, 2, ..., 9}
> D = {Januar, Februar, ..., Dezember}

so ist A × B × C × D die Menge aller einstellbaren 4-Tupel;

z. B.

Donnerstag	1	2	Juli

In dieser Menge sind auch Tupel enthalten, die keinem real möglichen Datum entsprechen, wie

z. B.

Montag	3	9	Februar

♦

Ein Sonderfall des cartesischen Produktes liegt vor, wenn $A = B$ bzw. $A_1 = A_2 = ... = A_n$ gilt. Dann sind sämtliche Komponenten aller möglichen Tupel Elemente derselben Menge.

Definition 4.3:

Als *n-te (cartesische) Potenz* der Menge A bezeichnet man die Produktmenge

$$A^n = \underbrace{A \times A \times \cdots \times A}_{n-\text{mal}}.$$

Am häufigsten begegnet man in der Literatur Potenzen der Menge der reellen Zahlen **R** oder Potenzen von Teilmengen reeller Zahlen.

< 4.5 > $R^2 = R \times R = \{(x, y) \mid x \in R, y \in R\}$

ist die Menge aller reellen Zahlenpaare.

$R^5 = R \times R \times R \times R \times R = \{(x_1, x_2, x_3, x_4, x_5) \mid x_i \in R, \ \forall\, i \in \{1, ..., 5\}\}$

ist die Menge aller reellen Zahlen-5-Tupel.

$R_0^3 = R_0 \times R_0 \times R_0 = \{(x_1, x_2, x_3) \in R^3 \mid x_i \geq 0, \ \forall i \in \{1, 2, 3\}\}$

ist die Menge aller nichtnegativen Zahlen-3-Tupel.

♦

< 4.6 >   Ein Unternehmen stelle die n Produkte $P_1, ..., P_n$ her, und zwar das Produkt P_i in einer Stückzahl von x_i Einheiten pro Jahr, $i = 1, 2, ..., n$. Die Höhe der Gesamtproduktion (der *Gesamtoutput*) wird dann charakterisiert durch das Output-Tupel $x = (x_1, x_2, ..., x_n)$, das - da keine negativen Stückzahlen auftreten können - ein Element von R_0^n ist. Benötigt das Unternehmen zur Herstellung dieser Produkte die Güter $G_1, ..., G_m$, und zwar zur Produktion des Outputs x vom Gut G_j gerade y_j Einheiten pro Jahr, $j = 1, ..., m$, so wird der Gesamtinput beschrieben durch das Input-Tupel $y = (y_1, y_2, ..., y_m) \in R_0^m$.   ♦

Das cartesische Koordinatensystem

Jeder reellen Zahl lässt sich, vgl. S. 5, ein Punkt auf der Zahlengeraden zuordnen. Legt man zu dieser Zahlengeraden eine zweite Zahlengerade, welche die erstere im Nullpunkt senkrecht schneidet, so erhält man ein zweidimensionales *cartesisches Koordinatensystem* oder eine *cartesische Koordinatenebene*. Die beiden Zahlengeraden nennt man *Achsen*, und zwar bezeichnet man genauer die waagerechte Achse als *Abszissenachse* und die senkrechte als *Ordinatenachse*. Der Schnittpunkt der Achsen heißt *Koordinatenursprung*.

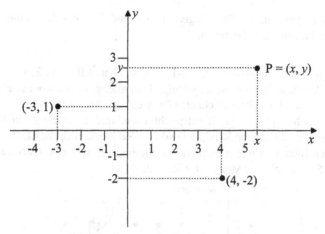

Abb.4.3: Cartesische Koordinatenebene

Jedem geordneten Paar $(x, y) \in \mathbf{R}^2$ kann man einen Punkt der Koordinatenebene zuordnen. Dazu hat man zunächst zu entscheiden, welche Komponente des Paares man auf der Abszissen- und welche man auf der Ordinatenachse abträgt. Es ist üblich, aber keineswegs notwendig, dass die 1. Komponente des geordneten Paares auf der Abszissenachse abgetragen wird. Die Achsenspitzen werden dann mit den entsprechenden Variablen gekennzeichnet (z. B. in Abb. 4.3 die Abszissenachse mit x und die Ordinatenachse mit y, so dass man auch von der *x-Achse* und der *y-Achse* spricht). Zu den Zahlen x und y gehören dann Punkte auf der x- bzw. y-Achse. Legt man durch x eine Gerade parallel zur y-Achse und durch y eine Gerade parallel zur x-Achse, so schneiden sich diese Geraden in einem Punkt P. Dieser Punkt P wird damit durch das reelle Zahlen-2-Tupel (x, y) beschrieben. Die Zahlen x und y heißen *Koordinaten* des Punktes P. Jeder Punkt einer cartesischen Koordinatenebene entspricht also einem Paar reeller Zahlen und umgekehrt.

Die beiden Achsen eines zweidimensionalen Koordinatensystems zerlegen die Koordinatenebene in 4 Teile, die so genannten *Quadranten*. Die Punkte auf den Achsen gehören nicht zu den Quadranten.

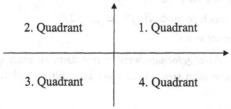

Abb.4.4: Quadranten einer Koordinatenebene

Auch Produktmengen, die Teilmengen des $\mathbf{R}^2$ sind, lassen sich in einer cartesischen Koordinatenebene darstellen:

< 4.7 >

a. Bildet man aus den Mengen A = {-1, 2, 3, 4, 7} und B = {1, 2} die Produktmenge A × B, so besteht die zugehörige Punktmenge in der Koordinatenebene aus den zehn mit • gekennzeichneten Punkten, vgl. Abb. 4.5.

b. Der Menge M = [5, 6] × [1, 3[entspricht das schraffierte Rechteck in Abb. 4.5, dabei gehören die oberen Randpunkte dieses Rechtecks nicht zu M.

c. Der nach links und rechts unbegrenzte Streifen im 3. und 4. Quadranten der Abb. 4.5 entspricht der Menge D = $\mathbf{R}$ × [-2, -1]

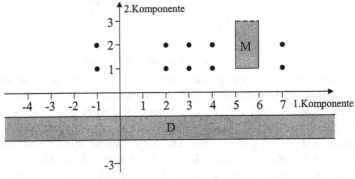

Abb. 4.5: Produktmengen   ♦

4.2 Relationen

Neben den im 1. Kapitel, vgl. S. 11ff, betrachteten *einstelligen Aussageformen*, die jeweils **eine** Variable enthalten, sind besonders solche Aussageformen von Bedeutung, die zwei Veränderliche aufweisen.

< 4.8 > **a.** „x ist größer als y" ⟺ „$x > y$"

       b. „x ist doppelt so groß wie y" ⟺ „$x = 2y$"

       c. „x ist Teiler von y"

Diese *zweistelligen Aussageformen* werden erst dann zu einer (wahren oder falschen) Aussage, wenn man sowohl für x als auch für y bestimmte reelle Zahlen einsetzt:

z. B.   a. „7 ist größer als 4" $\Leftrightarrow$ „7 > 4"   (w)

b. „6 ist doppelt so groß wie 3" $\Leftrightarrow$ „6 = 2 · 3"   (w)

c. „3 ist Teiler von 6"   (w)   ♦

Da zweistellige Aussageformen gewisse Bedingungen ausdrücken, in welcher Beziehung (Relation) die Variablen zueinander stehen müssen, damit eine wahre Aussage vorliegt, bezeichnet man sie auch als *Relationsvorschriften*.

Betrachtet man nun eine Relationsvorschrift $p(x, y)$ auf einer Grundmenge A × B, so ist die Lösungsmenge

$\{(x, y) \in A \times B \mid p(x, y)$ ist eine wahre Aussage$\}$

stets eine Teilmenge der Grundmenge A × B.

< 4.9 >   a. $\{(x, y) \in \{1, 2, 3\} \times \{-1, 1, 3, 5\} \mid x > y\}$
= $\{(1, -1), (2, -1), (2, 1), (3, -1), (3, 1)\}$.

b. $\{(x, y) \in \{2, 4, 6\} \times \{1, 2, 3\} \mid x = 2y\}$
= $\{(2, 1), (4, 2), (6, 3)\}$.

c. $\{(x, y) \in \{2, 3, 6\} \times \{8, 9, 10\} \mid x$ ist Teiler von $y\}$
= $\{(2, 8), (2, 10), (3, 9)\}$.   ♦

Der Begriff *Relation* wird in der Mathematik aber unabhängig von einer konkreten Relationsvorschrift definiert.

Definition 4.4:

Gegeben seien zwei Mengen A und B. Jede Teilmenge R der Produktmenge A × B heißt *Relation zwischen A und B*.

Ist A = B, so spricht man von einer *Relation in A*.

Für Paare $(x, y) \in R \subseteq A \times B$ schreibt man auch xRy und sagt x *steht in Beziehung (Relation) zu y*.

Enthalten die Mengen A und B nur wenige Elemente, so lässt sich eine Relation zwischen diesen beiden Mengen sehr gut dadurch veranschaulichen, dass man für A und B VENN-Diagramme zeichnet und die in Beziehung stehenden Elemente von A und B durch Pfeile verbindet. Eine solche Darstellung bezeichnet man als *Pfeildiagramm*.

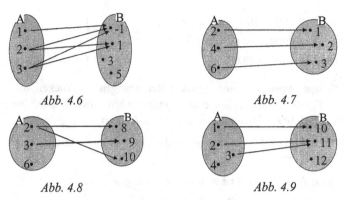

Abb. 4.6   Abb. 4.7

Abb. 4.8   Abb. 4.9

In den Pfeildiagrammen der Abbildungen 4.6 und 4.8 gehen von einigen Elementen der Vormenge A mehr als ein Pfeil aus. Solche Relationen werden *mehrdeutig* genannt. Dagegen geht in den Pfeildiagrammen der Abbildungen 4.7 und 4.9 von jedem Element der Vormenge A **höchstens** ein Pfeil aus. Solche Relationen heißen *eindeutig*.

4.3 Abbildungen, Funktionen

4.3.1 Definitionen

Von besonderem Interesse sind eindeutige Relationen zwischen zwei Mengen A und B, bei denen **jedem** Element aus A **genau ein** Element aus B zugeordnet ist. Wird die Darstellungsform eines Pfeildiagramms gewählt, so geht dann von **jedem** Element der Vormenge A **genau ein** Pfeil aus.

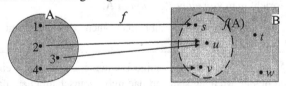

Abb.4.10: *Abbildung von* A = {1, 2, 3, 4} *in* B = {s, t, u, v, w}

Um die Zuordnungseigenschaft zu betonen, bezeichnet man eine solche Relation als *eindeutige Zuordnung* oder *Abbildung* oder *Funktion* und verwendet die Darstellungsform

$$f: A \to B \qquad \text{oder} \qquad A \xrightarrow{\ f\ } B$$

(gelesen: *f ist eine Abbildung von* A *in* B).

Während Relationen zumeist durch die groß geschriebenen lateinischen Buchstaben R und P symbolisiert werden, verwendet man zur Darstellung von Funktionen (Abbildungen) oft die klein geschriebenen Buchstaben f, g, h. Anstelle von $(x, y) \in f \subset A \times B$ schreibt man häufig

$$f: x \mapsto y \quad \text{oder} \quad x \overset{f}{\mapsto} y$$
(gelesen: f bildet x (eindeutig) in y ab).

Definition 4.5

I.   Eine Relation f zwischen A und B heißt *Abbildung (Funktion) von* A *in* B, wenn zu jedem $x \in A$ genau ein $y \in B$ existiert, so dass $(x, y) \in f$.

II. Eine *Abbildung (Funktion)* f *von* A *in* B ist eine Zuordnung, die **jedem** Element $x \in A$ **genau ein** Element $y \in B$ zuordnet. Abbildungen werden abgekürzt dargestellt durch $f: A \to B$,
$$x \mapsto y$$

Dabei heißt die Menge A Vormenge, Definitionsmenge (Definitionsbereich) oder Urbildmenge der Funktion f. Die Menge B wird (potentielle) Nachmenge von f genannt.

Ist $(x, y) \in f$ bzw. $x \overset{f}{\mapsto} y$, so sagt man, y ist das *Bild von x unter der Abbildung* f und verwendet für dieses eindeutig bestimmte Bild von x das Symbol $f(x)$. Das Element x bezeichnet man als *Urbild von y bezüglich f*.

Die Menge aller $y \in B$, die mindestens ein Urbild haben, bezeichnet man als *Bildmenge* oder *Wertemenge (Wertebereich)* der Abbildung $f: A \to B$ und symbolisiert sie durch

$$f(A) = \{ f(x) \mid x \in A \}.$$

4.3.2 Graphische Darstellung reellwertiger Funktionen

Für die Anwendung am wichtigsten sind Funktionen, bei denen sowohl die Definitionsmenge als auch die Wertemenge eine Teilmenge der Menge der reellen Zahlen ist.

Definition 4.6:

Eine Funktion f: $\quad D \to \mathbf{R} \quad$ mit $D \subseteq \mathbf{R}$
$$x \mapsto y = f(x)$$

heißt *reellwertige Funktion einer reellen Variablen*.

Die Relationsvorschrift lässt sich dann durch eine *Funktionsgleichung* ausdrücken, die nach der Variablen der Nachmenge aufgelöst ist (*explizite Form einer
Funktion*).

Die Variable der Definitionsmenge nennt man *unabhängige Variable* oder *Argument* der Funktion *f*, wogegen die Variable der Nachmenge *abhängige Variable*
oder *Funktionswert* heißt.

Bemerkung:
Die Wahl des Buchstabens x für die unabhängige und des Buchstabens y für die
abhängige Variable ist in der Mathematik üblich, aber nicht notwendig. Man
könnte genauso gut die Zuordnungen vertauschen oder die Variablen durch andere
Buchstaben kennzeichnen. Insbesondere ökonomische Größen werden oft nach
dem ersten Buchstaben ihres Namens benannt, z. B. K (Kosten), E (Erlös), G (Gewinn), P (Preis), C (Konsum), I (Investition).

Offensichtlich wird eine reellwertige Funktion *f* vollständig beschrieben durch die
Menge der geordneten Zahlenpaare

$$G_f = \{\,(x, y)\mid y = f(x),\ x \in D \subseteq \mathbf{R}\},$$

die sich als Teilmenge des $\mathbf{R}^2$ durch eine Punktmenge in einer cartesischen Koordinatenebene darstellen lässt. Die Menge G_f wird deshalb als *Graph* der Funktion
f bezeichnet.

Besteht die Definitionsmenge D aus endlich oder aus abzählbar vielen Elementen,
so setzt sich der Graph der Funktion aus isolierten Punkten der Zeichenebene zusammen, und man nennt eine solche Funktion *diskret*. Enthält dagegen die Definitionsmenge D ein Intervall reeller Zahlen, so lässt sich der Graph dieser Funktion
i. Allg. zumindest stückweise durch eine zusammenhängende Kurve darstellen;
man spricht dann von einer *kontinuierlichen* Funktion.

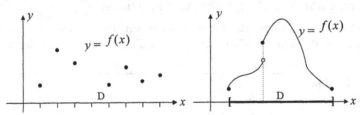

Abb.4.11: Diskrete Funktion   *Abb.4.12: Kontinuierliche Funktion*

Diskrete Funktionen mit einer endlichen Definitionsmenge D, D = $\{x_1, ..., x_n\}$,
lassen sich vollständig beschreiben durch eine *Wertetabelle*.

Tab. 4.3: Wertetabelle

$x \in D$	x_1	x_2	....	x_n
$y = f(x)$	$y_1 = f(x_1)$	$y_2 = f(x_2)$	....	$y_n = f(x_n)$

In der Praxis wird von dieser Darstellungsform vor allem Gebrauch gemacht:

I. zur tabellarischen Darstellung häufig benutzter Funktionen, deren Berechnung umständlich ist. Ein Beispiel dafür ist die Tabelle der Rentenbarwertfaktoren

$$\frac{(1+i)^n - 1}{(1+i)^n \cdot i} \text{ auf S. 355;}$$

II. zur Registrierung empirisch gewonnener Daten, deren funktionaler Zusammenhang noch nicht durch eine Funktionsgleichung beschrieben werden kann, vgl. S. 101.

Dagegen können kontinuierliche Funktionen **nicht vollständig** durch Wertetabellen beschrieben werden. Wird zur Vorbereitung der graphischen Darstellung einer Funktion eine Wertetabelle aufgestellt, so dürfen die der Tabelle entsprechenden Punkte der Zeichenebene nur dann miteinander zu einer Kurve verbunden werden, wenn weitere Eigenschaften der Funktion, wie Stetigkeit, vgl. S. 182ff und Monotonie, vgl. S. 122 bekannt sind.

< 4.10 > Bei einer Einproduktunternehmung lassen sich zu jeder Ausbringung x je Zeiteinheit die zugehörigen Gesamtkosten K eindeutig zuordnen. Bezeichnet D die Menge der möglichen Ausbringungen je Zeiteinheit, so lässt sich die *Kostenfunktion* dieser Unternehmung darstellen in der Form

$$f: D \to \mathbf{R}, \cdot \qquad \text{oder} \qquad K: D \to \mathbf{R},$$
$$x \mapsto K = f(x) \qquad\qquad\qquad x \mapsto K = K(x);$$

denn in den Wirtschaftswissenschaften ist es üblich, das gleiche Symbol für die abhängige Variable und die Abbildung(-svorschrift) zu verwenden. Für

$$K = K(x) = \frac{1}{25}x^3 - \frac{9}{10}x^2 + 10x + 10 \quad \text{und} \quad D = [0, 20]$$

hat der Graph dieser Funktion in einem cartesischen Koordinatensystem, bei dem die x-Werte auf der Abszissenachse abgetragen werden, die in Abb. 4.13 gezeichnete Form:

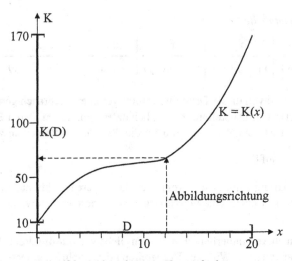

Abb. 4.13: s-förmige Kostenfunktion

Die Gesamtheit der Punktepaare $\{ (x, K) \mid K = K(x), x \in [0, 20]\}$ ergibt einen zu-sammenhängenden Kurvenverlauf. Solche „s-förmigen" Kostenkurven werden z. B. benutzt, um die Kostenstrukturen bei landwirtschaftlichen Produktionen zu beschreiben.   ◆

< 4.11 > Die *Nachfragefunktion* in der Mikroökonomie gibt den Zusammenhang zwischen dem Preis p eines Gutes und der bei diesem Preis nachgefragten Quantität x dieses Gutes wieder. Nachfragefunktionen sind also eindeutige Zuord-nungen der Art

$$x: p \mapsto x = x(p) \quad \text{oder} \quad p: x \mapsto p = p(x).$$

Die allgemeine Wirtschaftstheorie liefert keine Aussage über die genaue Form einer Nachfragefunktion; sie macht aber die qualitative Aussage, dass „im Großen gesehen" die nachgefragte Menge mit steigendem Preis abnimmt und dass beim Preis 0 die nachgefragte Menge beschränkt bleibt. Aus Traditionsgründen (nach Alfred MARSHALL, 1842-1924) wird unabhängig von der Zuordnungsrichtung der Preis p auf der Ordinatenachse und die Quantität x auf der Abszissenachse aufge-tragen.

Für $D = [0, 10]$ und $x = x(p) = -\frac{21}{10} p + 21$ hat die Nachfragefunktion den in Abb. 4.14 gezeichneten Graph.

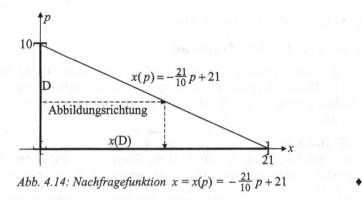

Abb. 4.14: Nachfragefunktion $x = x(p) = -\frac{21}{10}p + 21$ ♦

Bemerkung:
Wird der Graph einer Funktion in einer Koordinatenebene dargestellt, so kann man bei der Zeichnung frei entscheiden,

I. welcher Achse die unabhängige und welcher Achse die abhängige Variable zugeordnet wird (wichtig ist nur die Abbildungsrichtung!) und

II. wie die Skalen auf den Achsen gewählt werden.

Bei Bedarf können sogar die Achsen anders ausgerichtet werden.

Dem Graph einer Relation in $\mathbf{R}^2$ kann man leicht ansehen, ob diese Punktmenge eine Abbildung darstellt. Bei einer Funktion muss **jeder** Zuordnungspfeil, der von einem Element der Definitionsmenge ausgeht, d. h. jede Parallele zur Achse der abhängigen Variablen durch ein Argument aus D, den Graph **genau in einem Punkt** schneiden.

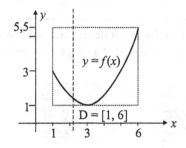

Abb.4.15: Graph von
$f(x) = \frac{1}{2}(x-3)^2 + 1$

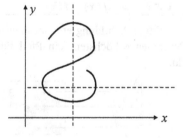

Abb. 4.16: Diese Kurve stellt **keine** Funktion dar

4.3.3 Eigenschaften von Funktionen

Surjektive und injektive Funktionen

Eine Abbildung erkennt man in einem Pfeildiagramm daran, dass von **jedem** Element der Vormenge **genau** ein Pfeil ausgeht. Untersucht man nun die Nachmenge von Abbildungen, so lassen sich verschiedene Klassen von Funktionen unterscheiden.

Definition 4.7:
Eine Abbildung f von A in B heißt *Abbildung von* A *auf* B oder *surjektive Abbildung*, wenn die Bildmenge $f(A)$ gleich der Nachmenge B ist, d. h. $B = f(A)$.

Im Pfeildiagramm erkennt man surjektive Abbildungen daran, dass in **jedem** Element der Nachmenge B **mindestens** ein Pfeil endet.

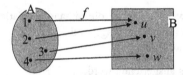   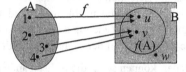

Abb.4.17: Surjektive Abbildung   *Abb.4.18: Nicht-surjektive Abbildung*

Definition 4.8:
Eine Abbildung f von A in B heißt *injektive* oder *eineindeutige Abbildung*, wenn verschiedene Elemente von A auf verschiedene Elemente von B abgebildet werden, d. h. für je zwei beliebige Elemente x und $\bar{x}$ von A gilt:
$$x \neq \bar{x} \;\Rightarrow\; f(x) \neq f(\bar{x}).$$

Eine injektive Abbildung erkennt man im Pfeildiagramm daran, dass zu Punkten der Nachmenge höchstens ein Pfeil führt. Zu jedem Bild gibt es dann nur ein Urbild.

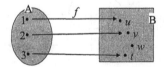   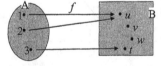

Abb.4.19: Injektive Abbildung   *Abb.4.20: Nicht-injektive Abbildung*

Auch am Graph einer reellwertigen Funktion einer reellen Variablen kann man erkennen, ob eine surjektive oder eine injektive Abbildung vorliegt. Der Graph einer *surjektiven* Abbildung hat die Eigenschaft, dass für jeden Punkt der Nachmenge gilt:

Eine durch diesen Punkt gehende Parallele zur Achse der unabhängigen Variablen schneidet den Graph in mindestens einem Punkt. Der Graph einer *injektiven* Abbildung hat die Eigenschaft, dass jede Parallele zur Achse der unabhängigen Variablen den Graph in höchstens einem Punkt schneidet.

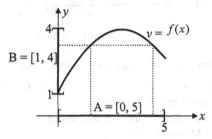

Abb. 4.21: f: $A \rightarrow B = [1, 4]$,
$$x \mapsto f(x) = -\tfrac{1}{3}(x-3)^2 + 4$$

surjektive, nicht-injektive Abbildung

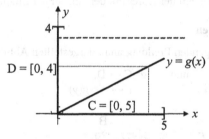

Abb. 4.22: g: $C \rightarrow D = [0, 4]$,
$$x \mapsto g(x) = \tfrac{1}{2}x$$

nicht-surjektive, injektive Abbildung

Definition 4.9:
Eine Abbildung heißt *bijektiv*, wenn sie injektiv **und** surjektiv ist.

Bei einer bijektiven Abbildung *f*: A → B ist **jedem** Element der Vormenge A **genau ein** Element der Nachmenge B als Bild zugeordnet, und **jedes** Element der Nachmenge B hat **genau ein** Urbild in A.

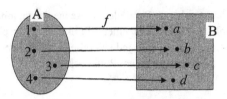

Abb. 4.23: Bijektive Abbildung

< 4.12 > Betrachten wir die Abbildung f: A → B mit

A = Menge der Hörer einer Vorlesung V zum Zeitpunkt T

B = Menge der Sitzplätze im Hörsaal

f = Zuordnungsvorschrift: „Ordne **jedem** Studenten der Menge A **einen** Sitzplatz der Menge B zu!"

a. Sind nun alle Plätze besetzt, so ist f eine surjektive Abbildung.

b. Sitzt auf jedem Platz höchstens ein Hörer, so ist f injektiv.

c. Sind alle Plätze besetzt und sitzt auf jedem Platz nur ein Hörer, so ist f bijektiv. Dann stimmt die Anzahl der Hörer mit der Anzahl der Sitzplätze überein.   ◆

Verkettete Funktionen

Durch die im nachfolgenden Pfeildiagramm dargestellten Abbildungen

$$f: A \to B, \qquad \text{und} \qquad g: C \to D,$$
$$x \mapsto y = f(x) \qquad\qquad y \mapsto z = g(y)$$

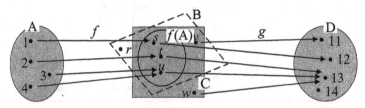

Abb. 4.24: Verkettung der Abbildungen f und g

wird in eindeutiger Weise eine Abbildung h: A → D definiert, die aus den Einzelzuordnungen

$$1 \overset{h}{\mapsto} 12, \quad 2 \overset{h}{\mapsto} 13, \quad 3 \overset{h}{\mapsto} 13, \quad 4 \overset{h}{\mapsto} 13 \qquad \text{besteht.}$$

Eine solche *Verkettung* oder *Hintereinanderschaltung* zweier Abbildungen f: A → B und g: C → D zu einer neuen Abbildung h: A → D ist nur möglich, wenn jedem Element $x \in$ A ein Bild $h(x) \in$ D zugeordnet werden kann. Dies ist dann der Fall, wenn jedes Bild $f(x)$ durch die Zuordnung g in D abgebildet wird, d. h. die Bildmenge von f muss Teilmenge der Definitionsmenge der nachgeschalteten Abbildung g sein.

Definition 4.10:

Genügen zwei Abbildungen

$$f: A \to B, \qquad \text{und} \qquad g: C \to D,$$
$$x \mapsto y = f(x) \qquad\qquad y \mapsto z = g(y)$$

der Bedingung $f(A) \subseteq C$, so lassen sich diese Funktionen *verketten* zu einer Abbildung

$$g \circ f: A \to D,$$
$$x \mapsto z = g \circ f(x) = g(f(x)).$$

Man bezeichnet $g(y)$ als *äußere Funktion* und $f(x)$ als *innere Funktion* der *verketteten Funktion* $g \circ f$.

Bemerkung:

Die Verkettung von Funktionen ist ein wichtiges Konstruktionsprinzip, um einfache Funktionen zu komplexeren Funktionen zusammenzusetzen. Sie kann aber umgekehrt auch benutzt werden, um kompliziertere Funktionen in einfache Funktionen zu zerlegen. Vgl. dazu Satz 5.7 auf S. 185 und die Kettenregel auf S. 203.

< 4.13 > Die Funktionen

$$f: [0, 3] \to \mathbf{R}, \qquad \text{und} \qquad g: [0, 8] \to \mathbf{R},$$
$$x \ \mapsto \ f(x) = 2x + 1 \qquad\qquad y \ \mapsto g(y) = -\tfrac{1}{3}(y - 3)^2 + 4$$

lassen sich, da $f([0, 3]) = [1, 7] \subset [0, 8]$, verketten zu der zusammengesetzten Funktion $g \circ f: [0, 3] \to \mathbf{R}$ mit

$$g \circ f(x) = g(f(x)) = -\tfrac{1}{3}((2x + 1) - 3)^2 + 4 \ = -\tfrac{1}{3}(2x - 2)^2 + 4. \qquad \blacklozenge$$

Umkehrfunktion

Bei einer bijektiven Abbildung $f: \ A \to B,$
$$x \mapsto y = f(x)$$

lässt sich die Zuordnungsrichtung (die Richtung der Zuordnungspfeile) umdrehen.

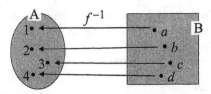

Abb. 4.25: Umkehrabbildung zur Funktion in Abb. 4.23

Man erhält dann eine ebenfalls bijektive Abbildung, die jedem Element $y \in B$ genau ein Element von A, und zwar das eindeutig bestimmte Urbild $f^{-1}(y)$ in Bezug auf die Abbildung f zuordnet.

Definition 4.11:

Ist die Abbildung f: $A \to B$,

$$x \mapsto y = f(x)$$

bijektiv, so existiert eine eindeutig bestimmte *Umkehrabbildung*

f^{-1}: $B \to A$,

$$y \mapsto x = f^{-1}(y)$$

mit der Eigenschaft, dass

$f^{-1} \circ f(x) = x$ und $f \circ f^{-1}(y) = y$ für alle $x \in A$ und alle $y \in B$.

Bei einer (bijektiven) Funktion f und ihrer Umkehrfunktion f^{-1} werden somit jeweils die gleichen Elemente aus A und B einander zugeordnet. Für reellwertige Funktionen einer reellen Variablen stellen daher der Graph von f und der Graph von f^{-1} die gleiche Kurve in einer cartesischen Koordinatenebene dar, wenn die Bezeichnung der Achsen beibehalten wird.

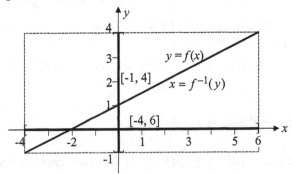

Abb.4.26: Funktion und Umkehrfunktion

f: $[-4, 6] \to [-1, 4]$, f^{-1}: $[-1, 4] \to [-4, 6]$,

$\quad x \mapsto y = f(x) = \frac{1}{2}x + 1$ $\quad y \mapsto x = f^{-1}(y) = 2y - 2$

Bei reellwertigen Funktionen bedeutet die Änderung der Zuordnungsrichtung, dass die Variablen ihre Rolle tauschen: Die unabhängige Variable der Ausgangsfunktion wird abhängige Variable der Umkehrfunktion und die abhängige Variable der Ausgangsfunktion wird unabhängige Variable der Umkehrfunktion. Da der Zusammenhang zwischen den beiden Variablen bestehen bleibt, erhält man die Zuordnungsvorschrift der Umkehrfunktion, indem man die Funktionsgleichung der Ausgangsfunktion nach der abhängigen Variablen der Umkehrfunktion auflöst.

Da bei reellwertigen Funktionen die Nachmenge i. Allg. gleich $\mathbf{R}$ gewählt wird, sind die meisten injektiven reellwertigen Funktionen nicht surjektiv, damit auch nicht bijektiv und besitzen somit (im strengen Sinne) keine Umkehrfunktion. Da man aber in vielen Anwendungsproblemen auch in solchen Fällen an der Bildung einer „Umkehrfunktion" interessiert ist, bezeichnet man als *Umkehrfunktion einer injektiven reellwertigen Funktion*

$$f : D \to \mathbf{R}, \qquad \text{mit } D \subseteq \mathbf{R},$$
$$x \mapsto y = f(x)$$

die Umkehrfunktion der zugehörigen bijektiven Funktion

$$f : D \to f(D) = W, \quad \text{d. h. die Funktion } f^{-1} : W \to D,$$
$$x \mapsto y = f(x) \qquad\qquad y \mapsto x = f^{-1}(y).$$

< 4.14 > Zwischen dem Konsum C und dem Volkseinkommen Y einer Volkswirtschaft Z bestehe für $10^7 \le Y \le 10^8$, gemessen in Z-Mark, der folgende kausale Zusammenhang

$$C = C(Y) = \tfrac{1}{2} Y + 10^6.$$

Da die Bildmenge dieser Konsumfunktion gleich

$$W = C([10^7, 10^8]) = [6 \cdot 10^6, 51 \cdot 10^6] \text{ ist,}$$

hat die reellwertige Funktion C: $[10^7, 10^8] \to \mathbf{R}$ die Umkehrfunktion

$$Y : [6 \cdot 10^6, 51 \cdot 10^6] \to [10^7, 10^8],$$
$$C \qquad \mapsto Y = Y(C) = 2C - 2 \cdot 10^6. \qquad\qquad \blacklozenge$$

4.4 Spezielle Eigenschaften reellwertiger Funktionen einer reellen Variablen $f: D \to R$, $D \subseteq R$

Reellwertige Funktionen $y = f(x)$ lassen sich durch Zeichnung ihres Graphen in einer cartesischen Koordinatenebene gut veranschaulichen. Die Kurven kontinuierlicher Funktionen können dabei geometrische Eigenschaften aufweisen, die dann auch den Funktionen selbst zugeordnet werden.

Steigung

> **Definition 4.12:**
> Gilt für beliebige Werte x_1, x_2 eines Intervalls $I \subseteq D$ mit $x_1 < x_2$ stets
>
> **a.** $f(x_1) \leq f(x_2)$, so heißt f *monoton steigend (nichtfallend) in* I;
> **b.** $f(x_1) < f(x_2)$, so heißt f *streng monoton steigend in* I;
> **c.** $f(x_1) \geq f(x_2)$, so heißt f *monoton fallend (nichtsteigend) in* I;
> **d.** $f(x_1) > f(x_2)$, so heißt f *streng monoton fallend in* I.

Die Monotonie ist nicht Eigenschaft einer Funktion schlechthin, sondern nur die Eigenschaft einer Funktion innerhalb eines Intervalls, sie ist *von lokaler Bedeutung*.

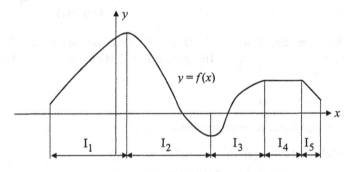

Abb. 4.27: Monotoniebereiche

Im Gesamtintervall $D = I_1 \cup I_2 \cup I_3 \cup I_4 \cup I_5$ ist die in Abb. 4.27 dargestellte Funktion f weder monoton steigend, noch monoton fallend. Die Funktion f ist aber in I_1 bzw. in I_3 streng monoton steigend, in I_2 bzw. in I_5 streng monoton fallend, in $I_3 \cup I_4$ monoton steigend (nichtfallend) und in $I_4 \cup I_5$ monoton fallend (nichtsteigend).

Eine unmittelbare Folgerung aus der Definition der Monotonie einer Funktion ist der

Satz 4.1:
Ist die Funktion $f: D \to \mathbf{R}$ streng monoton steigend in D (bzw. streng monoton fallend in D), so ist f injektiv.

Die Umkehrung des Satzes 4.1 ist nicht allgemein gültig, wie das Gegenbeispiel in Abb. 4.28 zeigt. Die hier gezeichnete Funktion ist zwar injektiv, aber weder monoton steigend, noch monoton fallend in D.

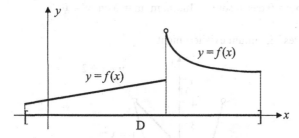

Abb. 4.28: Injektive, aber nicht-monotone Funktion

Beschränktheit, absolute Extrema

Definition 4.13:
Eine Funktion $f: D \to \mathbf{R}$, $D \subseteq \mathbf{R}$ heißt

i. *beschränkt,*   ii. *nach oben beschränkt,*   iii. *nach unten beschränkt,*

wenn ihre Wertemenge $W = f(D)$

i. beschränkt   ii. nach oben beschränkt   iii. nach unten beschränkt

ist, vgl. S. 33f.

Definition 4.14:
Hat die Wertemenge $W = f(D)$ einer Funktion $f: D \to \mathbf{R}$ ein Maximum M bzw. ein Minimum m, so heißt

$$M = \text{Max } W = \text{Max } \{ f(x) \mid x \in D \} = \underset{x \in D}{\text{Max}} f(x) \qquad \textit{absolutes Maximum}$$

bzw.

$$m = \text{Min } W = \text{Min } \{ f(x) \mid x \in D \} = \underset{x \in D}{\text{Min}} f(x) \qquad \textit{absolutes Minimum}$$

der Funktion f in D.

< 4.15 >

a. Die Funktion $f(x) = x + 2$ mit $D_f =]-\infty, 3]$ ist, da $f(D_f) =]-\infty, 5]$, nur nach oben beschränkt und nimmt in $x = 3$ ihr absolutes Maximum

$$M = \max_{x \in D_f} (x + 2) = 3 + 2 = 5 \quad \text{an.}$$

b. Die Funktion $g(x) = x^2$ mit $D_g =]-2, 2[$ ist beschränkt, da $g(D_g) = [0, 4[$. g besitzt in $x = 0$ das absolute Minimum m = $\min_{x \in D_g} x^2 = 0$.

Ein absolutes Maximum existiert nicht.

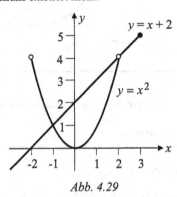

Abb. 4.29

Relative Extrema

Während ein *absolutes Extremum* den größten bzw. den kleinsten Wert darstellt, den eine Funktion über der gesamten Definitionsmenge annimmt, beziehen sich *relative Extrema* nur auf eine Umgebung eines Punktes der Definitionsmenge.

Definition 4.15:

Als *Umgebung* $U(x_0)$ einer reellen Zahl x_0 bezeichnet man jedes offene Intervall $]a, b[$, das den Punkt x_0 enthält, für das also gilt $a < x_0 < b$. Speziell nennt man ein offenes Intervall der Form

$$U_\delta(x_0) = \{x \in \mathbf{R} \mid x_0 - \delta < x < x_0 + \delta\} =]x_0 - \delta, x_0 + \delta[$$

δ-*Umgebung* des Punktes x_0. Dabei ist δ eine beliebige positive reelle Zahl.

Definition 4.16:
Eine Funktion $f: D \to \mathbf{R}$, $D \subseteq \mathbf{R}$ besitzt in $x_0 \in D$ ein *relatives Extremum*, wenn eine Umgebung $U(x_0)$ existiert mit der Eigenschaft,

$f(x) \leq f(x_0)$ für alle $x \in U(x_0)$ *(relatives Maximum)*   bzw.

$f(x) \geq f(x_0)$ für alle $x \in U(x_0)$ *(relatives Minimum)*.

< 4.16 > Die in Abb. 4.30 dargestellte Funktion $y = f(x) = -(x-3)^2 + 4$ besitzt in $x_0 = 3$ ein relatives Maximum, während die in Abb. 4.31 gezeichnete Funktion $y = g(x) = |x - 2| - 1$ in $x_0 = 2$ ein relatives Minimum hat.

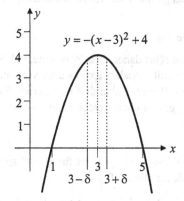

Abb.4.30: Relatives Maximum in $x_0 = 3$

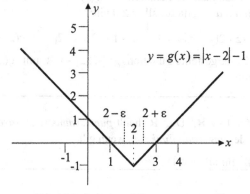

Abb.4.31: Relatives Minimum in $x_0 = 2$ ◆

Symmetrie

Definition 4.17:

Eine Funktion $f: D \to \mathbf{R}$, $D \subseteq \mathbf{R}$ heißt *spiegelsymmetrisch um* $a \in D$, wenn gilt

$$f(a - z) = f(a + z) \quad \text{für alle } z \text{ mit } (a \pm z) \in D.$$

Der Graph einer um a spiegelsymmetrischen Funktion $y = f(x)$ lässt sich dann an der Parallelen zur y-Achse mit der Gleichung $x = a$ „spiegeln".

Speziell werden Funktionen, die spiegelsymmetrisch um 0 sind, d. h. sich an der y-Achse selbst spiegeln, als *gerade Funktionen* bezeichnet; sie genügen der Bedingung

$$f(-x) = f(x) \quad \text{für alle } x \in D.$$

Der Name *gerade Funktion* rührt daher, dass Polynome, vgl. S. 131f., in denen die unabhängige Variable nur mit geraden Exponenten vorkommt, in $D = \mathbf{R}$ stets spiegelsymmetrisch um $a = 0$ sind. Dabei darf eine gerade Funktion ein absolutes Glied a_0 aufweisen. Da a_0 geschrieben werden kann als $a_0 x^0$, wird der Exponent 0 als „gerade" bezeichnet.

< 4.17 >

a. Die Funktion $y = f(x) = -(x - 3)^2 + 4$ ist für $D = \mathbf{R}$ spiegelsymmetrisch um $a = 3$, vgl. Abb. 4.30, da für alle $z \geq 0$ gilt:

$$f(3 - z) = -(3 - z - 3)^2 + 4 = -z^2 + 4 \overset{!}{=} -(3 + z - 3)^2 + 4 = f(3 + z)$$

b. Die in Abb. 4.31 dargestellte Funktion $y = g(x) = |x - 2| - 1$ ist in $D = \mathbf{R}$ spiegelsymmetrisch um $a = 2$, da für alle $z \geq 0$ gilt:

$$g(2 - z) = |2 - z - 2| - 1 = |-z| - 1 \overset{!}{=} |z| - 1 = |2 + z - 2| - 1 = g(2 + z)$$

c. Die in Abb. 4.29 dargestellte Funktion $g:]\!-2, 2[\to \mathbf{R}$ mit $g(x) = x^2$ ist eine gerade Funktion.   ◆

Definition 4.18:

Eine Funktion $f: D \to \mathbf{R}$, $D \subseteq \mathbf{R}$ heißt *punktsymmetrisch (drehsymmetrisch) zum Nullpunkt*[1] oder *ungerade Funktion*, wenn gilt

$$f(-x) = -f(x) \quad \text{für alle } x \in D.$$

---

[1] Die Punktsymmetrie lässt sich auf einen beliebigen Punkt (a, b) erweitern:
Eine Funktion $f: D \to \mathbf{R}, D \subseteq \mathbf{R}$ heißt *punktsymmetrisch zu* (a, b), wenn gilt
$f(a + z) - b = b - f(a - z)$ für alle z mit $(a \pm z) \in D.$

< **4.18** > Punktsymmetrisch zum Nullpunkt sind die in Abb. 4.32 dargestellten Funktionen $y = f(x) = x$ und $y = g(x) = x^3$. Weiterhin sind alle Polynome, in denen die unabhängige Variable nur mit ungeraden Exponenten vorkommt, in D = **R** punktsymmetrisch zum Nullpunkt.

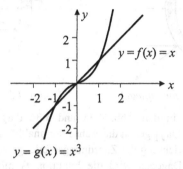

$y = g(x) = x^3$

Abb. 4.32: Ungerade Funktionen   ◆

Nullstelle

Definition 4.19:
Als *Nullstelle* x_0 einer Funktion $f: D \rightarrow \mathbf{R}$, $D \subseteq \mathbf{R}$ bezeichnet man eine Stelle $x_0 \in D$, für die die abhängige Variable den Wert 0 annimmt, d. h. für die gilt: $f(x_0) = 0$.

< **4.19** > Die in Abb. 4.30 dargestellte Funktion $y = f(x) = -(x - 3)^2 + 4$ hat die beiden Nullstellen $x_1 = 1$ und $x_2 = 5$, die sich als Lösungen der quadratischen Gleichung $-(x - 3)^2 + 4 = 0$ bestimmen lassen.   ◆

Krümmung

Zur Kennzeichnung der Krümmung von Funktionen benutzt man die Begriffe *konvex* und *konkav*, die aus der Physik entlehnt wurden. In der Optik bezeichnet man einen Spiegel, der nach außen, d. h. in Richtung der auftreffenden Strahlen, gewölbt ist, als *Konvexspiegel*, wogegen ein Spiegel, der nach innen gewölbt ist, *Konkavspiegel* genannt wird.

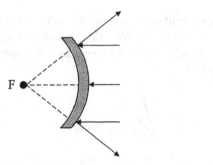 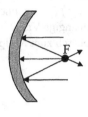

Abb. 4.33: Konvexspiegel   *Abb. 4.34: Konkavspiegel*

Betrachten wir nun die in den Abb. 4.35 und 4.36 dargestellten Funktionen $y = f_1(x)$ und $y = f_2(x)$. Da f_1 gegen die Achse der unabhängigen Variablen, d. h. nach „unten" gegen die Richtung der Zuordnungspfeile, gewölbt ist, nennt man f_1 konvex im Intervall I. Dagegen wird die Funktion f_2 mit ihrem nach „oben" gewölbten" Graph konkav in I genannt.

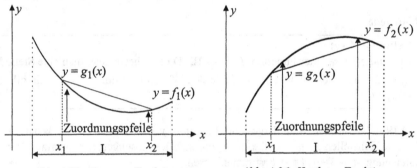

Abb. 4.35: Konvexe Funktion   *Abb. 4.36: Konkave Funktion*

Zur Herleitung einer exakten Definition wählen wir zwei beliebige Punkte x_1, x_2 des Intervalls I ohne Beschränkung der Allgemeinheit (o.B.d.A.) $x_1 < x_2$ aus und verbinden die Punktepaare $(x_1, f(x_1))$ und $(x_2, f(x_2))$ durch ein Geradenstück. Eine Funktion f ist dann in einem Intervall I *konvex* (bzw. *konkav)*, wenn in I jede Verbindungsgerade zweier Kurvenpunkte oberhalb (bzw. unterhalb) der Kurve verläuft.

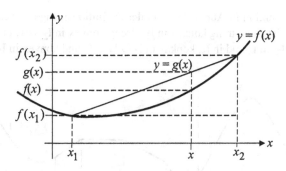

Abb. 4.37: Konvexe Funktion

Beachten wir, dass sich jede reelle Zahl $x \in [x_1, x_2]$ mit einer geeigneten reellen Größe λ, $0 \le \lambda \le 1$, schreiben lässt in der Form

$$x = x_1 + \lambda(x_2 - x_1) = \lambda x_2 + (1 - \lambda)x_1$$

und dass dann nach dem Strahlensatz für den Funktionswert $g(x)$ auf der Verbindungsgeraden zwischen $(x_1, f(x_1))$ und $(x_2, f(x_2))$ gilt

$$g(x) = f(x_1) + \lambda(f(x_2) - f(x_1)) = \lambda f(x_2) + (1 - \lambda)f(x_1),$$

so lässt sich das Krümmungsverhalten von Funktionen wie folgt definieren:

Definition 4.20:
Eine Funktion $f: D \to \mathbf{R}$, $D \subseteq \mathbf{R}$ heißt *konvex* (bzw. *konkav*) in einem Intervall I, $I \subseteq D$, wenn für je zwei beliebige Werte x_1, $x_2 \in I$ und jede reelle Zahl $\lambda \in [0, 1]$ gilt:

$$f(\lambda x_2 + (1 - \lambda)x_1) \le \lambda f(x_2) + (1 - \lambda)f(x_1) \qquad (konvex) \qquad \text{bzw.} \qquad (4.1a)$$

$$f(\lambda x_2 + (1 - \lambda)x_1) \ge \lambda f(x_2) + (1 - \lambda)f(x_1) \qquad (konkav). \qquad (4.1b)$$

Gilt für alle $\lambda \in \;]0, 1[$ in (4.1a) stets das „<"-Zeichen (bzw. in (4.1b) stets das „>"-Zeichen), dann heißt *f streng konvex* (bzw. *streng konkav*) in I.

Gemäß dieser Definition ist eine Gerade sowohl konvex als auch konkav in der gesamten Definitionsmenge, sie ist aber in keinem Teilintervall streng konvex oder streng konkav. Andererseits ist eine Funktion, die in einem Teilintervall streng konkav und in einem anderen Teilintervall streng konvex ist, in ihrer gesamten Definitionsmenge weder konvex noch konkav. Konvex bzw. konkav zu sein sind somit lokale Eigenschaften einer Funktion.

< **4.20** > Die Funktion in Abb. 4.38 ist in der Definitionsmenge D weder konvex noch konkav, f ist aber streng konkav in I_1, streng konvex in I_2 bzw. in I_6, konvex und konkav in I_3, in I_4 und in I_5, konkav in $I_3 \cup I_4 \cup I_5$ und konvex in $I_5 \cup I_6$.

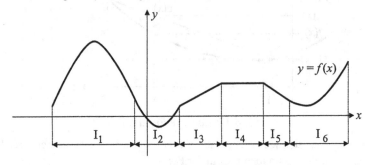

Abb. 4.38: Konkav- und Konvexbereiche   ♦

Bemerkung:
Die Überprüfung der Krümmung einer Funktion auf der Basis der Definitions-ungleichungen (4.1) ist selbst bei einfachen Funktionen sehr mühsam. Im Rahmen der Differentialrechnungen werden wir eine einfach zu handhabende Bedingung kennenlernen, die es gestattet, aus dem Vorzeichen der 2. Ableitung das Krüm-mungsverhalten zu folgern, vgl. Satz 6.14 auf S. 216.

4.5 Elementare reelle Funktionen

In diesem Abschnitt wollen wir die Menge der reellwertigen Funktionen einer reellen unabhängigen Variablen klassifizieren und einige wenige Funktionen, die in der Praxis häufig auftreten und die ein einheitliches Erscheinungsbild aufwei-sen, genauer behandeln.

4.5.1 Ganze rationale Funktionen (Polynome)

Die einfachsten Klassen von Funktionen erhalten wir durch wiederholte Anwen-dung der elementaren Rechenoperationen Addition, Multiplikation und Subtrak-tion.

Definition 4.21:

Eine Funktion $f: D \to \mathbf{R}$, $D \subseteq \mathbf{R}$ mit der Funktionsgleichung

$$f(x) = a_n x^n + a_{n-1} x^{n-1} + \cdots + a_1 x + a_0 \qquad (4.2)$$

heißt *ganze rationale Funktion* oder *Polynom*.

Die reellen Zahlen a_n ($\neq 0$), a_{n-1}, ..., a_0 heißen *Koeffizienten*,
die Zahl $n \in \mathbf{N} \cup \{0\}$ der *Grad* des Polynoms.

Da die Menge der reellen Zahlen bzgl. obiger Rechenoperationen abgeschlossen ist, vgl. S. 4, sind Polynome für alle reellen Zahlen definiert. Polynome kürzt man häufig mit dem Symbol $P_n(x)$ ab, wobei der Index n den Grad des Polynoms angibt.

Konstante Funktionen

Für $n = 0$ bezeichnet man die entstehende Funktion

$$f: x \mapsto f(x) = a_0 \qquad (4.3)$$

als *konstante Funktion* oder kurz als *Konstante*. Ihr Graph ist eine Parallele zur x-Achse durch den Punkt a_0 auf der Achse der abhängigen Variablen.

Lineare Funktionen (Geraden)

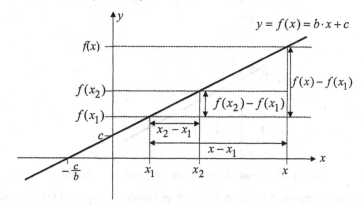

Abb. 4.39: Lineare Funktion

Für $n = 1$ ergibt sich ein Polynom 1. Grades

$$f: x \mapsto f(x) = a_1 x + a_0, \quad a_1 \neq 0,$$

das als *lineare Funktion* und deren Graph als *Gerade* bezeichnet wird.

Zur Vereinfachung der Schreibweise wird nachfolgend die Darstellung

$$f(x) = bx + c, \quad b, c \in \mathbf{R}, b \neq 0 \tag{4.4}$$

verwendet.

Da für je zwei beliebige reelle Zahlen x_1 und x_2 mit $x_1 \neq x_2$ gilt

$$f(x_2) - f(x_1) = (bx_2 + c) - (bx_1 + c) = b(x_2 - x_1)$$

ist der Differenzenquotient

$$b = \frac{f(x_2) - f(x_1)}{x_2 - x_1} = \frac{H\ddot{o}hendifferenz}{Horizontaldifferenz} \tag{4.5}$$

unabhängig von der Wahl der Werte $x_1, x_2 \in D$, b wird als *Steigung* der Geraden bezeichnet.

Soll die Gleichung einer Geraden, von der ein Punkt (x_1, y_1) und die Steigung b bekannt sind, aufgestellt werden, so muss der Punkt der Funktionsgleichung $y = f(x) = bx + c$ genügen, d. h. es muss gelten

$$y_1 = bx_1 + c \quad \text{oder} \quad c = -bx_1 + y_1 \quad \text{und somit}$$

$$f(x) = b(x - x_1) + y_1. \qquad \textit{Punktrichtungsgleichung} \tag{4.6}$$

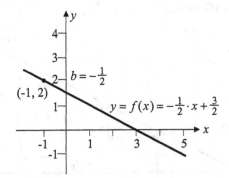

Abb. 4.40: Gerade bestimmt durch Punkt und Steigung

Soll die Gleichung einer Geraden durch zwei Punkte (x_1, y_1) und (x_2, y_2) aufgestellt werden, so berechnet man zunächst gemäß (4.5) die Steigung dieser Geraden als Differenzenquotient

$$b = \frac{y_2 - y_1}{x_2 - x_1}$$

und setzt diese in die Punktrichtungsgleichung ein.

$$f(x) = \frac{y_2 - y_1}{x_2 - x_1} \cdot (x - x_1) + y_1 \qquad \textit{Zweipunktegleichung} \qquad (4.7)$$

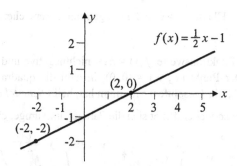

Abb. 4.41: Gerade bestimmt durch zwei Punkte

Da lineare Funktionen $y = f(x) = bx + c$ in der gesamten Definitionsmenge $D \subseteq R$

für $b > 0$ streng monoton steigende bzw.

für $b < 0$ streng monoton fallende

Funktionen sind, besitzt jede lineare Funktion eine Umkehrfunktion, die ebenfalls eine lineare Funktion ist, wie die Auflösung der Funktionsgleichung $y = f(x) = bx + c$ nach der nun abhängigen Variablen x zeigt:

$$x = f^{-1}(y) = \frac{1}{b}y - \frac{c}{b}.$$

Die Steigung der Umkehrfunktion ist also gerade das Reziproke der Steigung der (direkten) Funktion.

Quadratische Funktionen (Parabeln)

Für $n = 2$ ergibt sich ein Polynom 2. Grades

$$f: x \mapsto f(x) = a_2 x^2 + a_1 x + a_0, \quad a_2 \neq 0,$$

das als *quadratische Funktion* und dessen Graph als *Parabel* bezeichnet wird.

Zur Vereinfachung der Schreibart wird auch hier auf die Indizierung verzichtet und die folgende Schreibweise verwendet

$$f: x \mapsto f(x) = ax^2 + bx + c, \quad a, b, c \in \mathbf{R}, \ a \neq 0. \qquad (4.8)$$

Betrachten wir zunächst die speziellen quadratischen Funktionen

$$f(x) = ax^2.$$

Dabei wollen wir die Klassen $a > 0$ und $a < 0$ getrennt untersuchen.

I. Fall: $a > 0$

Für $a > 0$ sind alle Funktionswerte $f(x) = ax^2$ nichtnegative und für $x \neq 0$ sogar positive Größen. Der Punkt $(x_s, y_s) = (0, 0)$, in dem die quadratische Funktion $y = f(x) = ax^2$, $a > 0$, ihr (absolutes) Minimum hat, heißt *Scheitel* der Parabel.

Je kleiner a wird, umso weiter öffnet sich die Parabel, und umgekehrt.

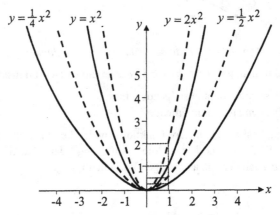

Abb. 4.42: Parabeln $y = f(x) = ax^2$, $a > 0$

Wie sich leicht beweisen lässt, ist die quadratische Funktion $f(x) = ax^2$ **mit $a > 0$:**
1. spiegelsymmetrisch zum Scheitelpunkt $x_s = 0$;
2. streng monoton steigend in $[x_s, +\infty[= [0, +\infty[$;
3. streng monoton fallend in $]-\infty, x_s] =]-\infty, 0]$;
4. konvex in **R**.

II. Fall: $a < 0$

Für $a < 0$ sind alle Funktionswerte $f(x) = ax^2$ nicht-positive und für $x \neq 0$ sogar negative Größen. Die Änderung des Vorzeichens des Koeffizienten a bedeutet geometrisch ein Spiegeln an der x-Achse. Der Punkt $(x_s, y_s) = (0, 0)$, in dem die quadratische Funktion ihr (absolutes) Maximum hat, wird (auch in diesem Fall) *Scheitel* der Parabel genannt.

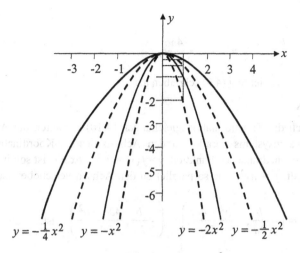

Abb. 4.43: Parabeln $y = f(x) = ax^2$, $a < 0$

Aus den Eigenschaften der quadratischen Funktion $f(x) = ax^2$ mit $a > 0$ lässt sich daher folgern, dass eine quadratische Funktion $f(x) = ax^2$ **mit $a < 0$**:

1. spiegelsymmetrisch zum Scheitelpunkt $x_s = 0$ ist;
2. streng monoton fällt in $[x_s, +\infty[= [0, +\infty[$;
3. streng monoton steigt in $]-\infty, x_s] =]-\infty, 0]$;
4. konkav in **R** ist.

Damit kennen wir auch die Eigenschaften einer beliebigen quadratischen Funktion $y = f(x) = ax^2 + bx + c$, denn - wie nachstehend gezeigt wird - bestimmt allein der Koeffizient a des quadratischen Gliedes die Gestalt des Graphen einer quadratischen Funktion. Die Koeffizienten b und c beeinflussen lediglich zusammen mit a die Lage der Parabel im Koordinatensystem.

$$y = f(x) = ax^2 + bx + c = a\left(x^2 + \frac{b}{a}x\right) + c$$

$$= a\left(x^2 + \frac{b}{a}x + \left(\frac{b}{2a}\right)^2\right) - a\frac{b^2}{4a^2} + c \quad \text{oder}$$

$$y = f(x) = a\left(x + \frac{b}{2a}\right)^2 - \frac{b^2 - 4ac}{4a}. \tag{4.9}$$

Setzen wir nun

$$X = x + \frac{b}{2a}, \qquad Y = y + \frac{b^2 - 4ac}{4a},$$ (4.10)

so lässt sich die Gleichung (4.9) schreiben als

$$Y = aX^2.$$ (4.11)

Bedingt durch die Transformationsgleichungen (4.10) verlaufen die Achsen des X-Y-Koordinatensystems parallel zu den Achsen des x-y-Koordinatensystems. Der Graph der quadratischen Funktion $y = f(x) = ax^2 + bx + c$ ist somit eine Parabel der Gestalt $y = ax^2$, die so parallel zu den Achsen verschoben ist, dass der Scheitel gleich

$$(x_s, y_s) = \left(-\frac{b}{2a}, -\frac{b^2 - 4ac}{4a} \right) = \left(-\frac{b}{2a}, \frac{4ac - b^2}{4a} \right) \quad \text{ist.}$$

Das Wissen um diese Eigenart quadratischer Funktionen kann dazu benutzt werden, um den Graph einer Funktion $y = f(x) = ax^2 + bx + c$ auf einfache Weise zu zeichnen. Dazu bestimmt man zunächst den Scheitel von $f(x)$ und errichtet dann in dem Punkt (x_s, y_s) als Ursprung ein X-Y-Hilfskoordinatensystem. Die Parabel $Y = aX^2$ stellt dann den gesuchten Graphen der Funktion $y = f(x)$ im x-y-Koordinatensystem dar.

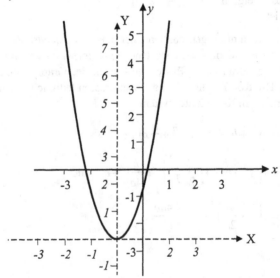

Abb. 4.44: $y = f(x) = 2x^2 + 4x - 0,5$, *vgl. Beispiel < 4.21 >*

< **4.21** > Die quadratische Funktion

$$y = f(x) = 2x^2 + 4x - 0,5 = 2(x^2 + 2x) - 0,5$$
$$= 2(x^2 + 2x + 1) - 2 \cdot 1 - 0,5 = 2(x + 1)^2 - 2,5$$

hat den Scheitel $(x_s, y_s) = (-1, -2,5)$, vgl. Abb. 4.44.   ◆

< **4.22** > Die Preisabsatzfunktion eines Monopolisten sei

$$x = x(p) = -\frac{1}{2}p + 10.$$

Sein Erlös ist dann gleich

$$E = E(p) = p \cdot x(p) = -\frac{1}{2}p^2 + 10p$$
$$= -\frac{1}{2}(p^2 - 20p + 10^2) + \frac{1}{2} \cdot 100 = -\frac{1}{2}(p - 10)^2 + 50.$$

Der Scheitel dieser Parabel ist $(p_s, E_s) = (10, 50)$.

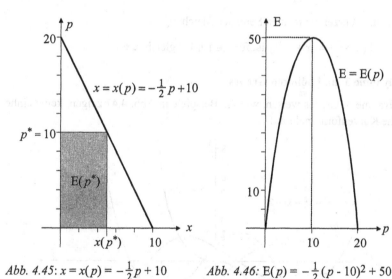

Abb. 4.45: $x = x(p) = -\frac{1}{2}p + 10$ *Abb. 4.46:* $E(p) = -\frac{1}{2}(p - 10)^2 + 50$

◆

Eine quadratische Funktion $y = f(x) = ax^2 + bx + c$ mit einem Definitionsintervall, das die x-Koordinate des Scheitels im Innern enthält, ist nicht injektiv und
besitzt daher keine Umkehrfunktion. Dagegen besitzt eine quadratische Funktion,
deren Definitionsmenge nur links bzw. nur rechts vom Scheitel liegt, als streng
monotone reelle Funktion eine Umkehrfunktion, deren Funktionsgleichung man

durch Auflösen der Gleichung $y = ax^2 + bx + c$ nach der nun abhängigen Variablen x erhält.

$$x = f^{-1}(y) = \begin{cases} -\dfrac{b}{2a} - \sqrt{\dfrac{1}{a}\left(y + \dfrac{b^2 - 4ac}{4a}\right)} & \text{für } D \subseteq \left]-\infty, -\dfrac{b}{2a}\right] \\[4mm] -\dfrac{b}{2a} + \sqrt{\dfrac{1}{a}\left(y + \dfrac{b^2 - 4ac}{4a}\right)} & \text{für } D \subseteq \left[-\dfrac{b}{2a}, +\infty\right[\end{cases}$$

< 4.23 > Die quadratische Funktion $y = f(x) = 2x^2 + 4x - 0{,}5$ im Beispiel < 4.21 > mit dem Scheitel (-1, -2,5), ist im Definitionsintervall D = [0, 10] eine streng monoton steigende Funktion.
Ihre Umkehrfunktion hat die Funktionsgleichung

$$x = -1 + \sqrt{\frac{y}{2} + \frac{5}{4}},$$

denn die Wurzel der rechten Seite der Gleichung

$$\tfrac{1}{2}\left(y + \tfrac{5}{2}\right) = (x + 1)^2 \quad \text{ist für } x \in [0, 10] \text{ gleich } x + 1. \qquad \blacklozenge$$

Polynome 3. und höheren Grades

Polynome 3. Grades weisen, wie die Beispiele in Abb. 4.47 zeigen, keine einheitliche Kurvenform mehr auf.

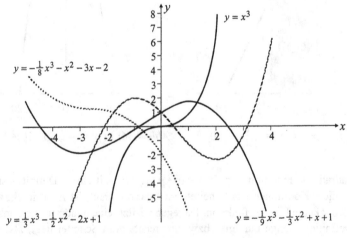

Abb. 4.47

Da die Kurvenverläufe von Polynomen mit wachsendem Grad immer formenreicher werden, soll darauf verzichtet werden, die Polynome 3. und höheren Grades allgemein zu untersuchen. Die Differentialrechnung in Kapitel 6 wird uns das geeignete Handwerkszeug bieten, um vorgegebene Funktionen individuell zu diskutieren.

Nullstellen von Polynomen

Satz 4.2:

Ist x_1 eine Nullstelle des Polynoms n-ten Grades

$$P_n(x) = a_n x^n + a_{n-1} x^{n-1} + \ldots + a_1 x + a_0, \quad a_i \in \mathbf{R},$$

dann existiert ein Polynom $(n-1)$-ten Grades

$$P_{n-1}(x) = c_{n-1} x^{n-1} + c_{n-2} x^{n-2} + \ldots + c_1 x + c_0, \quad c_i \in \mathbf{R},$$

so dass gilt: $P_n(x) = (x - x_1) \cdot P_{n-1}(x)$.

Das Polynom $P_{n-1}(x)$, das sämtliche weiteren Nullstellen von $P_n(x)$ enthält, lässt sich durch *Polynomdivision* bestimmen. Hierzu teilt man $P_n(x)$ durch $(x - x_1)$. Das Verfahren verläuft analog der Bildung von Dezimalbrüchen, wobei hier bei jedem Schritt ermittelt wird, wie oft die höchste Potenz des Nenners im Summand mit der höchsten Potenz im Zählers enthalten ist.

< 4.24 > Errät man, dass das Polynom $P_3(x) = 3x^3 - 3x^2 - 12x + 12$ die Nullstelle $x_1 = 1$ hat, d. h. $P_3(1) = 0$, so lassen sich,

da $\quad 3(x^3 - x^2 - 4x + 4) : (x - 1) = 3(x^2 - 4),$

$\underline{x^3 - x^2}$

$\qquad\qquad -4x + 4$

$\qquad\qquad \underline{-4x + 4}$

die weiteren Nullstellen des Polynoms $P_3(x)$ berechnen als Wurzeln der quadratischen Gleichung

$$P_2(x) = 3(x^2 - 4) = 3(x - 2)(x + 2) = 0,$$

d. h. $x_2 = 2$ und $x_3 = -2$.

Das Polynom $P_3(x)$ lässt sich somit schreiben in der Form

$$P_3(x) = 3(x - 1) \cdot (x - 2) \cdot (x + 2). \qquad\qquad \blacklozenge$$

Wird der Satz 4.2 sukzessive auch auf die Polynome $P_{n-1}(x)$, $P_{n-2}(x)$, ..., $P_2(x)$ angewendet, so lässt sich das Polynom

$$P_n(x) = a_n x^n + a_{n-1} x^{n-1} + ... + a_1 x + a_0$$

schließlich schreiben als

$$P_n(x) = a_n(x - x_1)(x - x_2) \cdots (x - x_n),$$

vorausgesetzt dass alle diese Polynome wenigstens eine Nullstelle besitzen.

Multipliziert man die rechte Seite der letzten Darstellung aus, so ergibt ein Vergleich der Koeffizienten von x^{n-1} bzw. x^0

$$a_{n-1} = -a_n(x_1 + x_2 + ... + x_n) \quad \text{bzw.} \tag{4.12}$$

$$a_0 = a_n(-x_1) \cdots (-x_2)(-x_n) = a_n \cdot (-1)^n \cdot x_1 \cdot x_2 \cdots x_n. \tag{4.13}$$

Die letzte Gleichung ist eine gute Hilfe beim Aufsuchen einer Nullstelle eines Polynoms $P_n(x)$, sofern die zusätzliche Information vorliegt, dass alle Nullstellen ganzzahlig sind. Die Menge der in Betracht kommenden ganzen Zahlen wird dann durch die Gleichung (4.13) stark eingeschränkt, wie das nachfolgende Beispiel verdeutlicht.

< 4.25 > Besitzt das Polynom $P_3(x) = 4x^3 - 16x^2 + 4x + 24$ nur ganzzahlige Nullstellen, so kommen, da $24 = -4x_1 x_2 x_3$, lediglich die ganzen Zahlen ± 1, ± 2, ± 3, ± 6 in Betracht, und eine oder alle drei Nullstellen sind negativ.

Da $P_3(-1) = -4 - 16 - 4 + 24 = 0$ ist, lassen sich die beiden übrigen Nullstellen bestimmen als Wurzeln der quadratischen Gleichung

$$P_2(x) = 4(x^3 - 4x^2 + x + 6) : (x + 1) = 4(x^2 - 5x + 6)$$

$$\underline{x^3 + x^2} \qquad\qquad = 4(x - 2)(x - 3) = 0$$
$$-5x^2 + x + 6$$
$$\underline{-5x^2 - 5x}$$
$$6x + 6$$
$$\underline{6x + 6}$$

Das Polynom P_3 besitzt daher die Nullstellen $x_1 = -1$, $x_2 = 2$, $x_3 = 3$.   ◆

Die Existenz einer Nullstelle für jedes Polynom wird garantiert durch

---

Satz 4.3: *(Fundamentalsatz der Algebra)*
Jedes nichtkonstante Polynom besitzt mindestens eine Nullstelle (auf der Menge der komplexen Zahlen).

Aus den Sätzen 4.2 und 4.3 folgt unmittelbar der

Satz 4.4:
Ein Polynom vom Grade n hat genau n Nullstellen, wobei mehrfach auftretende Nullstellen entsprechend mehrfach gezählt werden.

Sind die Koeffizienten a_n, a_{n-1}, ..., a_0 eines Polynoms $P_n(x)$ reelle Zahlen, so können, vgl. S. 9, komplexe Nullstellen nur in konjugiert komplexen Paaren auftreten. Daraus folgt, dass jedes Polynom mit ungeradem Grad zumindest eine reelle Nullstelle besitzt.

< 4.26 > Das Polynom $P_4(x) = x^4 + 4x^3 + 4x^2 - 9$ hat offensichtlich die Nullstelle $x_1 = 1$.
Errät man für das Polynom

$$P_3(x) = (x^4 + 4x^3 + 4x^2 - 9) : (x - 1) = x^3 + 5x^2 + 9x + 9$$

die Nullstelle $x_2 = -3$, so lassen sich die beiden restlichen Nullstellen berechnen als Wurzeln der quadratischen Gleichung

$$P_2(x) = (x^3 + 5x^2 + 9x + 9) : (x + 3) = x^2 + 2x + 3 = 0.$$

Da $x^2 + 2x + 1 = -3 + 1 \Leftrightarrow (x + 1)^2 = -2 < 0$, hat P_2 die konjugiert komplexen Nullstellen $x_{3,4} = -1 \pm i\sqrt{2}$. In Linearfaktoren zerlegt lässt sich P_4 daher schreiben als

$$P_4(x) = (x - 1) \cdot (x + 3) \cdot (x + 1 - i\sqrt{2}) \cdot (x + 1 + i\sqrt{2}). \qquad \blacklozenge$$

Während man die Nullstellen
i. eines linearen Polynoms $P_1(x) = bx + c$ durch

$$x_1 = -\frac{c}{b}$$

ii. eines quadratischen Polynoms $P_2(x) = ax^2 + bx + c$ durch

$$x_{1,2} = -\frac{b}{2a} \pm \sqrt{\frac{b^2}{4a^2} - \frac{c}{a}} \qquad \text{formelmäßig angeben kann,} \qquad (4.14)$$

bereitet die Berechnung der Nullstellen von Polynomen 3. und höherer Ordnung größere Schwierigkeiten. In der 1. Hälfte des 16. Jahrhunderts wurde zwar eine formelmäßige Auflösung sowohl der kubischen als auch der Gleichung 4. Grades gefunden (CARDANische Formeln), die Berechnung der Nullstellen mit diesen Wurzelausdrücken ist aber sehr aufwendig. Darüber hinaus gelang im Jahre 1826 dem Norweger Nils ABEL (1802-1829) der Nachweis, dass eine formelmäßige Lösung für Gleichungen höheren als 4. Grades nicht möglich ist. Zur Bestimmung der Lösungen hat man sich daher so genannter *Näherungsmethoden* zu bedienen; darunter versteht man Rechenmethoden, welche die Lösung in einem unendlich fortsetzbaren Prozess mit beliebiger Genauigkeit annähern. Eine solche Näherungsmethode, die *Intervallschachtelung*, wird auf S. 187f dargestellt. Eine gute Beschreibung weiterer Näherungsverfahren findet man in [ZURMÜHL 1961, S. 31-78].

Während die Summe, die Differenz, das Produkt und die Verkettung von Polynomen wieder ein Polynom ergibt, entsteht bei der Quotientenbildung von Polynomen i. Allg. kein Polynom, sondern eine gebrochen rationale Funktion.

4.5.2 Gebrochen rationale Funktionen

Definition 4.22:
Eine Funktion $f: D \to \mathbf{R}$, $D \subseteq \mathbf{R}$, deren Funktionsgleichung die Form

$$f(x) = \frac{P_n(x)}{P_m(x)} = \frac{a_n x^n + a_{n-1} x^{n-1} + \cdots + a_1 x + a_0}{b_m x^m + b_{m-1} x^{m-1} + \cdots + b_1 x + b_0} \qquad (4.15)$$

hat, wird als *(gebrochen) rationale Funktion* bezeichnet. Sie ist für alle diejenigen reellen Zahlen definiert, für die der Nenner von Null verschieden ist. Die reellen Nullstellen des Nennerpolynoms $P_m(x)$ heißen *Definitionslücken* von f.

< **4.27** > Das Nennerpolynom der gebrochen rationalen Funktion

$$f(x) = \frac{3x^2 - 7x + 5}{x^3 - x^2 - 4x + 4} \qquad \text{hat, vgl. Beispiel} < 4.24 > \text{auf S. 139,}$$

die Nullstellen $x_1 = 1$, $x_2 = 2$, $x_3 = -2$. Die Funktion $f(x)$ ist demnach definiert für alle reellen Zahlen $x \in D = \mathbf{R} \setminus \{1, 2, -2\}$.   ♦

Wie schon der Name *ganze rationale Funktionen* erkennen lässt, sind Polynome spezielle rationale Funktionen, denn anstelle von $y = P_n(x)$ kann man auch

$$y = \frac{P_n(x)}{1} \quad \text{schreiben, d. h. mit } P_m(x) = 1.$$

Für die Anwendung von Bedeutung ist vor allem die einfachste Form gebrochen rationaler Funktionen.

Definition 4.23:

Eine Funktion $f: D \to \mathbf{R}$, $D \subseteq \mathbf{R}$ mit der Funktionsgleichung

$$f(x) = \frac{ax+b}{cx+d} \quad \text{mit} \quad a, b, c, d \in \mathbf{R}, \ c \neq 0, \ bc - ad \neq 0^{1} \tag{4.16}$$

wird als *linear gebrochene Funktion* bezeichnet. Sie ist definiert für alle reellen Zahlen $x \neq -\dfrac{d}{c}$.

Betrachten wir zunächst den Graph der speziellen linear gebrochenen Funktion

$$Y = F(X) = \frac{K}{X}, \ K \neq 0.$$

Für $K > 0$ und $X > 0$ ist $Y = F(X) = \dfrac{K}{X}$ eine positive, streng monoton fallende Funktion, die mit wachsendem X gegen Null strebt, d. h. sich immer stärker der X-Achse annähert. Als streng monotone Funktion in $]0, +\infty[$ besitzt sie eine Umkehrfunktion, die auf der Bildmenge $]0, +\infty[$ definiert ist und mit

$$X = F^{-1}(Y) = \frac{K}{Y}$$

die gleiche Funktionsform aufweist wie die Ausgangsfunktion. Daher sind beide Funktionen spiegelsymmetrisch zur Winkelhalbierenden des I. Quadranten $Y = X$.

Als ungerade Funktion ist $Y = F(X) = \dfrac{K}{X}$ in $D = \mathbf{R} \setminus \{0\}$ drehsymmetrisch zum Ursprung. Daher hat $Y = \dfrac{K}{X}$ den in Abb. 4.48 dargestellten Graph, der als *gleichseitige Hyperbel* mit dem *Zentrum* im Ursprung $(X_z, Y_z) = (0, 0)$ des X-Y-Koordinatensystems bezeichnet wird. Der Hyperbelast im I. Quadranten ist konvex gebogen, der Ast im III. Quadranten weist eine konkave Krümmung auf.

Ist $K < 0$, so liegen die beiden Hyperbeläste im II. und IV. Quadranten. Beide Äste stellen monoton steigende Funktionen dar. Der Hyperbelast im II. Quadrant ist konvex, der im IV. Quadrant konkav gebogen.

---

[1] Zur Begründung der Bedingung $bc - ad \neq 0$ siehe S. 145f

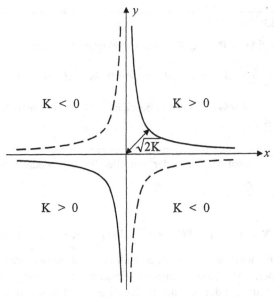

Abb. 4.48: Gleichseitige Hyperbel $Y = \dfrac{K}{X}$

Je größer K ist, umso weiter liegen die Äste vom Ursprung des Koordinatensystems entfernt. Der geringste Abstand eines Punktes auf der Hyperbel vom Ursprung ist gleich $\sqrt{2|K|}$.

Mit der speziellen Funktion $Y = F(X) = \dfrac{K}{X}$ kennen wir auch die Eigenschaften aller linear gebrochenen Funktionen, denn wie die nachfolgende Betrachtung zeigt, stellt der Graph **jeder** Funktion $f(x) = \dfrac{ax+b}{cx+d}$ mit $bc - ad \neq 0$ eine gleichseitige Hyperbel dar, die im Vergleich zur Hyperbel $Y = \dfrac{K}{X}$ parallel zu den Achsen verschoben ist. Aus

$$y = f(x) = \frac{ax+b}{c(x+\frac{d}{c})} = \frac{a(x+\frac{d}{c}) - a\frac{d}{c} + b}{c(x+\frac{d}{c})} = \frac{a}{c} + \frac{-ad+bc}{c^2(x+\frac{d}{c})}, \quad \text{d. h.}$$

$$\left(y - \frac{a}{c}\right) \cdot \left(x + \frac{d}{c}\right) = \frac{bc-ad}{c^2} \tag{4.17}$$

folgt mit der Abkürzung $K = \dfrac{bc - ad}{c^2}$ und den Transformationsgleichungen

$$X = x + \frac{d}{c}, \qquad Y = y - \frac{a}{c}, \tag{4.18}$$

dass die Gleichung (4.17) äquivalent ist zu

$$Y \cdot X = K \quad \text{oder} \quad Y = \frac{K}{X}. \tag{4.19}$$

Das Zentrum der Hyperbel $y = f(x) = \frac{ax+b}{cx+d}$ liegt damit in $(x_z, y_z) = (-\frac{d}{c}, \frac{a}{c})$. Zur Bestimmung des Zentrums kann man sich merken, dass der Wert $x_z = -\frac{d}{c}$ die Stelle ist, an der die linear gebrochene Funktion nicht definiert ist und dass der Wert $y_z = \frac{a}{c}$ gerade das Verhältnis der Koeffizienten der linearen Glieder von Zähler- und Nennerpolynom darstellt. Aus (4.17) lässt sich ablesen, dass $y_z = \frac{a}{c}$ gerade die Stelle ist, an der die Umkehrfunktion $x = f^{-1}(y)$ nicht definiert ist.

Die Gleichung (4.17) lässt weiterhin erkennen, warum in der Definition 4.23 der Fall $bc - ad = 0$ ausgeschlossen wird; er führt nämlich zu der konstanten Funktion $y = f(x) = \frac{a}{c}$ und zu der konstanten Umkehrfunktion $x = f^{-1}(y) = -\frac{d}{c}$. Diese Parallelen zur x- bzw. y-Achse bilden gerade das X-Y-Hilfskoordinatensystem mit dem Ursprung im Zentrum (x_z, y_z), dessen Achsen als Asymptoten, vgl. S. 189f, für die Hyperbeläste dienen.

< 4.28 > Die linear gebrochene Funktion $y = f(x) = \frac{6x-2}{2x-3}$ hat das Zentrum $(\frac{3}{2}, \frac{6}{2})$. Die Konstante $K = \dfrac{bc - ad}{c^2}$, welche die Form der Hyperbel bestimmt, ist gleich $K = \frac{-4+18}{4} = \frac{7}{2}$. Um den Graph von $y = f(x) = \frac{6x-2}{2x-3}$ zu zeichnen, errichten wir in der x-y-Ebene ein X-Y-Hilfskoordinatensystem mit dem Zentrum $(x_z, y_z) = (\frac{3}{2}, 3)$ als Ursprung und zeichnen dann die gleichseitige Hyperbel $Y = \frac{K}{X} = \frac{7}{2X}$.

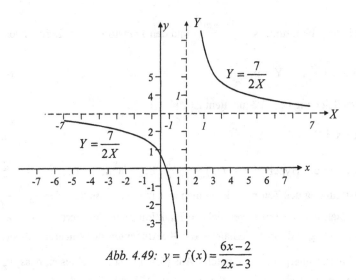

Abb. 4.49: $y = f(x) = \dfrac{6x - 2}{2x - 3}$ ♦

Als injektive reellwertige Funktion besitzt jede linear gebrochene Funktion

$$y = f(x) = \frac{ax + b}{cx + d} = \frac{a}{c} + \frac{K}{x + \dfrac{d}{c}}$$

eine Umkehrfunktion, und zwar $f^{-1}: W \to \mathbf{R}, \quad W = \mathbf{R} \setminus \left\{ \dfrac{a}{c} \right\}$,

$$y \mapsto x = f^{-1}(y) = -\frac{d}{c} + \frac{K}{y - \dfrac{a}{c}}.$$

Die Umkehrfunktion ist also ebenfalls eine linear gebrochene Funktion, deren Graph die gleiche Gestalt wie die Funktion f hat, da sie die gleiche Konstante K aufweist.

< 4.29 > Die Umkehrfunktion der Funktion $y = f(x) = \dfrac{6x - 2}{2x - 3}$ ist definiert in $W = \mathbf{R} \setminus \{3\}$ und hat die Funktionsgleichung

$$x = f^{-1}(y) = \frac{3}{2} + \frac{\dfrac{7}{2}}{y - 3} = \frac{3y - 2}{2y - 6}.$$ ♦

Jede rationale Funktion $y = f(x) = \dfrac{P_n(x)}{P_m(x)}$ kann durch verschiedene, aber äquivalente Funktionsgleichungen beschrieben werden, da eine Erweiterung des Bruches mit einem Polynom, das in der Definitionsmenge keine reellen Nullstellen besitzt, weder den Wert des Bruches, noch die Definitionsmenge ändert.

< **4.30** > Die rationale Funktion

$$y = f_2(x) = \frac{(6x-2)(x^2+4)}{(2x-3)(x^2+4)}$$

hat den gleichen Graph wie die linear gebrochene Funktion $f(x) = \dfrac{6x-2}{2x-3}$ in Abb. 4.49.

Dagegen stimmt der Graph der rationalen Funktion

$$y = f_3(x) = \frac{(6x-2)(x-5)}{(2x-3)(x-5)}$$

mit dem Graph der Funktion $f(x) = \dfrac{6x-2}{2x-3}$ nur in der Definitionsmenge $\mathbf{R} \setminus \{\frac{3}{2}, 5\}$ von f_3 überein.

Umgekehrt lässt sich die Definitionslücke $x = 5$ der Funktion f_3 beseitigen, indem man für f_3 zusätzlich definiert $f_3(5) = f(5) = 4$. Man spricht dann von einer *hebbaren Definitionslücke*, wenn an dieser Stelle sowohl das Zähler- als auch das Nennerpolynom eine Nullstelle aufweist, vgl. dazu auch S. 184. ♦

4.5.3 Algebraische Funktionen

Wie wir auf S. 138 gesehen haben, führt das Problem, Umkehrfunktionen von Polynomen höherer als 1. Ordnung zu bilden, aus der Menge der rationalen Funktionen heraus. Hierbei treffen wir auf Funktionen der Form $y = \sqrt[n]{f(x)}$, wobei $f(x)$ eine rationale Funktion symbolisiert, oder auf Funktionen, die sich mittels Addition, Subtraktion, Multiplikation, Division oder Verkettung aus mehreren solchen Funktionen aufbauen lassen, wie zum Beispiel

$$y = \sqrt{3} + \sqrt[3]{x^2+1} \quad \text{oder} \quad y = x^2 + 3x - \sqrt{x^2+1}.$$

Funktionen dieser Art sind - ebenso wie rationale Funktionen - spezielle *algebraische Funktionen*.

Um den Begriff einer algebraischen Funktion allgemein zu definieren, benötigt man den Begriff einer *impliziten Funktion*, vgl. dazu S. 260ff.

Definition 4.24:

Eine Funktion $y = f(x)$ heißt eine *algebraische Funktion* der unabhängigen Variablen x, wenn y implizit durch eine *algebraische Gleichung* definiert ist, d. h. durch eine Gleichung $F(x, y) = 0$, in der die Funktion F ein Polynom in x und y ist, vgl. dazu Kapitel 7.

Alle Funktionen, welche keiner algebraischen Gleichung genügen, nennt man *transzendent* („quod algebrae vivis transcendit").

Der Aufbau algebraischer Funktionen ist in der nachfolgenden Tab. 4.4 nochmals übersichtlich dargestellt.

Tab. 4.4: Aufbau algebraischer Funktionen

Verknüpfung der unabhängigen Variablen durch		
Addition *und/oder*	*und* Division	*und* Potenzieren
Subtraktion *und/oder*		*und/oder* Radizieren
Multiplikation		
Ganze rationale Funktionen		
Gebrochen rationale Funktionen		
Algebraische Funktionen		

4.5.4 Trigonometrische Funktionen

Vom Geometrieunterricht her bekannte transzendente Funktionen sind die *trigonometrischen Funktionen*, die in einem rechtwinkligen Dreieck in Abhängigkeit vom Winkel α wie folgt definiert sind:

*Sinus*funktion $\sin \alpha = \dfrac{\text{Gegenkathete}}{\text{Hypotenuse}} = \dfrac{a}{c}$

*Cosinus*funktion $\cos \alpha = \dfrac{\text{Ankathete}}{\text{Hypotenuse}} = \dfrac{b}{c}$

*Tangens*funktion $\tan \alpha = \dfrac{\text{Gegenkathete}}{\text{Ankathete}} = \dfrac{a}{b} = \dfrac{\sin \alpha}{\cos \alpha}$

*Cotangens*funktion $\cot \alpha = \dfrac{\text{Ankathete}}{\text{Gegenkathete}} = \dfrac{b}{a} = \dfrac{\cos \alpha}{\sin \alpha} = \dfrac{1}{\tan \alpha}$

Noch anschaulicher lassen sich die trigonometrischen Funktionen an einem Kreis
einführen, vgl. Abb. 4.50; man bezeichnet sie deshalb auch als *Kreisfunktionen*.

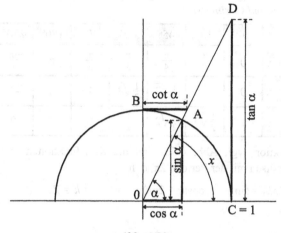

Abb. 4.50

Dazu denkt man sich den Winkel α mit seinem Scheitel in den Mittelpunkt eines
Kreises vom Radius 1 gelegt und den Winkel α vom waagerechten Schenkel $\overline{OC}$
aus abgetragen. Dabei wird als positiver Drehsinn die dem Uhrzeiger entgegen-
gesetzte Drehungsrichtung verstanden. Die rechtwinkligen Koordinaten des
Punktes A liefern uns die Werte $\cos \alpha$ und $\sin \alpha$. Dabei werden die Vorzeichen
mit festgelegt, indem man die Strecken als gerichtet ansieht: positiv, vom Kreis-
mittelpunkt aus nach rechts bzw. nach oben.

Mittels des Strahlensatzes, vgl. S. 5, lassen sich dann die Strecken für $\tan \alpha$ und
$\cot \alpha$ zeichnerisch berechnen, vgl. Abb. 4.50. Die Vorzeichen ergeben sich aus
den entsprechenden Sinus- und Cosinuswerten.

In der Analysis pflegt man Winkel nicht nach Grad, Minuten und Sekunden zu
messen, sondern legt der Winkelmessung das *Bogen*maß zugrunde. Man misst die
Größe des Winkels durch die Länge x des Bogens, den der Winkel α aus der
Kreisperipherie des Einheitskreises schneidet. Da der Umfang eines Kreises mit
dem Radius 1 gleich 2π ist, gilt für die Umrechnung von Grad- in Bogenmaß und
umgekehrt die Formel

$$\frac{\alpha}{360°} = \frac{x}{2\pi}, \quad \text{dabei ist } \pi \approx 3{,}141592654. \tag{4.20}$$

Die folgenden markanten Werte in Tab. 4.5 sollte man kennen:

*Tab. 4.5: Umrechnung von Grad in Bogenmaß,
             Sinus- und Cosinuswerte*

Grad α	0°	30°	45°	60°	90°	180°	270°	360°
Bogenmaß x	0	$\frac{\pi}{6}$	$\frac{\pi}{4}$	$\frac{\pi}{3}$	$\frac{\pi}{2}$	π	$\frac{3\pi}{2}$	2π
$\sin\alpha$	0	$\frac{1}{2}$	$\frac{1}{2}\sqrt{2}$	$\frac{1}{2}\sqrt{3}$	1	0	-1	0
$\cos\alpha$	1	$\frac{1}{2}\sqrt{3}$	$\frac{1}{2}\sqrt{2}$	$\frac{1}{2}$	0	-1	0	1

Nach Konstruktion, vgl. Abb. 4.50, sind die Kreisfunktionen $y = \sin x$ und $y = \cos x$ periodisch mit der Periode 2π, d. h.

$$\sin(x + 2\pi k) = \sin x, \quad \cos(x + 2\pi k) = \cos x \quad \forall\, k \in \mathbf{Z}. \qquad (4.21)$$

Weiterhin gilt:

$$\sin(x + \pi) = -\sin x, \quad \cos(x + \pi) = -\cos x, \qquad (4.22)$$

$$\sin(x + \tfrac{\pi}{2}) = \cos x, \quad \cos(x + \tfrac{\pi}{2}) = -\sin x. \qquad (4.23)$$

Die Graphen der trigonometrischen Funktionen in Abhängigkeit des Bogenmaßes x sind in den Abb. 4.51 und 4.52 dargestellt.

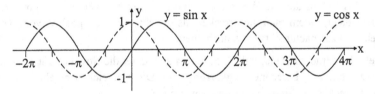

Abb. 4.51: $y = \sin x, \ y = \cos x$

Der Kurvenverlauf der Graphen von $y = \sin x$ und $y = \cos x$ stimmt bis auf eine Phasenverschiebung um $\frac{\pi}{2}$ überein, der Graph der Cosinusfunktion ist gegenüber dem Graph der Sinusfunktion um $\frac{\pi}{2}$ nach links verschoben, wie dies auch die Gleichungen (4.23) ausdrücken.

Die Funktionen $y = \tan x$ und $y = \cot x$ sind periodisch mit der Periode π, d. h.

$$\tan(x + k\pi) = \tan x, \quad \cot(x + k\pi) = \cot x \quad \forall\, k \in \mathbf{Z}. \qquad (4.24)$$

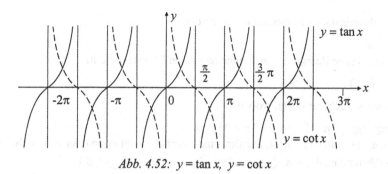

Abb. 4.52: $y = \tan x,\ y = \cot x$

4.5.5 Exponential- und Logarithmusfunktionen

Eine weitere transzendente Funktion ist die *Exponentialfunktion*

$f(x) = a^x$ mit $a > 0$,

die für alle reellen Zahlen x definiert ist, vgl. S. 56.

Da mit Ausnahme der Positivitätsbedingung die Basis a eine beliebige reelle Zahl darstellt, haben wir mit $y = f(x) = a^x$ eine ganze Kurvenschar beschrieben. Gemeinsam ist all diesen Exponentialkurven, dass sie die y-Achse in $y = 1$ schneiden, denn nach Definition der Potenz gilt stets $a^0 = 1$. Ansonsten sind die Fälle $a > 1$, $a = 1$ und $0 < a < 1$ zu unterscheiden, wobei der Fall $a = 1$ nicht weiter beachtet werden muss, da $f(x) = 1^x = 1$ eine konstante Funktion darstellt.

Berücksichtigt man, dass jede reelle Zahl b, $0 < b < 1$, eine Reziproke $a = \frac{1}{b} > 1$ hat und dass nach der Potenzregel (P.1) gilt

$$b^x = \left(\frac{1}{a}\right)^x = \frac{1}{a^x},$$

so genügt es, die Exponentialfunktionen mit einer Basis $a > 1$ zu untersuchen und die dort gefundenen Ergebnisse auf die Exponentialfunktionen $y = b^x$ mit $0 < b < 1$ zu übertragen. Soweit nichts anderes angegeben ist, wird deshalb im Folgenden von einer Basis $a > 1$ ausgegangen.

Ein wesentliches Merkmal der Exponentialfunktionen $f(x) = a^x$, $a > 0, a \neq 1$ ist die Monotonieeigenschaft.

Satz 4.5:

Die Exponentialfunktion $f(x) = a^x$ ist über **R**

i.   streng monoton steigend für $a > 1$

ii. streng monoton fallend für $0 < a < 1$.

Zum Beweis dieses Satzes benutzen wir den

Hilfssatz:
Für eine reelle Basis $a > 1$ und einen rationalen Exponent c gilt:

$$c > 0 \quad \Leftrightarrow \quad a^c > 1,$$

den wir indirekt beweisen wollen:

<u>Annahme:</u> $\exists\, a > 1$ und $\exists\, c > 0 \mid a^c \leq 1$.
Da c eine rationale Zahl ist, existiert eine natürliche Zahl m, so dass $c \cdot m \in \mathbb{N}$.
Gemäß der Annahme ist dann $a^{c \cdot m} = (a^c)^m = \underbrace{a^c \cdot a^c \cdots a^c}_{m-\text{mal}} \leq 1$

im Widerspruch zu $a^{c \cdot m} = \underbrace{a \cdot a \cdots a}_{c \cdot m-\text{mal}} > 1$.

Nach der Definition 1.29 auf S. 56 gilt dann für jede irrationale reelle Zahl $c > 0$
ebenfalls $a^c > 1$ für $a > 1$.

<u>Beweis des Satzes 4.5:</u>
Seien x und z beliebige reelle Zahlen mit $z > x$ und sei $c = z - x$, so gilt für $a > 1$

$$a^z = a^{x+c} \overset{(\text{P.2})}{=} a^x \cdot a^c > a^x,$$

d. h. f ist streng monoton steigend für $a > 1$.

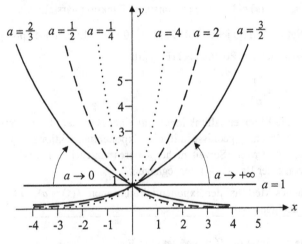

Abb. 4.53: Exponentialfunktionen $y = a^x$

Für eine Basis b mit $0 < b = \frac{1}{a} < 1$ folgt daraus

$$b^z = \left(\frac{1}{a}\right)^z = \frac{1}{a^z} < \frac{1}{a^x} = \left(\frac{1}{a}\right)^x = b^x,$$

d. h. die Exponentialfunktion $f(x) = b^x$ ist für $0 < b < 1$ streng monoton fallend.

Als streng monotone Funktion ist $y = f(x) = a^x$, $a \neq 1$, $a > 0$ injektiv in $\mathbf{R}$ und besitzt daher als reellwertige Funktion eine Umkehrfunktion.

Definition 4.25:

Die Umkehrfunktion der Exponentialfunktion $y = f(x) = a^x$, $a > 0$, $a \neq 1$ wird als *Logarithmusfunktion* bezeichnet und symbolisiert durch

$$x = f^{-1}(y) = {}^a\!\log y, \quad a > 0, a \neq 1.$$

Man spricht *Logarithmus y zur Basis a.*

In der Literatur sind auch die Schreibweisen $\log_a y$ und $a\text{-}\log y$ gebräuchlich.

Da die Bildmenge der Exponentialfunktion gleich $f(\mathbf{R}) = \mathbf{R}_+$ ist, ist der Logarithmus nur für positive Argumente definiert.

Die Funktionsgleichungen $y = a^x$ und $x = {}^a\!\log y$ lassen sich verketten zu

$$y = a^{{}^a\!\log y}, \quad y > 0, \ a > 0, \ a \neq 1 \tag{4.25}$$

$$x = {}^a\!\log(a^x), \quad a > 0, \ a \neq 1. \tag{4.26}$$

Diese Gleichungen bringen zum Ausdruck, dass man jede positive reelle Zahl y als Potenz mit einer beliebigen Basis $a > 0$, $a \neq 1$ darstellen kann und dass sich jede reelle Zahl x als Logarithmus mit einer beliebigen Basis $a > 0$, $a \neq 1$ schreiben lässt. In der Praxis beschränkt man sich aber auf *dekadische Logarithmen*, d. h. Logarithmen zur Basis 10, und *natürliche Logarithmen*, die sich auf die Basis e beziehen, vgl. S. 81.

$< 4.31 >$ $-25 = {}^3\!\log 3^{-25};$ $81 = 3^{{}^3\!\log 81} = 3^4;$

$$-25 = {}^{10}\!\log 10^{-25}; 81 = 10^{{}^{10}\!\log 81} = 10^{1,908485019} \qquad \blacklozenge$$

Aus den Potenzregeln (P.2) und (P.3), vgl. S. 53, lassen sich die folgenden Regeln für das Rechnen mit Logarithmen herleiten

$${}^a\!\log(u \cdot v) = {}^a\!\log u + {}^a\!\log v; \qquad u, v \in \ ]0, +\infty[\tag{4.27}$$

$${}^a\!\log u^r = r \cdot {}^a\!\log u; \qquad u \in \ ]0, +\infty[, r \in \mathbf{R} \tag{4.28}$$

Beweis:

Seien $u = a^x$, $v = a^z$, d. h. $x = {}^a\!\log u$, $z = {}^a\!\log v$; $x, z \in \mathbf{R}$. Dann gilt:

i. $\quad {}^a\!\log(u \cdot v) = {}^a\!\log(a^x \cdot a^z) \overset{\text{(P.2)}}{=} {}^a\!\log a^{x+z} \overset{\text{(4.26)}}{=} x + z = {}^a\!\log u + {}^a\!\log v$

ii. $\quad {}^a\!\log u^r = {}^a\!\log(a^x)^r \overset{\text{(P.3)}}{=} {}^a\!\log a^{xr} \overset{\text{(4.24)}}{=} x \cdot r = r \cdot {}^a\!\log u$

Für $r = -1$ können wir aus (4.28) folgern

$$ {}^a\!\log\frac{1}{v} = {}^a\!\log v^{-1} = -{}^a\!\log v; \tag{4.29}$$

und zusammen mit (4.25) folgt dann

$$ {}^a\!\log\frac{u}{v} = {}^a\!\log u - {}^a\!\log v . \tag{4.30}$$

Die Funktionalgleichungen (4.27) bis (4.30) zeigen, dass mit Hilfe der Logarithmusfunktion

i. Multiplikation in Addition,

ii. Division in Subtraktion und

iii. Potenzierung in Multiplikation

verwandelt werden kann.

Auf dieser mathematischen Grundlage basiert der Rechenschieber und das Rechnen mit Logarithmentafeln, aber auch die elektronischen Taschenrechner und die Personal Computer sind i. Allg. so programmiert, dass sie diese Vorteile des Rechnens mit Logarithmen ausnutzen. Aber nicht nur zur Vereinfachung der Berechnung von Zahlen sind Logarithmen-Regeln hilfreich, sondern auch zur Erleichterung komplexer Aufgabenstellungen, vgl. z. B. die logarithmische Ableitung auf S. 208.

Betrachten wir nun neben einer Exponentialfunktion $f(x) = a^x$ eine weitere Exponentialfunktion $g(x) = c^x$.

Nach (4.25) lässt sich die reelle Zahl $c > 0$ schreiben als $a^{\,{}^a\!\log c}$ und somit die Funktion $g(x)$ als

$$ g(x) = (a^{\,{}^a\!\log c})^x \overset{\text{(P.3)}}{=} a^{x \cdot {}^a\!\log c}, $$

d. h. zwei Exponentialfunktionen $f(x) = a^x$ und $g(x) = c^x$ unterscheiden sich nur um einen multiplikativen Faktor im Exponenten, daher nur in der Skalierung der x-Achse. Es ist somit nicht verwunderlich, dass die Graphen aller Exponentialfunktionen in der Form übereinstimmen.

< **4.32** > Die Basis $a = 2$ sei vorgegeben.

a. $g_1(x) = 4^x = (2^{2\log 4})^x = (2^2)^x = 2^{2x}$,

vgl. dazu in Abb. 4.53 die Graphen von 2^x und 4^x.

b. $g_2(x) = (\frac{1}{8})^x = \left(2^{2\log\frac{1}{8}}\right)^x = (2^{-3})^x = 2^{-3x}$. ◆

4.6 Zur empirischen Ermittlung von Funktionen

Während die empirische Ermittlung von Punktepaaren und damit die Erstellung von Wertetafeln und Punktefolgen direkt einleuchten, vgl. dazu S. 101, ist die empirische Gewinnung von Funktionsgleichungen ein komplexes Problem.

Betrachten wir z. B. die in Abb. 4.13 dargestellte s-förmige Kostenfunktion $K = K(x)$, so stellt sich die Frage, woher man weiß, dass für einen konkreten Produktionsprozess die Kosten in Abhängigkeit des Outputs x durch die angegebene Funktionsgleichung „richtig" beschrieben wurden.

Allgemein ist die Frage zu beantworten, wie in der Praxis Funktionsgleichungen ermittelt werden, die die Abhängigkeit zwischen ökonomischen Größen widerspiegeln. Ein gangbarer Weg zur Lösung dieses Problems ist der folgende:

Vermutet man, dass eine ökonomische Größe y kausal von einer anderen Größe x abhängt, so wird man zunächst die Realisierung der Punktepaare (x, y) empirisch beobachten, die gewonnenen Datenpaare in einer Wertetabelle notieren und dann die Punktmenge graphisch in einer x-y-Koordinatenebene darstellen.

Selbst wenn ein eindeutiger kausaler Zusammenhang zwischen den Variablen x und y besteht, kann wegen Messfehler und anderer äußerer Einflüsse, die gerade bei ökonomischen Problemen nie ganz ausgeschaltet werden können, nicht erwartet werden, dass alle beobachteten Punktepaare auf dem Graph der gesuchten Funktion $y = f(x)$ liegen müssen. Es ist sogar nicht auszuschließen, dass dem gleichen x-Wert mehrere leicht voneinander abweichende y-Werte zugeordnet werden.

Es wird daher nicht das Ziel verfolgt, eine Funktionsgleichung zu finden, die allen empirisch beobachteten Punktepaaren genügt, sondern man sucht eine Funktion $y = f(x)$, welche die Punktfolge *möglichst gut approximiert*.

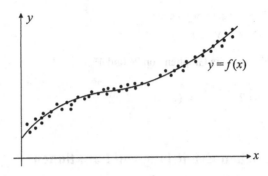

Abb.4.54: Punktwolke $\{(x,y)\}$ und Näherungskurve $y = f(x)$

Um diese Aufgabe, die als *Regressionsrechnung* bezeichnet wird, zu lösen, benötigt man zunächst eine Vorstellung über die in Frage kommende Funktionsform. In der Praxis benutzt man zumeist als Näherungsfunktion die in Abschnitt 4.5 dargestellten elementaren reellen Funktionen. Um mit möglichst einfachen Näherungsfunktionen arbeiten zu können, werden oft für die einzelnen Teilintervalle eigene Funktionen gesucht, vgl. Abb. 4.55.

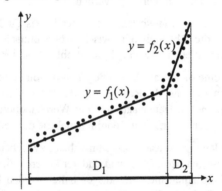

Abb. 4.55: Punktwolke $\{(x,y)\}$ und Näherungskurve

$$y = \begin{cases} f_1(x) = ax + b & \text{für } x \in D_1 \\ f_2(x) = cx + d & \text{für } x \in D_2 \end{cases}$$

Nach Festlegung des Funktionstyps sind dann die noch unbekannten Koeffizienten so zu bestimmen, dass die empirisch gewonnenen Werte möglichst wenig von dem Kurvenverlauf abweichen. Zur Messung dieser Abweichung werden in der Literatur verschiedene Methoden vorgeschlagen, am häufigsten benutzt wird die von C.F. GAUSS vorgeschlagene *Methode der kleinsten Quadrate*, die empfiehlt, die Summe der Abstandsquadrate zu minimieren. Die mathematisch einfachsten Formeln ergeben sich bei der Approximation einer Punktwolke durch ein lineares Polynom, das als *Regressionsgerade* bezeichnet wird. Zur Berechnung siehe Abschnitt 7.9 Lineare Regression auf den S. 274 - 277.

4.7 Aufgaben

4.1 Stellen Sie die nachfolgenden Relationen

$R_1 = \{(x, y) \in \{1, 3, 5\} \times \{1, 2, 4, 6\} \mid x < y\}$,
$R_2 = \{(x, y) \in \{1, 2, 3\} \times \{2, 3, 4, 5\} \mid 2x = y\}$,
$R_3 = \{(x, y) \in \{2, 3\} \times \{4, 5, 6, 7, 8, 9\} \mid x \text{ ist Teiler von } y\}$

dar, indem Sie   i. sämtliche Elemente aufschreiben,
                  ii. geeignete Pfeildiagramme zeichnen.

4.2 Gegeben seien die Mengen $A = \{a, b, c, d\}$, $B = \{1, 2, 3, 4\}$ und die Relationen

$R_1 = \{(a, 2), (b, 1), (c, 3), (d, 1)\}$,
$R_2 = \{(a, 4), (b, 1), (c, 2), (d, 3)\}$,
$R_3 = \{(a, 1), (c, 3)\}$,
$R_4 = \{(a, 1), (b, 2), (a, 3), (c, 1), (d, 4)\}$.

Untersuchen Sie, ob es sich bei diesen Relationen um Abbildungen handelt, und geben Sie die Eigenschaften an.

4.3 Geben Sie die Symmetrieeigenschaft der nachfolgenden Funktionen an
$f_1(x) = 3 - 2x^2 + 4x^4$ $f_2(x) = 2x^3$

$f_3(x) = -\frac{1}{3}(x + 5)^2 + 7$ $f_4(x) = |x - 3| - 2$

$f_5(x) = \sqrt{x^2 + 2} - 3$ $f_6(x) = \dfrac{3x}{2x^2 + 1}$

4.4 **a.** Stellen Sie fest, ob die Funktion $f\colon [-3, 4] \to [-2, 7]$ mit $f(x) = x + 2$ injektiv bzw. surjektiv ist.

b. Bestimmen Sie den Parameter c und die Nachmenge $D \subseteq \mathbf{R}$ so, dass die Funktion $g\colon [-1, 9] \to D$,

$$y \mapsto g(y) = -\frac{1}{2}y + c$$

mit $g(9) = 2$ bijektiv ist.

c. Untersuchen Sie, ob eine Verkettung $g \circ f$ bzw. $f \circ g$ möglich ist und geben Sie gegebenenfalls die Funktionsgleichungen dieser verketteten Funktionen an.

4.5 Bestimmen Sie die Gleichung einer Kostenfunktion

$$K = K(x) = ax^2 + bx + c,$$

die den drei Beobachtungswerten $K(0) = 2$, $K(2) = 6$ und $K(6) = 26$ genügt.

4.6 Bestimmen Sie die Umkehrfunktionen zu

$y = f_1(x) = 3x - 2$ mit $D_1 = \mathbf{R}$

$y = f_2(x) = \dfrac{3x - 1}{x + 2}$ mit $D_2 = \mathbf{R} \setminus \{-2\}$

$y = f_3(x) = -\dfrac{1}{3}(x + 5)^2 + 7$ mit $D_3 = [-2, +\infty[$

$y = f_4(x) = 3 \cdot 2^x$ mit $D_4 = \mathbf{R}$.

4.7 Bestimmen Sie die Funktionen $y = f(x)$ und $z = g(y)$ so, dass die nachfolgenden Funktionen als verkettete Funktionen $z = g \circ f(x)$ aufgefasst werden können.

a. $z = \sqrt{3x^2 + 4} - 7$ **b.** $z = e^{x^2 - 3x} + 5x^2 - 15x$

c. $z = {}^{10}\!\log(4x^2 + 2x + 3) - 11$ **d.** $z = \dfrac{6x^2 + 10}{\sqrt{3x^2 + 1}}$

4.8 Lösen Sie die folgenden Gleichungen nach x auf.

a. $2^{2\log x - 3} = \dfrac{1}{x} 4^{2 \cdot 4\log x} - 14$

b. ${}^{10}\!\log(9x) - {}^{10}\!\log(3 \cdot 10^x) = {}^{10}\!\log x^2 + {}^{10}\!\log \dfrac{1}{x}$

4.9 Eine Wachstumsfunktion sei als Exponentialfunktion $W(x) = a + bc^x$ darstellbar. Berechnen Sie die Koeffizienten $a, b, c \in \mathbf{R}$ aufgrund der empirischen Wertepaare

x	1	2	3
$W(x)$	1	13	49

4.10 Zeichnen Sie in eine cartesisches Koordinatenebene die Menge

$$M_1 = \{(x, y) \in \mathbf{R} \times] - \infty, 2] \mid 16x - x^2 + 24y \geq 76\}$$

und markieren Sie M_1 mit einer dunklen Farbe.
Zeichnen Sie in die gleiche Zeichenebene die Menge

$$M_2 = \{(x, y) \in \mathbf{R}^2 \mid 7 \mid x - 8 \mid + 6y \leq 60 \text{ und } x + 20y \geq 60\}$$

und markieren Sie M_2 mit einer hellen Farbe.
Zeichnen Sie mit einem dicken schwarzen Stift zusätzlich die Verbindungsgerade zwischen den Punkten (8, 2) und (8, 10) ein.
(Maßstab 1 Einheit $\hat{=}$ 1 cm).

4.11 Zeichnen Sie in eine cartesische Koordinatenebene

– die Menge $M_1 = \{(x, y) \in \mathbf{R}^2 \mid xy - 2x - 3y + 4 < 0\}$,

– die Menge $M_2 = \{(x, y) \in \mathbf{R}^2 \mid \mid x - 6 \mid + y \leq 8\}$,

– die Menge $M = \{(x, y) \in M_2 \setminus M_1 \mid x > 3\}$.

Während M_1 und M_2 nur anschraffiert werden sollen, ist M mit heller Farbe auszumalen. Weiterhin sind mit dickem schwarzen Strich die Verbindungsstrecken zwischen den Punkten (5; 6) - (5,5; 6); (6,5; 6) - (7; 6); (6; 6) - (6,5; 5) und (6; 4,5) - (7; 4)-(8; 4,5) einzuzeichnen.

5. Grenzwerte und Stetigkeit

Um den Graph einer Funktion $y = f(x)$, $D \subseteq \mathbf{R}$ zu zeichnen, bestimmt man üblicherweise zunächst eine ausreichend große Anzahl an Punktpaaren $(x_j, y_j = f(x_j))$ und verbindet diese Punkte dann durch eine „geeignete" Kurve. Damit ist aber keineswegs gesichert, dass die so gezeichnete Kurve tatsächlich den Graph von $f(x)$, d. h. die Punktmenge $\{(x, y) \in D \times \mathbf{R} \mid y = f(x)\}$, darstellt. Denn woher weiß man, dass auch die nicht berechneten Punktpaare auf dieser Kurve liegen? Selbst wenn man weitere Punktpaare berechnen und überprüfen würde, es blieben weiterhin nur isolierte Punkte in der Zeichenebene. Die Beobachtung, dass eine aus endlich vielen Punkten geplottete Funktion als zusammenhängende Kurve erscheint, hängt mit der gewählten Skalierung der Achsen zusammen. Würde man die Auflösung vergrößern, dann würden die einzelnen Punkte wieder sichtbar.

Insbesondere irrationale Zahlen werden normalerweise nicht als Hilfspunkte zum Zeichnen einer Funktionskurve verwendet. Woher weiß man dann aber, dass irrationale reelle Punktpaare sich in die aus rationalen Punktpaaren erstellte Kurve „einpassen"? Bei Exponentialfunktionen war diese Eigenschaft gerade die Definitionsidee für Potenzen mit irrationalen Exponenten, vgl. Definition 1.29.

Zu klären ist also das Problem, wie man sichern kann, dass kleine Änderungen der unabhängigen Variablen x auch nur kleine Änderungen der abhängigen Variablen $y = f(x)$ nach sich ziehen.

Eine Antwort gibt das Grenzwertkonzept. Mit diesem mathematischen Instrument lässt sich nicht nur das vorstehend angesprochene Problem lösen, der Grenzwertbegriff ist auch die Grundlage der Differential- und Intergralrechnung. Die auf dem Grenzwert basierenden Teilgebiete der Mathematik werden zusammenfassend auch als *Analysis* bezeichnet. Mit dem Grenzwertkonzept wird der Übergang vom Endlichen ins Unendliche vollzogen. Dass diese Fortsetzung ins Unendliche kein simpler Gedankengang ist, zeigt das Paradoxon von Zenon von Elea (495-430 v. Chr.), mit dem der griechische Philosoph nicht nur seine Zeitgenossen verblüffte, sondern auch die Mathematiker der nachfolgenden 2000 Jahre.

PARADOXON VON ZENON

Behauptung von ZENON:
Ein Läufer kann niemals das Ende einer Rennstrecke erreichen!

Argumentation von ZENON:
Denken wir uns den Läufer als einen Punkt, der das Intervall [0, 1] von rechts nach links durchlaufen soll. Start ist bei 1, Ziel ist bei Null.

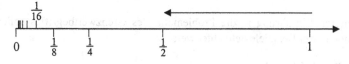

Abb. 5.1: Zum Paradoxon von ZENON

Wenn der Läufer bei $\frac{1}{2}$ angelangt ist, muss er noch die Hälfte der Strecke zurücklegen, wenn er bei $\frac{1}{4}$ angelangt ist, muss er noch ein Viertel der Strecke zurücklegen usw.

Das Intervall [0, 1] ist damit in die unendlich vielen Intervalle $[\frac{1}{2}, 1]$, $[\frac{1}{4}, \frac{1}{2}]$, $[\frac{1}{8}, \frac{1}{4}]$, ... zerlegt. Der Läufer benötigt zum Durchlaufen jedes Teilintervalls eine bestimmte Zeit. Die Zeit, die er für die gesamte Strecke [0, 1] braucht, ist dann die Summe all dieser einzelnen Zeitspannen. Die Gesamtzeit ist somit die Summe von unendlich vielen positiven Zeiteinheiten. Die Summe von unendlich vielen positiven Zahlen kann aber keine endliche Zahl sein. Die Zeit, die der Läufer von 1 nach 0 braucht, ist also nicht endlich, d. h. der Läufer kommt nie in 0 an.

Weiter führt ZENON aus:
Aus den gleichen Gründen kann der schnelle Läufer Achill nie eine Schildkröte einholen, wenn diese mit einem Vorsprung starten darf.
Denn während Achill diesen Vorsprung durchläuft, hat die Schildkröte schon wieder einen neuen - wenn auch kleineren - Vorsprung gewonnen und so fort bis in alle Ewigkeit (die weder Achill noch die Schildkröte erleben).

Da die Behauptung von ZENON all unserer Erfahrung widerspricht, muss irgendwo in seiner Argumentation ein Fehler versteckt sein. Bei der Überprüfung seines Beweises stößt man auf den bisher nicht definierten Begriff *Summe von unendlich vielen positiven Zahlen*, dem ZENON kurzerhand den Wert *unendlich* zuordnet.

Erst im 17. Jahrhundert haben Isaac NEWTON (1643-1727) mit seiner *Fluxions-rechnung* und Gottfried Wilhelm LEIBNIZ (1646-1716) mit seinem *Kalkül der Infinitesimalrechnung* unabhängig voneinander den Übergang vom Endlichen ins Unendliche vollzogen.

5.1 Grenzwert einer unendlichen Folge

Zur weiteren Einführung in die Problematik des Grenzwertbegriffes sollen zunächst noch zwei Beispiele betrachtet werden:

< **5.1** > *Das Apfelproblem*
Jemand möchte einen Apfel essen, und zwar auf die Weise, dass er bei jedem Bissen die Hälfte des noch vorhandenen Restes isst. Diesen Prozess können wir durch die folgende Tabelle veranschaulichen:

1.	$\frac{1}{2}$		$\frac{1}{2} = 0,5$	
2.	$\frac{1}{2} + \frac{1}{4} = \frac{3}{4}$		$\frac{1}{4} = 0,25$	
3.	$\frac{1}{2} + \frac{1}{4} + \frac{1}{8} = \frac{7}{8}$	*des Apfels*	$\frac{1}{8} = 0,125$	
nach dem 4.	*Biss hat er* $\frac{15}{16}$	*ge- gessen;*	$\frac{1}{16} = 0,0625$	
5.	$\frac{31}{32}$	*es ver- bleibt:*	$\frac{1}{32} = 0,03125$	
...	...		...	...
10.			$\frac{1}{2^{10}} = 0,0009765625$	
...	...		...	...
20.			$\frac{1}{2^{20}} = 0,00000095$	
....	*usw.*			

Gleichgültig wie oft er schon abgebissen hat, es verbleibt immer noch ein Apfelstück, das so groß ist wie das zuletzt gegessene Stück. Durch weiteres Essen kann der Rest so klein gemacht werden, wie man will, man wird aber nie erreichen, dass **nichts** mehr übrig bleibt.

Die Glieder der Folge $\frac{1}{2}, \frac{1}{4}, \frac{1}{8}, \frac{1}{16}, \ldots, \frac{1}{2^n}, \ldots$ werden immer kleiner, nähern sich immer mehr dem Wert Null, die Null selbst wird aber **nicht** angenommen. Wir sagen dann: *„Der Grenzwert dieser Folge ist gleich Null"* oder *„der verbleibende Anteil des Apfels strebt gegen Null, wenn die Anzahl der Bisse gegen unendlich strebt"* oder *„die Folge* $\{a_n = \frac{1}{2^n}\}$ *konvergiert gegen Null"* und man schreibt:

$$\lim_{n \to +\infty} \frac{1}{2^n} = 0 \quad \text{oder} \quad \frac{1}{2^n} \xrightarrow[n \to \infty]{} 0.$$

Selbstverständlich wird man bei der praktischen Durchführung dieses Apfelessens das Experiment abbrechen (bzw. abbrechen müssen), wenn das verbleibende Stück „zu klein" geworden ist. Bei welcher „Größe" man aufhört, ist individuell verschieden. Gleichgültig aber, wo diese *Toleranzgrenze* oder *Fühlbarkeitsschranke* anfängt, es liegen noch unendlich viele Folgenglieder unterhalb dieser Grenze und nur endlich viele oberhalb. Fühlbarkeitsschranken lassen sich durch subjektiv festgelegte kleine positive Zahlen beschreiben, die in der Mathematik zumeist mit ε oder δ symbolisiert werden.

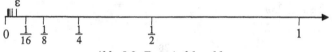

Abb. 5.2: Zum Apfelproblem

Der bei der praktischen Durchführung des Experiments „Apfelessen" zu beobachtende Abbruch lässt sich mathematisch folgendermaßen beschreiben:

Zu jedem beliebig kleinen ε > 0 gibt es eine natürliche Zahl N(ε), so dass für alle natürlichen Zahlen n mit $n > N(ε)$ gilt: $\frac{1}{2^n} < ε$.

Alle Werte $\frac{1}{2^n}$ mit $\frac{1}{2^n} < ε$ können von Null „praktisch" nicht mehr unterschieden werden; das entsprechende Apfelstück ist so gut wie nicht mehr vorhanden. Man nennt dann $\frac{1}{2^n}$ mit $\frac{1}{2^n} < ε$ einen *Näherungswert* von Null, und ein Unterschied zwischen dem exakten Wert Null und dem Näherungswert ist für jemand mit einer Fühlbarkeitsschranke größer gleich ε nicht mehr erfassbar. ◆

In vielen Fällen des täglichen Lebens verwendet man Näherungswerte als Ersatz für den exakten Wert, der oft unzweckmäßig zu handhaben oder schwer feststellbar ist:

a. Entfernungen zwischen Sonnensystemen im Weltall werden in Lichtjahren angegeben; Entfernungen zwischen Städten in km; Längenmessungen im Wohnbereich in cm bzw. mm; Längenmessungen im Transistorenbau in 0,001 mm.

b. Bei deutschem Geld ist die kleinste Einheit 1 Cent (ct). In der kaufmännischen Rechnung gilt deshalb die Regel, dass ab 0,5 ct aufgerundet, sonst abgerundet wird. Ergibt die Rechnung Stückkosten von 11,35 ct, so müssten nach obiger Regel 11 ct verlangt werden. Ergäbe die Rechnung Stückkosten von 11,85 ct, so würde der Preis auf 12 ct aufgerundet.

< 5.2 > Betrachten wir nun die Folge

$$a_1 = 3 + (-\tfrac{3}{4}) = 2{,}25$$

$$a_2 = 3 + (-\tfrac{3}{4})^2 = 3{,}5625$$

$$a_3 = 3 + (-\tfrac{3}{4})^3 = 2{,}578125$$

$$a_4 = 3 + (-\tfrac{3}{4})^4 = 3{,}31640625$$

$$a_5 = 3 + (-\tfrac{3}{4})^5 \approx 2{,}76269531$$

$$\ldots \quad \ldots \quad \ldots \quad \ldots \quad \ldots \quad \ldots$$

$$a_n = 3 + (-\tfrac{3}{4})^n$$

$$\ldots \quad \ldots \quad \ldots \quad \ldots$$

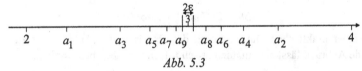

Abb. 5.3

Die Folgenglieder alternieren um die Zahl 3 und jedes nachfolgende Glied hat einen geringeren Abstand von 3 als das vorhergehende; der Grenzwert dieser Folge ist die Zahl 3, d. h.

$$\lim_{n \to \infty} (3 + (-\tfrac{3}{4})^n) = 3 \quad \text{oder} \quad 3 + (-\tfrac{3}{4})^n \xrightarrow[n \to \infty]{} 3.$$

Die Folge $\{a_n = 3 + (-\tfrac{3}{4})^n\}$ lässt sich auffassen als Summe aus der Konstanten 3 und einer Folge $\{b_n = (-\tfrac{3}{4})^n\}$, deren Glieder um 0 alternieren und die mit wachsendem n gegen 0 konvergiert:

$$b_n = a_n - 3 = (-\tfrac{3}{4})^n \xrightarrow[n \to \infty]{} 0. \qquad \blacklozenge$$

Definition 5.1:
Folgen, die gegen Null konvergieren, werden als *Nullfolgen* bezeichnet.

Nullfolgen sind von besonderer Bedeutung, da sie leicht zu erkennen sind und da außerdem für jede konvergente Folge $a_n \xrightarrow[n \to \infty]{} A$ die Folge $\{b_n = a_n - A\}$ eine Nullfolge ist.

Ist $\{a_n\}$ eine geometrische Folge, d. h. $a_n = q^n$, $q \in \mathbf{R}$, so ist $\{a_n\}$ eine Nullfolge, wenn $|q| < 1$; vgl. die Beispiele < 5.1 > und < 5.2 >.

Unsere bisherigen Überlegungen zusammenfassend, wollen wir nun den *Grenzwert einer Folge* allgemein definieren:

Definition 5.2A: *(Grenzwert einer Folge)*
Existiert für eine gegebene Folge $a_1, a_2, \ldots, a_n, \ldots$ eine reelle Zahl A, der sich die Glieder a_n bei wachsendem n beliebig nähern, (dabei können Folgenglieder mit A identisch sein), so nennt man eine solche Zahl A den *Grenzwert der Folge* $\{a_n\}$ und schreibt

$$A = \lim_{n\to\infty} a_n \quad \text{oder} \quad a_n \xrightarrow[n\to\infty]{} A \quad \text{oder} \quad a_n \to A \text{ für } n \to \infty.$$

Eine Folge, die einen Grenzwert besitzt, heißt *konvergent*.
Nicht konvergente Folgen werden *divergent* genannt.

Diese anschauliche Definition eines Grenzwertes ist für Konvergenzbeweise wenig geeignet, da nicht genau erklärt wird, wie „beliebig nähern" interpretiert werden muss. Exakter ist die nachfolgende Definition 5.2. Diese zweigleisige Vorgehensweise, bei der neben einem anschaulichen Grenzwertbegriff, der mit dem Zusatz A versehen ist, eine mathematisch exakte Definition formuliert wird, wollen wir auch bei weiteren Grenzwertdefinitionen in diesem Kapitel verwenden.

Definition 5.2: *(Grenzwert einer Folge)*
Eine Folge $\{a_n\}_{n \in \mathbb{N}}$ *konvergiert* genau dann gegen einen *Grenzwert* A $\in \mathbf{R}$, wenn es zu jeder beliebig kleinen Zahl $\varepsilon > 0$ eine natürliche Zahl $N(\varepsilon)$ gibt, so dass für alle Folgenglieder a_n mit einem Index $n > N(\varepsilon)$ gilt:

$$|a_n - A| < \varepsilon.$$

Die Folgen
a. $1, -1, 1, -1, \ldots, (-1)^n, \ldots$
b. $1, 0, 2, \ 0, \ldots, 0, \frac{n+1}{2}, 0, \ldots$
c. $1, -2, 3, -4, \ldots, (-1)^{n+1}n, \ldots$
d. $-2, -5, -8, \ldots, -2 - 3(n - 1), \ldots$
e. $3, 9, 27, 81, \ldots, 3^n, \ldots$
f. $1, \frac{1}{2}, 1, \frac{1}{4}, 1, \frac{1}{8}, \ldots, 1, 2^{-\frac{n}{2}}, 1, \ldots$

sind divergent, da keine **reelle Zahl** so existiert, dass für jedes $\varepsilon > 0$ *fast alle* Folgenglieder in der ε-Umgebung liegen. Zwar existiert für die Folgen a., b. und f.

zumindest eine reelle Zahl mit der Eigenschaft, dass für jedes $\varepsilon > 0$ in der ε-Umgebung dieser reellen Zahl unendlich viele Folgenglieder liegen, aber unendlich viele Folgenglieder liegen auch außerhalb dieses *Häufungspunktes*.

In den Folgen c., d. und e. existiert keine **reelle** Zahl, bei der sich die Folgenglieder häufen, denn die Glieder dieser Folgen streben mit wachsendem n über alle Grenzen. Da dieser Fall oft vorkommt, hat man einen eigenen Begriff dafür geprägt.

Definition 5.3:

Man sagt, eine Folge $\{a_n\}$ besitzt einen *unendlichen* oder *uneigentlichen* *Grenzwert* und schreibt $\lim\limits_{n \to \infty} a_n = \infty$, wenn nach Vorgabe jeder (beliebig großen) Zahl $K > 0$ sich eine natürliche Zahl N(K) so angeben lässt, dass für alle Folgenglieder a_n mit einem Index $n > N(K)$ gilt:

$$|a_n| > K.$$

Lassen sich zusätzlich die Vorzeichen der Folgenglieder berücksichtigen, so kann man genau schreiben:

$$\lim\limits_{n \to +\infty} a_n = +\infty \overset{\text{Def}}{\iff} \forall\, K > 0 \;\exists\, N(K) \in \mathbb{N} \,\big|\, a_n > K \quad \forall\, n > N(K)$$

$$\lim\limits_{n \to +\infty} a_n = -\infty \overset{\text{Def}}{\iff} \forall\, K > 0 \;\exists\, N(K) \in \mathbb{N} \,\big|\, a_n < -K \quad \forall\, n > N(K).$$

< 5.3 > $\lim\limits_{n \to +\infty} (-1)^{n+1} \cdot n = \infty,$ $\lim\limits_{n \to +\infty} 3^n = +\infty,$

$\lim\limits_{n \to +\infty} (-2 - 3(n-1)) = -\infty.$ ♦

Bei den vorstehenden Beispielen war leicht zu erkennen, ob die Folge konvergiert oder nicht; und auch die Berechnung des Grenzwertes war nicht schwierig. In anderen Fällen kann es aber erhebliche Probleme bereiten, das Konvergenzverhalten und den Grenzwert einer Folge zu bestimmen. Betrachten wir als Beispiel das Grenzverhalten der Folge $\{(1+\frac{1}{n})^n)\}$ für $n \to \infty$, das bei der stetigen Verzinsung eine Rolle spielt, vgl. S. 81. Mit wachsendem n wird der Ausdruck in der Klammer immer kleiner, andererseits wird der Klammerausdruck in eine immer höhere Potenz erhoben. Die Frage ist, ob diese einander entgegengesetzten Wachstumstendenzen sich letztlich eliminieren.

Ist die Bestimmung eines Grenzwertes schwierig, so ist es von Vorteil zu wissen, ob die Folge überhaupt konvergiert. Einfach überprüfbare Aussagen geben die beiden nachfolgenden Konvergenzkriterien, zu deren Verständnis darauf hingewiesen wird, dass Folgen spezielle Funktionen sind, deren Definitionsmenge auf natürliche Zahlen beschränkt ist.

Satz 5.1:
Ist eine Folge konvergent, so ist sie beschränkt.

Dieser Satz wird zumeist in der komplementären Form „Ist eine Folge nicht beschränkt, so ist sie auch nicht konvergent" benutzt.
Wie die Folge $1, -1, 1, -1, ..., (-1)^n, ...$ zeigt, reicht für die Konvergenz einer Folge nicht aus, dass sie beschränkt ist. Es gilt aber der

---
Satz 5.2:
Ist eine Folge beschränkt und monoton, so ist sie konvergent.

< 5.4 > Um festzustellen, ob die Folge $\{(1+\frac{1}{n})^n\}$ konvergent ist, entwickeln wir zunächst $(1+\frac{1}{n})^n$ nach dem Binomischen Lehrsatz und schätzen dann die Summe nach oben ab.

$$\left(1+\frac{1}{n}\right)^n = 1 + n \cdot \frac{1}{n} + \frac{n(n-1)}{2!} \cdot \frac{1}{n^2} + \cdots + \frac{n(n-1)(n-2)\cdots 1}{n!} \cdot \frac{1}{n^n}$$

$$= 1 + 1 + \frac{1}{2!}(1-\frac{1}{n}) + \cdots + \frac{1}{n!}(1-\frac{1}{n})(1-\frac{2}{n})\cdots(1-\frac{n-1}{n})$$

$$< 1 + 1 + \frac{1}{2} + \frac{1}{2^2} + \cdots + \frac{1}{2^{n-1}} = 1 + \sum_{j=0}^{n-1} (\tfrac{1}{2})^j$$

$$= 1 + \frac{1-(\frac{1}{2})^n}{1-\frac{1}{2}} = 1 + 2 \cdot (1-(\tfrac{1}{2})^n) < 3$$

Die Folge $\{(1+\frac{1}{n})^n\}$ ist aber auch (streng) monoton wachsend, denn man erhält das Folgenglied $(1+\frac{1}{n+1})^{n+1}$ aus seinem Vorgänger, indem man die Faktoren $1-\frac{1}{n}, 1-\frac{2}{n}, ...$ durch die größeren Werte $1-\frac{1}{n+1}, 1-\frac{2}{n+1}, ...$ ersetzt und einen weiteren positiven Summanden hinzufügt.
Nach Satz 5.2 ist daher die Folge $\{(1+\frac{1}{n})^n\}$ konvergent.   ♦

Große Bedeutung für die Berechnung von Grenzwerten besitzt der nachfolgende Satz 5.3, der es erlaubt, rationale Rechenoperationen mit der Grenzwertbildung zu vertauschen:

Satz 5.3:

Verknüpft man die konvergenten Folgen $\{a_n\}$ und $\{b_n\}$, die die Grenzwerte $\lim\limits_{n\to\infty} a_n = A$ und $\lim\limits_{n\to\infty} b_n = B$ besitzen, durch Addition, Subtraktion, Multiplikation oder Division, so sind auch die entstehenden Folgen konvergent, und es gilt:

$$\lim_{n\to\infty} (a_n + b_n) = \lim_{n\to\infty} a_n + \lim_{n\to\infty} b_n = A + B \tag{5.1}$$

$$\lim_{n\to\infty} (a_n - b_n) = \lim_{n\to\infty} a_n - \lim_{n\to\infty} b_n = A - B \tag{5.2}$$

$$\lim_{n\to\infty} (a_n \cdot b_n) = \lim_{n\to\infty} a_n \cdot \lim_{n\to\infty} b_n = A \cdot B \tag{5.3}$$

$$\lim_{n\to\infty} \frac{a_n}{b_n} = \frac{\lim\limits_{n\to\infty} a_n}{\lim\limits_{n\to\infty} b_n} = \frac{A}{B}, \quad \text{sofern} \quad b_n \neq 0, B \neq 0. \tag{5.4}$$

Da sich alle diese Regeln nach dem gleichen Muster beweisen lassen, soll lediglich der Beweis für die Behauptung (5.1) geführt werden: Nach Voraussetzung $\lim\limits_{n\to\infty} a_n = A$ und $\lim\limits_{n\to\infty} b_n = B$ gibt es zu jedem $\varepsilon > 0$ natürliche Zahlen $N_1(\varepsilon)$ und $N_2(\varepsilon)$, so dass

$$\left| a_n - A \right| < \frac{\varepsilon}{2} \quad \text{für alle } n \geq N_1(\varepsilon) \quad \text{und}$$

$$\left| b_n - B \right| < \frac{\varepsilon}{2} \quad \text{für alle } n \geq N_2(\varepsilon).$$

Ist $N(\varepsilon) = \text{Max}\,(N_1(\varepsilon),\, N_2(\varepsilon))$, dann gilt für jede natürliche Zahl $n \geq N$

$$\left| (a_n + b_n) - (A + B) \right| = \left| (a_n - A) + (b_n - B) \right|$$

$$\leq \left| a_n - A \right| + \left| b_n - B \right| < \frac{\varepsilon}{2} + \frac{\varepsilon}{2} = \varepsilon.$$

< 5.5 > a. $\lim\limits_{n\to\infty} [(3+\frac{1}{n}) - (2 + (-\frac{1}{2})^n)] = \lim\limits_{n\to\infty} [1 + \frac{1}{n} - (-\frac{1}{2})^n]$

$$= \lim_{n\to\infty} 1 + \lim_{n\to\infty} \frac{1}{n} - \lim_{n\to\infty} (-\frac{1}{2})^n = 1 + 0 - 0 = 1$$

b. $\lim\limits_{n\to\infty} \dfrac{3n^2 + n - 1}{27n - 5n^2}$

Wir dividieren Zähler und Nenner durch die größte Potenz im Nenner, d. h. durch n^2:

$$\lim_{n\to\infty} \frac{3+\frac{1}{n}-\frac{1}{n^2}}{\frac{27}{n}-5} = \frac{\lim\limits_{n\to\infty} 3 + \lim\limits_{n\to\infty}\frac{1}{n} - \lim\limits_{n\to\infty}\frac{1}{n^2}}{\lim\limits_{n\to\infty}\frac{27}{n} - \lim\limits_{n\to\infty} 5} = \frac{3+0-0}{0-5} = -\frac{3}{5}$$

c. $\lim\limits_{n\to\infty} \dfrac{n^3 - 2n^2 + 7}{4n^2 + 3n - 5} = \lim\limits_{n\to\infty} \dfrac{n - 2 + \frac{7}{n^2}}{4 + \frac{3}{n} - \frac{5}{n^2}}$ ◆

Dieser Grenzwert lässt sich nicht mit Hilfe des Satzes 5.3 berechnen, da $\lim\limits_{n\to\infty} n = +\infty$ keinen Grenzwert darstellt. Um das Grenzverhalten dieser Folge festzustellen, kann man wie folgt vorgehen:

Für *genügend großes* n ist der Zähler ungefähr gleich n und der Nenner näherungsweise gleich 4, da die übrigen Summanden gegenüber diesen Größen vernachlässigt werden können. Es gilt daher

$$\lim_{n\to\infty} \frac{n - 2 + \frac{7}{n^2}}{4 + \frac{3}{n} - \frac{5}{n^2}} = \lim_{n\to\infty} \frac{n}{4} = +\infty,$$

d. h. es existiert kein Grenzwert, sondern die Folge strebt für n gegen unendlich über alle Grenzen.

5.2 Grenzwert einer Funktion für $x \to +\infty$ bzw. $x \to -\infty$

In diesem Abschnitt wird das Grenzwertverhalten einer Funktion behandelt, deren unabhängige Variable immer größer ($x \to +\infty$) bzw. immer kleiner ($x \to -\infty$) wird. Veranschaulicht man das Wachstumsverhalten $x \to +\infty$ im Argumentenbereich durch eine beliebige, monoton wachsende Folge $\{x_n\}_{n\in\mathbb{N}}$ mit $\lim\limits_{n\to\infty} x_n = +\infty$, so lässt sich das Grenzverhalten der Funktion f anhand der zugehörigen Folge der Funktionswerte $\{f(x_n)\}_{n\in\mathbb{N}}$ untersuchen. Da speziell $x_n = n$ eine dieser Folgen ist, muss darauf geachtet werden, dass die gesuchte Definition des Grenzwertes einer Funktion für $x \to +\infty$ mit der vorstehenden Definition des Grenzwertes einer Folge verträglich ist.

< **5.6** > Betrachten wir das Grenzverhalten $x \to +\infty$ der Funktion $f(x) = \frac{6x-2}{2x-3}$
aus Beispiel < 4.28 > auf S. 145. Für $x_n = n$ lautet die Folge der Funktionswerte

$$f(x_n) = f(n) = \frac{6n-2}{2n-3} = \frac{6 - \frac{2}{n}}{2 - \frac{3}{n}} \xrightarrow[n\to\infty]{} \frac{6}{2} = 3.$$

Für $x_n = \sqrt{n}$ gilt

$$f(x_n) = f(\sqrt{n}) = \frac{6\sqrt{n}-2}{2\sqrt{n}-3} = \frac{6 - \frac{2}{\sqrt{n}}}{2 - \frac{3}{\sqrt{n}}} \xrightarrow[n\to\infty]{} \frac{6}{2} = 3.$$

Die beiden Testfolgen und die Abbildung 4.49 auf S. 146 lassen vermuten, dass
die Funktion $f(x) = \frac{6x-2}{2x-3}$ für $x \to +\infty$ gegen den Wert 3 strebt. Die Konvergenz
der Funktion ist aber erst gesichert, wenn gezeigt werden kann, dass für jede
beliebige, unbeschränkt monoton wachsende Folge x_n gilt

$$\lim_{n\to\infty} f(x_n) = 3. \qquad \blacklozenge$$

Dass es nicht ausreicht, nur einzelne Testfolgen $\{x_n\}$ zu betrachten, zeigt das
nachfolgende Beispiel:

< **5.7** > $y = f(x) = \sin x$, vgl. die Abb. 4.51 auf S. 150. Als periodische Funktion
ist $f(x)$ für $x \to +\infty$ sicher **nicht** konvergent, es gilt aber für

a. $x_n = n\pi$ $\qquad \lim\limits_{n\to\infty} f(x_n) = \lim\limits_{n\to\infty} \sin n\pi = \lim\limits_{n\to\infty} 0 = 0$

b. $x_n = \frac{\pi}{2} + 2\pi n$ $\qquad \lim\limits_{n\to\infty} \sin(\frac{\pi}{2} + 2\pi n) = \lim\limits_{n\to\infty} 1 = 1$

c. $x_n = \frac{\pi}{2} + \pi n$ $\qquad \lim\limits_{n\to\infty} \sin(\frac{\pi}{2} + \pi n) = \begin{cases} +1 & n \text{ gerade} \\ -1 & n \text{ ungerade} \end{cases}$ $\qquad \blacklozenge$

Definition 5.4A: *(Grenzwert einer Funktion für $x \to +\infty$)*

Eine Funktion $f : [a, +\infty[\, \to \mathbf{R}$, $a \in \mathbf{R}$, konvergiert für $x \to +\infty$ gegen den
Grenzwert $f_0 \in \mathbf{R}$, wenn für **jede** monoton wachsende Folge $\{x_n\}_{n \in \mathbf{N}}$ mit
$x_1 > a$ und $\lim\limits_{n\to\infty} x_n = +\infty$ die zugehörige Folge der Funktionswerte $\{f(x_n)\}_{n \in \mathbf{N}}$
gegen **denselben** Grenzwert f_0 konvergiert.

Zum Nachweis der Konvergenz $x \to +\infty$ besser geeignet ist die

---

Definition 5.4: *(Grenzwert einer Funktion für $x \to +\infty$)*

Eine Funktion $f : [a, +\infty[\; \to \mathbf{R}, \quad a \in \mathbf{R},$ ist genau dann für $x \to +\infty$
konvergent gegen den Grenzwert $f_0 \in \mathbf{R}$, wenn es zu jeder beliebig kleinen Zahl
$\varepsilon > 0$ eine reelle Zahl $C(\varepsilon) > 0$ gibt, so dass für alle $x > C(\varepsilon)$ gilt:

$$\left| f(x) - f_0 \right| < \varepsilon .$$

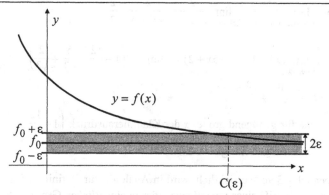

Abb. 5.4: Grenzwert einer Funktion f für $x \to +\infty$

< 5.8 > Die Funktion $f(x) = \dfrac{6x - 2}{2x - 3}$ aus Beispiel < 5.6 > hat den Grenzwert

$f_0 = 3$, da für jedes beliebig kleine $\varepsilon > 0$ und $x > \dfrac{3}{2}$ gilt:

$$\left| f(x) - 3 \right| = \left| \frac{6x - 2}{2x - 3} - 3 \right| = \frac{7}{2x - 3} < \varepsilon \quad \text{falls} \quad x > C(\varepsilon) = \frac{7 + 3\varepsilon}{2\varepsilon} \in \mathbf{R} . \qquad \blacklozenge$$

Der Grenzwert einer Funktion für $x \to -\infty$ wird analog dem Grenzübergang
$x \to +\infty$ definiert:

Definition 5.5 *(Grenzwert einer Funktion für $x \to -\infty$)*

Eine Funktion $f \colon]-\infty, b] \to \mathbf{R}, \quad b \in \mathbf{R},$ ist genau dann für $x \to -\infty$ *konvergent
gegen den Grenzwert* $f_0 \in \mathbf{R}$, wenn sich zu jeder beliebig kleinen Zahl $\varepsilon > 0$
eine reelle Zahl $C(\varepsilon)$ so angeben lässt, dass für alle $x < C(\varepsilon)$ gilt:

$$\left| f(x) - f_0 \right| < \varepsilon .$$

Man schreibt dann $\quad \lim\limits_{x \to -\infty} f(x) = f_0 \quad$ oder $\quad f(x) \to f_0 \quad$ für $x \to -\infty$.

Auch für Grenzwerte $x \to +\infty$ bzw. $x \to -\infty$ ist es erlaubt, die Grenzwertbildung mit rationalen Rechenoperationen zu vertauschen, und es gelten die Aussagen des Satzes 5.3 analog.

$< 5.9 >$ **a.** $\displaystyle \lim_{x \to +\infty} \frac{2x+1}{x^2 - 3x + 5} = \lim_{x \to +\infty} \frac{\frac{2}{x} + \frac{1}{x^2}}{1 - \frac{3}{x} + \frac{5}{x^2}} = \frac{0+0}{1 - 0 + 0} = 0$

       b. $\displaystyle \lim_{x \to -\infty} \frac{2x}{1 + 3x} = \lim_{x \to -\infty} \frac{2}{\frac{1}{x} + 3} = \frac{2}{-0 + 3} = \frac{2}{3}$

       c. $\displaystyle \lim_{x \to -\infty} (x^3 - 12x^2 - 5x + 2) = \lim_{x \to -\infty} x^3 \left(1 - \frac{12}{x} - \frac{5}{x^2} + \frac{2}{x^3} \right)$

               $\displaystyle = \lim_{x \to -\infty} x^3 = -\infty,$

       da für genügend großes x der Klammerausdruck $\left(1 - \frac{12}{x} - \frac{5}{x^2} + \frac{2}{x^3} \right)$

       näherungsweise gleich 1 ist.   ◆

Wie in Beispiel $< 5.9c >$ ersichtlich, wird in Analogie zur Definition 5.3 auch für Funktionen der Begriff eines *unendlichen* oder *uneigentlichen Grenzwertes* eingeführt, wenn für $x \to +\infty$ (bzw. $x \to -\infty$) die Absolutbeträge der Funktionswerte über alle Grenzen wachsen.

5.3 Grenzwert einer Funktion für $x \to x_0$

Soll eine Funktion $y = f(x)$ analysiert werden, so reicht es nicht aus, isolierte Punktepaare (x, y) zu betrachten. Es ist notwendig, das Verhalten der Funktion in der *Umgebung* jedes einzelnen Punktes x der Definitionsmenge zu untersuchen. Wir wollen dabei den Begriff *Grenzwert einer Funktion* mit Hilfe des schon bekannten Begriffs *Grenzwert einer Folge* einführen, da dieser Weg sehr anschaulich ist und sich vorzüglich eignet zu einer inhaltlichen Interpretation der Grenzwerte in Anwendungsfällen. Um eine Vorstellung über das mögliche Verhalten der Funktionswerte $f(x)$ „in der Nähe" einer Stelle x_0 zu erhalten, wollen wir an einigen Beispielen das Konvergenzverhalten von Bildfolgen $\{f(x_n)\}_{n \in \mathbb{N}}$ untersuchen. Dabei sollen insbesondere die beiden folgenden Fragen überprüft werden:

<u>Frage I:</u> Die Funktion $y = f(x)$ sei in der Umgebung $U(x_0)$ einer Stelle x_0 - mit möglicher Ausnahme der Stelle x_0 selbst - definiert.
Gilt für *jede* Folge $\{x_n\}$ mit $x_n \in U(x_0) \setminus \{x_0\}$ und $\lim\limits_{n \to \infty} x_n = x_0$, dass dann auch die zugehörige Folge der Funktionswerte $\{f(x_n)\}$ konvergiert, und zwar jeweils gegen den gleichen Grenzwert $f_0 \in \mathbf{R}$?

<u>Frage II:</u> Die Funktion $y = f(x)$ sei in der Umgebung einer Stelle x_0 definiert, und es sei $y_0 = f(x_0)$.
Gilt für *jede* Folge $\{x_n\}$ mit $x_n \in U(x_0)$ und $\lim\limits_{n \to \infty} x_n = x_0$, dass

$$\lim_{n \to \infty} f(x_n) = y_0 \ ?$$

< 5.10 >

a. $y = f_1(x) = \dfrac{1}{x}$

   i. x_0 sei ein beliebiger Punkt der Definitionsmenge $D = \mathbf{R} \setminus \{0\}$ und $\{x_n\}$ eine beliebige Zahlenfolge, die gegen x_0 konvergiert. In der untenstehenden Zeichnung ist $x_0 = 2$ gewählt.
Dann gilt für die zugehörige Folge der Funktionswerte

$$\lim_{n \to \infty} f_1(x_n) = \lim_{n \to \infty} \frac{1}{x_n} = \frac{\lim\limits_{n \to \infty} 1}{\lim\limits_{n \to \infty} x_n} = \frac{1}{x_0} = f_1(x_0),$$

   d. h. sowohl die Frage I als auch die Frage II sind zu bejahen.

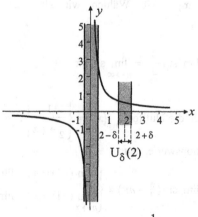

$$Abb.5.5: \ y = f_1(x) = \frac{1}{x}$$

ii. Es sei $x_0 = 0$ und $\{x_n\}$ eine beliebige Nullfolge mit $x_n \neq 0$. Da stets

$$\lim_{n \to \infty} f_1(x_n) = \lim_{n \to \infty} \frac{1}{x_n} = \infty$$ gilt, besitzt die zugehörige Folge der Funk-

tionswerte $f_1(x_n)$ in keinem Fall einen Grenzwert.

Die Frage I und damit auch die weitergehende Frage II sind zu verneinen.

b. $y = f_2(x) = \sin \dfrac{1}{x}$

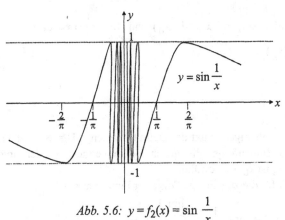

Abb. 5.6: $y = f_2(x) = \sin \dfrac{1}{x}$

Diese Funktion ist definiert für alle reellen Zahlen $x \neq 0$ und es lässt sich nachweisen, dass für alle Elemente der Definitionsmenge beide Fragen zu bejahen sind. Betrachten wir nun $x_0 = 0$. Wählen wir als Testfolge die Nullfolge $\{x_n\} = \{\frac{1}{n\pi}\}_{n \in \mathbb{N}}$, so gilt

$$\lim_{n \to \infty} f_2(x_n) = \lim_{n \to \infty} \sin \frac{1}{\frac{1}{n\pi}} = \lim_{n \to \infty} \sin n\pi = 0 \,.$$

Verwenden wir dagegen die Nullfolge $\{x_n\} = \left\{ \dfrac{1}{\frac{\pi}{2} + n\pi} \right\}$, so divergiert die zugehörige Folge der Funktionswerte, denn

$$\lim_{n \to \infty} f_2(x_n) = \lim_{n \to \infty} \sin\left(\frac{\pi}{2} + n\pi\right) = \begin{cases} \lim\limits_{n \to \infty} (+1) = +1 & \text{für } n \text{ gerade} \\ \lim\limits_{n \to \infty} (-1) = -1 & \text{für } n \text{ ungerade} \end{cases}$$

Für $x_0 = 0$ sind daher beide Fragen zu verneinen.

c. $y = f_3(x) = \begin{cases} 2 & \text{für } x \neq 4 \\ 3 & \text{für } x = 4 \end{cases}$

Da für jede reelle Zahl $x_0 \in \mathbb{R}$ und für jede gegen x_0 konvergierende Folge $\{x_n\}$ mit $x_n \neq 4$ gilt

$$\lim_{n \to \infty} f_3(x_n) = \lim_{n \to \infty} 2 = 2,$$

ist für alle reellen Zahlen x_0 die Frage I zu bejahen.

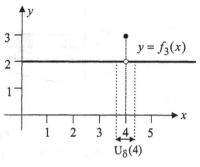

Abb. 5.7: $y = f_3(x)$

Da für alle $x_0 \neq 4$ außerdem stets gilt $\lim\limits_{n \to \infty} f_3(x_n) = f_3(x_0)$, ist für diesen Fall auch die Frage II positiv zu beantworten. Dies gilt aber nicht für die Stelle $x_0 = 4$, da $\lim\limits_{n \to \infty} f_3(x_n) = 2 \neq f_3(4) = 3$. ◆

Die vorstehenden Überlegungen führen zu den folgenden Definitionen:

Definition 5.6A: *(Grenzwert einer Funktion für $x \to x_0$)*

Eine Funktion f sei in einer Umgebung von x_0 - mit möglicher Ausnahme von x_0 selbst - definiert. Sofern für jede beliebige, gegen x_0 konvergierende Folge $\{x_n\}$ mit $x_n \in U(x_0) \setminus \{x_0\}$ auch die zugehörige Folge der Funktionswerte $\{f(x_n)\}_{n \in \mathbb{N}}$ gegen den (stets gleichen) Grenzwert $f_0 \in \mathbb{R}$ konvergiert, bezeichnet man f_0 als den *Grenzwert der Funktion f für $x \to x_0$* und schreibt

$$\lim_{x \to x_0} f(x) = f_0.$$

Nach Definition 5.2 bedeutet die Konvergenz der Folge $\{f(x_n)\}_{n \in \mathbb{N}}$ gegen den Grenzwert f_0, dass für jede (noch so kleine) Zahl $\varepsilon > 0$ gilt:

$$|f(x_n) - f_0| < \varepsilon, \tag{5.5}$$

sofern der Index n genügend groß gewählt wird.

Da gemäß Definition 5.6A die Ungleichung (5.5) für **jede** gegen x_0 konvergierende Folge $\{x_n\}$ erfüllt sein muss, ist es notwendig, dass eine δ-Umgebung $U_\delta(x_0)$, $\delta > 0$ so existiert, dass

$$|f(x) - f_0| < \varepsilon \quad \text{für alle} \quad x \in U_\delta(x_0), \quad \text{vgl. Abb. 5.8.}$$

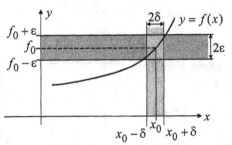

Abb. 5.8: Grenzwert einer Funktion in x_0

Definition 5.6: *(Grenzwert einer Funktion für $x \to x_0$)*

Eine in einer Umgebung von x_0 - mit möglicher Ausnahme von x_0 selbst - definierte Funktion f besitzt genau dann in x_0 den Grenzwert $f_0 \in \mathbb{R}$, wenn es zu jeder reellen Zahl $\varepsilon > 0$ eine reelle Zahl $\delta > 0$ so gibt, dass gilt:

$$|f(x) - f_0| < \varepsilon \quad \text{für alle} \quad x \in U_\delta(x_0) \setminus \{x_0\}. \tag{5.6}$$

Dabei kann die Zahl δ von ε und von x_0 abhängen.

Definition 5.7: *(Stetigkeit an der Stelle x_0)*

Eine Funktion $f : x \mapsto f(x)$ heißt *stetig* an der Stelle x_0, wenn

1. f in einer (vollen) Umgebung von x_0 definiert ist,

2. $\lim\limits_{x \to x_0} f(x) = f(x_0)$.

< 5.11 > Die Funktion $f(x) = \sqrt{x}$ besitzt für jede Zahl $x_0 \in \,]0, +\infty[$ einen Grenzwert, und zwar gilt $\lim\limits_{x \to x_0} \sqrt{x} = \sqrt{x_0}$. Somit ist nach Definition 5.7 die Funktion

$f(x) = \sqrt{x}$ stetig für alle Stellen $x_0 \in \,]0, +\infty[$.

Beweis:

Da $\left| \sqrt{x} - \sqrt{x_0} \right| = \left| \dfrac{(\sqrt{x} - \sqrt{x_0})(\sqrt{x} + \sqrt{x_0})}{\sqrt{x} + \sqrt{x_0}} \right| = \dfrac{|x - x_0|}{\sqrt{x} + \sqrt{x_0}} < \dfrac{|x - x_0|}{\sqrt{x_0}}$,

können wir zu jedem $\varepsilon > 0$ die Größe $\delta = \sqrt{x_0} \cdot \varepsilon > 0$ wählen, und es gilt dann für alle $x \in \,]0, +\infty[$ mit $|x - x_0| < \delta$

$$|f(x) - f(x_0)| = \left| \sqrt{x} - \sqrt{x_0} \right| < \dfrac{|x - x_0|}{\sqrt{x_0}} < \dfrac{\delta}{\sqrt{x_0}} = \varepsilon. \qquad \blacklozenge$$

Für das Rechnen mit Grenzwerten von Funktionen gilt der nachfolgende Satz 5.4, der eine direkte Verallgemeinerung des entsprechenden Satzes 5.3 für Folgen ist.

Satz 5.4:

Existieren die Grenzwerte $\lim\limits_{x \to x_0} f(x)$ und $\lim\limits_{x \to x_0} g(x)$, so existieren auch die nachfolgenden Grenzwerte, und es gilt:

$$\lim_{x \to x_0} [f(x) + g(x)] = \lim_{x \to x_0} f(x) + \lim_{x \to x_0} g(x) \tag{5.7}$$

$$\lim_{x \to x_0} [f(x) - g(x)] = \lim_{x \to x_0} f(x) - \lim_{x \to x_0} g(x) \tag{5.8}$$

$$\lim_{x \to x_0} [f(x) \cdot g(x)] = \lim_{x \to x_0} f(x) \cdot \lim_{x \to x_0} g(x) \tag{5.9}$$

Sofern $\lim\limits_{x \to x_0} g(x) \neq 0$, und falls eine Umgebung $U_\delta(x_0)$, $\delta > 0$ so existiert, dass $g(x) \neq 0$ für alle $x \in U_\delta(x_0)$, gilt auch:

$$\lim_{x \to x_0} \frac{f(x)}{g(x)} = \frac{\lim\limits_{x \to x_0} f(x)}{\lim\limits_{x \to x_0} g(x)}. \tag{5.10}$$

< 5.12 >

a. $\lim\limits_{x \to 2} [(3x^2 - 2x + 1)(x - 7)] = \lim\limits_{x \to 2} (3x^2 - 2x + 1) \cdot \lim\limits_{x \to 2} (x - 7)$

$$= [\lim_{x \to 2} 3x^2 - \lim_{x \to 2} 2x + \lim_{x \to 2} 1] \cdot [\lim_{x \to 2} x - \lim_{x \to 2} 7]$$

$$= [3 \cdot 4 - 2 \cdot 2 + 1][2 - 7] = 9(-5) = -45$$

b. $\lim\limits_{x \to 3} \dfrac{2x^2 - 1}{x^2 + 3x - 5} = \dfrac{\lim\limits_{x \to 3} 2x^2 - \lim\limits_{x \to 3} 1}{\lim\limits_{x \to 3} x^2 + \lim\limits_{x \to 3} 3x - \lim\limits_{x \to 3} 5} = \dfrac{18 - 1}{9 + 9 - 5} = \dfrac{17}{13}$ ◆

Wie anhand der nachfolgenden Beispiele demonstriert wird, ist es zur Anwendung des Satzes 5.4 manchmal notwendig, die Funktion in eine äquivalente Funktionsform umzuschreiben:

< 5.13 > a. $\lim\limits_{x \to 0} \dfrac{\dfrac{1}{x^2} - \dfrac{2}{x}}{1 + \dfrac{3}{x} - \dfrac{5}{x^2}} = \lim\limits_{x \to 0} \dfrac{1 - 2x}{x^2 + 3x - 5} = \dfrac{1 - 0}{0 + 0 - 5} = -\dfrac{1}{5}$

b. $\lim\limits_{x\to1}\dfrac{x^4-1}{x-1}=\lim\limits_{x\to1}(x^3+x^2+x+1)=1^3+1^2+1+1=4$

c. $\lim\limits_{x\to-2}\dfrac{2x^2+2x-4}{(x+3)\cdot(x+2)}=\lim\limits_{x\to-2}\dfrac{2(x-1)\cdot(x+2)}{(x+3)\cdot(x+2)}$

$\qquad\quad=\lim\limits_{x\to-2}\dfrac{2(x-1)}{x+3}=\dfrac{2(-2-1)}{-2+3}=\dfrac{-6}{1}=-6$

d. $\lim\limits_{x\to1}\dfrac{1-x}{|x+1|-2}=\lim\limits_{x\to1}\dfrac{1-x}{(x+1)-2}=\lim\limits_{x\to1}\dfrac{1-x}{x-1}=\lim\limits_{x\to1}(-1)=-1$ ◆

Betrachten wir die Funktion $y=f(x)=[x]$, wobei die GAUSS*sche Klammer* $[x]=\text{Max}\{z\in\mathbf{Z}\,|\,z\le x\}$ definiert ist als die größte ganze Zahl, die kleiner oder gleich x ist. Der Graph dieser Funktion stellt eine „Treppe" dar, vgl. Abb. 5.9: Für alle Stellen $x_0\in\mathbf{R}\setminus\mathbf{Z}$ besitzt $f(x)=[x]$ einen Grenzwert, denn für jede nicht ganzzahlige Größe x_0 lässt sich eine δ-Umgebung so angeben, dass f in dieser Umgebung eine konstante Funktion darstellt.

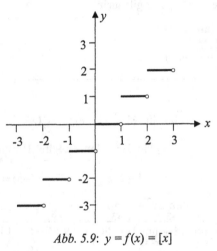

Abb. 5.9: $y=f(x)=[x]$

Für ganzzahlige Stellen x_0 besitzt diese Funktion dagegen keinen Grenzwert, wie das Gegenbeispiel mit der Folge $\{x_n\}=\{x_0+(-\tfrac{1}{2})^n\}$ zeigt, deren zugehörige Folge $\{f(x_n)\}$ divergiert, da

$$f(x_n)=x_0+(-\tfrac{1}{2})^n=\begin{cases}x_0 & \text{für } n \text{ gerade}\\ x_0-1 & \text{für } n \text{ ungerade.}\end{cases}$$

Dagegen gehört zu jeder Folge $\{x_n\}$ mit $\lim\limits_{n\to\infty} x_n = x_0 \in \mathbf{Z}$, deren Folgenglieder nur aus einer linksseitigen Halbumgebung $]x_0 - \delta, x_0[$ bzw. nur aus einer rechtsseitigen Halbumgebung $]x_0, x_0 + \delta[$ von x_0 stammen, eine konvergente Folge von Funktionswerten $\{f(x_n)\}$ mit dem Grenzwert $(x_0 - 1)$ bzw. x_0. Diese Betrachtung legt die Definition einseitiger Grenzwerte nahe.

Definition 5.8A: *(linksseitiger Grenzwert einer Funktion)*

Eine Funktion f sei in einer linksseitigen Halbumgebung $]x_0 - \delta, x_0[$, $\delta > 0$ definiert. Sofern für jede monoton steigende, gegen x_0 konvergierende Folge $\{x_n\}_{n \in \mathbf{N}}$ auch die zugehörige Folge der Funktionswerte $\{f(x_n)\}_{n \in \mathbf{N}}$ gegen den (stets gleichen) Grenzwert f_0 konvergiert, bezeichnet man f_0 als den *linksseitigen Grenzwert der Funktion f für $x \to x_0$* und schreibt

$$\lim\limits_{x\to x_0^-} f(x) = f_0. \qquad \text{(linksseitiger Grenzwert)}.$$

Dabei ist $x \to x_0^-$ eine Abkürzung für $x \to x_0$ mit $x < x_0$. Für den linksseitigen Grenzwert sind auch folgende Schreibweisen üblich:

$$\lim\limits_{x\to x_0 - 0} f(x), \quad \lim\limits_{x \nearrow x_0} f(x) \quad \text{und} \quad \text{L} - \lim\limits_{x\to x_0} f(x).$$

Definition 5.9A: *(rechtsseitiger Grenzwert einer Funktion)*

Eine Funktion f sei in einer rechtsseitigen Halbumgebung $]x_0, x_0 + \delta[$, $\delta > 0$ definiert. Sofern für jede monoton fallende, gegen x_0 konvergierende Folge $\{x_n\}_{n \in \mathbf{N}}$ auch die zugehörige Folge der Funktionswerte $\{f(x_n)\}_{n \in \mathbf{N}}$ gegen den (stets gleichen) Grenzwert f_0 konvergiert, bezeichnet man f_0 als den *rechtsseitigen Grenzwert der Funktion f für $x \to x_0$* und schreibt

$$\lim\limits_{x\to x_0^+} f(x) = f_0. \qquad \text{(rechtsseitiger Grenzwert)}$$

Dabei ist $x \to x_0^+$ eine Abkürzung für $x \to x_0$ mit $x > x_0$. Für den rechtsseitigen Grenzwert sind auch folgende Schreibweisen üblich:

$$\lim\limits_{x\to x_0 + 0} f(x), \quad \lim\limits_{x \searrow x_0} f(x) \quad \text{und} \quad \text{R} - \lim\limits_{x\to x_0} f(x).$$

Entsprechend lässt sich die Definition 5.6 für einseitige Grenzwerte formulieren, wobei in Formel (5.6) der Ausdruck $x \in U(x_0)\backslash\{x_0\}$ zu ersetzen ist durch $x \in]x_0 - \delta, x_0[$ bzw. $x \in]x_0, x_0 + \delta[$.

Aus den Grenzwert-Definitionen 5.8A und 5.9A folgt unmittelbar der

Satz 5.5:

$$\lim_{x \to x_0^-} f(x) = f_0 = \lim_{x \to x_0^+} f(x) \quad \Leftrightarrow \quad \lim_{x \to x_0} f(x) = f_0,$$

d. h. eine Funktion f besitzt an einer Stelle x_0 genau dann einen Grenzwert, wenn sie sowohl einen linksseitigen als auch einen rechtsseitigen Grenzwert in x_0 hat und die einseitigen Grenzwerte miteinander übereinstimmen.

Die einseitigen Grenzwerte ermöglichen zusammen mit Satz 5.5 die Berechnung des Grenzwertes einer Funktion, die links und rechts einer Stelle x_0 durch unterschiedliche Funktionsformen definiert ist.

< 5.14 >

a. $f(x) = \begin{cases} 2x^2 - 4x + 1 & \text{für } x \le 3 \\ 4x - 5 & \text{für } x > 3 \end{cases}$

Da $\qquad \lim\limits_{x \to 3^-} f(x) = \lim\limits_{x \to 3^-} (2x^2 - 4x + 1) = 18 - 12 + 1 = 7$

und $\qquad \lim\limits_{x \to 3^+} f(x) = \lim\limits_{x \to 3^+} (4x - 5) = 12 - 5 = 7,$

besitzt die Funktion f in $x_0 = 3$ den Grenzwert $\lim\limits_{x \to 3} f(x) = 7$.

b. Hat $g(x) = \dfrac{|x + 2|}{x + 2}$ in $x_0 = -2$ einen Grenzwert?

Da $\qquad \lim\limits_{x \to -2^-} g(x) = \lim\limits_{x \to -2^-} \dfrac{-(x + 2)}{x + 2} = \lim\limits_{x \to -2^-} (-1) = -1$

und $\qquad \lim\limits_{x \to -2^+} g(x) = \lim\limits_{x \to -2^+} \dfrac{(x + 2)}{x + 2} = \lim\limits_{x \to -2^+} 1 = 1,$

existiert kein Grenzwert $\lim\limits_{x \to -2} \dfrac{|x + 2|}{x + 2}$. $\qquad\qquad\qquad$ ◆

Wie wir in Beispiel < 5.10a > gesehen haben, besitzt die Funktion $f_1(x) = \dfrac{1}{x}$ in $x_0 = 0$ keinen Grenzwert, da die Funktionswerte bei Annäherung an die Stelle $x_0 = 0$ betragsmäßig über alle Grenzen wachsen. In Analogie zur Definition 5.3 für Folgen hat man für diese bestimmte Divergenz den Begriff eines unendlichen Grenzwertes definiert.

Definition 5.10:

Sei f eine Funktion, die in einer Umgebung der Stelle x_0 - mit möglicher Ausnahme der Stelle x_0 selbst - definiert ist. Man sagt, diese Funktion f besitzt in x_0 einen *uneigentlichen Grenzwert* oder eine *Polstelle*, und man schreibt $\lim\limits_{x \to x_0} f(x) = \infty$, wenn nach Vorgabe jeder (beliebig großen) Zahl $K > 0$ sich eine reelle Zahl $\delta > 0$ so angeben lässt, dass gilt:

$$|f(x)| > K \quad \text{für alle } x \in U_\delta(x_0) \setminus \{x_0\}.$$

Bei Berücksichtigung der Vorzeichen gilt die genauere Schreibweise

$$\lim_{x \to x_0} f(x) = +\infty \quad \Leftrightarrow \quad \forall\, K > 0 \;\, \exists\, \delta > 0 \,\big|\, f(x) > K \quad \forall\, x \in U_\delta(x_0) \setminus \{x_0\}$$

$$\lim_{x \to x_0} f(x) = -\infty \quad \Leftrightarrow \quad \forall\, K > 0 \;\, \exists\, \delta > 0 \,\big|\, f(x) < -K \quad \forall\, x \in U_\delta(x_0) \setminus \{x_0\}.$$

Auch bei der Bildung einseitiger Grenzwerte spricht man von *uneigentlichen Grenzwerten* und verwendet eine analoge Symbolik.

$< 5.15 > \quad \lim\limits_{x \to 0^-} \dfrac{1}{x} = -\infty \;$ und $\; \lim\limits_{x \to 0^+} \dfrac{1}{x} = +\infty \;\; \Rightarrow \;\; \lim\limits_{x \to 0} \dfrac{1}{x} = \infty,$

d. h. die Funktion $f(x) = \dfrac{1}{x}$ hat an der Stelle $x_0 = 0$ eine *Polstelle mit wechselndem Vorzeichen*, vgl. Abb. 5.5 auf S. 173.   ♦

Sollen die einseitigen Grenzwerte einer Funktion f an einer Stelle $x_0 \neq 0$ berechnet werden, so ist es oft - insbesondere zur Vermeidung von Vorzeichenfehlern - einfacher, die Funktion so zu transformieren, dass jeweils nur ein **rechtsseitiger Grenzwert** an der Stelle 0 zu bilden ist. Die dazu geeigneten Transformationsgleichungen sind

$$\lim_{x \to x_0^-} f(x) = \lim_{h \to 0^+} f(x_0 - h) \tag{5.11}$$

$$\lim_{x \to x_0^+} f(x) = \lim_{h \to 0^+} f(x_0 + h) \tag{5.12}$$

< **5.16** > Gesucht wird $\lim\limits_{x \to 2} \dfrac{3x-1}{(x-2)^4}$.

Da $\lim\limits_{x \to 2^-} \dfrac{3x-1}{(x-2)^4} = \lim\limits_{h \to 0^+} \dfrac{3(2-h)-1}{(2-h-2)^4} = \lim\limits_{h \to 0^+} \dfrac{5-3h}{(-h)^4} = \lim\limits_{h \to 0^+} \dfrac{5}{h^4} = +\infty$

und $\lim\limits_{x \to 2^+} \dfrac{3x-1}{(x-2)^4} = \lim\limits_{h \to 0^+} \dfrac{3(2+h)-1}{(2+h-2)^4} = \lim\limits_{h \to 0^+} \dfrac{5+3h}{h^4} = \lim\limits_{h \to 0^+} \dfrac{5}{h^4} = +\infty$,

hat diese Funktion in $x_0 = 2$ eine Polstelle, und es gilt

$$\lim\limits_{x \to 2} \dfrac{3x-1}{(x-2)^4} = +\infty.$$ ◆

5.4 Stetigkeit

Nach Definition 5.7 heißt eine reelle Funktion $f(x)$ *stetig in einem Punkt* x_0, wenn f in einer Umgebung von x_0 definiert ist, der Grenzwert $\lim\limits_{x \to x_0} f(x)$ existiert und gleich dem Funktionswert $f(x_0)$ ist. Der Stetigkeitsbegriff wird jetzt auf Intervalle ausgedehnt und man definiert:

Definition 5.11: *(Stetigkeit auf einem offenen Intervall)*

Eine Funktion f heißt *stetig auf dem offenen Intervall* $]a, b[$, wenn f für alle $x \in]a, b[$ definiert und stetig ist.

Definition 5.12: *(Stetigkeit auf einem abgeschlossenen Intervall)*

Eine Funktion f heißt *stetig auf dem abgeschlossenen Intervall* $[a, b]$, wenn

1. f auf dem offenen Intervall $]a, b[$ stetig ist;

2. f in a und in b definiert ist, und es gilt

$$\lim\limits_{x \to a^+} f(x) = f(a) \quad \text{und} \quad \lim\limits_{x \to b^-} f(x) = f(b).$$

Während die *Stetigkeit auf einem offenen Intervall* die natürliche Erweiterung des Begriffs *Stetigkeit an einer Stelle* ist, wird der Begriff *Stetigkeit auf einem abge-schlossenen Intervall* zur Abkürzung der Ausdrucksweise definiert, denn diese Eigenschaft ist essentielle Voraussetzung der wichtigsten Aussagen über stetige Funktionen. Ein Begriff *Stetigkeit auf einem halboffenen - halbabgeschlossenen Intervall* wird dagegen **nicht** definiert. Die Bedingung 2. in der Definition 5.12 legt uns nahe, analog den einseitigen Grenzwerten auch den Begriff *einseitige Stetigkeit* einzuführen.

Definition 5.13: *(linksseitige Stetigkeit)*
Eine Funktion f heißt *linksseitig stetig* an der Stelle x_0, wenn
1. f in einer linksseitigen Halbumgebung $]x_0 - \delta, x_0]$ definiert ist und
2. $\lim\limits_{x \to x_0^-} f(x) = f(x_0)$.

Definition 5.14: *(rechtsseitige Stetigkeit)*
Eine Funktion f heißt *rechtsseitig stetig* an der Stelle x_0, wenn
1. f in einer rechtsseitigen Halbumgebung $[x_0, x_0 + \delta[$ definiert ist und
2. $\lim\limits_{x \to x_0^+} f(x) = f(x_0)$.

Bei graphischen Darstellungen erkennt man stetige Kurven daran, dass sie ein zusammenhängendes Kurvenbild aufweisen, d. h. man kann sie zeichnen, ohne den Zeichenstift dabei abzusetzen. Dies folgt aus dem Zwischenwertsatz von Bolzano, vgl. Satz 5.8 auf S. 186. Ist für verschiedene Werte x die Stetigkeit nicht gegeben, d. h. das Kurvenbild unterbrochen, dann besitzt die Funktion hier Unstetigkeitsstellen. Die in Abb. 5.10 gezeichnete Funktion besitzt Unstetigkeitsstellen in A bis H und ist ansonsten stetig. Anhand dieser Abbildung sollen einige häufig auftretende Arten von Unstetigkeit diskutiert werden.

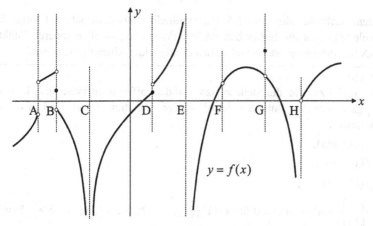

Abb. 5.10: Funktion mit Unstetigkeitsstellen

<u>Die Funktion verläuft ins Unendliche:</u> Diese Art von Unstetigkeit tritt am häufigsten auf; vgl. dazu in Abb. 5.10 die Unstetigkeitsstellen C, E und H. Die Funktion hat hier Polstellen.

<u>Endlicher Sprung:</u> Beim Durchgang von x durch den Wert x_0 „springt" die Funktion von einem endlichen Wert auf einen anderen, vgl. dazu in Abb. 5.10 die Stellen A, B, D und G.

Der Wert von f an der Stelle x_0 braucht nicht definiert zu sein (wie in Punkt A), er kann aber auch mit einem der einseitigen Grenzwerte $\lim\limits_{x \to x_0^-} f(x)$ bzw. $\lim\limits_{x \to x_0^+} f(x)$ übereinstimmen (wie in Punkt D) oder aber auch von beiden verschieden sein (wie in Punkt B).

Existiert der Grenzwert von f an der Stelle x_0, ist die Funktion f an der Stelle x_0 aber nicht definiert (wie im Punkt F) bzw. ist dort der Funktionswert von f verschieden vom Grenzwert (wie im Punkt G), so liegt eine *hebbare Unstetigkeitsstelle* vor. Indem man den Funktionswert in x neu definiert und ihn gleich $\lim\limits_{x \to x_0} f(x)$ setzt, wird die neue Funktion in x_0 stetig.

Die Eigenschaft der Stetigkeit von Funktionen ist für ökonomische Funktionen von großer Bedeutung; sie drückt die übliche Vorstellung von einem „vernünftigen" Zusammenhang zwischen zwei ökonomischen Größen aus. Dieser beinhaltet, dass bei kleinen Änderungen der unabhängigen Variablen sich der Wert der abhängigen Variablen auch nur wenig ändert und nicht plötzlich springt.

Aus dem nachfolgenden Satz 5.6, der unmittelbar aus dem Satz 5.4 folgt, lässt sich ableiten, dass die bisher behandelten Funktionen in allen inneren Punkten ihrer Definitionsmenge stetig und an den Randpunkten einseitig stetig sind.

Satz 5.6:

Sind f und g zwei an der Stelle x_0 bzw. auf dem offenen Intervall $]a, b[$ bzw. auf dem geschlossenen Intervall $[a, b]$ stetige Funktionen, so sind auch die Funktionen

$$f(x) + g(x),$$

$$f(x) - g(x),$$

$$f(x) \cdot g(x),$$

$$\frac{f(x)}{g(x)}, \text{ sofern } g(x) \neq 0 \text{ für } x \in U_\delta(x_0) \text{ mit beliebig kleinem } \delta > 0 \text{ bzw.}$$

für $x \in]a, b[$ oder $x \in [a, b]$,

stetig an der Stelle x_0 bzw. auf dem offenen Intervall $]a, b[$ bzw. auf dem abgeschlossenen Intervall $[a, b]$.

< 5.17 >

a. Da offensichtlich die Funktionen $f : x \mapsto f(x) = c$, c = konstant, und $g : x \mapsto g(x) = x$ stetig sind für alle reellen Zahlen x, ist nach Satz 5.6 auch die Funktion F: $x \mapsto F(x) = c \cdot x$ stetig auf **R**.

b. Durch wiederholtes Anwenden des Satzes 5.6 lässt sich zeigen, dass die Funktion $h : x \mapsto c \cdot x^n$ für jedes $n \in \mathbf{N}$ auf **R** stetig ist.

c. Dann ist auch nach dem Satz 5.6 jedes Polynom

$$P_n : x \mapsto a_n x_n + a_{n-1} x_{n-1} + \ldots + a_1 x + a_0$$

als Summe endlich vieler in **R** stetiger Funktionen stetig auf **R**.

d. Weiterhin ist nach dem Satz 5.6 jede rationale Funktion

$$f : x \mapsto f(x) = \frac{P_m(x)}{P_n(x)}$$

auf der gesamten Definitionsmenge, d. h. für alle $x \in \mathbf{R} \setminus \{x \in \mathbf{R} \mid P_n(x) = 0\}$ stetig.

e. Die algebraische Funktion $y = f(x) = \sqrt[n]{x}$ ist als Umkehrfunktion der stetigen Funktion $x = y^n$ stetig auf dem Intervall $]0, +\infty[$ und rechtsseitig stetig in $x = 0$. ◆

Ohne Begründung wird zur Vervollständigung der Liste stetiger Funktionen festgehalten, dass die trigonometrischen Funktionen $\sin x$, $\cos x$ und die Exponentialfunktionen a^x, $a > 0$ stetig auf **R** sind. Als Umkehrfunktionen sind dann die Logarithmusfunktionen $^a\log x$, $a > 0, a \neq 1$ stetig auf $]0, +\infty[$.

Die Stetigkeit komplizierterer Funktionen folgt aus dem

Satz 5.7:

Sind $f : [a, b] \to \mathbf{R}$ und $g : [c, d] \to \mathbf{R}$ stetige Funktionen, und ist die Bildmenge von f eine Teilmenge von $[c, d]$, so ist die verkettete Funktion $g \circ f : [a, b] \to \mathbf{R}$ stetig auf $[a, b]$.

< 5.18 >

a. Die Funktion $h(x) = 3^{x^2 + 5}$ kann aufgefasst werden als eine verkettete Funktion, die sich aus der auf **R** stetigen Funktion $f(x) = x^2 + 5$ und $g(y) = 3^y$ zusammensetzt. Nach Satz 5.7 ist $h(x) = g \circ f(x) = g(f(x))$ stetig auf **R**.

b. Die Funktion $h(x) = \sqrt{(x+3)^5}$ kann man sich wie folgt aufgebaut denken:

$$x \mapsto y = f(x) = x+3; \quad y \mapsto z = g(y) = y^5; \quad z \mapsto k(z) = \sqrt{z}$$

Gemäß Beispiel $<5.17\text{e}>$ und Satz 5.7 ist dann h stetig auf $]$-3, $+\infty[$ und rechtsseitig stetig in $x = $-3.   ◆

Das Wissen, dass die zumeist benutzten Funktionen auf Teilintervallen ihrer Definitionsmenge stetig sind, hat zur Folge, dass der Einzelnachweis der Stetigkeit durch Bildung des Grenzwertes nur an den Stellen der Definitionsmenge notwendig ist, in denen die Funktion ihren Typ ändert.

$<5.19>$ Gegeben sei die Funktion $f\colon [0, 8] \to \mathbf{R}$

$$\text{mit} \quad f(x) = \begin{cases} -x+b & \text{für } x \in [0, 5[\\ \dfrac{3x-11}{x-4} & \text{für } x \in [5, 8] \end{cases}, \quad b \in \mathbf{R}.$$

Als Polynom 1. Grades ist die Funktion f stetig im offenen Intervall $]0, 5[$ und rechtsseitig stetig in $x_1 = 0$. Als linear gebrochene Funktion mit dem Zentrum in $(4, 3)$ ist f stetig im abgeschlossenen Intervall $[5, 8]$. Damit die Funktion auf dem gesamten Definitionsintervall $[0, 8]$ stetig ist, muss der Parameter b so gewählt werden, dass

$$\lim_{x \to 5^-} f(x) = -5+b \overset{!}{=} f(5) = \frac{15-11}{5-4} = 4,$$

d. h. nur für $b = 4 + 5 = 9$ ist f stetig auf $[0, 8]$.   ◆

5.5 Eigenschaften stetiger Funktionen

Reelle Funktionen, die auf einem abgeschlossenen Intervall stetig sind, haben bemerkenswerte Eigenschaften. Die für die Anwendung wichtigsten Aussagen sind ohne Beweis in den nachstehenden Sätzen ausgedrückt.

Satz 5.8: *(Zwischenwertsatz von* BOLZANO *(1781-1848))*

Eine auf einem abgeschlossenen Intervall $[a, b]$ stetige Funktion f nimmt jeden Wert zwischen $f(a)$ und $f(b)$ als Funktionswert an, d. h. für jeden Wert Z zwischen $f(a)$ und $f(b)$ gibt es (mindestens) ein $z \in [a, b]$, so dass $Z = f(z)$.

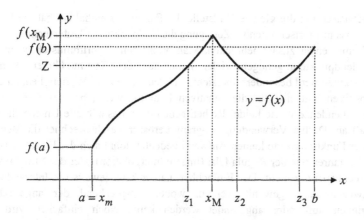

Abb. 5.11: Zwischenwertsatz von BOLZANO

Bemerkungen:

a. Der Zwischenwertsatz besagt **nicht**, dass

 i. jeder Zwischenwert nur einmal angenommen wird. So ist der Zwischenwert Z in Abb. 5.11 Funktionswert dreier Argumentenwerte aus $[a, b]$.

 ii. nur Funktionswerte zwischen $f(a)$ und $f(b)$ vorkommen. In Abb. 5.11 ist $f(x_M) \notin [f(a), f(b)]$.

b. Aus dem Zwischenwertsatz folgt, dass der Graph einer auf einem Intervall stetigen Funktion durch eine zusammenhängende Kurve dargestellt wird.

Dem Zwischenwertsatz kommt theoretische und praktische Bedeutung bei der Bestimmung von Nullstellen einer stetigen Funktion $f(x)$ zu, denn ein Spezialfall des Zwischenwertsatzes ist der

---

Satz 5.9: *(Nullstellensatz)*

Ist f eine auf einem abgeschlossenen Intervall $[a, b]$ stetige Funktion, deren Funktionswerte an den Intervallenden unterschiedliche Vorzeichen haben, so besitzt f in $[a, b]$ (mindestens) eine Nullstelle.

Näherungweise Bestimmung einer Nullstelle

Zur praktischen näherungsweisen Berechnung einer Nullstelle in diesem Intervall kann man eine *Intervallschachtelung* vornehmen, indem man einen geeigneten Punkt $x_1 \in]a, b[$ auswählt und in Abhängigkeit des Vorzeichens von $f(x_1)$ das Intervall $[a, x_1]$ oder das Intervall $[x_1, b]$ weiter untersucht. Das neue Untersuchungsintervall, das eine Nullstelle enthält, wird nun wiederum in zwei Intervalle zerlegt usw. Die sich so ergebende Folge von Untersuchungsintervallen, die alle .

nach Konstruktion die gleiche Nullstelle der Funktion f enthalten, hat die Eigenschaft, dass mit fortschreitender Zerlegung die Endpunkte der Untersuchungsintervalle immer enger zusammenrücken. Man bricht den Algorithmus ab, wenn die Intervallendpunkte in genügend vielen Stellen nach dem Komma übereinstimmen. Das Verfahren wird besonders übersichtlich, wenn man zwei Wertereihen, eine für die positiven und eine für die negativen Funktionswerte, benutzt. Die jeweils rechts stehenden x-Werte beider Reihen geben dann das aktuelle Untersuchungsintervall an. Da bei Verwendung programmierbarer Taschenrechner die Berechnung der Funktionswerte keinen Aufwand bedeutet, lohnt sich der Einsatz zusätzlicher Verfahren wie der Regula falsi (lineare Interpolation) oder der NEWTONsche Tangentennäherung nicht. Der Einfachheit halber kann jeweils die Intervallmitte als Zwischenstelle gewählt werden, wobei entsprechend der angestrebten Genauigkeit auf- oder abgerundet werden kann. Noch einfacher wird die näherungsweise Berechnung von reellen Nullstellen von Funktionen durch die Verwendung von Personal Computern oder von Taschenrechnern mit graphischem Display, die das Plotten von Funktionskurven gestatten. Durch Vergrößerung des Maßstabes der Achse der unabhängigen Variablen lassen sich reelle Nullstellen mit der gewünschten Genauigkeit berechnen.

< 5.20 > Für das Polynom $P_3(x) = 2x^3 - 5x^2 - 3x + 2$ soll eine Nullstelle auf 2 Nachkommastellen genau bestimmt werden. Da $P_3(0) = +2$ und $P_3(1) = -4$, liegt nach dem Zwischenwertsatz (mindestens) eine Nullstelle im Intervall $]0, 1[$. Aus den Tabellen

x	0	0,25	0,375	0,405	0,420
$P_3(x)$	2	0,969	0,277	0,098	0,006

und

x	1	0,5	0,435	0,425
$P_3(x)$	-4	-0,500	-0,086	-0,025

folgt, dass $P_3(x)$ eine Nullstelle bei $x \approx 0,42$ besitzt.   ◆

Satz 5.10: *(Extremwertsatz von* WEIERSTRASS *(1815-1897))*

Eine auf einem abgeschlossenen Intervall $[a, b]$ stetige Funktion f nimmt dort sowohl ihr (absolutes) Maximum als auch ihr (absolutes) Minimum an.

Diese absoluten Extremwerte können in einem Randpunkt des Definitionsintervalls $[a, b]$ oder in einem Punkt aus dem Intervallinneren angenommen werden. Bei stetigen Funktionen kommen aber nur die Punkte aus dem Intervallinneren in Frage, in denen f ein entsprechendes relatives Extremum aufweist.

5.6 Asymptote

Bei der Untersuchung des Verhaltens einer Funktion $y = f(x)$ lässt sich öfter beobachten, dass sich ihr Graph für sehr kleine bzw. sehr große x-Werte dem Graph einer einfachen Funktion, z. B. einer konstanten oder linearen Funktion, unbeschränkt nähert. Insbesondere für gebrochene rationale Funktionen trifft diese Beobachtung zu.

Definition 5.15:

Eine Funktion g heißt *Asymptote* zu der Funktion f, wenn gilt

$$\lim_{x \to -\infty} (f(x) - g(x)) = 0 \quad \text{oder} \quad \lim_{x \to +\infty} (f(x) - g(x)) = 0. \tag{5.13}$$

< **5.21** > Die gebrochen rationale Funktion

$$f(x) = \frac{x^2}{x-1} \quad \text{ist für alle } x \in \mathbf{R} \setminus \{1\} \text{ definiert.}$$

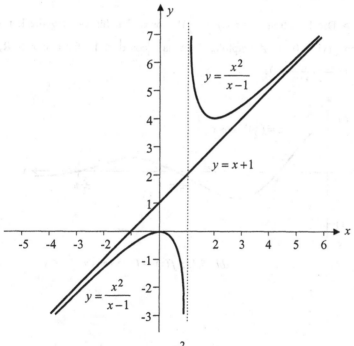

Abb. 5.12: $y = f(x) = \dfrac{x^2}{x-1}$ *und* $y = g(x) = x + 1$

Da sich die Funktionsgleichung schreiben lässt als

$$f(x) = \frac{x^2}{x-1} = x + 1 + \frac{1}{x-1} \quad \text{und da}$$

$$\lim_{x \to -\infty} \frac{1}{x-1} = 0 \quad \text{und} \quad \lim_{x \to +\infty} \frac{1}{x-1} = 0,$$

nähern sich für $x \to -\infty$ und für $x \to +\infty$ die Funktionswerte der Funktion f den Funktionswerten der linearen Funktion $g(x) = x + 1$.

Da $\dfrac{1}{x-1} < 0$ für $x < 1$, erfolgt für $x \to -\infty$ die Annäherung von f an g von unten,

wogegen für $x \to +\infty$ sich f an g von oben nähert, da $\dfrac{1}{x-1} > 0$ für $x > 1$.   ◆

Die Annäherung der Funktion f an ihre Asymptote g muss nicht notwendigerweise von einer Seite erfolgen. Das nachfolgende Beispiel zeigt eine Funktion, deren Graph den Graph der Asymptote fortwährend schneidet.

< **5.22** > Die Funktion $y = f(x) = (\frac{1}{2})^x \cdot \cos x$ hat für $x \to +\infty$ die konstante

Funktion $g(x) = 0$ als Asymptote, denn da $|\cos x| \leq 1$ für alle $x \in \mathbf{R}$, gilt

$(\frac{1}{2})^x \cos x \xrightarrow[x \to +\infty]{} 0$.

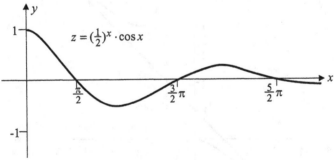

Abb. 5.13: $f(x) = (\frac{1}{2})^x \cdot \cos x$ ◆

< **5.23** > Die in Abbildung 4.49 auf S. 146 dargestellte linear gebrochene Funktion

$$y = f(x) = \frac{6x-2}{2x-3} = 3 + \frac{7}{2(x-\frac{3}{2})}$$

hat die Asymptote $y = g(x) = 3$.

Ihre Umkehrfunktion

$$x = f^{-1}(y) = \frac{3y-2}{2y-6} = \frac{3}{2} + \frac{7}{2(y-3)}$$

hat die Asymptote $x = \frac{3}{2}$. Man sagt dann auch, die Funktion $y = f(x)$ habe in $x = \frac{3}{2}$ eine *vertikale Asymptote*. ◆

5.7 Aufgaben

5.1 Bestimmen Sie, soweit vorhanden, die Grenzwerte der Folgen.

a. $\lim\limits_{n\to\infty} 2 + (\frac{1}{3})^n$ **b.** $\lim\limits_{n\to\infty} \frac{3+n}{5-n^2}$ **c.** $\lim\limits_{n\to\infty} 1 + (-1)^n$

d. $\lim\limits_{n\to\infty} -2 + (-\frac{3}{2})^n$ **e.** $\lim\limits_{n\to\infty} \frac{2n+1}{5-n}$ **f.** $\lim\limits_{n\to\infty} \frac{n^3-2n}{5n+8}$

5.2 Bestimmen Sie, soweit vorhanden, die Grenzwerte

a. $\lim\limits_{x\to-4} \frac{3x^2+11x-4}{x^2-16}$ **b.** $\lim\limits_{x\to-1} \frac{4|x+1|}{3x+3}$ **c.** $\lim\limits_{x\to+\infty} \frac{5-x^3}{x^2-3x}$

d. $\lim\limits_{x\to-\frac{3}{2}} \frac{2x+3}{4x^2+12x+9}$ **e.** $\lim\limits_{x\to0} \frac{\frac{1}{x}-\frac{1}{4x^2}}{\frac{6}{x^3}-\frac{4}{x}}$ **f.** $\lim\limits_{x\to2} \frac{4-2x}{(x+2)-4}$

5.3 Gegeben sei die Funktion g: $[-3, 4] \rightarrow \mathbf{R}$

mit $g(x) = \begin{cases} |2x+5| + b & \text{für } -3 \le x < 1 \\ -\frac{1}{2}x + 4 & \text{für } 1 \le x \le 4 \end{cases}$

a. Überprüfen Sie für $b = -1$ die Funktion g auf Stetigkeit im Intervall $[-3, 4]$.

b. Bestimmen Sie b so, dass $g(x)$ stetig ist auf $[-3, 4]$.

5.4 Untersuchen Sie die folgenden Funktionen auf Stetigkeit

a. $f(x) = \dfrac{x^2 + x - 20}{x - 4}$ **b.** $g(x) = \sqrt{x^2}$ **c.** $h(x) = \dfrac{\sqrt{x^2}}{x}$

5.5 Untersuchen Sie die Funktion f: $\mathbf{R} \rightarrow \mathbf{R}$

mit $f(x) = \begin{cases} \dfrac{2x}{x+3} & \text{für } x < -3 \\ 3 & \text{für } x = -3 \\ (x+2)^2 + 2 & \text{für } -3 < x \le 0 \\ 6 & \text{für } x > 0 \end{cases}$

auf Stetigkeit bzw. einseitige Stetigkeit in den Stückelungsstellen.

5.6 Bestimmen Sie die Asymptoten der Funktionen

a. $f_1(x) = \dfrac{3x^2 - 7}{6x + 2}$ **b.** $f_2(x) = \dfrac{x^3 - 2x + 3}{1 - x + x^2}$

c. $f_3(x) = \dfrac{2x + 1}{x - 3}$

6. Differentialrechnung

Die Differentialrechnung ist das zweite große Teilgebiet der Analysis. Ihre Bedeutung ist vor allem darin zu sehen, dass sie geeignete Instrumente zur Ermittlung der Eigenschaften differenzierbarer Funktionen bereitstellt. Insbesondere die ersten Ableitungen spielen bei der Interpretation ökonomischer Funktionen eine wichtige Rolle. Dabei reicht es nicht aus, lediglich die Ableitungsregeln zu beherrschen; das Verständnis der ersten Ableitung als Grenzwert wird zur Argumentation benötigt. Nicht ohne Grund werden deshalb die ersten Ableitungen ökonomischer Funktionen als Grenzfunktionen (*Grenzkostenfunktion*, *Grenzerlösfunktion*, ...) bezeichnet.

6.1 Begriff und Bedeutung des Differentialquotienten

Wenn eine Fahrstraße geradewegs bergauf führt, so bezeichnet man

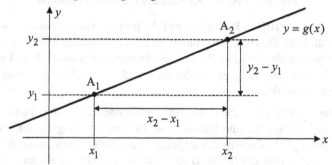

Abb. 6.1: Graph einer linearen Funktion

- unter Bezugnahme auf die auf S. 132 gegebene Definition der Steigung einer Geraden - den Differenzenquotienten

$$\frac{y_2 - y_1}{x_2 - x_1} = \frac{g(x_2) - g(x_1)}{x_2 - x_1}$$

als ein Maß für die Steigung der Straße.

Der Differenzenquotient ist dabei von der Wahl der Punkte A_1 und A_2 auf der Geraden unabhängig und stellt sowohl die *Steigung* der gesamten Geraden als auch von Teilstücken derselben dar.

Geht aber die Fahrstraße in wechselnder Steilheit bergauf, vgl. Abb. 6.2, so gibt

der Differenzenquotient $\dfrac{y_2 - y_1}{x_2 - x_1}$, wenn er sich auf zwei

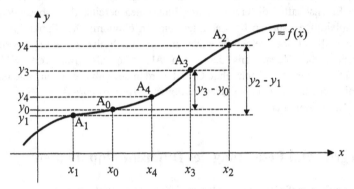

Abb. 6.2: Graph einer monoton steigenden Funktion

beliebig herausgegriffene Punkte A_1 und A_2 bezieht, keine besonders wertvolle Auskunft über die Steigungsverhältnisse der Straße. Immerhin kann er als *mittlere Steigung* der Straße zwischen A_1 und A_2 interpretiert werden. Man kann aber nicht mehr von **der** Steigung der Straße sprechen, da diese in verschiedenen Teilen unterschiedlich ist.

Die mittlere Steigung zwischen zwei Punkten auf dem Graph einer Funktion stellt offensichtlich dann eine gute Näherung an die „wahre" Steigung dar, wenn das dazwischen liegende Kurvenstück ungefähr linear verläuft bzw. wenn die Punkte nicht zu weit auseinander liegen. Diesen letzten Gedanken, der vom Kurvenverlauf unabhängig ist, wollen wir fortsetzen und den Abstand zwischen den Punkten immer weiter schrumpfen lassen, um so zu dem Begriff Steigung an einer Stelle A_0 zu gelangen. Dabei wollen wir so vorgehen:

Wir wählen einen Punkt A_3, der vor oder hinter A_0 liegt, aber nur soweit davon entfernt ist, dass das Straßenstück zwischen A_0 und A_3 „praktisch" als geradlinig

angesehen werden kann. Dann liefert der Differenzenquotient $\dfrac{y_3 - y_0}{x_3 - x_0}$ die mitt-

lere Steigung dieses Straßenstücks und damit eine „praktisch" ausreichende Angabe über die Steigung der Straße an der Stelle A_0. Ist diese Näherung nicht ausreichend, so können wir einen Punkt A_4 wählen, der dichter bei A_0 liegt, und dann den Differenzenquotienten $\dfrac{y_4 - y_0}{x_4 - x_0}$ berechnen usw.

Um zu einer exakten Definition der Steigung der Straße bzw. der Funktion f an der Stelle $A_0 = (x_0, y_0)$ zu kommen, denken wir uns die vorstehende Betrachtung fortgesetzt für eine Folge von Punkten $A_n = (x_n, y_n)$ auf dem Graph der Funktion f, die gegen den Punkt A_0 strebt; d. h. die Abszissenwerte x_n genügen den Bedingungen $x_n \neq x_0$ und $\lim\limits_{n \to \infty} x_n = x_0$.

Konvergiert nun die Folge der Differenzenquotienten $\dfrac{y_n - y_0}{x_n - x_0}$ für $n \to \infty$ gegen einen bestimmten Grenzwert a_0, so bezeichnet man diesen Grenzwert $\lim\limits_{n \to \infty} \dfrac{y_n - y_0}{x_n - x_0} = a_0$ als die *Steigung* der Funktion an der Stelle $A_0 = (x_0, y_0)$. Damit die Steigung eindeutig wird, wollen wir zusätzlich verlangen, dass für **jede** Folge $\{x_n\}$ mit $x_n \in U(x_0) \setminus \{x_0\}$ und $\lim\limits_{n \to \infty} x_n = x_0$ die Folge der zugehörigen Differenzenquotienten

$$\frac{f(x_n) - f(x_0)}{x_n - x_0}$$

gegen den **gleichen** Grenzwert konvergiert. Diese Bedingung kommt nach Definition 5.6 in dem Symbol „ $\lim\limits_{x \to x_0}$ " zum Ausdruck.

Definition 6.1:

Die Funktion f heißt *differenzierbar an der Stelle* x_0, wenn

1. f in x_0 und in einer Umgebung von x_0 definiert ist und

2. der Grenzwert $\lim\limits_{x \to x_0} \dfrac{f(x) - f(x_0)}{x - x_0}$ existiert.

Diesen Grenzwert bezeichnet man als den *1. Differentialquotienten* oder die *1. Ableitung* oder die *Steigung* der Funktion f an der Stelle x_0 und kürzt ihn mit einer der nachfolgenden Schreibweisen ab:

$$f'(x_0) = (f(x))'_{x=x_0} = \frac{df}{dx}(x_0) = \frac{df(x)}{dx}\bigg|_{x=x_0}$$

Dabei drückt der von LEIBNIZ (1646-1716) eingeführte *Differentialoperator* „$\frac{d}{dx}$"
die Arbeitsanweisung aus: „Bilde die 1. Ableitung nach der Variablen x".

Zur Vereinfachung der Berechnung des Differentialquotienten kann man die
Grenzwertbildung an die Stelle 0 verlegen. Dabei ist es üblich, die Differenzen
mittels des *Differenzensymbols* Δ zu bezeichnen:

$$\Delta x = x - x_0, \quad \Delta f = \Delta f(x_0) = f(x) - f(x_0)$$

$$f'(x_0) = \lim_{\Delta x \to 0} \frac{\Delta f(x_0)}{\Delta x} = \lim_{\Delta x \to 0} \frac{f(x_0 + \Delta x) - f(x_0)}{\Delta x} \tag{6.1}$$

< 6.1 > $f(x) = \frac{1}{4}x^2 + x - 3, \quad D = \mathbf{R}, \; x_0 \in \mathbf{R}.$

$$f'(x_0) = \lim_{\Delta x \to 0} \frac{1}{\Delta x}[\tfrac{1}{4}(x_0 + \Delta x)^2 + (x_0 + \Delta x) - 3 - (\tfrac{1}{4}x_0^2 + x_0 - 3)]$$

$$f'(x_0) = \lim_{\Delta x \to 0} \frac{1}{\Delta x}[\tfrac{1}{2}x_0\Delta x + \tfrac{1}{4}(\Delta x)^2 + \Delta x]$$

$$= \lim_{\Delta x \to 0} [\tfrac{1}{2}x_0 + \tfrac{1}{4}\Delta x + 1] = \tfrac{1}{2}x_0 + 1. \qquad\qquad\blacklozenge$$

Aus Gleichung (6.1) folgt, dass für genügend kleine Abweichungen Δx der Differentialquotient einer Funktion f an der Stelle x_0 näherungsweise beschrieben werden kann durch den entsprechenden Differenzenquotienten, d. h.

$$f'(x_0) \approx \frac{\Delta f(x_0)}{\Delta x} \tag{6.2}$$

für Δx genügend klein.
Durch Auflösung dieser Gleichung nach $\Delta f(x_0)$ erhalten wir gleichzeitig eine
Näherungsformel für die Änderung des Funktionswertes

$$f(x) - f(x_0) = \Delta f(x_0) \approx f'(x_0) \cdot \Delta x \tag{6.3}$$

und damit auch eine Näherung für die Funktion f selbst

$$f(x) \approx f'(x_0) \cdot \Delta x + f(x_0). \qquad (\textit{Linearisierungsformel}) \tag{6.4}$$

Eine in x_0 differenzierbare Funktion lässt sich damit in einer Umgebung der Stelle
x_0 durch eine **lineare Funktion** approximieren, die mit ihr den Punkt $(x_0, f(x_0))$
und die Steigung $f'(x_0)$ in diesem Punkt gemeinsam hat.

Definition 6.2:

Ist die Funktion f an der Stelle x_0 differenzierbar, so heißt die Gerade durch den Punkt $A_0 = (x_0, f(x_0))$ mit der Steigung $b = f'(x_0)$ *die Tangente an den Graph der Funktion f* im Punkt A_0.
Die Funktionsgleichung dieser Tangente lautet:

$$t(x) = f'(x_0)(x - x_0) + f(x_0). \tag{6.5}$$

Definition 6.3:

Die lineare Näherung $f'(x_0) \cdot \Delta x$ für die Änderung des Funktionswertes $\Delta f(x_0) = f(x) - f(x_0)$ bezeichnet man als *Differential* der Funktion f in x_0 und benutzt dafür das Symbol

$$df_{x=x_0} = f'(x_0) \cdot \Delta x = f'(x) \cdot dx. \tag{6.6}$$

Dabei wird dx synonym zu $\Delta x = x - x_0$ verwendet.

< 6.2 > Gegeben ist die Kostenfunktion $f(x) = \frac{1}{4}x^2 + x - 3$. In der Umgebung des derzeitigen Outputs $x_0 = 3$ lässt sich die Kostenfunktion näherungsweise beschreiben durch ihre Tangente in $(x_0, f(x_0)) = (3, \frac{9}{4})$ mit der Steigung $f'(3) = \frac{1}{2} \cdot 3 + 1 = \frac{5}{2}$, so dass $y = t(x) = \frac{5}{2}x - \frac{21}{4}$.

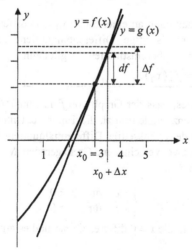

Abb. 6.3: Tangente in $(3, \frac{9}{4})$ an $f(x) = \frac{1}{4}x^2 + x - 3$

Wird die Produktion um $\Delta x = \frac{1}{2}$ Einheiten erhöht, so steigen die Kosten näherungsweise um $df = \frac{5}{2} \cdot \frac{1}{2} = \frac{5}{4} = 1{,}25$ Geldeinheiten. Im Vergleich zu diesem Näherungswert ist die genaue Kostenänderung gleich

$$\Delta f = f(3,5) - f(3) = \frac{57}{16} - \frac{9}{4} = \frac{21}{16} = 1{,}3125. \qquad \blacklozenge$$

Bei der Bildung des Differentialquotienten ist es oft einfacher, zunächst die einseitigen Grenzwerte zu berechnen.

Definition 6.4:

Als linksseitigen Differentialquotienten der Funktion f an der Stelle x_0 bezeichnet man den linksseitigen Grenzwert

$$f'_-(x_0) = \lim_{x \to x_0^-} \frac{f(x) - f(x_0)}{x - x_0} = \lim_{h \to 0^+} \frac{f(x_0 - h) - f(x_0)}{-h}. \qquad (6.7)$$

Als rechtsseitigen Differentialquotienten der Funktion f an der Stelle x_0 bezeichnet man den rechtsseitigen Grenzwert

$$f'_+(x_0) = \lim_{x \to x_0^+} \frac{f(x) - f(x_0)}{x - x_0} = \lim_{h \to 0^+} \frac{f(x_0 + h) - f(x_0)}{h}. \qquad (6.8)$$

Mit dem Grenzwertsatz 5.5 folgt dann

Satz 6.1:

Eine Funktion f ist genau dann an einer Stelle $x_0 \in D$ differenzierbar, wenn der linksseitige und der rechtsseitige Differentialquotient an dieser Stelle x_0 existieren und miteinander übereinstimmen. Es gilt dann

$$f'(x_0) = f'_-(x_0) = f'_+(x_0). \qquad (6.9)$$

Geometrisch bedeutet dies, dass der Graph von f im Punkt $A_0 = (x_0, f(x_0))$ eine **eindeutig** bestimmte Grenzgerade besitzt, die Tangente. Unterscheiden sich dagegen der linksseitige und der rechtsseitige Differentialquotient für eine in x_0 stetige Funktion, so hat f in A_0 zwei verschiedene Grenzgeraden. Man sagt dann, f hat in A_0 eine *Ecke*, siehe Abb. 6.4.

< **6.3** > Die Funktion $f(x) = |x| = \begin{cases} -x & \text{für } x < 0 \\ +x & \text{für } x \ge 0 \end{cases}$

ist als lineare Funktion für alle $x \ne 0$ differenzierbar und es gilt

$$f'(x) = \begin{cases} -1 & \text{für } x < 0 \\ +1 & \text{für } x > 0 \end{cases}.$$

Da $\quad f'_-(0) = \lim\limits_{h\to 0^+} \dfrac{|0-h|-0}{-h} = \lim\limits_{h\to 0^+} \dfrac{|-h|}{-h} = -1 \quad$ und

$f'_+(0) = \lim\limits_{h\to 0^+} \dfrac{|0+h|-0}{h} = 1, \quad$ ist f in $x_0 = 0$ **nicht differenzierbar.**

Da $f(x) = |x|$ in $x_0 = 0$ stetig ist, weist der Graph der Funktion an der Stelle $(0, 0)$ eine Ecke auf.

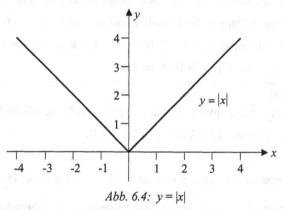

Abb. 6.4: $y = |x|$ ♦

Das vorstehende Beispiel veranschaulicht, dass aus der Stetigkeit einer Funktion nicht ihre Differenzierbarkeit folgt. Der Umkehrschluss ist aber möglich, denn es gilt:

Satz 6.2:

Ist eine Funktion f an einer Stelle x_0 differenzierbar, so ist sie dort auch stetig.

<u>Beweis:</u> $f(x) - f(x_0) = \dfrac{f(x) - f(x_0)}{x - x_0} \cdot (x - x_0) \xrightarrow[x \to x_0]{} f'(x_0) \cdot 0 = 0$.

Bemerkung:
Aus dem Satz 6.2 folgt unmittelbar, dass eine Funktion, die an einer Stelle x **nicht stetig** ist, dort auch **nicht differenzierbar** ist.

Wir wollen nun die Differenzierbarkeit von Funktionen auf Intervalle erweitern und definieren:

Definition 6.5:
Eine Funktion f heißt *differenzierbar auf dem offenen Intervall* $]a, b[$, wenn f in jedem Punkt $x \in\ ]a, b[$ differenzierbar ist.

Nach Satz 6.2 ist die in $]a, b[$ differenzierbare Funktion auch stetig auf dem Intervall $]a, b[$; ihr Graph lässt sich daher in einem Zug ohne abzusetzen zeichnen, wobei die Differenzierbarkeit zusätzlich dafür sorgt, dass keine Ecken auftreten. Auf einem Intervall differenzierbare Funktionen besitzen daher *glatte* Kurven; sie werden deshalb auch als *glatte Funktionen* bezeichnet.

Die Menge aller Argumente einer Funktion $f: D \to \mathbf{R}$, in denen die Funktion f differenzierbar ist, bezeichnet man als *Differenzierbarkeitsbereich* $D_{f'}$ von f.

$D_{f'}$ ist stets eine Teilmenge der Definitionsmenge D, d. h. $D_{f'} \subseteq D$.

Man kann nun eine neue Funktion definieren, die jedem Element $x \in D_{f'}$ den Differentialquotienten $f'(x)$ als Bild zuordnet.

Definition 6.6:

Sei $f : D \to \mathbf{R}$ eine Funktion mit dem Differenzierbarkeitsbereich $D_{f'} \subseteq D$. Dann bezeichnet man die Funktion $f' : D_{f'} \to \mathbf{R}$,

$$x \mapsto f'(x)$$

als *Ableitungsfunktion von f* oder kurz als *1. Ableitung von f* (auf $D_{f'}$).

Ist die Funktion f' in $x_0 \in D_{f'}$ selbst differenzierbar, so bezeichnen wir ihre Ableitung an der Stelle x_0 mit $f''(x_0)$, nennen sie die *zweite Ableitung* von f in x_0 und sagen, f ist in x_0 *zweimal differenzierbar*.

Existiert $f''(x)$ für jedes $x \in D_{f''} \subseteq D_{f'}$, so wird die Funktion

$$f'' : D_{f''} \to \mathbf{R},$$
$$x \mapsto f''(x)$$

als *zweite Ableitung von f* (auf $D_{f''}$) bezeichnet.

Diese Vorgehensweise lässt sich nun solange fortsetzen, wie die sich ergebenden Ableitungsfunktionen differenzierbar sind. Man kann somit allgemein die *n-te Ableitung* $f^{(n)}(x_0)$ *an der Stelle* $x_0 \in D_{f^{(n)}}$ oder die *n-te Ableitung* $f^{(n)}$ *der Funktion f* (auf $D_{f^{(n)}}$) definieren für $n = 3, 4, \dots$.

Die Funktion f selbst wird auch als *nullte Ableitung* $f^{(0)}$ bezeichnet.

Eine Funktion *n-mal zu differenzieren* heißt dann, ihre *n*-te Ableitung zu bilden.

Für die Kennzeichnung dieser so genannten *höheren Ableitungen* ist es manchmal zweckmäßig, den Differentialoperator $\frac{d}{dx}$ zu erweitern:

$$f''(x) = \frac{df'}{dx}(x) = \frac{d}{dx}\left(\frac{df}{dx}(x)\right) = \frac{d^2 f}{dx^2}(x),$$

$$f'''(x) = \frac{df''}{dx}(x) = \frac{d}{dx}\left(\frac{df'}{dx}(x)\right) = \frac{d}{dx}\left(\frac{d^2 f}{dx^2}(x)\right) = \frac{d^3 f}{dx^3}(x),$$

$$f^{(n)}(x) = \frac{df^{(n-1)}}{dx}(x) = \frac{d}{dx}\left(\frac{d^{n-1} f}{dx^{n-1}}(x)\right) = \frac{d^n f}{dx^n}(x).$$

Für die in Abschnitt 6.4 dargestellten Extremwertsätze wird noch die folgende Sprachregelung benötigt:

Definition 6.7:
Eine Funktion f heißt *stetig differenzierbar in* x_0 (bzw. *in einem Intervall* I), wenn f in x_0 (bzw. im Intervall I) differenzierbar ist und ihre Ableitung f' in x_0 (bzw. auf I) stetig ist.
Eine Funktion f heißt *n-mal stetig differenzierbar in* x_0 (bzw. *im Intervall* I), wenn die *n*-te Ableitung $f^{(n)}$ in x_0 (bzw. in I) existiert und stetig ist.

Aus Satz 6.2 folgt unmittelbar, dass eine in x_0 *n*-mal differenzierbare Funktion in x_0 mindestens $(n - 1)$-mal stetig differenzierbar ist.

6.2 Differentiationsregeln

Es wäre äußerst mühsam, die (erste) Ableitung jeder einzelnen Funktion durch die explizite Durchführung des Grenzübergangs zu berechnen. Zweckmäßiger ist es, für verschiedene Funktionstypen allgemeine Regeln zu entwickeln, um nachher diese Regeln in Form einer Technik anzuwenden.

Auch ohne explizite Bildung des Differentialquotienten wissen wir, dass eine konstante Funktion $f(x) = c$, $c \in \mathbf{R}$, die Steigung Null und dass die lineare Funktion $g(x) = x$ die Steigung 1 hat.

Die nachfolgenden Ableitungsregeln erhält man durch geeignete Umformung der Differenzenquotienten und Anwendung des Grenzwertsatzes 5.4 auf S. 177.

Satz 6.3:

Sind $f(x)$ und $g(x)$ in x differenzierbar, dann ist auch

a. die Funktion $f(x) + g(x)$ in x differenzierbar, und es gilt

$$(f(x)+g(x))' = f'(x) + g'(x) \qquad \textit{Summenregel} \qquad (6.10)$$

b. die Funktion $f(x) \cdot g(x)$ in x differenzierbar, und es gilt

$$(f(x) \cdot g(x))' = f'(x) \cdot g(x) + f(x) \cdot g'(x) \qquad \textit{Produktregel} \qquad (6.11)$$

c. die Funktion $\dfrac{f(x)}{g(x)}$ in x differenzierbar, sofern $g(x) \neq 0$, und es gilt

$$\left(\frac{f(x)}{g(x)}\right)' = \frac{f'(x) \cdot g(x) - f(x) \cdot g'(x)}{[g(x)]^2} \qquad \textit{Quotientenregel} \qquad (6.12)$$

Bemerkungen:

1. Als Spezialfall der Produktregel (6.11) folgt für eine konstante Funktion $f(x) = c$ mit $c \in \mathbf{R}$

$$(c \cdot g(x))' = c \cdot g'(x) \qquad \textit{Faktorregel} \qquad (6.13)$$

2. Die Ableitung der zu einer Funktion $g(x)$ reziproken Funktion $\dfrac{1}{g(x)}$ ist nach der Quotientenregel (6.12) gleich

$$\left(\frac{1}{g(x)}\right)' = \frac{-g'(x)}{[g(x)]^2} \qquad \text{für } g(x) \neq 0. \qquad (6.14)$$

3. Durch sukzessive Anwendung der Produktregel und Beweisschluss mittels des Prinzips der vollständigen Induktion ergibt sich

$$(x^2)' = (x \cdot x)' = 1 \cdot x + x \cdot 1 = 2x$$
$$(x^3)' = (x^2 \cdot x)' = 2x \cdot x + x^2 \cdot 1 = 3x^2$$
$$(x^4)' = (x^3 \cdot x)' = 3x^2 \cdot x + x^3 \cdot 1 = 4x^3$$
$$\vdots \qquad \vdots \qquad \vdots$$
$$(x^n)' = (x^{n-1} \cdot x)' = (n-1)x^{n-2} \cdot x + x^{n-1} \cdot 1 = nx^{n-1}$$

$$(x^n)' = nx^{n-1} \qquad x \in \mathbf{R},\ n \in \mathbf{N} \qquad (6.15)$$

Zusammen mit der Summen- und der Faktorregel besagt die Ableitungsregel (6.15), dass alle Polynome in ganz $\mathbf{R}$ differenzierbar sind.

Weiterhin lässt sich mit der Quotientenregel dann folgern, dass alle rationalen Funktionen in ihrer Definitionsmenge differenzierbar sind.

< 6.4 > **a.** $P(x)$ $= x^4 - 3x^2 + 6x - 3$
$\phantom{< 6.4 > \mathbf{a.}\ }P'(x)$ $= 4x^3 - 6x + 6$
$\phantom{< 6.4 > \mathbf{a.}\ }P''(x)$ $= 12x^2 - 6$
$\phantom{< 6.4 > \mathbf{a.}\ }P'''(x)$ $= 24x$
$\phantom{< 6.4 > \mathbf{a.}\ }P^{(4)}(x)$ $= 24$
$\phantom{< 6.4 > \mathbf{a.}\ }P^{(n)}(x) = 0$ für $n = 5, 6, \dots$

b. $G(x) = \dfrac{5x^2 - 3x + 4}{x^2 - 1}$

$$G'(x) = \frac{(10x - 3)(x^2 - 1) - (5x^2 - 3x + 4) \cdot 2x}{(x^2 - 1)^2}$$

$$= \frac{10x^3 - 3x^2 - 10x + 3 - 10x^3 + 6x^2 - 8x}{(x^2 - 1)^2} = \frac{3x^2 - 18x + 3}{(x^2 - 1)^2} \quad \blacklozenge$$

Die Ableitung zusammengesetzter Funktionen lässt sich mit Hilfe der so genannten *Kettenregel* berechnen:

Satz 6.4:

Ist die verkettete Funktion $h(x) = g \circ f(x) = g(f(x))$ in einer Umgebung der Stelle x_0 definiert und sind die Funktionen f und g differenzierbar in x_0 bzw. in $y_0 = f(x_0)$, dann ist auch die Funktion $h(x)$ in x_0 differenzierbar, und es gilt

$$h'(x_0) = \frac{dg}{dy}(y_0) \cdot \frac{df}{dx}(x_0) \qquad \textit{Kettenregel} \qquad (6.16)$$

Analog der Bezeichnung *äußere Funktion* für $g(y)$ und *innere Funktion* für $f(x)$ nennt man $\dfrac{dg}{dy}(y_0) = \dfrac{dg}{dy}(f(x_0))$ *äußere Ableitung* und $\dfrac{df}{dx}(x_0)$ *innere Ableitung.*

< 6.5 > $h(x) = (2x^2 - 3x + 1)^5$ ist die Verkettung von
$\phantom{< 6.5 > }x \mapsto y = f(x) = 2x^2 - 3x + 1$ und $y \mapsto y^5$. Also
$\phantom{< 6.5 > }h'(x) = 5(2x^2 - 3x + 1)^4 \cdot (4x - 3)$ $\blacklozenge$

Mittels der Kettenregel lässt sich leicht die Ableitung der Umkehrfunktion $x = f^{-1}(y)$ zu einer gegebenen Funktion $y = f(x)$ bestimmen, denn differenziert man beide Seiten der Gleichung

$$f^{-1}(f(x)) = x$$

nach x, so ergibt sich mit der Regel (6.16)

$$\frac{df^{-1}}{dy}(f(x)) \cdot \frac{df}{dx}(x) = 1, \quad \text{und daher gilt Satz 6.5.}$$

Satz 6.5:

Ist die reellwertige Funktion $y = f(x)$ in einem Intervall I definiert und injektiv und ist f an einer Stelle $x_0 \in D$ differenzierbar mit $f'(x_0) \neq 0$, so ist die Umkehrfunktion $x = f^{-1}(y)$ in $y_0 = f(x_0)$ differenzierbar, und es gilt

$$\frac{df^{-1}}{dy}(y_0) = \frac{1}{f'(x_0)} = \frac{1}{f'(f^{-1}(y_0))} \qquad (6.17)$$

< 6.6 >

a. Die Umkehrfunktion zu der linear gebrochenen Funktion $y = f(x) = \dfrac{6x-2}{2x-3}$

ist, vgl. S. 146, die ebenfalls linear gebrochene Funktion $x = \dfrac{3y-2}{2y-6}$.

Da $\quad f'(x) = \dfrac{6(2x-3)-(6x-2)\cdot 2}{(2x-3)^2} = \dfrac{-14}{(2x-3)^2}, \quad$ ist nach (6.17)

$$\frac{df^{-1}}{dy}(y) = \frac{1}{\dfrac{-14}{(2\frac{3y-2}{2y-6}-3)^2}} = \frac{(\dfrac{3y-2-3y+9}{y-3})^2}{-14} = \frac{-7}{2(y-3)^2}.$$

Einfacher ist natürlich hier die direkte Ableitung der Umkehrfunktion mittels der Quotientenregel:

$$\frac{df^{-1}}{dy}(y) = \frac{3(2y-6)-(3y-2)\cdot 2}{(2y-6)^2} = \frac{-14}{4(y-3)^2} = \frac{-7}{2(y-3)^2}$$

b. Bei Beschränkung auf $D = \mathbf{R}_0$ hat die Funktion $y = f(x) = x^n$ die Umkehrfunktion $x = f^{-1}(y) = \sqrt[n]{y} = y^{\frac{1}{n}}$, $n \in \mathbf{N}$.

Für $x_0 > 0$ ist dann nach Satz 6.5 die Ableitung der Wurzelfunktion in $y_0 = f(x_0) = \sqrt[n]{x_0} > 0$ gleich

$$(\sqrt[n]{y})'_{y=y_0} = (y^{\frac{1}{n}})'_{y=y_0} = \frac{df^{-1}}{dy}(y_0) \overset{(6.17)}{=} \frac{1}{f'(x_0)} \overset{(6.15)}{=} \frac{1}{nx_0^{n-1}}$$

$$= \frac{1}{n(y_0^{\frac{1}{n}})^{n-1}} = \frac{1}{ny_0^{1-\frac{1}{n}}} = \frac{1}{n}y_0^{\frac{1}{n}-1} \;.$$

$\blacklozenge$

Die Ableitungsregel (6.15) lässt sich somit auf positive rationale Exponenten ausweiten.

$$(x^r)' = rx^{r-1} \quad \text{für} \quad x \in \mathbf{R}_+, r \in \mathbf{Q}, r > 0. \tag{6.18}$$

Da weiterhin

$$(x^{-r})' = (\frac{1}{x^r})' \overset{(6.14)}{=} -\frac{(x^r)'}{(x^r)^2} \overset{(6.18)}{=} -\frac{rx^{r-1}}{(x^r)^2} = -rx^{-r-1},$$

gilt die Regel (6.18) auch für negative rationale Exponenten.

< 6.7 > **a.** $f(x) = \dfrac{1}{\sqrt[5]{x}} = x^{-\frac{1}{5}}$

$$f'(x) = -\frac{1}{5}x^{-\frac{1}{5}-1} = -\frac{1}{5}x^{-\frac{6}{5}} = -\frac{1}{5\sqrt[5]{x^6}}$$

b. $g(x) = \sqrt[3]{4x^3 - 7x + 1}$ bzw. $x \mapsto 4x^3 - 7x + 1 = y \mapsto \sqrt[3]{y} = y^{\frac{1}{3}}$

$$g'(x) = \frac{1}{3}(4x^3 - 7x + 1)^{\frac{1}{3}-1} \cdot (12x^2 - 7) = \frac{12x^2 - 7}{3 \cdot \sqrt[3]{(4x^3 - 7x + 1)^2}}$$

c. $h(x) = \dfrac{3x - 7}{\sqrt{2x^3 - 5}} = \dfrac{3x - 7}{(2x^3 - 5)^{\frac{1}{2}}}$

Ist die Nennerfunktion in eine Potenz erhoben, so ist es oft einfacher, anstelle der Quotientenregel die Produktregel zur Bildung der Ableitung zu benutzen.

$$h(x) = (3x - 7)(2x^3 - 5)^{-\frac{1}{2}} \quad \text{bzw.} \quad x \mapsto 2x^3 - 5 = y \mapsto y^{-\frac{1}{2}}$$

$$h'(x) = 3(2x^3 - 5)^{-\frac{1}{2}} + (3x - 7) \cdot (-\frac{1}{2}) \cdot (2x^3 - 5)^{-\frac{3}{2}} \cdot 6x^2$$

$$= \frac{3(2x^3 - 5) - 3x^2(3x - 7)}{\sqrt{(2x^3 - 5)^3}} = \frac{-3x^3 + 21x^2 - 15}{\sqrt{(2x^3 - 5)^3}}$$

$\blacklozenge$

6.3 Ableitung transzendenter Funktionen

Formen wir den Differenzenquotienten einer Exponentialfunktion $f(x) = a^x$ mit $a > 0$, $a \neq 1$ an einer beliebigen Stelle $x_0 \in \mathbf{R}$ wie folgt um:

$$\frac{f(x_0 + \Delta x) - f(x_0)}{\Delta x} = \frac{a^{x_0 + \Delta x} - a^{x_0}}{\Delta x} = a^{x_0} \cdot \frac{a^{\Delta x} - a^0}{\Delta x},$$

so können wir erkennen, dass der Differentialquotient

$$f'(x_0) = \lim_{\Delta x \to 0} \frac{a^{x_0 + \Delta x} - a^{x_0}}{\Delta x}$$

für beliebige $x_0 \in \mathbf{R}$ genau dann existiert, wenn der Differentialquotient

$$f'(0) = \lim_{\Delta x \to 0} \frac{a^{0 + \Delta x} - a^0}{\Delta x} = \lim_{\Delta x \to 0} \frac{a^{\Delta x} - a^0}{\Delta x}$$

an der Stelle $x_0 = 0$ existiert.

Wir wollen den vorläufig noch unbekannten Wert $f'(0)$, der nur von der Basis, nicht aber vom Exponenten x abhängt, mit $\ln a$ bezeichnen und erhalten damit für die Ableitung einer Exponentialfunktion

$$(a^x)' = \ln a \cdot a^x, \qquad a > 0, \ a \neq 1, \ x \in \mathbf{R}. \tag{6.19}$$

Betrachten wir nun eine weitere Exponentialfunktion

$$g(x) = b^x \quad \text{mit} \quad b > 0, \ b \neq 1,$$

so lässt sich ihre Funktionsgleichung nach (4.25) auch schreiben als

$$g(x) = b^x = \left(a^{\,^a \log b} \right)^x = a^{x \cdot \,^a \log b}.$$

Differenzieren wir nun die Funktion $g(x)$ in dieser Gestalt mittels der Kettenregel gemäß des Aufbaus $x \mapsto x \cdot {}^a \log b = y \mapsto a^y$, so ergibt sich

$$g'(x) = \ln a \cdot a^{x \cdot {}^a \log b} \cdot {}^a \log b = \ln a \cdot {}^a \log b \cdot b^x.$$

Da andererseits in Analogie zu (6.19) diese Ableitung geschrieben werden kann als

$$g'(x) = \ln b \cdot b^x,$$

erhalten wir die Beziehung

$$\ln b = \ln a \cdot {}^a \log b. \tag{6.20}$$

Kennen wir also die Ableitung einer einzigen Exponentialfunktion an der Stelle $x = 0$, z. B. $\ln a$ für die Funktion $f(x) = a^x$, so können wir auch jede andere Exponentialfunktion $g(x) = b^x$ an jeder Stelle $x \in \mathbf{R}$ differenzieren. Man kann nun zeigen, vgl. z. B. [HEUSER 1980, S. 171], dass eine Exponentialfunktion e^x so existiert, dass sie in $x = 0$ differenzierbar ist mit $(e^x)'_{x=0} = \ln e = 1$, d. h. an der Stelle $x = 0$ die Steigung 1 aufweist. Für diese Exponentialfunktion gilt also

$$(e^x)' = e^x \quad \text{für alle } x \in \mathbf{R}. \tag{6.21}$$

Diese Basis e ist eine irrationale reelle Zahl, die wir schon bei der stetigen Verzinsung auf der S. 81 kennengelernt haben. Die Funktion $g(x) = e^x$ nennt man abkürzend „die" *Exponentialfunktion oder e-Funktion.* Außer der Potenzschreibweise e^x wird bei umfangreicheren Exponenten auch die Schreibweise $\exp(x)$ benutzt.

Die bisher unbekannten Größen $\ln b$ sind dann gemäß Gleichung (6.20) gleich

$$\ln b = \ln e \cdot {}^e\log b = {}^e\log b \quad \text{für alle } b > 0. \tag{6.22}$$

Der Logarithmus zur Basis e wird als *natürlicher Logarithmus* (*logarithmus naturalis*) bezeichnet, die Zahl e nennt man daher auch *Basis der natürlichen Logarithmen.*

Die Ableitung einer Exponentialfunktion $y = f(y) = a^x$, $a > 0$, $a > 1$ ist somit

$$(a^x)' = \ln a \cdot a^x \quad \text{für alle } x \in \mathbf{R}. \tag{6.23}$$

Die Logarithmusfunktion $x = {}^a\log y$ hat dann als Umkehrfunktion der Exponentialfunktion $y = a^x$ nach Regel (6.17) die Ableitung

$$({}^a\log y)' = \frac{1}{\ln a \cdot y} \quad \text{für } y \in \mathbf{R}_+, \, a > 0, a \neq 1. \tag{6.24}$$

Speziell gilt für den natürlichen Logarithmus

$$(\ln y)' = \frac{1}{y} \quad \text{für } y \in \mathbf{R}_+. \tag{6.25}$$

< 6.8 > **a.** $f_1(x) = 12^x$;

$\qquad\quad f_1'(x) = \ln 12 \cdot 12^x \approx 2{,}4849 \cdot 12^x.$

$\qquad$**b.** $f_2(x) = 0{,}078^x$;

$\qquad\quad f_2'(x) = \ln 0{,}078 \cdot 0{,}078^x \approx -2{,}5510 \cdot 0{,}078^x.$

c. $f_3(x) = {}^5\log x;$

$$f_3'(x) = \frac{1}{\ln 5 \cdot x} \approx \frac{1}{1,6094 \cdot x} \approx \frac{0,6213}{x}.$$

d. $f_4(x) = 3x \cdot e^{2x^2+1};$

$$f_4'(x) = 3 \cdot e^{2x^2+1} + 3x \cdot e^{2x^2+1} \cdot 4x = (3+12x^2)e^{2x^2+1}.$$

e. $f_5(x) = x^3 \cdot \ln(x^2-1),\ x > 1;$

$$f_5'(x) = 3x^2 \cdot \ln(x^2-1) + x^3 \cdot \frac{1}{x^2-1} \cdot 2x = 3x^2 \cdot \ln(x^2-1) + \frac{2x^4}{x^2-1}.$$

($f_4(x)$ und $f_5(x)$ werden mit Hilfe von Produkt- und Kettenregel abgeleitet).   ◆

Manchmal wird das Differenzieren einer Funktion einfacher bzw. erst ermöglicht, wenn man die Funktion logarithmiert und dann die Ableitung der logarithmischen Funktion bildet. Da nach der Kettenregel gilt

$$(\ln f(x))' = \frac{1}{f(x)} \cdot f'(x),$$

lässt sich für jede **positive Funktion** $f(x)$ die Ableitung darstellen als

$$f'(x) = f(x) \cdot (\ln f(x))' \qquad \textit{Logarithmische Ableitung.} \qquad (6.26)$$

< 6.9 > a. $f(x) = \dfrac{3x+5}{(x-7)^2} \cdot e^{3x^2},\ x > 7$

$\ln f(x) = \ln(3x+5) - 2 \cdot \ln(x-7) + 3x^2$

$(\ln f(x))' = \dfrac{3}{3x+5} - \dfrac{2}{x-7} + 6x$

$f'(x) = \dfrac{3x+5}{(x-7)^2} e^{3x^2} \left[\dfrac{3}{3x+5} - \dfrac{2}{x-7} + 6x \right]$

$\qquad = \dfrac{1}{(x-7)^3} e^{3x^2} [3(x-7) - 2(3x+5) + 6x(3x+5)(x-7)]$

$\qquad = \dfrac{1}{(x-7)^3} e^{3x^2} [18x^3 - 96x^2 - 213x - 31].$

b. $g(x) = x^{\ln x},\ x > 0$

$\ln g(x) = \ln(x^{\ln x}) \overset{(4.28)}{=} \ln x \cdot \ln x = (\ln x)^2$

$(\ln g(x))' = 2 \cdot \ln x \cdot \dfrac{1}{x}$

$g'(x) = x^{\ln x} \cdot 2 \cdot \ln x \cdot \dfrac{1}{x} = 2 \cdot \ln x \cdot x^{\ln x - 1}$ ◆

Ohne weitere Erläuterungen werden noch die Ableitungen der trigonometrischen Funktionen angegeben:

$$(\sin x)' = \cos x \qquad\qquad x \in \mathbb{R} \qquad\qquad (6.27)$$

$$(\cos x)' = -\sin x \qquad\qquad x \in \mathbb{R} \qquad\qquad (6.28)$$

$$(\tan x)' = \frac{1}{\cos^2 x} \qquad\qquad x \in\,]-\tfrac{\pi}{2}, \tfrac{\pi}{2}[\qquad\qquad (6.29)$$

$$(\cot x)' = -\frac{1}{\sin^2 x} \qquad\qquad x \in\,]0, \pi[\qquad\qquad (6.30)$$

Da wir nun festgestellt haben, dass alle gängigen Funktionen differenzierbar sind und die Bildung der Ableitung jeweils mittels der Ableitungsregeln erfolgen kann, ist die Berechnung des Differentialquotienten als Grenzwert nur noch in den Punkten notwendig, in denen eine gegebene Funktion ihren Funktionstyp ändert.

< 6.10 > Die Funktion $f(x) = \begin{cases} -x+9 & \text{für } x \in [0, 5[\\[2mm] \dfrac{3x-11}{x-4} & \text{für } x \in [5, 8] \end{cases}$

ist als Polynom 1. Grades bzw. als linear gebrochene Funktion mit dem Zentrum (4, 3) differenzierbar in den Intervallen]0, 5[und]5, 8[, und es gilt

$$f'(x) = \begin{cases} -1 & \text{für } x \in\,]0, 5[\\[2mm] \dfrac{3(x-4)-(3x-11)}{(x-4)^2} = \dfrac{-1}{(x-4)^2} & \text{für } x \in\,]5, 8[\end{cases}$$

Da $\quad f'_-(5) = \lim_{h \to 0^+} \dfrac{-(5-h)+9-4}{-h} = \lim_{h \to 0^+} \dfrac{+h}{-h} = -1 \quad$ und

$$f'_+(5) = \lim_{h \to 0^+} \frac{1}{h}\left[\frac{3(5+h)-11}{5+h-4} - 4\right] = \lim_{h \to 0^+} \frac{1}{h}\left[\frac{4+3h}{1+h} - 4\right]$$

$$= \lim_{h \to 0^+} \frac{1}{h} \cdot \frac{-h}{1+h} = \lim_{h \to 0^+} \frac{-1}{1+h} = -1$$

ist f differenzierbar in $x = 5$, und es gilt $f'(5) = -1$. ◆

Die Bildung der einseitigen Differentialquotienten kann umgangen werden, wenn man den nachfolgenden Satz 6.6 berücksichtigt.

Satz 6.6:

Die Funktion $f(x) = \begin{cases} f_1(x) & \text{für } x < x_0 \\ f_2(x) & \text{für } x_0 \leq x \end{cases}$

sei stetig in x_0 und die Funktionen f_1 und f_2 seien in einer Umgebung $U(x_0)$ der Stelle x_0 stetig differenzierbar. Für die Differenzierbarkeit der Funktion f in x_0 ist dann hinreichend und notwendig, dass

$$\lim_{x \to x_0^-} f_1'(x) = \lim_{x \to x_0^+} f_2'(x). \tag{6.31}$$

Diese einseitigen Grenzwerte stellen dann die 1. Ableitung von f in x_0 dar.

Bemerkung:
In Satz 6.6 wird nur die Existenz des Grenzwertes $\lim\limits_{x \to x_0} f'(x)$ überprüft. Den Äquivalenzschluss auf die Existenz eines Differentialquotienten $f'(x_0)$ sichern die Voraussetzungen. Diese sind in Anwendungsfällen zumeist erfüllt, da üblicherweise Funktionen benutzt werden, die beliebig oft differenzierbar und damit nach Satz 6.2 auch stetig differenzierbar sind.

< 6.11 > Die im Beispiel < 6.10 > untersuchte Funktion ist nach Satz 6.6 in $x_0 = 5$ differenzierbar und es gilt $f'(5) = -1$, da

$$\lim_{x \to 5^-} -1 = -1 = \lim_{x \to 5^+} \frac{-1}{(x-4)^2}. \qquad \blacklozenge$$

6.4 Der Mittelwertsatz der Differentialrechnung

Die Ableitung $f'(x)$ ist definitionsgemäß der Grenzwert der „mittleren Steigung" $\dfrac{f(x) - f(x_0)}{x - x_0}$, wenn x gegen x_0 strebt, und gibt daher eine Aussage über das Änderungsverhalten der Funktion f an der Stelle x_0. Kennt man die Ableitung von f für jede Stelle eines Intervalls, so darf man hoffen, Aussagen über das Änderungsverhalten von f in dem ganzen Intervall machen zu können. Die Brücke vom lokalen zum globalen Änderungsverhalten einer Funktion ist der Mittelwertsatz.

Satz 6.7: *(Mittelwertsatz der Differentialrechnung)*

Ist die Funktion f auf dem abgeschlossenen Intervall stetig und im Innern dieses Intervalls differenzierbar, so gibt es mindestens einen Punkt $x_0 \in]a, b[$, so dass

$$f'(x_0) = \frac{f(b) - f(a)}{b - a}. \tag{6.32}$$

Der Mittelwertsatz lässt sich leicht geometrisch interpretieren, vgl. dazu Abb. 6.5. Es muss wenigstens einen Punkt P_0 auf dem Graph der Funktion f geben, in dem die Tangente parallel zur Sekante durch die Punkte $(a, f(a))$ und $(b, f(b))$ verläuft.

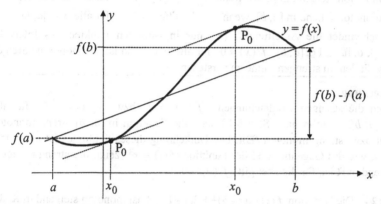

Abb.6.5: Mittelwertsatz der Differentialrechnung

Die nachfolgenden Sätze sind unmittelbare Folgerungen aus dem Mittelwertsatz. Sie zeigen auf, dass eine Funktion wesentlich durch ihre Ableitung bestimmt ist. Zum Beweis dieser Sätze ist lediglich zu beachten, dass nach dem Mittelwertsatz für zwei beliebige Punkte $x_1, x_2 \in]a, b[$ mit $x_1 < x_2$ stets ein $x_0 \in]x_1, x_2[$ existiert, so dass

$$f(x_2) - f(x_1) = f'(x_0)(x_2 - x_1). \tag{6.33}$$

Satz 6.8:

Ist f eine im Intervall $]a, b[$ differenzierbare Funktion und ist $f'(x) = 0$ für alle $x \in]a, b[$, so ist f im Intervall $]a, b[$ konstant.

Satz 6.9:

Sind die Funktionen f und g differenzierbar und ist $f'(x) = g'(x)$ für alle $x \in]a, b[$, so gilt:

$f(x) = g(x) + c$ für alle $x \in]a, b[$, $c \in \mathbb{R}$.

Zum Beweis des Satzes 6.9 ist lediglich zu beachten, dass die Funktion $h(x) = f(x) - g(x)$ die Voraussetzungen des Satzes 6.8 erfüllt, da $h'(x) = 0$ für alle $x \in]a, b[$.

Monotonieverhalten

Satz 6.10:

Ist die Funktion f auf einem Intervall $[a, b]$ stetig und im Innern dieses Intervalls differenzierbar, so ist f genau dann

i. monoton steigend in $[a, b]$, wenn $f'(x) \geq 0$ für alle $x \in]a, b[$;

ii. monoton fallend in $[a, b]$, wenn $f'(x) \leq 0$ für alle $x \in]a, b[$.

Verschwindet die Ableitung $f'(x)$ nur in isolierten Punkten des Intervalls $[a, b]$, d. h. $\not\exists \, I \subseteq [a, b] \mid f'(x) = 0$ für alle $x \in I$, so ist das monotone Steigen bzw. Fallen im strengen Sinne zu verstehen.

Bemerkung:

Gelten die strengen Ungleichungen $f'(x) > 0$ bzw. $f'(x) < 0$ für alle $x \in]a, b[$, so folgt nach Satz 6.10, dass die Funktion in $[a, b]$ streng monoton steigt bzw. streng monoton fällt. Die Umkehrung dieses Schlusses ist aber nicht gültig, wie das Gegenbeispiel der Funktion $f(x) = x^3$ zeigt, die streng monoton steigend in $\mathbf{R}$ ist, für die aber gilt $f'(0) = 0$.

< 6.12 > Die Funktion $f(x) = (x - 5)^3 + 2(x - 1) - 8$ ist monoton steigend in $\mathbf{R}$, da

$$f'(x) = 3(x - 5)^2 + 2 > 0 \quad \text{für alle } x \in \mathbf{R}. \qquad \blacklozenge$$

Relative Extrema

Beschränken wir die Untersuchung der relativen Extrema einer Funktion auf nicht konstante Funktionen, so besitzt eine Funktion f an einer Stelle $\dot{x}_0$ dann ein relatives Maximum, wenn für alle x aus einer beliebig kleinen Umgebung von x_0 die Funktion f streng monoton steigt für $x < x_0$ und streng monoton fällt für $x > x_0$.

Nach Satz 6.10 gilt dann das folgende hinreichende Kriterium zur Ermittlung der relativen Extrema differenzierbarer Funktionen.

Satz 6.11:

Die Funktion f sei in einer Umgebung $U(x_0)$ einer Stelle x_0 stetig und nicht konstant und - eventuell mit Ausnahme der Stelle x_0 selbst - differenzierbar. Dann hat die Funktion f in x_0 dann ein relatives Extremum, wenn ihre Ableitung $f'(x)$ in x_0 das Vorzeichen wechselt.

Gilt in einer Umgebung $U(x_0)$

a. $f'(x) > 0$ für $x < x_0$ und $f'(x) < 0$ für $x > x_0$,
so hat f in x_0 ein relatives Maximum.

b. $f'(x) < 0$ für $x < x_0$ und $f'(x) > 0$ für $x > x_0$,
so hat f in x_0 ein relatives Minimum.

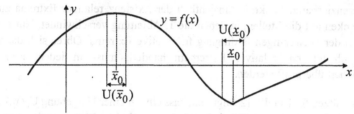

Abb.6.6: Relative Extrema

< 6.13 > **a.** Da für die Funktion $f(x) = 5 - x^2$ gilt
$$f'(x) = -2x > 0 \text{ für } x < 0 \quad \text{und} \quad f'(x) < 0 \text{ für } x > 0,$$
besitzt $f(x) = 5 - x^2$ in $x = 0$ ein relatives Maximum.

b. Da für die Funktion $g(x) = |x|$ gilt
$$g(x) = \begin{cases} -x & \text{für } x < 0 \\ +x & \text{für } x \geq 0 \end{cases}, \qquad g'(x) = \begin{cases} -1 < 0 & \text{für } x < 0 \\ +1 > 0 & \text{für } x > 0 \end{cases},$$
besitzt die Funktion $g(x) = |x|$ in $x_0 = 0$ ein relatives Minimum.   ♦

Betrachten wir nun eine Funktion f, die in x_0 ein relatives Maximum besitzt und in x_0 differenzierbar ist. Dann gibt es eine Umgebung $U(x_0)$, so dass $f(x_0) > f(x)$ für alle $x \in U(x_0)$. Daraus folgt

$$0 \leq \lim_{x \to x_0^-} \frac{f(x) - f(x_0)}{x - x_0} = f'(x_0) = \lim_{x \to x_0^+} \frac{f(x) - f(x_0)}{x - x_0} \leq 0$$

d. h. $f'(x_0) = 0$. Somit gilt

Satz 6.12:
Besitzt die in x_0 differenzierbare Funktion f in x_0 ein relatives Extremum, so folgt $f'(x_0) = 0$.

Da sich die Nullstellen einer Funktion $f'(x)$ i. Allg. leicht berechnen lassen, wird der Satz 6.12 zumeist in der folgenden Form benutzt:

Satz 6.12*:
Für eine in x_0 differenzierbare Funktion f ist notwendig für ein relatives Extremum in x_0, dass gilt $f'(x_0) = 0$.

Bemerkungen:
1. Der Satz 6.12 ist nicht umkehrbar,
   z. B. besitzt die Funktion $f(x) = x^3$ in $x_0 = 0$ **kein** relatives Extremum, obwohl $f'(0) = 3 \cdot 0 = 0$ ist.
2. Der Satz 6.12 erlaubt uns, die Untersuchung einer in einem offenen Intervall differenzierbaren Funktion hinsichtlich der Existenz relativer Extrema zu beschränken auf die Stellen, in denen die 1. Ableitung verschwindet. Nur sie genügen der notwendigen Bedingung für relative Extrema. Ob es sich dann tatsächlich um ein relatives Extremum handelt, muss in jedem Einzelfall gesondert überprüft werden.

Aus den Sätzen 6.11 und 6.12 folgt nun, dass eine in einer Umgebung $U_\delta(x_0)$ einer Stelle x_0 differenzierbare Funktion dann in x_0 ein relatives Maximum hat, wenn

1. $f'(x) > 0$ für $x \in {]}x_0 - \delta, x_0{[}$ mit beliebig kleinem $\delta > 0$;
2. $f'(x_0) = 0$;
3. $f'(x) < 0$ für $x \in {]}x_0, x_0 + \delta{[}$ mit beliebig kleinem $\delta > 0$.

Ist die notwendige Bedingung $f'(x_0) = 0$ erfüllt, so ist für das Erfülltsein der restlichen beiden Bedingungen hinreichend, dass die Funktion f zweimal stetig differenzierbar in x_0 ist mit $f''(x_0) < 0$. Wegen der Stetigkeit von f'' in x_0 existiert dann eine Umgebung von x_0 so, dass für alle x aus dieser Umgebung gilt $f''(x) < 0$. Die nach Satz 6.10 monoton fallende Funktion $f'(x)$ weist dann in dieser Umgebung die gewünschte Vorzeichenverteilung auf.

Satz 6.13:
Ist eine Funktion f an einer Stelle x_0 zweimal stetig differenzierbar, so ist hinreichend für ein

     relatives Minimum in x_0, dass $f'(x_0) = 0$ und $f''(x_0) > 0$,

     relatives Maximum in x_0, dass $f'(x_0) = 0$ und $f''(x_0) < 0$.

Bemerkung:
Die Vorzeichenbedingungen des
Satzes 6.13 sind **nur hinreichend**,
nicht aber notwendig für das Vorliegen eines relativen Extremums in x_0.
So hat die in Abb. 6.7 dargestellte
Funktion $f(x) = x^4$ in $x_0 = 0$ ein
relatives (und absolutes) Minimum,
obwohl neben $f'(0) = 0$ auch
$f''(0) = 0$ gilt.

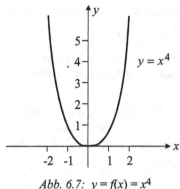

Abb. 6.7: $y = f(x) = x^4$

Krümmungsverhalten

Nach Definition 4.20 auf S. 129 heißt eine Funktion f genau dann *konvex* in einem
Intervall I, wenn für je zwei beliebige Werte x_1, $x_2 \in$ I und jede reelle Zahl
$\lambda \in [0, 1]$ gilt

$$f(x_1 + \lambda(x_2 - x_1)) \le f(x_1) + \lambda(f(x_2) - f(x_1)). \tag{4.1a}$$

Für $\lambda \ne 0$ und $x_1 \ne x_2$ lässt sich (4.1a) umschreiben in

$$\frac{f(x_1 + \lambda(x_2 - x_1)) - f(x_1)}{\lambda(x_2 - x_1)} \cdot (x_2 - x_1) \le f(x_2) - f(x_1). \tag{6.34}$$

Da mit $\lambda \to 0$ auch gilt $\lambda(x_2 - x_1) \to 0$, konvergiert (6.34) für $\lambda \to 0$ gegen die
Ungleichung

$$f'(x_1)(x_2 - x_1) \le f(x_2) - f(x_1). \tag{6.35}$$

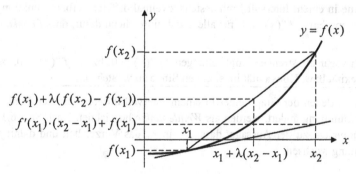

Abb. 6.8: Konvexe Funktion

Schreibt man diese Ungleichung nun in die Form

$$f(x_2) \geq f'(x_1)(x_2 - x_1) + f(x_1), \tag{6.36}$$

so wird eine Eigenschaft konvexer Funktionen evident:
Der Graph einer konvexen Funktion liegt stets **oberhalb ihrer Tangenten**, vgl.
Abb. 6.8.

Sei nun die Funktion f in einem Intervall $]a, b[$ zweimal differenzierbar, so existiert nach dem Mittelwertsatz für zwei beliebige Stellen $x_1, x_2 \in]a, b[$ mit $x_1 < x_2$ eine Stelle $x_0 \in]x_1, x_2[$, so dass

$$f'(x_0)(x_2 - x_1) = f(x_2) - f(x_1).$$

Ist nun $f''(x) \geq 0$ in $]a, b[$, so ist f' eine monoton steigende Funktion.

Daraus folgt $f'(x_1) \leq f'(x_0)$ oder

$$f'(x_1)(x_2 - x_1) \leq f'(x_0)(x_2 - x_1) = f(x_2) - f(x_1)$$

d. h. f ist konvex in $]a, b[$.

Entsprechend hätte die Annahme $f''(x) > 0$ auf die strenge Konvexität von f geführt.

Da analoge Überlegungen auch für konkave Funktionen durchgeführt werden können, gilt der

---

Satz 6.14:

Für eine in einem Intervall I mindestens zweimal differenzierbare Funktion f ist die Eigenschaft $f''(x) \geq 0$ für alle $x \in$ I hinreichend dafür, dass f *konvex* in I ist.

Für eine in einem Intervall I mindestens zweimal differenzierbare Funktion f ist die Eigenschaft $f''(x) \leq 0$ für alle $x \in$ I hinreichend dafür, dass f *konkav* in I ist.

Gelten sogar die strengen Ungleichungen $f''(x) > 0$ bzw. $f''(x) < 0$, so ist Konvexität bzw. Konkavität im strengen Sinne zu verstehen.

Stellen, in denen der Graph einer in einem Intervall differenzierbaren Funktion f seine Krümmung ändert, werden als *Wendepunkte* bezeichnet. Nach Satz 6.11 ist dies äquivalent zu der Aussage, dass f'' in x_w das Vorzeichen und damit f die Krümmung wechselt.

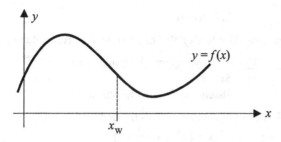

Abb. 6.9: Wendepunkt

Definition 6.8:
Man sagt, die mindestens einmal differenzierbare Funktion f besitzt in x_W einen *Wendepunkt*, wenn f' in x_W ein relatives Extremum hat.

Ist die Funktion f in x_W zweimal differenzierbar, so ist nach Satz 6.12 notwendig für einen Wendepunkt in x_W, dass $f''(x_W) = 0$. Nach Satz 6.13 ist dann hinreichend für das Vorliegen eines Wendepunktes in x_W, dass zusätzlich für eine in x_W dreimal stetig differenzierbare Funktion gilt: $f'''(x_W) \neq 0$.

6.5 Anwendungen der Differentialrechnung

Kurvendiskussion

Die aus dem Mittelwertsatz der Differentialrechnung abgeleiteten Sätze über Monotonie, Krümmungsverhalten, relative Extrema und Wendepunkte zeigen, dass eine differenzierbare Funktion weitgehend durch ihre erste und ihre zweite Ableitung charakterisiert wird. Kennt man daher die Nullstellen und das Vorzeichenverhalten einer Funktion f sowie ihrer ersten und zweiten Ableitungen f' und f'', so kann der Kurvenverlauf hinreichend genau skizziert werden, wenn man noch zusätzlich das Verhalten der Funktion an den Enden der Definitionsmengen untersucht. Anhand zweier spezieller Funktionen soll nachfolgend beispielhaft gezeigt werden, wie man eine Kurvendiskussion systematisch durchführen kann. Die Nullstellen der Funktion f selbst und die 3. Ableitung f''' sind nur dann zu bilden, wenn der dazu benötigte Rechenaufwand gering ist.

< 6.14 > $f(x) = x^3 + 2x^2 - 5x - 6$

a. Definitionsmenge: $D = \mathbf{R}$, da f als Polynom für alle reellen Zahlen definiert ist.

b. Nullstellen und Vorzeichenverteilung der Funktionen f, f', f''

α. $f(x) = x^3 + 2x^2 - 5x - 6 = 0$

Erraten wir die Nullstelle $x_1 = -1$, so folgen aus

$$(x^3 + 2x^2 - 5x - 6) : (x + 1) = x^2 + x - 6 \quad \text{und}$$

$$x^2 + x - 6 = 0 \quad \Leftrightarrow \quad (x + \tfrac{1}{2})^2 = 6 + \tfrac{1}{4} = \tfrac{25}{4}$$

die beiden anderen Nullstellen $x_2 = 2$ und $x_3 = -3$.

β. $f'(x) = 3x^2 + 4x - 5 = 0 \quad \Leftrightarrow \quad (x + \tfrac{2}{3})^2 = \tfrac{5}{3} + \tfrac{4}{9} = \tfrac{19}{9}$

$\Leftrightarrow \quad x_4 = -\tfrac{2}{3} + \tfrac{1}{3}\sqrt{19} \approx 0{,}79 \quad \text{oder} \quad x_5 = -\tfrac{2}{3} - \tfrac{1}{3}\sqrt{19} \approx -2{,}12$.

γ. $f''(x) = 6x + 4 = 0 \quad \Leftrightarrow \quad x_6 = -\tfrac{2}{3}$

δ. $f'''(x) = 6 > 0$.

Die gewonnenen Daten tragen wir in ein *Variationsdiagramm* ein.

Tab. 6.1: Variationsdiagramm der Funktion $f(x) = x^3 + 2x^2 - 5x - 6$

x	$-\infty$		-3	x_5		-1	$-\tfrac{2}{3}$	0	x_4		2	$+\infty$
f	$-\infty$	-	0		+	0	-			-	0	+	$+\infty$
f'			+	0		-			0		+	
f''						-	0		+			
f'''						-		+				

Die Vorzeichenfolge bestimmt man in der Reihenfolge f''', f'', f', f, indem man beachtet, dass $f^{(m)}$ die Steigung von $f^{(m-1)}$ beschreibt, $m = 3, 2, 1$. So gibt beispielsweise f''' die Steigung der Funktion f'' an, die in $x = -\tfrac{2}{3}$ eine Nullstelle hat. Da f''' und damit die Steigung von f'' in $\mathbf{R}$ positiv ist, nimmt f'' in $]-\infty, -\tfrac{2}{3}[$ negative und in $]-\tfrac{2}{3}, +\infty[$ positive Funktionswerte an; wie dies in den Vorzeichen der f''-Zeile zum Ausdruck kommt. Die Vorzeichen der übrigen Zeilen des Variationsdiagramms ergeben sich analog.

c. Aus dem Variationsdiagramm lässt sich nun - mit Hilfe der Sätze 6.10 bis 6.14 - ablesen, dass die Funktion f

1. an der Stelle $x_6 = -\frac{2}{3}$ einen Wendepunkt hat,

$$f(-\tfrac{2}{3}) = -\tfrac{56}{27} \approx -2{,}07 \,,$$

2. in $]-\infty, -\frac{2}{3}]$ konkav und in $[-\frac{2}{3}, +\infty[$ konvex ist,

3. in $x_5 = -\frac{2}{3} - \frac{1}{3}\sqrt{19}$ ein relatives Maximum hat, $f(x_5) \approx 4{,}06$,

4. in $x_4 = -\frac{2}{3} + \frac{1}{3}\sqrt{19}$ ein relatives Minimum hat, $f(x_4) \approx -8{,}2$,

5. in $]-\infty, -\frac{2}{3} - \frac{1}{3}\sqrt{19}]$ und in $[-\frac{2}{3} + \frac{1}{3}\sqrt{19}, +\infty[$ streng monoton steigend und in $[-\frac{2}{3} - \frac{1}{3}\sqrt{19}, -\frac{2}{3} + \frac{1}{3}\sqrt{19}]$ streng monoton fallend ist.

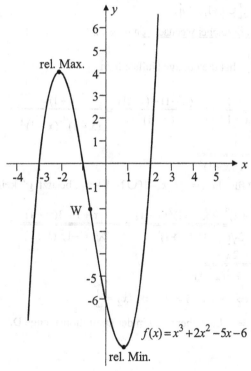

$$f(x) = x^3 + 2x^2 - 5x - 6$$

Abb. 6.10: $y = f(x) = x^3 + 2x^2 - 5x - 6$

d. Tragen wir in das Diagramm noch das Verhalten der Funktion f an den Grenzen der Definitionsmenge ein,

$$\lim_{x \to -\infty} f(x) = \lim_{x \to -\infty} x^3(1 + \frac{2}{x} - \frac{5}{x^2} - \frac{6}{x^3}) = -\infty,$$

$$\lim_{x \to +\infty} f(x) = \lim_{x \to +\infty} x^3(1 + \frac{2}{x} - \frac{5}{x^2} - \frac{6}{x^3}) = +\infty,$$

und errechnen wir nach Bedarf noch weitere Punktepaare der Funktion, so können wir ihren Graph gut skizzieren, vgl. Abb. 6.10.   ◆

< **6.15** > $g: x \mapsto \sqrt{\dfrac{x-1}{x+1}}$

a. Definitionsmenge: g ist definiert für alle $x \in \mathbf{R}$, für die $\dfrac{x-1}{x+1} \geq 0$,

d.h. $D = \,]-\infty, -1[\, \cup \, [+1, +\infty[$.

b. Nullstellen und Vorzeichenwechsel von g, g', g''

α. $g(x) = \sqrt{\dfrac{x-1}{x+1}}$ hat die einzige Nullstelle in $x_1 = 1$.

β. $g'(x) = \dfrac{1}{2} \cdot \left(\dfrac{x-1}{x+1}\right)^{-\frac{1}{2}} \cdot \dfrac{(x+1) - (x-1)}{(x+1)^2} = \dfrac{(x+1)^{\frac{1}{2}}}{(x-1)^{\frac{1}{2}}(x+1)^2}$

$\qquad = \dfrac{1}{\sqrt{(x-1)(x+1)^3}}$

Da $g'(x) > 0$ für alle $x \in \,]-\infty, -1[\, \cup \,]+1, +\infty[$, besitzt g' keine Nullstelle.

γ. $g''(x) = -\dfrac{(x+1)^3 + 3(x+1)^2(x-1)}{2\sqrt{(x-1)^3(x+1)^9}} = -\dfrac{x+1+3(x-1)}{2\sqrt{(x-1)^3(x+1)^5}}$

$\qquad = \dfrac{-2x+1}{\sqrt{(x-1)^3(x+1)^5}}$

$g''(x) = 0 \quad \Leftrightarrow \quad -2x+1 = 0 \quad \Leftrightarrow \quad x_2 = \frac{1}{2}$

Die Stelle $x_2 = \frac{1}{2}$ liegt aber nicht in der Definitionsmenge D.

Tab. 6.2: Variationsdiagramm der Funktion $g(x) = \sqrt{\dfrac{x-1}{x+1}}$

x	$-\infty$		-3	-2	-1	$+1$	2	3	$+\infty$
g	1	$+$	$\sqrt{2}$	$\sqrt{3}$		0	$\sqrt{\frac{1}{3}}$	$\sqrt{\frac{1}{2}}$ $+$	1
g'	$+$					$+\infty$		$+$	
g''	$+$							$-$	

c. Aus dem Variationsdiagramm lässt sich ablesen, dass

1. g konvex in $]-\infty, -1[$ und konkav in $[+1, +\infty[$ ist,
2. g monoton steigt in $]-\infty, -1[$ und in $[+1, +\infty[$,
3. g weder ein relatives Extremum noch einen Wendepunkt besitzt.

d. <u>Verhalten an den Grenzen der Definitionsmenge, Asymptote</u>

Da $g(x) = \sqrt{\dfrac{x-1}{x+1}} = \sqrt{\dfrac{x+1-2}{x+1}} = \sqrt{1 - \dfrac{2}{x+1}} \xrightarrow[x \to \pm\infty]{} 1,$

hat die Funktion g sowohl für $x \to -\infty$ als auch für $x \to +\infty$ die Parallele zur x-Achse $y = k(x) = 1$ als Asymptote.

Da für $x < -1$ gilt $\sqrt{1 - \dfrac{2}{x+1}} - 1 > 0$, nähert sich der Graph von g im Intervall $]-\infty, -1[$ von oben der Parallele zur x-Achse.

Da für $x > +1$ gilt $\sqrt{1 - \dfrac{2}{x+1}} - 1 < 0$, nähert sich der Graph von g im Intervall $[+1, +\infty[$ von unten der Asymptote $k(x) = 1$.

Da $\displaystyle\lim_{x \to -1^-} g(x) = \lim_{h \to 0^+} \sqrt{\dfrac{(-1-h)-1}{(-1-h)+1}} = \lim_{h \to 0^+} \sqrt{\dfrac{-2-h}{-h}} = +\infty,$

hat g in $x = -1$ eine einseitige Polstelle.

Da $\displaystyle\lim_{x \to 1^+} g'(x) = \lim_{h \to 0^+} \dfrac{1}{\sqrt{(1+h-1)(1+h+1)^3}} = +\infty,$

hat g in $x = +1$ eine „senkrechte Tangente".

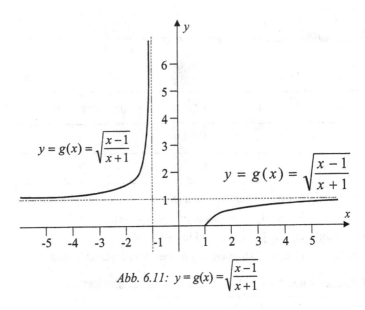

$$Abb.\ 6.11:\ y = g(x) = \sqrt{\frac{x-1}{x+1}}$$ ♦

Gewinnmaximum

Als Unternehmensziel wird in der Literatur i. Allg. weder die Durchschnittskostenminimierung noch die Erlösmaximierung angesehen, sondern man unterstellt zumeist die Maximierung des Gewinns.

Der Gewinn G ist dabei definiert als die Differenz aus dem Erlös E und den Kosten K, wobei alle diese Größen Funktionen des Produktionsoutputs x sind, d. h.

$$G(x) = E(x) - K(x) \quad \text{für } x \geq 0. \tag{6.37}$$

Sind die Erlösfunktion und die Kostenfunktion differenzierbare Funktionen, dann hat die ebenfalls differenzierbare Gewinnfunktion an einer Stelle $x_0 > 0$ höchstens dann ein relatives Extremum, wenn gilt

$$G'(x_0) = E'(x_0) - K'(x_0) = 0, \tag{6.38}$$

d. h. **notwendig für ein Gewinnmaximum** an einer Stelle $x_0 > 0$ ist, dass dort der *Grenzerlös gleich den Grenzkosten* ist.

Hinreichend für ein relatives Gewinnmaximum an einer Stelle x_0 ist, dass neben $G'(x_0) = 0$ gilt

$$G''(x_0) = (E'(x_0) - K'(x_0))' = E''(x_0) - K''(x_0) < 0, \tag{6.39}$$

d. h. die Differenz aus Grenzerlös und Grenzkosten, der *Grenzgewinn*, muss in einer Umgebung der Stelle x_0 streng monoton fallen.

a. Gewinnmaximum eines Monopolisten

Steht ein Monopolist dem Markt gegenüber, so kann er durch den von ihm geforderten Preis p die Nachfrage und damit seinen Absatz steuern. Die Nachfragefunktion $x = x(p)$ bzw. $p = p(x)$, vgl. S. 114f, wird daher auch als *Preis-Absatz-Funktion* bezeichnet. Unterstellt man, dass der Monopolist gerade so viel produziert, wie er zu dem von ihm festgelegten Preis p absetzen kann, so bestimmt sich sein Gewinnmaximum nach den Bedingungen (6.38) und (6.39). Die so bestimmte Menge x_C wird COURNOTsche *Menge* und der zugehörige Preis $p = p(x_C)$ COURNOTscher *Preis* genannt. Der Punkt C = (x_C, p_C) wird als COURNOTscher *Punkt* bezeichnet.

Als Beispiel betrachten wir einen Monopolisten mit einer Preis-Absatzrelation

$$p(x) = 20 - 2x$$

und einer Kostenfunktion

$$K(x) = \frac{5}{2} x + 30.$$

Seine Erlösfunktion ist dann

$$E(x) = (20 - 2x){\cdot}x$$
$$= 20x - 2x^2.$$

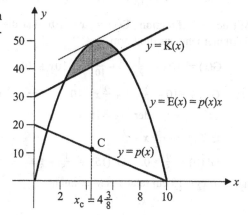

Abb.6.12: COURNOT*scher Punkt*
$$C = (x_C, p_C) = (4\tfrac{3}{8}, 11\tfrac{1}{4})$$

b. Gewinnmaximum bei vollständiger Konkurrenz

Im Marktmodell *vollständiger Konkurrenz* wird unterstellt, dass kein Anbieter durch Änderung seines Angebots den Marktpreis beeinflussen kann. Der Preis p ist daher für jeden einzelnen Anbieter eine vom Markt vorgegebene feste Größe, so dass seine Erlösfunktion die einfache Form hat

$$E(x) = p{\cdot}x, \quad p = \text{konstant}.$$

Die Bedingungen (6.38) und (6.39) vereinfachen sich dann zu

$$G'(x_0) = p - K'(x_0) \qquad \Leftrightarrow \qquad K'(x_0) = p \quad \text{und} \qquad (6.38a)$$

$$G''(x_0) = -K''(x_0) < 0 \qquad \Leftrightarrow \qquad K''(x_0) > 0, \qquad (6.39a)$$

d. h. hinreichend für ein relatives Gewinnmaximum in x_0 bei vollständiger Konkurrenz ist, dass die Grenzkosten gleich dem Marktpreis sind und monoton steigen. Bei vollständiger Konkurrenz ist daher für ein Gewinn maximierendes Unternehmen die herzustellende und anzubietende Menge eine Funktion des Marktpreises. Diese *Angebotsfunktion* erhält man durch Auflösung der Gleichung (6.38a) nach x, wobei nur die x-Werte zu berücksichtigen sind, die auch der Bedingung (6.39a) genügen.

< **6.16** > Betrachten wir die s-förmige Kostenfunktion in Abb. 6.13:

$$K(x) = \frac{1}{25}x^3 - \frac{9}{10}x^2 + 10x + 10 \quad \text{für } x \geq 0.$$

Mit der Erlösfunktion $E(x) = px = 10x$ hat die Gewinnfunktion dieses Einproduktunternehmens die Form

$$G(x) = 10x - (\frac{1}{25}x^3 - \frac{9}{10}x^2 + 10x + 10).$$

Da $\quad G'(x) = 10 - \frac{3}{25}x^2 + \frac{9}{5}x - 10 = 0 \quad \Leftrightarrow \quad \frac{3}{5}x(-\frac{x}{5} + 3) = 0$

$\Leftrightarrow \quad x_1 = 0 \text{ oder } x_2 = 15$

$G''(x) = -\frac{6}{25}x + \frac{9}{5}$

$G''(0) = \frac{9}{5} > 0, \quad G''(15) = -\frac{18}{5} + \frac{9}{5} = -\frac{9}{5} < 0,$

hat G in $x_2 = 15$ ein relatives Maximum.

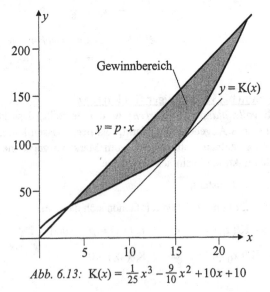

Abb. 6.13: $K(x) = \frac{1}{25}x^3 - \frac{9}{10}x^2 + 10x + 10$

In $x_2 = 15$ liegt auch das absolute Gewinnmaximum, denn $G(15) = \frac{115}{2}$ ist größer als die Gewinnwerte an den Enden des Definitionsintervalls $G(0) = -10$ und $\lim\limits_{x \to +\infty} G(x) = -\infty$.

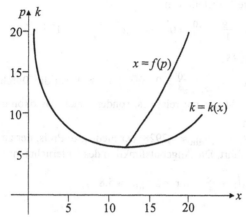

Abb. 6.14: *Angebotsfunktion* $x = f(p) = \frac{15}{2} + \frac{5}{\sqrt{3}}\sqrt{p - \frac{13}{4}}$

Durchschnittskosten $k(x) = \frac{1}{25}x^2 - \frac{9}{10}x + 10 + \frac{10}{x}$

Zur Berechnung der Angebotsfunktion dieses Unternehmens lösen wir die Gleichung (6.38a) nach x auf.

$$p - \frac{3}{25}x^2 + \frac{9}{5}x - 10 = 0 \quad \Leftrightarrow \quad x^2 - 15x = \frac{25}{3}(p - 10)$$

$$\Leftrightarrow \quad (x - \frac{15}{2})^2 = \frac{25}{3}(p - 10) + \frac{225}{4} = \frac{25}{3}(p - \frac{13}{4})$$

$$\Leftrightarrow \quad x = \frac{15}{2} \pm \frac{5}{\sqrt{3}}\sqrt{p - \frac{13}{4}} \quad \text{für} \quad p > \frac{13}{4}.$$

Da nur für $x > \frac{15}{2}$ auch die Bedingung (6.39a) erfüllt ist, kommt als Angebotsfunktion lediglich die Funktion

$$x = f(p) = \frac{15}{2} + \frac{5}{\sqrt{3}}\sqrt{p - \frac{13}{4}} \quad \text{mit} \quad p > \frac{13}{4} \quad \text{in Frage.}$$

Für das Unternehmen lohnt sich bei vorgegebenem Marktpreis p die Produktion dieses Gutes nur, wenn für wenigstens eine Ausbringung x der Erlös die Kosten deckt, d. h. es muss hier wenigstens ein $x > 0$ geben mit:

$$E(x) - K(x) = p \cdot x - K(x) \geq 0 \quad \Leftrightarrow \quad p \geq \frac{K(x)}{x} = k(x).$$

Gesucht sind somit die minimalen Stückkosten

$$\operatorname*{Min}_{x>0} k(x) = \operatorname*{Min}_{x>0}(\tfrac{1}{25}x^2 - \tfrac{9}{10}x + 10 + \tfrac{10}{x}).$$

Die einzige positive Nullstelle von

$$k'(x) = \tfrac{2}{25}x - \tfrac{9}{10} - \tfrac{10}{x^2} = 0 \quad \Leftrightarrow \quad x^3 - \tfrac{45}{4}x^2 - 125 = 0$$

liegt bei $x_3 \approx 12{,}1035$.

Da außerdem $k''(x) = \tfrac{2}{25} + \tfrac{20}{x^3} > 0$ für alle $x > 0$, hat die Durchschnittskosten-funktion k in x_3 nicht nur ein relatives, sondern auch das ökonomisch relevante absolute Minimum.

Da $k(x_3) \approx 5{,}7928$, ist $p_{\text{Min}} \approx 5{,}7928$ der niedrigste Preis, der zu einer Deckung der Gesamtkosten führt. Die Angebotsfunktion des Unternehmens ist daher

$$x = \tfrac{15}{2} + \tfrac{5}{\sqrt{3}}\sqrt{p - \tfrac{13}{4}} \quad \text{für } p \ge p_{\text{Min}} \approx 5{,}8. \qquad \blacklozenge$$

Elastizität

Betrachten wir nun eine Preisabsatzfunktion $x = x(p)$, so bewirkt eine Änderung des Preises um Δp eine Änderung der Nachfrage um

$$\Delta x = x(p + \Delta p) - x(p).$$

Den Grenzwert $\quad \lim\limits_{\Delta p \to 0} \dfrac{\Delta x}{\Delta p} = x'(p) \quad$ bezeichnet man als *Grenznachfrage* oder *Grenzabsatz*.

In vielen Anwendungsfällen ist es aber aussagekräftiger, anstelle der absoluten Änderungen Δp und Δx die entsprechenden *relativen Änderungen* $\dfrac{\Delta p}{p}$ und $\dfrac{\Delta x}{x}$

bzw. speziell die *prozentualen Änderungen* $\dfrac{\Delta p}{p} \cdot 100\%$ und $\dfrac{\Delta x}{x} \cdot 100\%$ zu

betrachten. Man beachte z. B., dass sowohl eine Preisänderung von 1,-- auf 2,-- € als auch eine von 1.000,-- auf 1.001,-- € dieselbe absolute Änderung $\Delta p = 1{,}-- €$ darstellt. Die prozentuale Änderung beträgt dagegen im ersten Fall 100%, im zweiten Fall nur 0,1%.

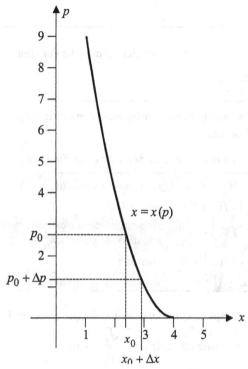

Abb. 6.15: $x = x(p) = 4 - \sqrt{p}$

Den Grenzwert des Quotienten der relativen Änderungen

$$\frac{\frac{\Delta x}{x} \cdot 100}{\frac{\Delta p}{p} \cdot 100} = \frac{\frac{\Delta x}{x}}{\frac{\Delta p}{p}} = \frac{p}{x} \cdot \frac{\Delta x}{\Delta p} \xrightarrow{\Delta p \to 0} \frac{p}{x} \cdot x' = \mathcal{E}x(p)$$

bezeichnet man als *Preiselastizität der Nachfrage in Bezug auf den Preis* oder als *Absatzelastizität*. Sie gibt „ungefähr" an, um wie viel Prozent sich die Nachfrage nach diesem Gut ändert, wenn sich der Preis um 1% ändert.

< 6.17 > Die Absatzelastizität der Preis-Absatzfunktion

$$x = x(p) = 4 - \sqrt{p} \quad \text{ist gleich} \quad \mathcal{E}x(p) = \frac{p}{4 - \sqrt{p}} \cdot \frac{-1}{2\sqrt{p}} = \frac{\sqrt{p}}{2\sqrt{p} - 8}.$$

Speziell ist für $p = 4$ die Elastizität gleich $\frac{2}{2 \cdot 2 - 8} = -\frac{1}{2}$, d. h. wenn von $p = 4$ aus der Preis um 1% erhöht wird, sinkt die Nachfrage um 0,5%. ◆

Allgemein gilt die

Definition 6.9:

Als *Elastizität* einer Funktion $f(x)$ bezeichnet man die Funktion

$$\mathcal{E}f(x) = \frac{x}{f(x)} \cdot f'(x). \qquad\qquad (6.40)$$

In den Wirtschaftswissenschaften unterscheidet man die folgenden *Elastizitäts-bereiche* von Funktionen:

Tab. 6.3: Bezeichnung der Elastizitätsbereiche einer Funktion f

$\mathcal{E}f(x) = 0$	*vollkommen unelastisch*
$0 < |\mathcal{E}f(x)| < 1$	*unelastisch*
$|\mathcal{E}f(x)| = 1$	*Grenze zwischen elastischem und unelastischem Bereich*
$1 < |\mathcal{E}f(x)| < \infty$	*elastisch*
$|\mathcal{E}f(x)| = \infty$	*vollkommen elastisch*

< 6.18 > Die Nachfragefunktion $x = x(p) = 4 - \sqrt{p}$ mit der Definitionsmenge

$D = [0, 16]$ und der Elastizität $\mathcal{E}x(p) = \dfrac{\sqrt{p}}{2\sqrt{p} - 8}$ ist

a. vollkommen unelastisch in $p = 0$,

b. unelastisch in $0 < p < \frac{64}{9}$,

c. elastisch in $\frac{64}{9} < p < 16$.

In $p = \frac{64}{9}$ liegt die Grenze zwischen elastischem und unelastischem Bereich. ◆

6.6 Approximation von Funktionen

In Abschnitt 6.1 hatten wir gesehen, dass eine differenzierbare Funktion f in der Umgebung einer Stelle x_0 in erster Näherung durch ihre Tangente

$$P_1(x) = f'(x_0)(x - x_0) + f(x_0)$$

approximiert werden kann.

Wird diese Näherung im Betrachtungsintervall $U(x_0)$ als nicht ausreichend angesehen, so kann man versuchen, die Funktion f durch Polynome höherer Ordnung zu approximieren. Dabei ist es zweckmäßig, die nachfolgende Darstellungsform

$$P_n(x) = A_n(x-x_0)^n + A_{n-1}(x-x_0)^{n-1} + \cdots + A_1(x-x_0) + A_0, \qquad (6.41)$$

mit $A_0, A_1, \ldots, A_n \in \mathbf{R}$, $A_n \neq 0$

zu verwenden, bei der das Näherungspolynom P_n *um die Stelle x_0 entwickelt* ist. Hierbei wird man die Anforderungen an die Näherungspolynome erhöhen und verlangen, dass neben dem gemeinsamen Punkt $(x_0, f(x_0))$ und der gleichen 1. Ableitung an der Stelle x_0 auch die Ableitungen höherer Ordnung von f und dem Näherungspolynom in x_0 übereinstimmen.

Für ein Näherungspolynom n-ten Grades $P_n(x)$ sind daher die Koeffizienten $A_0, A_1, \ldots, A_n$ so zu bestimmen, dass sie für $x = x_0$ dem nachfolgenden Gleichungssystem genügen:

$$f^{(i)}(x_0) = P_n^{(i)}(x_0), \quad i = 0, 1, \ldots, n. \qquad (6.42)$$

Da

$$P_n'(x) = nA_n(x-x_0)^{n-1} + (n-1)A_{n-1}(x-x_0)^{n-2} + \cdots + 2A_2(x-x_0) + A_1,$$

$$P_n''(x) = n(n-1)A_n(x-x_0)^{n-2} + (n-1)(n-2)A_{n-1}(x-x_0)^{n-3} + \cdots + 2A_2,$$

$$\cdots\cdots\cdots\cdots\cdots$$

$$P_n^{(n-1)}(x) = n(n-1)\cdots 2 \cdot A_n(x-x_0) + (n-1)(n-2)\cdots 1 \cdot A_{n-1},$$

$$P_n^{(n)}(x) = n(n-1)\cdots 2 \cdot 1 \cdot A_n,$$

lässt sich das Gleichungssystem (6.42) schreiben als

$$f^{(i)}(x_0) = i! \cdot A_i, \quad i = 0, 1, \ldots, n,$$

d. h. die Koeffizienten A_i des Näherungspolynoms n-ten Grades sind gleich

$$A_i = \frac{f^{(i)}(x_0)}{i!}, \quad i = 0, 1, \ldots, n \qquad (6.43)$$

zu wählen, so dass das Näherungspolynom die Form

$$P_n(x) = f(x_0) + \sum_{i=1}^{n} \frac{f^{(i)}(x_0)}{i!}(x-x_0)^i \qquad (6.44)$$

aufweist.

< 6.19 > Soll die Exponentialfunktion $f(x) = e^x$ in der Umgebung von $x_0 = 1$ durch ein Polynom 3. Grades approximiert werden, so hat nach Formel (6.44) dieses Näherungspolynom die Funktionsgleichung

$$P_3(x) = e^1 + \frac{e^1}{1!}(x-1)^1 + \frac{e^1}{2!}(x-1)^2 + \frac{e^1}{3!}(x-1)^3$$

$$= e[1 + (x-1) + \frac{1}{2}(x^2 - 2x + 1) + \frac{1}{6}(x^3 - 3x^2 + 3x - 1)]$$

$$= \frac{e}{6}(x^3 + 3x + 2).$$ ♦

Eine Aussage über die *Güte der Approximation*, die gemessen werden kann durch die maximale Fehlerdifferenz zwischen den Funktionswerten von f und P_n auf dem relevanten Intervall $U(x_0)$,

$$\underset{x \in U(x_0)}{\text{Max}} (f(x) - P_n(x)),$$

erlaubt der

Satz 6.15: *(Satz von* TAYLOR *(1685-1731))*
Ist eine Funktion $f(x)$ $(n+1)$-mal differenzierbar in einem Intervall $]a, b[$, so existiert für beliebige Argumente $x_0, x \in]a, b[$ eine Zahl x_1 mit $x_0 < x_1 < x$ bzw. $x < x_1 < x_0$, so dass

$$f(x) = \sum_{i=0}^{n} \frac{f^{(i)}(x_0)}{i!} \cdot (x - x_0)^i + \frac{f^{(n+1)}(x_1)}{(n+1)!}(x - x_0)^{n+1}. \qquad (6.45)$$

Das Polynom

$$P_n(x) = \sum_{i=0}^{n} \frac{f^{(i)}(x_0)}{i!}(x - x_0)^i \qquad (6.44)$$

wird *n*-tes TAYLOR*polynom* von f an der Stelle x_0 genannt, während die Fehlerdifferenz

$$R_n(x) = \frac{f^{(n+1)}(x_1)}{(n+1)!}(x - x_0)^{n+1} \qquad (6.46)$$

als LAGRANGE*sches Restglied der* TAYLOR*schen Formel* (6.45) bezeichnet wird.

< 6.20 >

a. Als Näherungsfunktion für die Exponentialfunktion $f(x) = e^x$ im Intervall $[0, 1]$ werde ein Polynom 4. Grades verwendet, das um die Stelle $x_0 = 0$ entwickelt ist

$$P_4(x) = \sum_{i=0}^{4} \frac{f^{(i)}(x_0)}{i!}(x-0)^i = 1 + x + \frac{x^2}{2} + \frac{x^3}{6} + \frac{x^4}{24}.$$

Das nach Formel (6.46) errechnete Restglied hat die Form

$$R_4(x) = \frac{e^{x_1}}{5!}x^5 \quad \text{mit } x_1 \in \,]0, 1[.$$

Da e^x eine monoton steigende Funktion ist, wird das Restglied am größten, wenn $x = 1$ gesetzt wird und x_1 gegen 1 strebt.
Nehmen wir die Fehlerabschätzung nach oben für $x_1 = 1$ vor, so gilt

$$\left|R_4(1)\right| \le \frac{e^1}{5!} \cdot 1^5 < \frac{3}{5!} = 0,025.$$

Der mittels $P_4(x)$ errechnete Näherungswert für e^x ist im Intervall $[0, 1]$ mindestens auf eine Stelle hinter dem Komma genau.

b. Für die Exponentialfunktion $f(x) = e^x$ soll nun im Intervall $[0, 1]$ ein um $x_0 = 0$ entwickeltes Polynom $P_n(x)$ so angegeben werden, dass für die Fehlerdifferenz gilt

$$\underset{x}{\text{Max}}\, R_n(x) < 10^{-5}.$$

Nach der TAYLORschen Formel gilt für ein $x \in \,]0, 1[$

$$e^x = 1 + x + \frac{x^2}{2!} + \cdots + \frac{x^n}{n!} + \frac{x^{n+1}}{(n+1)!}e^{x_1}.$$

Das Restglied $R_n(x) = \dfrac{x^{n+1}}{(n+1)!}e^{x_1}$ wird am größten, wenn $x = 1$ gesetzt wird und x_1 gegen 1 strebt

$$\left|R_n(1)\right| \le \frac{1}{(n+1)!}e^1 < \frac{3}{(n+1)!}.$$

Da $9! = 362.880 > 3 \cdot 10^5$, ist für $n = 8$ die Bedingung $\left| R_8(1) \right| < 10^{-5}$ erfüllt,

d. h. das TAYLOR-Polynom $P_8(x) = \sum\limits_{i=0}^{8} \dfrac{x^i}{i!}$ gibt im Intervall $[0, 1]$ die Expo-

nentialfunktion e^x mit gewünschter Genauigkeit wieder.   ♦

Beachten wir die Größenordnungen der Potenzen $(x - x_0)^n$, wenn x sich x_0 nähert,

Tab. 6.4: Potenzen $(x - x_0)^n$

$x - x_0$	$(x - x_0)^2$	$(x - x_0)^3$	$(x - x_0)^4$	$(x - x_0)^5$
$0{,}1 = 10^{-1}$	10^{-2}	10^{-3}	10^{-4}	10^{-5}
$0{,}01 = 10^{-2}$	10^{-4}	10^{-6}	10^{-8}	10^{-10}
$0{,}001 = 10^{-3}$	10^{-6}	10^{-9}	10^{-12}	10^{-15}

so erkennen wir, dass in einer genügend kleinen Umgebung von x die Potenz $(x - x_0)^{n+1}$ gegenüber der Potenz $(x - x_0)^n$ vernachlässigt werden kann für alle $n = 0, 1, 2, \ldots$.

Betrachten wir nun eine in der Umgebung einer Stelle x_0 beliebig oft differenzierbare Funktion f, deren Ableitung in x_0 verschwindet.
Nach dem Satz von TAYLOR lässt sich f darstellen als

$$f(x) = f(x_0) + f'(x_0)(x - x_0) + \frac{1}{2} f''(x_0)(x - x_0)^2$$

$$+ \sum_{i=3}^{n} \frac{f^{(i)}(x_0)}{i!} (x - x_0)^i + R_n(x).$$

Da $f'(x_0) = 0$ und in einer genügend kleinen Umgebung von x_0 Potenzen $(x - x_0)^n$ mit $n \geq 3$ vernachlässigt werden können, gibt das Vorzeichen von $f''(x_0)$ den Ausschlag, ob f in x_0 ein relatives Maximum oder ein relatives Minimum aufweist, wie dies auch in Satz 6.13 zum Ausdruck kommt. Ist aber $f''(x_0) = 0$, so gibt die nächst höhere, von Null verschiedene Ableitung an der Stelle x_0 den Ausschlag, ob ein relatives Extremum in x_0 vorliegt und von welcher Art es ist.

Satz 6.16: *(Ergänzung zu Satz 6.13)*

Gilt für eine genügend oft stetig differenzierbare Funktion

$$f'(x_0) = 0 \quad \text{und} \quad f''(x_0) = 0,$$

so bilde man die Ableitungen höherer Ordnung an der Stelle x_0 so lange, bis $f^{(n)}(x_0) \neq 0$ ist.

a. Ist n gerade und $f^{(n)}(x_0) > 0$, so hat f in x_0 ein relatives Minimum.

b. Ist n gerade und $f^{(n)}(x_0) < 0$, so hat f in x_0 ein relatives Maximum.

c. Ist n ungerade, so hat f in x_0 kein relatives Extremum, es liegt ein *Sattelpunkt* vor.

< 6.21 > **a.** $f(x) = x^3$

$\quad f'(x) = 3x^2 = 0 \quad \Leftrightarrow \quad x = 0$

$\quad f''(x) = 6x \qquad\qquad f''(0) = 0$

$\quad f'''(x) = 6 \qquad\qquad\; f'''(0) = 6 \neq 0$

d. h. $f(x) = x^3$ hat in $x = 0$ kein relatives Extremum.

b. $f(x) = x^4$

$\quad f'(x) = 4x^3 = 0 \quad \Leftrightarrow \quad x = 0$

$\quad f''(x) = 12x^2 \qquad\qquad f''(0) = 0$

$\quad f'''(x) = 24x \qquad\qquad\; f'''(0) = 0$

$\quad f^{(4)}(x) = 24 \qquad\qquad f^{(4)}(0) = 24 > 0$

d. h. $f(x) = x^4$ hat in $x = 0$ ein relatives Minimum.   ◆

6.7 Die Regel von DE L'HOSPITAL

Die Bestimmung des Grenzwertes $\displaystyle \lim_{x \to x_0} \frac{f(x)}{g(x)}$ kann erhebliche Schwierigkeiten

bereiten, wenn sowohl der Zähler als auch der Nenner für $x \to x_0$ gegen 0 strebt. Der Grenzwert lässt sich aber mühelos berechnen, wenn der nachfolgende Satz von DE L'HOSPITAL (1661-1704) angewendet werden kann.

Satz 6.17:

Sind die Funktionen f und g in einer Umgebung $U(x_0)$ der Stelle x_0 $(n + 1)$-mal stetig differenzierbar und gilt

$$f^{(i)}(x_0) = g^{(i)}(x_0) = 0 \qquad \text{für } i = 0, 1, ..., n \qquad \text{und} \qquad (6.47)$$

$$g^{(n+1)}(x) \neq 0 \qquad \text{für alle } x \in U(x_0), \qquad (6.48)$$

so ist

$$\lim_{x \to x_0} \frac{f(x)}{g(x)} = \frac{f^{(n+1)}(x_0)}{g^{(n+1)}(x_0)} \qquad \textit{Regel von } \text{DE L'HOSPITAL} \qquad (6.49)$$

Die Regel (6.49) lässt sich direkt aus dem Satz von TAYLOR ableiten. Da für beide Funktionen die Voraussetzungen des Satzes 6.15 erfüllt sind, lässt sich die Funktion $\dfrac{f(x)}{g(x)}$ für alle $x \in U(x_0)$ darstellen als

$$\frac{f(x)}{g(x)} = \frac{f(x_0) + \dfrac{f'(x_0)}{1!}(x - x_0) + \cdots + \dfrac{f^{(n)}(x_0)}{n!}(x - x_0)^n + \dfrac{f^{(n+1)}(x_1)}{(n+1)!}(x - x_0)^{n+1}}{g(x_0) + \dfrac{g'(x_0)}{1!}(x - x_0) + \cdots + \dfrac{g^{(n)}(x_0)}{n!}(x - x_0)^n + \dfrac{g^{(n+1)}(x_2)}{(n+1)!}(x - x_0)^{n+1}}$$

mit geeigneten $x_1, x_2 \in U(x_0)$.

Da $f^{(i)}(x_0) = g^{(i)}(x_0) = 0$ für alle $i = 0, 1, ..., n$, gilt dann

$$\frac{f(x)}{g(x)} = \frac{f^{(n+1)}(x_1)}{g^{(n+1)}(x_2)}.$$

Da mit $x \to x_0$ auch x_1 und x_2 gegen x_0 streben, folgt daraus unmittelbar die Behauptung (6.49).

$< 6.22 >$ **a.** $\displaystyle\lim_{x \to 1} \frac{x^3 - 1}{x - 1} = \lim_{x \to 1} \frac{3x^2}{1} = 3$

b. $\displaystyle\lim_{x \to 1} \frac{\ln x}{e^x - e} = \lim_{x \to 1} \frac{\frac{1}{x}}{e^x} = \frac{1}{e}$

c. $\displaystyle\lim_{x \to 0} \frac{x - \sin x}{x \cdot \sin x} = \lim_{x \to 0} \frac{1 - \cos x}{x \cdot \cos x + \sin x}$

$$= \lim_{x \to 0} \frac{\sin x}{x(-\sin x) + 2\cos x} = \frac{0}{2} = 0 \qquad \blacklozenge$$

Bemerkungen:

a. Die Voraussetzungen des Satzes 6.17 lassen sich dahingehend abschwächen, dass es genügt, wenn f und g in einer einseitigen Umgebung von x_0 $(n + 1)$-mal differenzierbar sind. Ist dies z. B. für eine rechte Halbumgebung $]x_0, x_0+\delta[$ mit $\delta > 0$ gegeben und gilt

$$\lim_{x \to x_0^+} f^{(i)}(x) = \lim_{x \to x_0^+} g^{(i)}(x) = 0 \quad \text{für} \quad i = 0, 1, ..., n \quad \text{und} \qquad (6.50)$$

$$\lim_{x \to x_0^+} g^{(n+1)}(x) \neq 0, \qquad (6.51)$$

so lässt sich der rechtsseitige Grenzwert berechnen als

$$\lim_{x \to x_0^+} \frac{f(x)}{g(x)} = \lim_{x \to x_0^+} \frac{f^{(n+1)}(x)}{g^{(n+1)}(x)} \qquad \textit{Regel von} \text{ DE L`HOSPITAL.} \quad (6.52)$$

b. Die Regel von DE L`HOSPITAL lässt sich bei entsprechender Modifizierung der Voraussetzungen auch auf Grenzwertbildungen $x \to +\infty$ bzw. $x \to -\infty$ übertragen.

$$\lim_{x \to {}^-_+\infty} \frac{f(x)}{g(x)} = \lim_{x \to {}^-_+\infty} \frac{f^{(n+1)}(x)}{g^{(n+1)}(x)} \qquad \textit{Regel von} \text{ DE L`HOSPITAL} \quad (6.53)$$

c. Die Regeln von DE L`HOSPITAL bleiben gültig, wenn anstelle der Bedingung (6.50) die Voraussetzung

$$\lim f^{(i)}(x) = \lim g^{(i)}(x) = \infty \quad \text{für} \quad i = 0, 1, ..., n$$

erfüllt ist. Diese Modifizierung gilt sowohl für $x \to x_0 \in \mathbf{R}$, $x \to x_0^+$, $x \to x_0^-$ als auch für $x \to +\infty$ und $x \to -\infty$.

d. Auch Grenzwerte, die auf unbestimmte Ausdrücke vom Typ $0 \cdot \infty$, $1^\infty, 0^0, \infty^0, \infty - \infty$ führen, kann man mit der Regel von DE L`HOSPITAL bestimmen, wenn man den Funktionsausdruck so umformt, dass der Grenzwert nun auf einen unbestimmten Ausdruck vom Typ $\frac{0}{0}$ oder $\frac{\infty}{\infty}$ führt.

Führt z. B. der Grenzwert $\lim f(x)g(x)$ auf einen unbestimmten Ausdruck des Typs $0 \cdot \infty$, so kann man durch die Transformation $f(x) \cdot g(x) = \dfrac{f(x)}{\frac{1}{g(x)}}$

erreichen, dass die Grenzwertbildung zu dem unbestimmten Ausdruck $\frac{0}{0}$ führt.

< 6.23 > a. $\lim\limits_{x \to 0} \sin x \cdot \dfrac{1}{x} = \lim\limits_{x \to 0} \dfrac{\sin x}{x} = \lim\limits_{x \to 0} \dfrac{\cos x}{1} = \dfrac{1}{1} = 1$

b. $\lim\limits_{x \to +\infty} \dfrac{x^4 + x^2}{\ln x} = \lim\limits_{x \to +\infty} \dfrac{4x^3 + 2x}{\frac{1}{x}} = \lim\limits_{x \to +\infty} (4x^4 + 2x^2) = +\infty$

c. $\lim\limits_{x \to +\infty} \dfrac{x^3}{e^x} = \lim\limits_{x \to +\infty} \dfrac{3x^2}{e^x} = \lim\limits_{x \to +\infty} \dfrac{6x}{e^x} = \lim\limits_{x \to +\infty} \dfrac{6}{e^x} = 0$

d. $\lim\limits_{x \to -\infty} \dfrac{e^x}{x^2} = \lim\limits_{x \to -\infty} \dfrac{e^x}{2x} = \lim\limits_{x \to -\infty} \dfrac{e^x}{2} = 0$

e. $\lim\limits_{x \to \frac{\pi}{2}} \dfrac{\tan x}{\frac{1}{\pi - 2x}} = \lim\limits_{x \to \frac{\pi}{2}} \dfrac{\pi - 2x}{\frac{1}{\tan x}} = \lim\limits_{x \to \frac{\pi}{2}} \dfrac{\pi - 2x}{\cot x} = \lim\limits_{x \to \frac{\pi}{2}} \dfrac{-2}{-\frac{1}{\sin^2 x}} = \dfrac{-2}{-1} = 2.$

♦

6.8 Aufgaben

6.1   Berechnen Sie die Steigung der Funktion

  a. $f(x) = \sqrt{x^2 + 5x}$ in $x_1 = 4$

  b. $g(x) = \dfrac{x - 3}{\sqrt[3]{x + 3}}$ in $x_2 = 5$

  c. $h(x) = \dfrac{2x + 3}{\sqrt{4x^2 + 9}}$ in $x_3 = 2$

6.2   Bestimmen Sie die Gleichung der Tangente an die Funktion

  a. $f_1(x) = \frac{1}{3}x^3 - 2x^2 + x - 5$ in $x_1 = 1$

  b. $f_2(x) = 2x^{\frac{2}{3}} + 8x^{-\frac{1}{3}}$ in $x_2 = 8$

  c. $f_3(x) = \dfrac{2x^2 + 1}{x^3 - 2}$ in $x_3 = 1$

6.3   Bilden Sie die 1. Ableitung der Funktion

  a. $f(x) = {}^{10}\log(3x + 1)$ **b.** $g(x) = 7 \cdot 3^x + 5 \cdot (\ln x)^3$

  c. $h(x) = \ln x^{2x}$ **d.** $k(x) = 2e^{x + x^2} - {}^2\log \dfrac{1}{x^6}$

6.4 Bilden Sie mittels der logarithmischen Ableitung die 1. Ableitung der Funktion

    a. $f(x) = 3x^{x+2}$ **b.** $g(x) = \dfrac{(x+2)e^{2x+3}}{(1+x)^4}$

6.5 Überprüfen Sie die Funktion $f: \,]\text{-}5, 8[\to \mathbf{R}$

$$\text{mit}\quad f(x) = \begin{cases} \dfrac{x+5}{3-x} & \text{für } x < 1 \\[2mm] 2x+1 & \text{für } 1 \le x < 3 \\[2mm] \dfrac{1}{6}x^2 + x - 5 & \text{für } 3 \le x \end{cases}$$

auf Differenzierbarkeit und geben Sie, soweit möglich, die 1. Ableitung von f an.

6.6 Bestimmen Sie die Gleichung einer quadratischen Funktion, die durch den Punkt (1, 8) geht und im Punkt (3, -4) ein relatives Minimum hat.

6.7 Untersuchen Sie anhand eines Variationsdiagramms die Funktion

    a. $f(x) = \dfrac{1}{6}x^3 - \dfrac{1}{2}x^2 - \dfrac{3}{2}x + \dfrac{1}{2}$ **b.** $g(x) = \dfrac{x^3 + 3x^2 + 2x}{3x^2 - 3x - 6}$

auf relative Extrema, Wendepunkte, Krümmungsverhalten, Monotoniebereiche und Verhalten an Definitionslücken.

6.8 Berechnen Sie die Elastizität der Funktion

    a. $f(x) = e^{-(x^3 - 3x + 5)}$ **b.** $g(x) = \dfrac{x^2}{x^2 - 9}$

6.9 Bestimmen Sie die Absatzelastizität der Parabelfunktion

    $x(p) = 2p^2 - 100p + 1.200$

an der Stelle $p_0 = 10$ und interpretieren Sie das Ergebnis.

6.10 Eine Teigwarenfabrik habe pro Tag Kosten in Höhe von

$$K(x) = \frac{1}{12}x^3 - \frac{7}{8}x^2 + \frac{3}{2}x + 10 \quad [1000\,€],$$

wenn x Tonnen Teigwaren pro Tag hergestellt werden.
Wie groß ist der maximal erzielbare Tagesgewinn, wenn vollständige Konkurrenz herrscht und der Marktpreis 6.000 € je Tonne beträgt?

6.11 Ein Radiofabrikant erzeugt x Geräte je Woche mit Gesamtkosten in Höhe von $\frac{2}{5}x^2 + 26x + 1000$ [€]. Er ist Monopolist und die Nachfrage seines Marktes ist $x = 75 - \frac{3}{10}p$, wenn der Preis je Gerät p € beträgt.

Zeigen Sie, dass der maximale Gewinn erzielt wird, wenn 30 Geräte je Woche hergestellt werden. Wie hoch ist dann der Preis des Radiogerätes?

7. Funktionen mit mehreren unabhängigen Variablen

Bisher haben wir nur reellwertige Funktionen **einer** unabhängigen Variablen betrachtet, die allgemein beschrieben wurden als

$$f: D \to \mathbf{R}, \quad \text{mit } D \subseteq \mathbf{R}$$
$$x \mapsto f(x).$$

In den meisten Anwendungsfällen wird aber der Wert einer physikalischen, technischen oder ökonomischen Größe nicht nur von einer, sondern von mehreren Variablen beeinflusst.

< 7.1 > Der Output x eines Produktionsprozesses hängt zumeist vom Einsatz mehrerer Produktionsfaktoren ab. Wird z. B. der Ertrag x beeinflusst durch die Menge r_1 der eingesetzten Rohstoffe, die Anzahl r_2 an Arbeitskräften und die Anzahl r_3 der Maschinen, so ist x abhängig von den Variablen r_1, r_2 und r_3:

$$x = f(r_1, r_2, r_3).$$

Eine der am häufigsten benutzten makroökonomischen Produktionsfunktionen ist die COBB-DOUGLAS-Funktion

$$X = X(L, K, t) = a \cdot L^{\alpha} \cdot K^{1-\alpha} e^{\gamma t},$$

wobei X den Output (Wertschöpfung), L den Arbeitseinsatz, K den Kapitaleinsatz, α die Elastizität des Outputs in Bezug auf den Arbeitseinsatz, t die Zeit, a und γ konstante Faktoren darstellen. ♦

< 7.2 > In einem Betrieb werden m Produkte hergestellt. Sei x_i die Anzahl der produzierten Einheiten des Produktes i, dann ist $x = (x_1, ..., x_m)$ das Output-m-Tupel dieses Betriebes. Die gesamten Produktionskosten hängen in der Regel von der Menge der produzierten Güter ab, d. h. $K = K(x_1, ..., x_m)$.

Wenn die Herstellung der Produkte unabhängig voneinander erfolgt, und die Kosten proportional der hergestellten Quantitäten sind, ergibt sich für $m = 3$ und Stückkosten in Höhe von 3 €, 4 € bzw. 5 € die lineare Kostenfunktion

$$K(x_1, x_2, x_3) = 3x_1 + 4x_2 + 5x_3 + K_f,$$

wobei die Konstante K_f die Fixkosten angibt. ♦

< 7.3 > Jeder Ort der Erde wird eindeutig charakterisiert durch Angabe seines Längengrades x und seines Breitengrades y. Jedem Ort $P = (x, y)$ kann man dann seine Höhe z über Normalnull zuordnen durch eine Funktion $z = f(x, y)$.

Jeder Ort ist somit durch drei Variablen bestimmt, wobei zur eindeutigen Charakterisierung das Variablenpaar (x, y) ausreicht, denn bei Kenntnis der Zuordnungsvorschrift f kann die abhängige Variable z errechnet werden.   ♦

Allgemein sind solche Funktionen, die von mehreren unabhängigen reellen Variablen abhängen, dadurch charakterisiert, dass ihre Definitionsmenge eine Teilmenge eines cartesischen Produktes $\mathbf{R}^m$ mit einer natürlichen Zahl $m > 1$ ist.

Definition 7.1:

Als *reellwertige Funktion mehrerer unabhängiger (reeller) Variablen* bezeichnet man eine Abbildung

$$f: \quad D \quad \to \quad \mathbf{R}, \qquad \text{mit } D \subseteq \mathbf{R}^m, m \in \mathbf{N}, m > 1.$$
$$(x_1, x_2, ..., x_m) \mapsto f(x_1, ..., x_m)$$

Jede einzelne Variable x_i eines m-Tupels auf der Definitionsmenge D wird als *unabhängige* Variable oder *Argument* der Funktion f bezeichnet.

In diesem Kapitel wollen wir uns der Anschaulichkeit und der einfacheren Schreibweise wegen auf den speziellen Fall $m = 2$ beschränken, d. h. auf *reellwertige Funktionen zweier (reeller) unabhängiger Variablen*:

$$f: D \to \mathbf{R}, \qquad \text{mit } D \subseteq \mathbf{R}^2$$
$$(x, y) \mapsto z = f(x, y).$$

Die für diesen Spezialfall formulierten Definitionen und Sätze lassen sich durch rein formale Umschreibung auf Funktionen mit mehr als zwei unabhängigen Variablen erweitern, vgl. dazu ROMMELFANGER, H.: Mathematik für Wirtschaftswissenschaftler, Band 2. Spektrum Akademischer Verlag: Heidelberg, 5. Aufl. 2002.

7.1 Geometrische Darstellung einer Funktion $z = f(x, y)$

Legt man 3 Achsen - x-Achse, y-Achse und z-Achse genannt - im Raum derart fest, dass sie sich im Ursprung $(0, 0, 0)$ im rechten Winkel schneiden, und wählt man auf jeder Achse eine bestimmte Skalierung, dann lässt sich die Gesamtheit D der Paare (x, y), für welche die Funktion $z = f(x, y)$ erklärt ist, durch eine in der x-y-0-Ebene (*Definitionsebene*) liegende Punktmenge darstellen. Jedem Punkt

$(x_0, y_0) \in D$ wird nun derjenige Punkt auf der durch (x_0, y_0) gehenden Parallelen zur z-Achse zugeordnet, dessen dritte Koordinate z_0 durch die Gleichung $z_0 = f(x_0, y_0)$ bestimmt wird. Die Gesamtheit aller Punkte (x, y, z), zu der man auf diese Weise gelangt, d.h.

$$G_f = \{\, (x, y, z) \mid (x, y) \in D \subseteq \mathbf{R}^2,\ z = f(x, y)\},$$

heißt der *Graph* oder das *geometrische Bild* der Funktion $z = f(x, y)$, $D \subseteq \mathbf{R}^2$, in dem gewählten Koordinatensystem.

Einer funktionalen Beziehung zwischen zwei unabhängigen Variablen x und y und einer abhängigen Variablen z entspricht also eine Fläche im Raum, die natürlich Lücken und Sprünge aufweisen kann. Um diese Fläche in einer zweidimensionalen Zeichenebene darzustellen, benötigt man Kenntnisse der projektiven Geometrie; diese verfügt über verschiedene Methoden, um einen 3-dimensionalen Raum in einer 2-dimensionalen Zeichenebene anschaulich wiederzugeben.

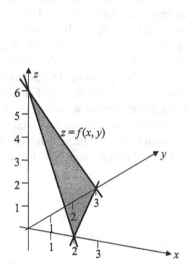
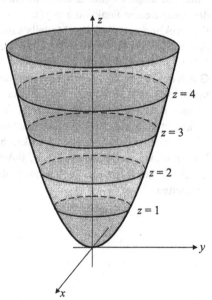

Abb. 7.1: $z = f(x, y) = 6 - 3x - 2y$

Ebene Fläche im $\mathbf{R}^3$, veranschaulicht durch ihre Schnittgeraden mit den Koordinatenebenen

Abb. 7.2: $z = f(x, y) = x^2 + y^2$

Rotationsparaboloid um die z-Achse

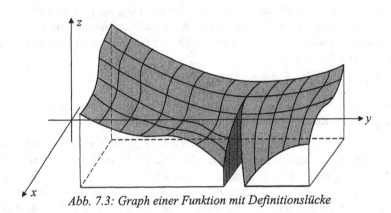

Abb. 7.3: Graph einer Funktion mit Definitionslücke

Ohne ein anschauliches dreidimensionales Modell ist es i. Allg. schwierig, sich den Graph einer Funktion $z = f(x, y)$ vorzustellen. Die Schwierigkeiten bei der Konstruktion eines solchen Modells kann man umgehen, wenn man die *Methode der ebenen Schnitte* verwendet. Dazu denkt man sich den Raum $\mathbf{R}^3$ durch eine Schar paralleler Schnitte zerlegt. Jede dieser Schnittebenen schneidet die dem Graph der Funktion entsprechende Fläche in Punkten, die eine Kurve bilden; diese bezeichnet man als *ebener Schnitt* oder *Schnittkurve* dieser Fläche. Die Schnitte können in beliebiger Richtung ausgeführt werden. Am wichtigsten sind Schnitte senkrecht zu einer der Koordinatenachsen. Diese Schnittkurven werden, wie die Abbildungen 7.2 (Schnittkurven senkrecht zur z-Achse) oder 7.3 und 7.4 (Schnittkurven senkrecht zur x-Achse bzw. y-Achse) verdeutlichen, oft dazu benutzt, die in einer Zeichenebene nur schwer darstellbaren Flächen plastisch herauszuarbeiten.

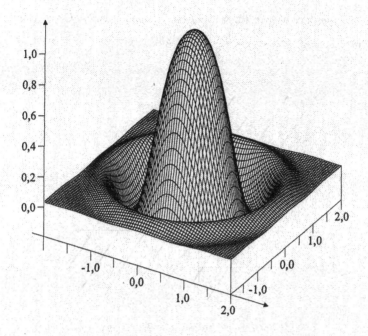

Abb. 7.4: Funktion $z = f(x, y) = e^{-(x \cdot y)^2} \cos\dfrac{(xy)^2}{2}$

Horizontalschnitte, Höhenlinien

Horizontalschnitte erhält man, wenn man die Fläche, d. h. genauer den Graph der Funktion $z = f(x, y)$, durch Ebenen schneidet, die senkrecht zur z-Achse stehen, die also Parallelebenen zur x-y-0-Ebene bilden.

Wenn wir mehrere horizontale Schnitte in verschiedenen Höhen vornehmen und die Schnitte auf die x-y-0-Ebene projizieren, d. h. jedem Punkt (x_0, y_0, z_0) eines Horizontalschnitts wird der Punkt $(x_0, y_0, 0)$ zugeordnet, so erhalten wir in der x-y-0-Ebene eine Anzahl Kurven, die man als *Niveau-* oder *Höhenlinien* bezeichnet. Der Graph einer Höhenlinie mit der Höhe γ besteht dann aus den Punktepaaren

$$H_\gamma = \{(x, y) \in D \mid f(x, y) = \gamma = \text{const.}\}.$$

Losgelöst von der anschaulichen Interpretation als Punkte gleicher Höhe werden Kurven, die Punkte mit gleichem Funktionswert verbinden, als *Isolinien* oder *Isoquanten* bezeichnet.

Die Höhenlinien der ebenen Fläche in Abb. 7.1 sind parallele Geraden mit der Funktionsgleichung $y = -\frac{3}{2}x + \frac{6-\gamma}{2}$, vgl. Abb. 7.5.

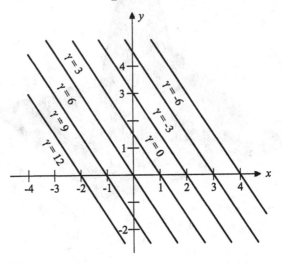

Abb. 7.5: $z = f(x, y) = 6 - 3x - 2y = \gamma$

Die Höhenlinien des Paraboloids in Abb. 7.2 sind konzentrische Kreise um den Ursprung des x-y-Koordinatensystems. Zur Höhe γ gehört der Kreis mit dem Radius $\sqrt{\gamma}$, vgl. Abb. 7.6.

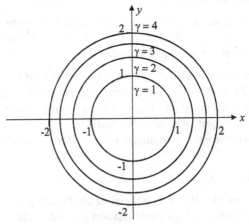

Abb. 7.6: $z = x^2 + y^2 = \gamma$

< **7.4** > Auf Generalstabskarten und Wanderkarten findet man (Iso-)Höhenlinien, die Orte mit gleicher Höhe über Normalnull miteinander verbinden; vgl. Abb. 7.7.

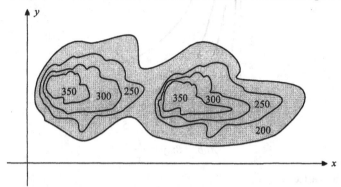

Abb. 7.7: Höhenlinien

Das Höhenliniensystem mit äquidistanten Höhendifferenzen veranschaulicht in bequemer Weise die Form der Fläche: Ändern sich die unabhängigen Variablen x und y, so bewegt sich der Punkt (x, y) in der x-y-0-Ebene. Die Änderung der abhängigen Variablen z erkennt man dadurch, dass man verfolgt, wie sich der Punkt (x, y) in Bezug auf die Höhenlinien bewegt. Der Wert von z wächst, bleibt unverändert bzw. nimmt ab, je nachdem ob der Punkt von niedrigeren auf höhere Höhenlinien übergeht, auf derselben Höhenlinie bleibt bzw. zur Höhenlinie mit fallendem Niveau übergeht. Auch die Steigung der Fläche $f(x, y)$ lässt sich aus der Lage der Höhenlinien ablesen. Liegen die Höhenlinien mit äquidistanten Höhendifferenzen dichter zusammen, dann ändert sich die Höhe z schneller, d. h. die Fläche steigt im Vergleich zu weiter auseinander liegenden Isoquanten steiler an. ♦

< **7.5** > Sei $u(x, y) = x \cdot y$ der Nutzen eines Konsumenten, wenn er über x Einheiten eines Gutes X und y Einheiten eines Gutes Y verfügt, dann sind die Isoquanten

$$H_\gamma = \{(x, y) \in \mathbf{R}_0^2 \mid x \cdot y = \gamma\}$$

Linien gleichen Nutzens, die in der Literatur als *Indifferenzlinien* bezeichnet werden. Die Isolinien sind hier Hyperbeläste im 1. Quadranten der x-y-Ebene.

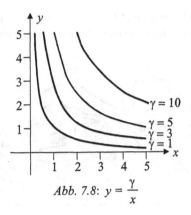

$$Abb.\ 7.8:\ y = \frac{\gamma}{x}$$

Vertikalschnitte

Verwendet man ebene Schnitte, die senkrecht zur Definitionsebene geführt werden, so bezeichnet man die Schnittlinien als vertikale Schnitte. Von besonderer Bedeutung sind dabei die Vertikalschnitte, die senkrecht zur x-Achse bzw. senkrecht zur y-Achse stehen, bei denen also jeweils der x- bzw. y-Wert konstant gehalten wird.

< **7.6** > Bilden wir für das Paraboloid $z = f(x, y) = x^2 + y^2$ Vertikalschnitte senkrecht zur y-Achse mit konstant gehaltenen y-Werten $y_0 = 0,\ \pm 1, \pm 2$ und projizieren wir diese Kurven auf die x-0-z-Ebene, so erhalten wir die in der Abb. 7.9 dargestellten Parabeln, welche die Änderung der Fläche $z = f(x, y) = x^2 + y^2$ bei festgehaltenem y in x-Richtung zeigen.

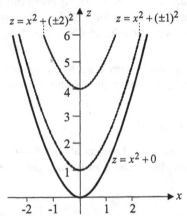

$$Abb.\ 7.9:\ Vertikalschnitte\ z = x^2 + y_0^2$$

Aus der durch schrittweise Variation des Parameters y_0 entstehenden Kurvenschar $z = f(x, y_0)$ kann man mit einiger Übung ebenfalls die Form der Fläche $z = f(x, y)$ erkennen. Verwendet man Parameterwerte mit äquidistanten Abständen, so lassen sich aus dem Abstand der Schnittkurven Rückschlüsse auf die Steigung der Fläche in y-Richtung ziehen.

Die Darstellung einer Funktion $z = f(x, y)$ mit Hilfe von ebenen Schnitten lohnt sich aber nur für Funktionen, deren Graph einen einigermaßen "regelmäßigen" Verlauf aufweist. Dies gilt vor allem für die Höhenlinien, da hier keine explizite Funktionsgleichung vorliegt.

7.2 Grenzwert und Stetigkeit einer Funktion $z = f(x, y)$

Die für Funktionen mit einer unabhängigen Variablen in Kapitel 5 eingeführten Grenzwertbegriffe lassen sich analog auf Funktionen mit mehreren unabhängigen Variablen übertragen. Erweitert werden muss dabei der Umgebungsbegriff, wobei wir nun zwei verschiedene Umgebungstypen unterscheiden.

Definition 7.2:

a. Die Menge

$$U(x_0, y_0) = \{(x, y) \in \mathbf{R}^2 \mid |x - x_0| < \delta, |y - y_0| < \varepsilon, \ \delta > 0, \varepsilon > 0\}$$

heißt *Rechtecksumgebung* des Punktes (x_0, y_0), vgl. Abb. 7.10.

b. Die Menge

$$U_\delta(x_0, y_0) = \{(x, y) \in \mathbf{R}^2 \mid \sqrt{(x - x_0)^2 + (y - y_0)^2} < \delta, \ \delta > 0\}$$

heißt *δ-Umgebung (Kreisumgebung)* des Punktes (x_0, y_0), vgl. Abb. 7.11.

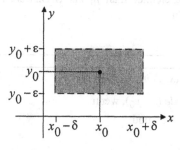

Abb. 7.10: Rechtecksumgebung

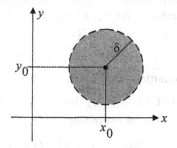

Abb. 7.11: Kreisumgebung

Während die Rechtecksumgebung das cartesische Produkt eindimensionaler Umgebungen ist, basiert die Kreisumgebung auf der EUKLIDischen Norm

$$\|(x, y) - (x_0, y_0)\| = \sqrt{(x - x_0)^2 + (y - y_0)^2}, \tag{7.1}$$

in der der Satz von PYTHAGORAS: *"In einem rechtwinkligen Dreieck ist das Quadrat über die Hypothenuse gleich der Summe der Quadrate über die Katheten"* zum Ausdruck kommt.

Die nachfolgenden Definitionen sind lediglich einige Beispiele für die Übertragung der in Kapitel 5 eingeführten Grenzwertbegriffe auf Funktionen mit mehreren unabhängigen Variablen:

Definition 7.3: *(Grenzwert einer Folge $\{(x_n, y_n)\}$)*

Man sagt, eine Folge $\{(x_n, y_n)\}$ *konvergiert gegen einen Grenzwert* (x_0, y_0) und schreibt

$$\lim_{n \to \infty} (x_n, y_n) = (x_0, y_0),$$

wenn es zu jeder beliebig kleinen Zahl $\varepsilon > 0$ eine natürliche Zahl $N(\varepsilon)$ so gibt, dass für alle Folgenglieder (x_n, y_n) mit einem Index $n > N(\varepsilon)$ gilt:

$$\|(x, y) - (x_0, y_0)\| < \varepsilon.$$

Definition 7.4: *(Grenzwert einer Funktion $f(x, y)$ für $(x, y) \to (x_0, y_0)$)*

Eine Funktion $f(x, y)$ sei in einer Umgebung $U_\delta(x_0, y_0)$ der Stelle (x_0, y_0) - mit möglicher Ausnahme von (x_0, y_0) selbst - definiert. Sofern für **jede** beliebige, gegen (x_0, y_0) konvergierende Folge $\{(x_n, y_n)\}$ mit

$$(x_n, y_n) \in U_\delta(x_0, y_0) \setminus \{(x_0, y_0)\}$$

die zugehörige Folge der Funktionswerte $\{f(x_n, y_n)\}_{n \in N}$ gegen den (stets gleichen) Grenzwert $f_0 \in \mathbf{R}$ konvergiert, bezeichnet man f_0 als *Grenzwert der Funktion f* für $(x, y) \to (x_0, y_0)$ und schreibt

$$\lim_{(x,y) \to (x_0, y_0)} f(x, y) = f_0.$$

Definition 7.5: *(Stetigkeit einer Funktion $f(x, y)$ in (x_0, y_0))*

Eine Funktion $f(x, y)$ heißt *stetig an der Stelle* (x_0, y_0), wenn

1. f in einer Umgebung von (x_0, y_0) definiert ist und

2. $\quad \lim_{(x,y) \to (x_0, y_0)} f(x, y) = f(x_0, y_0).$

7.3 Partielle Ableitungen

Bildet man für eine Funktion $f: \quad D \to R, \qquad$ mit $D \subseteq R^2$

$$(x, y) \mapsto z = f(x, y)$$

die Vertikalschnitte in den Schnittebenen $y = y_0$ bzw. $x = x_0$, so erhält man Schnittfunktionen, die nur von der jeweils verbleibenden unabhängigen Variablen abhängen:

$$f_1: D_{y_0} \to R, \qquad \text{mit } D_{y_0} = \{x \in R \mid (x, y_0) \in D\} \quad \text{und}$$

$$x \mapsto z = f_1(x) = f(x, y_0),$$

$$f_2: D_{x_0} \to R, \qquad \text{mit } D_{x_0} = \{y \in R \mid (x_0, y) \in D\}$$

$$y \mapsto z = f_2(y) = f(x_0, y).$$

Ist die Funktion $f_1(x)$ in x_0 differenzierbar, so gibt gemäß den Ausführungen in Kapitel 6 die 1. Ableitung $f_1'(x_0) = \dfrac{df_1}{dx}(x_0)$ die Steigung der Funktion f_1 an der Stelle x_0 an. Übertragen auf die Ausgangsfunktion $f(x, y)$ lässt sich $f_1'(x_0)$ interpretieren als Steigung des Graphen dieser Funktion in Richtung der x-Achse. Analog stellt der Differentialquotient $f_2'(y_0) = \dfrac{df_2}{dy}(y_0)$ der Schnittfunktion f_2 die Steigung der Fläche $f(x, y)$ an der Stelle (x_0, y_0) in Richtung der y-Achse dar.

< 7.7 > In der nachfolgenden Abbildung 7.12 sind zwei Vertikalschnitte der Funktion

$$z = f(x, y) = 8 - \frac{1}{2}(x - 5)^2 - \frac{1}{2}(y - 4)^2$$

durch den Punkt $(x_0, y_0) = (5, 3)$ eingezeichnet. Der Graph dieser Funktion ist ein nach unten geöffneter Rotationsparaboloid mit dem Extrempunkt $(x, y, z) = (5, 4, 8)$.

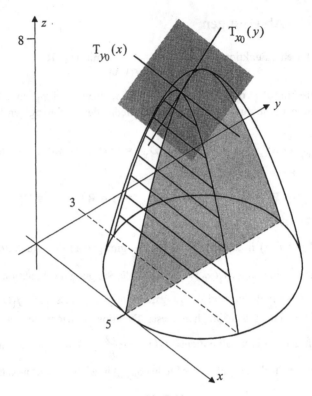

Abb. 7.12

$f(5, 3) = 7,5$

$f_1(x) = f(x, 3) = 8 - \frac{1}{2}(x - 5)^2 - \frac{1}{2}(3 - 4)^2 = 7,5 - \frac{1}{2}(x - 5)^2,$

$f_1'(x) = -(x - 5),$ $f_1'(5) = 0.$ Also ist

$T_{y_0}(x) = T_3(x) = f_1'(5)(x - 5) + f(5, 3) = 0(x - 5) + 7,5 = 7,5.$

$f_2(y) = f(5, y) = 8 - \frac{1}{2}(y - 4)^2,$

$f_2'(y) = -(y - 4),$ $f_2'(3) = -(3 - 4) = 1.$ Also ist

$T_{x_0}(x) = T_5(y) = 1(y - 3) + 7,5 = y + 4,5.$

Die Tangenten $T_{y_0}(x)$ und $T_{x_0}(y)$ an die Vertikalschnitte durch den Punkt $(x_0, y_0) = (5, 3)$ veranschaulichen die Steigung des Paraboloids in x- bzw. in y-Richtung in diesem Punkt.   ♦

Da die so gebildeten Ableitungen $f_1'(x_0)$ und $f_2'(y_0)$ der Schnittkurven $f_1(x) = f(x, y_0)$ bzw. $f_2(y) = f(x_0, y)$ die Steigung der Fläche $z = f(x, y)$ in zwei speziellen Richtungen messen, werden sie als partielle Ableitungen der Funktion $f(x, y)$ bezeichnet. Das Adjektiv "partiell" bringt dabei zum Ausdruck, dass nur die Änderung der Funktionswerte in einer speziellen Richtung, und zwar in Abhängigkeit nur jeweils einer unabhängigen Variablen, untersucht wird, während die andere unabhängige Variable konstant gehalten wird.

Definition 7.6:

Eine Funktion f: $D \;\to\; \mathbf{R},$ mit $D \subseteq \mathbf{R}^2$

$\qquad\qquad (x, y) \;\mapsto\; z = f(x, y)$

heißt an der Stelle $(x_0, y_0) \in D$ *partiell nach x differenzierbar* und man nennt die Größe $f_x'(x_0, y_0)$ die *nach x gebildete partielle Ableitung* der Funktion f in (x_0, y_0), wenn der Grenzwert

$$f_x'(x_0, y_0) = \lim_{x \to x_0} \frac{f(x, y_0) - f(x_0, y_0)}{x - x_0} \qquad (7.2)$$

existiert.

Im Unterschied zum Differentialoperator $\frac{d}{dx}$ bei Funktionen mit der einzigen unabhängigen Variablen x verwendet man zur Beschreibung partieller Ableitungen ein stilisiertes d in der Form "∂". Die partielle Ableitung $f_x'(x_0, y_0)$ lässt sich dann schreiben als

$$f_x'(x_0, y_0) = f_x(x_0, y_0) = \frac{\partial f}{\partial x}(x_0, y_0) = \frac{\partial}{\partial x} f(x, y)\Big|_{(x_0, y_0)}.$$

Da durch den tief gestellten Index ausreichend gekennzeichnet wird, dass die partielle Ableitung nach x zu bilden ist, kann auf den "Ableitungsstrich" verzichtet werden.

Analog wird die *partielle Ableitung nach y* definiert:

$$f_y(x_0, y_0) = \frac{\partial f}{\partial y}(x_0, y_0) = \lim_{y \to y_0} \frac{f(x_0, y) - f(x_0, y_0)}{y - y_0}. \qquad (7.3)$$

In den Teilmengen D_x bzw. D_y der Definitionsmenge D einer gegebenen Funktion $f(x, y)$, in denen f partiell nach x bzw. nach y differenzierbar ist, lassen sich wiederum Funktionen der unabhängigen Variablen x und y definieren:

$$f_x: \quad D_x \rightarrow R, \qquad \text{bzw.} \quad f_y: \quad D_y \rightarrow R,$$
$$(x, y) \mapsto f_x(x, y) \qquad\qquad (x, y) \mapsto f_y(x, y)$$

die als *partielle Ableitungen* oder *partielle Ableitungsfunktionen* der Funktion $f(x, y)$ bezeichnet werden.

< 7.8 > $f(x, y) = 2xy^3 - 5ye^x + 3x^2 + 7,$
$\qquad\quad f_x(x, y) = 2y^3 - 5ye^x + 6x,$
$\qquad\quad f_y(x, y) = 6xy^2 - 5e^x.$ ◆

7.4 Tangentialfläche und totales Differential

Für eine in der Umgebung einer Stelle (x_0, y_0) stetige und nach beiden Variablen partiell differenzierbare Funktion $f(x, y)$ gibt es genau eine ebene Fläche, die mit der Funktion f den Punkt (x_0, y_0) und dort die Steigungen $f_x(x_0, y_0)$ und $f_y(x_0, y_0)$ gemeinsam hat. Die Gleichung dieser ebenen Fläche ist

$$T(x, y) = f(x_0, y_0) + f_x(x_0, y_0)(x - x_0) + f_y(x_0, y_0)(y - y_0). \tag{7.4}$$

Sie wird als *Tangentialfläche* an die Funktion f im Punkt $(x_0, y_0, f(x_0, y_0))$ bezeichnet. Wird eine der Variablen konstant gehalten, d. h. $x = x_0$ bzw. $y = y_0$ gesetzt, so reduziert sich die Tangentialfläche zu den Tangenten

$$T_{x_0}(y) = f(x_0, y_0) + f_y(x_0, y_0)(y - y_0) \quad \text{bzw.}$$

$$T_{y_0}(x) = f(x_0, y_0) + f_x(x_0, y_0)(x - x_0)$$

der Vertikalschnitte in (x_0, y_0), vgl. Abb. 7.12.

Ebenso wie die Tangente als lineare Näherung für eine Funktion einer unabhängigen Variablen Verwendung findet, vgl. S. 196f, kann die Tangentialfläche als lineare Näherung für eine Funktion mit mehreren unabhängigen Variablen benutzt werden.

Übertragen wir zunächst den auf S. 197 eingeführten Begriff des Differentials als lineare Näherung für die Änderung der abhängigen Variablen z bei Änderung

nur einer der unabhängigen Variablen, so folgen aus den vorstehenden Tangenten-
gleichungen die Näherungswerte

$df_x = f_x(x_0, y_0) \cdot dx$ mit $dx = x - x_0$ bzw.

$df_y = f_y(x_0, y_0) \cdot dy$ mit $dy = y - y_0$,

die als partielle Differentiale von $f(x, y)$ an der Stelle (x_0, y_0) bzgl. x bzw. y bezeichnet werden.
Wird die gleichzeitige Änderung beider unabhängiger Variablen um die Beträge
dx und dy betrachtet, so lässt sich eine lineare Näherung für die Änderung
$\Delta f = f(x, y) - f(x_0, y_0)$ der Funktionswerte von f mittels der Tangentialfläche
angeben als Summe der partiellen Differentiale:

$$df = f_x(x_0, y_0) \cdot dx + f_y(x_0, y_0) \cdot dy.$$

Definition 7.7:

Sei $f(x, y)$ eine in der Umgebung einer Stelle (x_0, y_0) stetige und partiell nach
beiden unabhängigen Variablen differenzierbare Funktion, dann heißt die reelle
Funktion

$$df = df(dx, dy) = f_x(x_0, y_0) \cdot dx + f_y(x_0, y_0) \cdot dy \qquad (7.5)$$

totales oder *vollständiges Differential* der Funktion $f(x, y)$ an der Stelle (x_0, y_0).

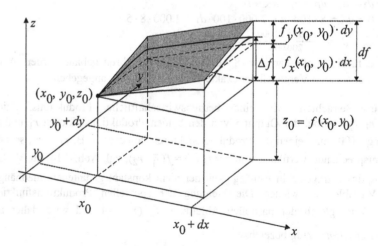

*Abb. 7.13: Totales Differential und partielle Differentiale
der Funktion $f(x, y)$ an der Stelle (x_0, y_0)*

< **7.9** > Eine Straße von $x = 2.000$ m Länge und $y = 8$ m Breite soll mit einer neuen Teerdecke versehen werden, wobei Kosten in Höhe von $p = 100$ € pro m² vereinbart wurden.

a. Beim genaueren Vermessen stellt sich heraus, dass die Länge nur 1.996 m, die Breite aber 8,01 m beträgt. Wie ändern sich die Kosten?

b. Beim genaueren Vermessen stellt sich heraus, dass die Straße 2.004 m lang ist. Außerdem erhöhen sich die Baukosten pro m² um 5%. Wie breit darf die Straße gebaut werden, damit die Gesamtbausumme gleich bleibt?

Es genügt eine näherungsweise Berechnung der Kosten mittels des vollständigen Differentials.

Lösung: Die Gesamtkosten belaufen sich auf $K(x, y, p) = x \cdot y \cdot p$.
Die Kostenänderung ist näherungsweise

$$dK = y \cdot p \cdot dx + x \cdot p \cdot dy + x \cdot y \cdot dp.$$

zu a.: $dx = -4$, $dy = 0,01$, $dp = 0$
$$dK = 8 \cdot 100 \cdot (-4) + 2.000 \cdot 100 \cdot 0,01 + 2.000 \cdot 8 \cdot 0$$
$$= -3.200 + 2.000 = -1.200,$$

d. h. die Gesamtkosten verringern sich um 1.200 €.
Zum Vergleich sei darauf hingewiesen, dass die exakte Kostenänderung 1.204 € beträgt.

zu b.: $dx = 4$, $dp = 5$, $dK = 0$
$$0 = dK = 8 \cdot 100 \cdot 4 + 2.000 \cdot 100 \cdot dy + 2.000 \cdot 8 \cdot 5$$
$$\Leftrightarrow \quad dy = -\frac{3.200 + 80.000}{200.000} = -0,416,$$

d. h. die Straße darf nur $8 - 0,416 = 7,584$ m breit gebaut werden. Auch hier sei zum Vergleich der exakte Wert $\Delta y = -0,400$ angegeben.   ◆

< **7.10** > Betrachten wir eine betriebswirtschaftliche Produktionsfunktion $x = f(r_1, r_2)$, wobei der Output x von den beiden Produktionsfaktoren r_1 und r_2 abhängt. Hält man einen der Produktionsfaktoren konstant, z. B. $r_1 = \bar{r}_1$, so gibt der entsprechende Vertikalschnitt $x = f_2(r_2) = f(\bar{r}_1, r_2)$, vgl. Abb. 7.14, die Veränderung des Ertrages x in Abhängigkeit der nicht konstant gehaltenen unabhängigen Variablen r_2 wieder. Die Steigung der speziellen Produktionsfunktion $f(\bar{r}_1, r_2)$ ist gleich der partiellen Ableitung $f_{r_2}(\bar{r}_1, r_2)$ und wird daher als *partieller Grenzertrag* bezeichnet.

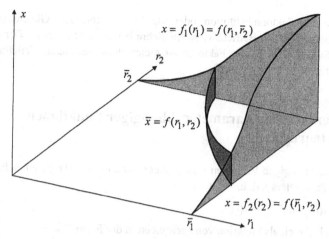

$$x = f_1(r_1) = f(r_1, \bar{r}_2)$$

$$\bar{x} = f(r_1, r_2)$$

$$x = f_2(r_2) = f(\bar{r}_1, r_2)$$

Abb. 7.14: Isoquante $f(r_1, r_2) = \bar{x}$

Ändern sich nun beide Produktionsfaktoren um einen kleinen Betrag dr_1 bzw. dr_2, so verändert sich der Output x gemäß dem totalen Differential näherungsweise um

$$dx = \frac{\partial x}{\partial r_1} \cdot dr_1 + \frac{\partial x}{\partial r_2} \cdot dr_2 . \tag{7.6}$$

Entlang einer Isoquante $f(r_1, r_2) = \bar{x}$ = konstant ändert sich der Ertrag nicht, d. h. $dx = 0$, so dass aus (7.5) folgt

$$\frac{dr_2}{dr_1} = -\frac{\dfrac{\partial x}{\partial r_1}}{\dfrac{\partial x}{\partial r_2}} \quad \text{oder} \tag{7.7}$$

$$dr_2 = -\frac{\dfrac{\partial x}{\partial r_1}}{\dfrac{\partial x}{\partial r_2}} \cdot dr_1 . \tag{7.8}$$

Gleichung (7.8) gibt eine Antwort auf die Frage, um wie viel man bei Änderung des Produktionsfaktors r_1 den Produktionsfaktor r_2 ändern muss, um wieder den gleichen Ertrag $\bar{x}$ zu erzielen. Man bezeichnet daher die Größe $r_{21} = -\dfrac{dr_2}{dr_1}$ als

Grenzwert der Faktorsubstitution oder als Substitutionsrate. Gleichung (7.7) drückt dabei den in der Betriebswirtschaftslehre bekannten Satz aus: „Der Grenzwert der Substitution zweier Faktoren ist gleich dem reziproken Verhältnis der Grenzerträge".   ♦

7.5 Differentiation parameterabhängiger Funktionen (Kettenregel)

Sind die unabhängigen Variablen x und y einer Funktion $z = f(x, y)$ selbst Funktionen eines Parameters t, d. h.

$$x = x(t) \quad \text{und} \quad y = y(t),$$

so lässt sich z auch als Funktion von t schreiben in der Form

$$z = F(t) = f(x(t), y(t)).$$

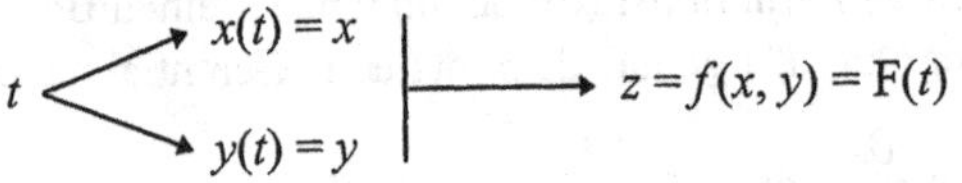

$$t \left< \begin{array}{l} x(t) = x \\ y(t) = y \end{array} \right| \longrightarrow z = f(x, y) = F(t)$$

Abb. 7.15: Verkettung von Funktionen

Soll die 1. Ableitung der Funktion $F(t)$ nach t an einer Stelle t_0 gebildet werden, so lässt sich der Differenzenquotient

$$\frac{F(t) - F(t_0)}{t - t_0} = \frac{\Delta F}{\Delta t}$$

mit Hilfe des totalen Differentials in erster Näherung darstellen, wobei wir zur Vereinfachung der Schreibweise die Abkürzungen $x_0 = x(t_0)$ und $y_0 = y(t_0)$ verwenden.

$$\frac{dF}{\Delta t} = \frac{1}{\Delta t} [f_x(x_0, y_0)(x(t) - x(t_0)) + f_y(x_0, y_0)(y(t) - y(t_0))]. \qquad (7.9)$$

Existieren die Grenzwerte

$$\lim_{\Delta t \to 0} \frac{\Delta F}{\Delta t} = F'(t_0),$$

$$\lim_{\Delta t \to 0} \frac{x(t) - x(t_0)}{\Delta t} = x'(t_0) \quad \text{und} \quad \lim_{\Delta t \to 0} \frac{y(t) - y(t_0)}{\Delta t} = y'(t_0),$$

so erhält man, da für genügend kleines Δt der Unterschied zwischen dem Differential dF und der Differenz ΔF vernachlässigt werden kann, aus der Gleichung (7.9) durch Grenzübergang $\Delta t \to 0$

$$\lim_{\Delta t \to 0} \frac{\Delta F}{\Delta t} = \lim_{\Delta t \to 0} \frac{dF}{\Delta t}$$

$$= f_x(x_0, y_0) \cdot \lim_{\Delta t \to 0} \frac{x(t) - x(t_0)}{\Delta t} + f_y(x_0, y_0) \cdot \lim_{\Delta t \to 0} \frac{y(t) - y(t_0)}{\Delta t}$$

oder

$$F'(t_0) = f_x(x(t_0), y(t_0)) \cdot x'(t_0) + f_y(x(t_0), y(t_0)) \cdot y'(t_0).$$

Diese Formel ist offensichtlich eine Verallgemeinerung der Kettenregel (6.16) für verkettete Funktionen.

Satz 7.1:

Voraussetzung:

1. die Funktion $F(t) = f(x(t), y(t))$ sei in einer Umgebung der Stelle t_0 definiert,
2. die Funktion $x(t)$ sei differenzierbar in t_0,
3. die Funktion $y(t)$ sei differenzierbar in t_0,
4. die Funktion $f(x, y)$ sei in (x_0, y_0) mit $x_0 = x(t_0)$, $y_0 = y(t_0)$ partiell stetig differenzierbar nach beiden Variablen.

Behauptung:
Die verkettete Funktion $F(t)$ ist in t_0 differenzierbar, und es gilt die *Kettenregel'*

$$F'(t_0) = f_x(x_0, y_0) \cdot x'(t_0) + f_y(x_0, y_0) \cdot y'(t_0). \tag{7.10}$$

< 7.11 > Für die verkettete Funktion $F(t) = f(x(t), y(t))$ mit

$$f(x, y) = y^2 e^x + 2xy, \quad x(t) = t - t^2 + 1 \quad \text{und} \quad y(t) = 2t - 3$$

ist die 1. Ableitung in $t_0 = 2$ zu bilden.

Da $x_0 = x(t_0) = 2 - 4 + 1 = -1$, $\quad y_0 = y(t_0) = 4 - 3 = 1$,

$f_x(x, y) = y^2 e^x + 2y, \qquad x'(t) = 1 - 2t,$

$f_y(x, y) = 2y e^x + 2x, \qquad y'(t) = 2,$

folgt mittels (7.10)

$$F'(2) = (1^2 \cdot e^{-1} + 2 \cdot 1) \cdot (1 - 4) + (2 \cdot 1 \cdot e^{-1} + 2(-1)) \cdot 2$$

$$= -3e^{-1} - 6 + 4e^{-1} - 4 = \frac{1}{e} - 10. \qquad \blacklozenge$$

7.6 Partielle Ableitungen zweiter und höherer Ordnung

Sind die partiellen Ableitungen $f_x(x, y)$ und $f_y(x, y)$ einer Funktion $f(x, y)$ als Funktionen von x und y ebenfalls partiell nach diesen Variablen differenzierbar, so erhalten wir die partiellen Ableitungen

$$\frac{\partial f_x}{\partial x}(x, y), \quad \frac{\partial f_x}{\partial y}(x, y), \quad \frac{\partial f_y}{\partial x}(x, y), \quad \frac{\partial f_y}{\partial y}(x, y),$$

die in Analogie zu den Ableitungen höherer Ordnung auf S. 200f als *partielle Ableitungen 2. Ordnung der Funktion $f(x, y)$* bezeichnet werden.

Zu ihrer Darstellung sind auch die folgenden Schreibweisen üblich, wobei die Ordnung der Indizes anzeigt, in welcher Reihenfolge die partiellen Ableitungen zu bilden sind:

$$f_{xx}(x, y) = \frac{\partial f_x}{\partial x}(x, y) = \frac{\partial}{\partial x}(\frac{\partial f}{\partial x}(x, y)) = \frac{\partial^2 f}{\partial x^2}(x, y)$$

$$f_{xy}(x, y) = \frac{\partial f_x}{\partial y}(x, y) = \frac{\partial}{\partial y}(\frac{\partial f}{\partial x}(x, y)) = \frac{\partial^2 f}{\partial x \partial y}(x, y)$$

$$f_{yx}(x, y) = \frac{\partial f_y}{\partial x}(x, y) = \frac{\partial}{\partial x}(\frac{\partial f}{\partial y}(x, y)) = \frac{\partial^2 f}{\partial y \partial x}(x, y)$$

$$f_{yy}(x, y) = \frac{\partial f_y}{\partial y}(x, y) = \frac{\partial}{\partial y}(\frac{\partial f}{\partial y}(x, y)) = \frac{\partial^2 f}{\partial y^2}(x, y)$$

< 7.12 > $f(x, y) = 3x^2 y - 5xy^3$

$f_x = 6xy - 5y^3$, $f_{xx} = 6y$, $f_{xy} = 6x - 15y^2$,

$f_y = 3x^2 - 15xy^2$, $f_{yx} = 6x - 15y^2$, $f_{yy} = -30xy$.   ◆

Bemerkung:

In Beispiel < 7.12 > wurde zur Abkürzung der Schreibweise bei den partiellen Ableitungen auf die explizite Angabe der Argumente x und y verzichtet. Nach Definition enthalten aber alle partiellen Ableitungen dieselben unabhängigen Variablen wie die Ausgangsfunktion.

Wie bei der Funktion $f(x, y) = 3x^2 y - 5xy^3$ in Beispiel < 7.12 >, so stimmen für die meisten Funktionen mit zwei unabhängigen Variablen die *Kreuzableitungen* $f_{xy}(x, y)$ und $f_{yx}(x, y)$ überein. Von der geometrischen Deutung der partiellen Ableitungen her, vgl. S. 250, sind aber die Kreuzableitungen f_{xy} und f_{yx} in ihrer

Bedeutung völlig verschieden, und es gibt daher auch keinen Grund, von vornherein anzunehmen, dass sie in irgendeinem Punkt denselben Wert haben. Als Gegenbeispiel führt COURANT [Band 2, 1963, S. 53] die Funktion

$$f(x, y) = xy \cdot \frac{x^2 - y^2}{x^2 + y^2} \quad \text{für } x \in \mathbf{R}^2 \setminus \{(0, 0)\} \quad \text{und} \quad f(0, 0) = 0 \quad \text{an.}$$

Für sie gilt $\quad f_x(0, y) = -y, \quad f_y(x, 0) = x$

und daher $\quad f_{xy}(0, 0) = -1 \quad$ und $\quad f_{yx}(0, 0) = +1.$

Für die meisten Funktionen ist aber der folgende Satz erfüllt:

Satz 7.2: *(Satz von* YOUNG*)*

Sind die „gemischten" partiellen Ableitungen 2. Ordnung einer Funktion $f(x, y)$ stetig in der Umgebung eines Punktes (x_0, y_0), so gilt

$$f_{xy}(x_0, y_0) = f_{yx}(x_0, y_0),$$

d. h. die Reihenfolge der partiellen Differentiation nach x und nach y darf vertauscht werden.

Sind alle partiellen Ableitungsfunktionen 2. Ordnung einer Funktion $f(x, y)$ ebenfalls nach beiden Variablen partiell differenzierbar, so erhält man acht *partielle Ableitungen 3. Ordnung*, die durch Ausdehnung der für die Ableitungen 2. Ordnung eingeführten Symbolik geschrieben werden in der Form

$$f_{xxx}(x, y) = \frac{\partial}{\partial x}(f_{xx}(x, y)) = \frac{\partial}{\partial x}(\frac{\partial}{\partial x}(\frac{\partial f}{\partial x}(x, y))) = \frac{\partial^3 f}{\partial x^3}(x, y)$$

$$f_{xxy}(x, y) = \frac{\partial}{\partial y}(f_{xx}(x, y)) = \frac{\partial}{\partial y}(\frac{\partial^2 f}{\partial x^2}(x, y)) = \frac{\partial^3 f}{\partial x^2 \partial y}(x, y)$$

$$f_{xyx}(x, y) = \frac{\partial}{\partial x}(f_{xy}(x, y)) = \frac{\partial}{\partial x}(\frac{\partial}{\partial y}(\frac{\partial f}{\partial x}(x, y))) = \frac{\partial^3 f}{\partial x \partial y \partial x}(x, y)$$

usw.

Durch Bildung der partiellen Ableitungen dieser Ableitungsfunktionen 3. Ordnung lassen sich partielle Ableitungen 4. Ordnung erklären usw.

< 7.13 > Für das Polynom 4. Ordnung $f(x, y) = 3x^2y - 5xy^3$, dessen partielle Ableitungen 1. und 2. Ordnung im Beispiel < 7.12 > dargestellt sind, lassen sich u. a. die folgenden partiellen Ableitungen höherer Ordnung bilden:

$$f_{xxx}(x, y) = 0, \qquad f_{xxy}(x, y) = 6, \qquad f_{xyx}(x, y) = 6,$$
$$f_{xyy}(x, y) = -30y, \qquad f_{yxy}(x, y) = -30y, \qquad f_{yyx}(x, y) = -30y,$$
$$f_{xyyx}(x, y) = 0, \qquad f_{xyyy}(x, y) = -30, \qquad f_{xyyyy}(x, y) = 0. \qquad \blacklozenge$$

Wie das vorangehende Beispiel zeigt, kommt es bei den meisten Funktionen nicht darauf an, in welcher Reihenfolge die partiellen Ableitungen höherer Ordnung gebildet werden. Denn es gilt die folgende Verallgemeinerung des Satzes von YOUNG:

Satz 7.3: *(Satz von* SCHWARZ*)*

Existieren für eine Funktion $f(x, y)$ an einer Stelle (x_0, y_0) alle partiellen Ableitungen n-ter Ordnung und sind die Ableitungen in (x_0, y_0) stetig, so kommt es nicht auf die Reihenfolge der Differentiationen an.

7.7 Implizite Funktionen

Bei der Behandlung von Höhenlinien, die bei ökonomischen Problemen oft als Nebenbedingungen auftreten, vgl. S. 274ff, ist es von großer Bedeutung zu wissen, ob ihre Gleichung $g(x, y) = 0$ in der vorgegebenen Definitionsmenge D eindeutig nach x oder y aufgelöst werden kann. Ist dies möglich, dann stimmt die durch die Gleichung $g(x, y) = 0$ beschriebene Punktmenge mit dem Graph einer Funktion $y = h(x)$ oder $x = h^{-1}(y)$ überein, je nachdem ob man y als Funktion von x oder x als Funktion von y ausdrückt.

Definition 7.7:

Sei $g: D \rightarrow \mathbf{R}$, $D \subseteq \mathbf{R}^2$ eine Funktion der Variablen x und y.

Eine Funktion $y = h(x)$, die in der Form

$$g(x, y) = g(x, h(x)) = 0 \qquad\qquad (7.11)$$

vorliegt, heißt implizit gegeben durch die Gleichung (7.11) und wird implizite oder unentwickelte Funktion genannt.

Auch die eventuell vorhandene Umkehrfunktion $x = h^{-1}(y)$ zur Funktion $y = h(x)$ wird durch dieselbe Gleichung $g(x, y) = 0$ implizit gegeben:

$$g(x, y) = g(h^{-1}(y), y) = 0.$$

< 7.14 > Einfache Beispiele lehren uns, dass diejenige Teilmenge der Definitionsmenge D einer Funktion $g: D \rightarrow \mathbf{R}$, $D \subseteq \mathbf{R}^2$, deren Elemente der Gleichung $g(x, y) = 0$ genügen, von sehr mannigfaltiger Art sein kann. Wir betrachten hierzu die folgenden sechs Beispiele:

a. $x^2 + y^2 + 1$ $= 0$
b. $x^2 + y^2$ $= 0$
c. $(x^2 + y^2) \cdot ((x - 1)^2 + (y - 1)^2$ $= 0$
d. $2x + y - 3$ $= 0$
e. $y^2 - 2y - x^2$ $= 0$
f. $x^2 + y^2 - 1$ $= 0$

Die Definitionsmenge der auf der linken Seite dieser Gleichungen stehenden Funktionen $z = g(x, y)$ ist jedesmal die ganze x-y-Ebene, und alle vorstehenden Funktionen besitzen als Polynome in den Variablen x und y für alle Paare $(x, y) \in \mathbf{R}^2$ stetige partielle Ableitungen beliebiger Ordnung.

Die Punktmenge, deren Elemente die einzelnen vorstehenden Gleichungen erfüllen,

a. ist leer;

b. besteht nur aus dem Punkt $(0, 0)$;

c. besteht aus den beiden Punkten $(0, 0)$ und $(1, 1)$;

d. besteht aus allen Punkten auf der Geraden mit der Funktionsgleichung $y = h(x) = -2x + 3$, $D = \mathbf{R}$;

e. besteht aus allen Punkten auf den Kurven mit den Funktionsgleichungen

$y = h_1(x) = 1 + \sqrt{1 + x^2}$, $D = \mathbf{R}$ bzw.

$y = h_2(x) = 1 - \sqrt{1 + x^2}$, $D = \mathbf{R}$.

Eine eindeutige Auflösung der Gleichung $g(x, y) = y^2 - 2y - x^2 = 0$ ist in $\mathbf{R}^2$ weder nach x noch nach y möglich.

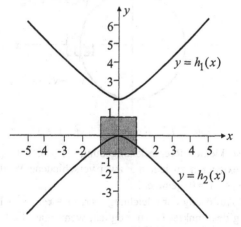

Abb. 7.16: $g(x, y) = y^2 - 2y - x^2 = 0$

Zu jedem Punkt (x_0, y_0), der der Gleichung $g(x, y) = 0$ genügt, gibt es aber eine Rechtecksumgebung

$$U(x_0, y_0) = \{ (x, y) \in \mathbf{R}^2 \mid |x - x_0| < \delta, |y - y_0| < \varepsilon, \ \delta > 0, \varepsilon > 0 \},$$

so dass die Gesamtheit der Punkte $(x, y) \in U(x_0, y_0)$, die ebenfalls der Gleichung $g(x, y) = y^2 - 2y - x^2 = 0$ genügen, dem Graph **genau** einer in $]x_0 - \delta, x_0 + \delta[$ definierten Funktion $y = h(x)$ entsprechen.
Diese Funktion ist dann in der Rechtecksumgebung $U(x_0, y_0)$ *implizit* durch die Gleichung $g(x, y) = y^2 - 2y - x^2 = 0$ definiert.
Für $(x_0, y_0) = (0, 0)$ und $\delta = \varepsilon = 1$ ist dies z. B. die Funktion

$$h(x) = 1 - \sqrt{1 + x^2} \ .$$

f. besteht aus allen Punkten auf dem Kreis mit dem Radius 1 um den Punkt $(0, 0)$. Eine eindeutige Auflösung der Gleichung $g(x, y) = x^2 + y^2 - 1 = 0$ ist im $\mathbf{R}^2$ weder nach x noch y möglich. Eine Auflösung nach y ergibt die beiden Zweige

$$y = + \sqrt{1 - x^2} \quad \text{und} \quad y = -\sqrt{1 - x^2} \ .$$

Im Gegensatz zum Beispiel < 7.14e > gibt es aber hier nicht zu jedem Punkt der Lösungsmenge eine Rechtecksumgebung, in der durch $g(x, y) = x^2 + y^2 - 1 = 0$ eine Funktion $y = h(x)$ implizit definiert ist.

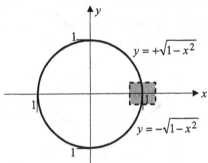

$$\textit{Abb. 7. 17: } g(x, y) = x^2 + y^2 - 1 = 0$$

Zu jeder noch so kleinen Rechtecksumgebung $]1 - \delta, 1 + \delta[\times]-\varepsilon, +\varepsilon[$ des Punktes $(1, 0)$ existieren zu jedem x zwei verschiedene Werte für y, die der Gleichung $x^2 + y^2 - 1 = 0$ genügen.
Eine eindeutige Auflösung der Gleichung $g(x, y) = x^2 + y^2 - 1 = 0$ ist aber in einer Umgebung des Punktes $(1, 0)$ möglich, wenn man die Gleichung nach x auflöst und den Zweig $x = +\sqrt{1 - y^2}$ verwendet.   ◆

Bei den in Beispiel < 7.14 > untersuchten Gleichungen war die auf der linken Seite stehende Funktion $g(x, y)$ jedesmal von so einfacher Form, dass die (wenn auch nicht immer eindeutige) Auflösung der Gleichung $g(x, y) = 0$ nach einer der Variablen keine Schwierigkeit bot. In vielen anderen Fällen liegt eine solche, die Untersuchung vereinfachende Möglichkeit nicht vor. Man betrachte z. B. die Gleichung

$$y^5 a^4 - (2x^3 + 3) \sin y + y^2 x^2 - x \cdot \cos x = 0,$$

auf deren linker Seite wiederum eine Funktion steht, die in der ganzen x-y-Ebene definiert ist und dort stetige Ableitungen beliebiger Ordnung besitzt. Zwar lässt sich problemlos ein Wertepaar angeben, welches der Gleichung genügt, nämlich das Paar $(0, 0)$; ob aber in einer beliebig kleinen Umgebung $U(0, 0)$ ein weiterer Punkt (x, y) liegt, der die Gleichung erfüllt, bleibt vorläufig zweifelhaft, da an eine Auflösung dieser Gleichung, sei es nach x oder nach y, gar nicht zu denken ist.

Antwort auf die aufgeworfenen Fragen gibt in vielen Fällen der

---

Satz 7.4:

Es sei $g(x, y)$ eine in einer Teilmenge D der x-y-Ebene definierte und stetige Funktion, und es gebe eine Stelle $(x_0, y_0) \in$ D, für die die drei folgenden Bedingungen erfüllt sind:

a. In (x_0, y_0) hat die Funktion $g(x, y)$ den Wert 0.

b. Es gibt eine Umgebung der Stelle (x_0, y_0), in der eine der beiden partiellen Ableitungen g_x und g_y existiert und stetig ist.

c. Die (existierende) partielle Ableitung ist an der Stelle (x_0, y_0) von Null verschieden.

Es gelten dann die beiden folgenden Aussagen:

1. Sind die Voraussetzungen b. und c. ohne Beschränkung der Allgemeinheit für g_y erfüllt, so lässt sich nach Wahl einer beliebigen, nicht zu großen Zahl $\varepsilon > 0$ eine andere positive Zahl δ so angeben, dass **genau eine** Funktion $y = h(x)$ existiert, die für alle $x \in \,]x_0 - \delta, \, x_0 + \delta[$ der Gleichung $g(x, h(x)) = 0$ und der Ungleichung $\left| h(x) - y_0 \right| < \varepsilon$ genügt.

2. Ist die Voraussetzung b. für die beiden partiellen Ableitungen g_x und g_y erfüllt und die Voraussetzung c. für die Ableitung g_y, so ist $h(x)$ im Intervall $]x_0 - \delta, \, x_0 + \delta[$ differenzierbar, und es gilt:

$$h'(x) = \frac{dy}{dx} = -\frac{g_x(x, h(x))}{g_y(x, h(x))}. \qquad (7.12)$$

Die Gleichung (7.12) lässt sich leicht herleiten, indem man die Ableitung der verketteten Funktion $G(x) = g(x, h(x))$ mittels der Kettenregel (7.10) bildet:

$$G'(x) = \frac{\partial g}{\partial x}(x, h(x)) \cdot 1 + \frac{\partial g}{\partial y}(x, h(x)) \cdot \frac{dh}{dx}(x). \qquad (7.13)$$

Da nach Voraussetzung $G(x) = g(x, h(x)) = 0 \ \ \forall \ x \in \ ]x_0 - \delta, x_0 + \delta[$, gilt dort $G'(x) = 0$, und die Auflösung der Gleichung (7.13) nach $h'(x)$ ergibt (7.12).

Ein Beweis der Behauptung 1 findet man z. B. in [MANGOLD, Bd. 2, S. 362-367].

$< 7.15 > \quad g(x, y) = y^2 - 2y - x^2 = 0$,   vgl. Abb. 7.16 auf S. 261,

$\quad g_x(x, y) = -2x, \quad g_y(x, y) = 2y - 2$.

Da $g_x(0, 0) = 0$ und $g_y(0, 0) = -2 \neq 0$, ist die Gleichung $g(x, y) = 0$ in einer Umgebung von $(0, 0)$ eindeutig nach y auflösbar, und es gilt

$$y = h(x) = 1 - \sqrt{1 + x^2} \ .$$

Die 1. Ableitung dieser impliziten Funktion in $x = 0$ ist

$$h'(0) = - \frac{g_x(0,0)}{g_y(0,0)} = - \frac{0}{-2} = 0.$$

Das gleiche Ergebnis erhält man, wenn man die implizite Funktion $h(x) = 1 - \sqrt{1 + x^2}$ direkt nach x differenziert:

$$h'(x) = - \frac{1}{2\sqrt{1 + x^2}} \cdot 2x, \quad h'(0) = 0. \qquad \blacklozenge$$

Der Satz 7.4 ermöglicht die Aufstellung der Gleichung der Tangente an die Höhenlinie einer Funktion $g(x, y)$ in einem Punkt (x_0, y_0), ohne die Gleichung der Höhenlinie nach einer der Variablen aufzulösen.

$< 7.16 >$ Gesucht ist z. B. die Gleichung der Tangente an die Höhenlinie der Funktion $g(x, y) = x^3 + y^3 - 3xy$ im Punkt $(x_0, y_0) = (1, 2)$.

Wegen $g(1, 2) = 1^3 + 2^3 - 3 \cdot 1 \cdot 2 = 3$ lautet die Gleichung der gesuchten Höhenlinie $g(x,y) = x^3 + y^3 - 3xy - 3 = 0$.

Da $\quad g_x(x, y) = 3x^2 - 3y, \qquad g_y(x, y) = 3y^2 - 3x,$

$\quad g_x(1, 2) = 3 - 6 = -3, \qquad g_y(1, 2) = 12 - 3 = 9 \neq 0$

sind im Punkt $(1, 2)$ die Voraussetzungen des Satzes 7.4 erfüllt, und es gilt

$$\frac{dy}{dx} = h'(x) = -\frac{g_x(1,2)}{g_y(1,2)} = -\frac{-3}{9} = \frac{1}{3}.$$

Die gesuchte Tangente hat daher die Gleichung

$$y = \frac{1}{3}(x - 1) + 2 = \frac{1}{3}x + \frac{5}{3}.$$ ◆

Der Satz 7.4 kann auch hilfreich sein bei der Konstruktion von Höhenlinien $g(x, y) = 0$, deren Gleichung eine Auflösung nach x oder y nicht gestattet.

< 7.17 > Um eine Vorstellung über den Verlauf der Höhenlinie

$$g(x, y) = x^2 + 2xy - xy^3 + y^2 - 7 = 0$$

zu erhalten, könnte man zunächst für ausgewählte y-Werte, z. B. $y = 0, \pm 1, \pm 2$, $\pm 3, \ldots$ x-Werte so bestimmen, dass $g(x, y) = 0$. Zu diesen Punkten bestimmt man dann mittels (7.12) die Steigung der Höhenlinie und berechnet die Gleichung der Tangente. Aus hinreichend vielen Punkten und den dort errichteten Tangentenstücken wird dann der Verlauf der Höhenlinie sichtbar, vgl. Abb. 7.18.

Die Vorgehensweise soll für den Wert $y = 1$ beispielhaft aufgezeigt werden.

Aus $g(x, 1) = x^2 + 2x - x + 1 - 7 = 0$ folgt

$$x^2 + x + (\tfrac{1}{2})^2 = 6 + (\tfrac{1}{2})^2 \quad \text{oder}$$

$$x = -\frac{1}{2} \pm \frac{5}{2} \quad \Leftrightarrow \quad x = 2 \text{ oder } x = -3.$$

Da $g_x(x, y) = 2x + 2y - y^3$ und $g_y(x, y) = 2x - 3xy^2 + 2y$, hat die Höhenlinie $g(x, y) = 0$ in P = (-3, 1) die Steigung

$$-\frac{g_x(-3,1)}{g_y(-3,1)} = -\frac{-6+2-1}{-6+9+2} = +\frac{5}{5} = +1$$

und somit die Tangente $y = t(x) = 1(x + 3) + 1 = x + 4$.

Analog lässt sich in P = (2, 1) die Steigung

$$-\frac{g_y(2,1)}{g_x(2,1)} = -\frac{4-6+2}{4+2-1} = 0$$

und somit die Tangente $x = t(y) = 0(y - 1) + 2 = 2$ ermitteln.

Zur Berechnung weiterer Punkte auf der Höhenlinie empfiehlt es sich, die Gleichung der Höhenlinie allgemein nach x aufzulösen,

$$x = -\frac{2y - y^3}{2} \pm \frac{1}{2}\sqrt{y^6 - 4y^4 + 28},$$

und die ausgewählten y-Werte dort einzusetzen.

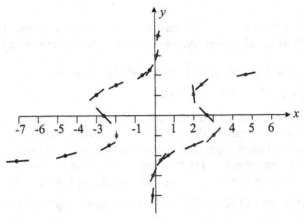

Abb. 7.18: Punkte der Höhenlinie und Tangentenstücke   ◆

7.8 Relative Extrema

Die für Funktionen einer unabhängigen Variablen auf S. 125 eingeführten Begriffe *relatives Maximum* und *relatives Minimum* lassen sich auf die Funktionen mit mehreren unabhängigen Variablen übertragen:

Definition 7.8:

Eine Funktion $f\colon\ D\ \to \mathbf{R},\ D \subseteq \mathbf{R}^2,$
$$(x, y) \mapsto f(x, y)$$

besitzt genau dann an der Stelle $(x_0, y_0) \in D$ ein *relatives Extremum*, wenn eine Umgebung $U(x_0, y_0) \subseteq D$ der Stelle (x_0, y_0) existiert, so dass

$f(x, y) \le f(x_0, y_0)\quad \forall\ (x, y) \in U(x_0, y_0)\quad$ *relatives Maximum* bzw.

$f(x, y) \ge f(x_0, y_0)\quad \forall\ (x, y) \in U(x_0, y_0)\quad$ *relatives Minimum*.

< 7.18 > Die Funktion $z = f(x, y) = 8 - \frac{1}{2}(x - 5)^2 - \frac{1}{2}(y - 4)^2$ aus Beispiel < 7.7 > besitzt ein relatives Maximum an der Stelle $(x_0, y_0) = (5, 4)$, vgl. Abb. 7.19.

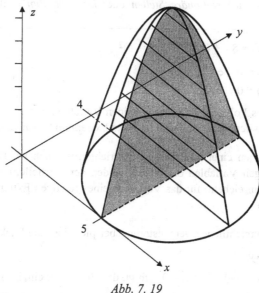

Abb. 7. 19 ♦

Betrachten wir eine beliebige Funktion $f(x, y)$, die an einer Stelle (x_0, y_0) ein relatives Maximum besitzt, dann weisen auch die Vertikalschnitte

$f_1(x) = f(x, y_0)$ senkrecht zur y-Achse   und

$f_2(y) = f(x_0, y)$ senkrecht zur x-Achse

ein relatives Maximum in x_0 bzw. y_0 auf, vgl. Abb. 7.19.

Ist die Funktion $f(x, y)$ in (x_0, y_0) nach beiden Variablen partiell differenzierbar, so müssen nach Satz 6.12 die 1. Ableitungen der Vertikalschnitte in x_0 bzw. y_0 den Wert Null annehmen, d. h.

$$f_1'(x_0) = f_x(x_0, y_0) = 0 \quad \text{und} \quad f_2'(y_0) = f_y(x_0, y_0) = 0 .$$

Da die gleiche Schlussfolgerung bei Vorliegen eines relativen Minimums gezogen werden kann, gilt der nachfolgende Satz 7.5.

Satz 7.5: *(Notwendige Bedingung für relative Extrema)*

Besitzt die in (x_0, y_0) partiell nach beiden Variablen differenzierbare Funktion $f(x, y)$ in (x_0, y_0) ein relatives Extremum, so folgt

$f_x(x_0, y_0) = 0$ **und** $f_y(x_0, y_0) = 0$.   (7.14)

Definition 7.9:

Die Stellen $(x, y) \in D$, in denen die partiellen Ableitungen 1. Ordnung der Funktion $f: D \to R$, $D \subseteq R^2$ verschwinden, d. h. die den Bedingungen (7.14) genügen, werden als *stationäre Stellen* oder *kritische Punkte* der Funktion f bezeichnet.

$< 7.19 >$ $f(x, y) = 8 - \frac{1}{2}(x - 5)^2 - \frac{1}{2}(y - 4)^2$

Aus $f_x = -(x - 5) = 0$ $\Leftrightarrow$ $x = 5$,

$\quad\;\; f_y = -(y - 4) = 0$ $\Leftrightarrow$ $y = 4$

folgt, dass die als Polynom in R^2 nach beiden Variablen partiell differenzierbare Funktion f nur an der Stelle (5, 4) ein relatives Extremum haben kann.   ◆

Wie bei Funktionen einer unabhängigen Variablen ist auch bei Funktionen mit zwei unabhängigen Variablen das Verschwinden der (partiellen) Ableitungen 1. Ordnung nicht hinreichend für das Vorliegen eines relativen Extremums an einer stationären Stelle.

$< 7.20 >$ Als übersichtliches Demonstrationsbeispiel diene die Funktion

$\quad f(x, y) = x \cdot y$

Aus $f_x = y = 0$ und $f_y = x = 0$ folgt, dass (0, 0) der einzige kritische Punkt von f ist.

Über die Funktionswerte der in R^2 definierten Funktion lässt sich aber Folgendes aussagen:

$$f(x, y) = \begin{cases} = 0 & \text{für} \quad x = 0 \text{ oder } y = 0, \\ & \qquad \text{d. h. auf den Achsen;} \\ > 0 & \text{für} \quad (x > 0 \text{ und } y > 0) \text{ oder } (x < 0 \text{ und } y < 0), \\ & \qquad \text{d. h. im 1. und 3. Quadranten der Ebene;} \\ < 0 & \text{für} \quad (x > 0 \text{ und } y < 0) \text{ oder } (x < 0 \text{ und } y > 0), \\ & \qquad \text{d. h. im 4. und 2. Quadranten der Ebene.} \end{cases}$$

In unmittelbarer Umgebung des Punktes (0, 0) mit $f(0, 0) = 0$ liegen Stellen mit positiven bzw. negativen Funktionswerten, z. B. hat (h, h) mit $h > 0$ den Funktionswert $f(h, h) = h^2 > 0$ und $(h, -h)$ mit $h > 0$ den Funktionswert $f(h, -h) = -h^2 < 0$.

Die Funktion $f(x, y) = x \cdot y$ besitzt daher an der Stelle (0, 0) kein relatives Extremum, vgl. Abb. 7.20.

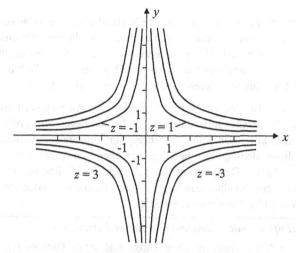

Abb.7.20: Isolinien der Funktion $z = f(x, y) = x \cdot y$
für $z = 1, 2, 3, -1, -2, -3$ ♦

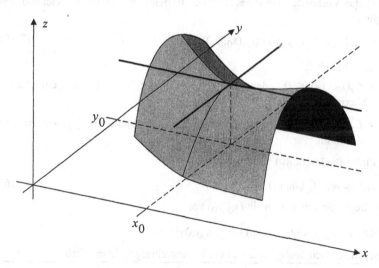

Abb.7.21: Graph einer Funktion mit einem Sattelpunkt in (x_0, y_0)

Eine stationäre Stelle, in welcher der eine Vertikalschnitt ein relatives Maximum und ein dazu senkrecht stehender Vertikalschnitt ein relatives Minimum aufweist, wird nach ihrer Erscheinungsform als Sattelpunkt bezeichnet: So hat die Funktion $f(x, y) = x \cdot y$ einen Sattelpunkt in $(0, 0)$; man betrachte dazu die Vertikalschnitte längs der beiden Winkelhalbierenden der x-y-Ebene, vgl. Abb. 7.21.

Analog zu Satz 6.13 lässt sich auch für Funktionen mit mehreren unabhängigen Variablen eine hinreichende Bedingung für das Vorliegen eines relativen Extremums in einem kritischen Punkt angeben. Zur allgemeinen Formulierung und Fundierung dieser Bedingungen benötigt man aber Kenntnisse der Matrizen- und Determinantentheorie. Deshalb soll hier lediglich für den Fall mit zwei unabhängigen Variablen eine handhabbare Regel angegeben und ansonsten auf den Band 2 dieses Mathematikbuches verwiesen werden.

Satz 7.6: *(Hinreichende Bedingung für relative Extrema)*

Die Funktion $f(x, y)$ habe in einer Umgebung eines Punktes (x_0, y_0) stetige partielle Ableitungen 1. und 2. Ordnung, und es gelte

$$f_x(x_0, y_0) = 0 \quad \text{und} \quad f_y(x_0, y_0) = 0. \tag{7.11}$$

i. Für das Vorhandensein eines relativen Extremums ist dann hinreichend, dass gilt

$$f_{xx}(x_0, y_0) \cdot f_{yy}(x_0, y_0) - (f_{xy}(x_0, y_0))^2 > 0. \tag{7.15}$$

Ist zusätzlich

- $f_{xx}(x_0, y_0) < 0$, dann hat $f(x, y)$ an der Stelle (x_0, y_0) ein relatives Maximum.

- $f_{xx}(x_0, y_0) > 0$, dann hat $f(x, y)$ an der Stelle (x_0, y_0) ein relatives Minimum.

ii. Gilt im Punkt (x_0, y_0)

$$f_{xx}(x_0, y_0) \cdot f_{yy}(x_0, y_0) - (f_{xy}(x_0, y_0))^2 < 0, \tag{7.16}$$

so liegt kein Extremwert in (x_0, y_0) vor.

iii. Für $f_{xx}(x_0, y_0) \cdot f_{yy}(x_0, y_0) - (f_{xy}(x_0, y_0))^2 = 0$

ist eine Entscheidung ohne weitere Untersuchung nicht möglich.

< **7.21** > $f(x, y) = 3x^2 - 12x + y^2 + 10y + 37$

Aus $f_x(x, y) = 6x - 12 = 0$ und $f_y(x, y) = 2y + 10 = 0$ folgt, dass $(2, -5)$ die einzige stationäre Stelle von f ist.

Aus $f_{xx}(x, y) = 6$, $f_{yy}(x, y) = 2$, $f_{xy}(x, y) = f_{yx}(x, y) = 0$ folgt

$f_{xx}(2, -5) \cdot f_{yy}(2, -5) - (f_{xy}(2, -5))^2 = 6 \cdot 2 - 0 = 12 > 0$ und
$f_{xx}(2, -5) = 6 > 0$,

d. h. f hat in $(2, -5)$ ein relatives Minimum.
Dass dieses Ergebnis richtig ist, sieht man sofort ein, wenn man f schreibt in der
Form $f(x, y) = 3(x - 2)^2 + (y + 5)^2$. $f(x, y)$ ist stets positiv für $(x, y) \neq (2, -5)$ und
nimmt nur in $(2, -5)$ den Wert 0 an.   ◆

7.9 Lineare Regression

In Abschnitt 4.6 über die empirische Ermittlung ökonomischer Funktionen wurde
darauf hingewiesen, dass häufig eine Gerade durch die empirisch erhobene Punktwolke $\{(x_i, y_i)\}_{i=1,\dots,n}$ gelegt wird.

Bestimmt man nun eine lineare Funktion $y = f(x) = bx + c$ so, dass die Summe
der quadratischen Abweichungen

$$\sum_{i=1}^{n} (y_i - (bx_i + c))^2$$

minimal werde, so nennt man diese Anpassungsmethode *lineare Regression*. Sie
basiert auf der von C. F. GAUSS entwickelten Methode zur Minimierung des Mess-
fehlers, die zum Ziel hat, die statistische Varianz zu minimieren.

< 7.22 >

Tab. 7.1: Messwerte (x_i, y_i)

i	1	2	3	4	5	6	7	8	9
x_i	1	1,5	2	2,5	3	4	4,5	5	6
y_i	2	2,5	1,5	3	2	2,5	3	3,5	4,5

i	10	11	12	13	14	15	16	17	18
x_i	7	7,5	8	9	10	10,5	11	11,5	12
y_i	3,5	3,5	4	5,5	6	5	5,5	5,5	6

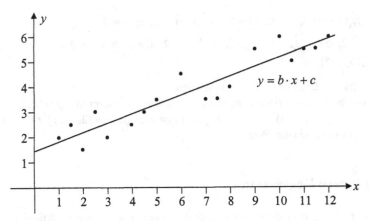

Abb. 7.22: Streudiagramm $\{(x_i, y_i)\}$ und Regressionsgerade   ♦

Gesucht ist damit das Minimum der Funktion

$$F(b, c) = \sum_{i=1}^{n} (y_i - (bx_i + c))^2 .$$

Die notwendigen Bedingungen

$$F_b = -2 \sum_{i=1}^{n} (y_i - (bx_i + c)) x_i = 0 \quad \text{und}$$

$$F_c = -2 \sum_{i=1}^{n} (y_i - (bx_i + c)) = 0$$

lassen sich umschreiben zu

$$\sum_{i=1}^{n} x_i y_i = b \sum_{i=1}^{n} x_i^2 + c \sum_{i=1}^{n} x_i \quad \text{und}$$

$$\sum_{i=1}^{n} y_i = b \sum_{i=1}^{n} x_i + n \cdot c.$$

Bezeichnen wir mit $\bar{x} = \frac{1}{n} \sum_{i=1}^{n} x_i$ und $\bar{y} = \frac{1}{n} \sum_{i=1}^{n} y_i$ die arithmetischen Mittelwerte

der Beobachtungsfolgen, so lassen sich die notwendigen Bedingungen schreiben als

$$\frac{1}{n} \sum_{i=1}^{n} x_i y_i = b \cdot \frac{1}{n} \cdot \sum_{i=1}^{n} x_i^2 + c \cdot \bar{x}, \tag{7.17}$$

$$c = \bar{y} - b\bar{x} . \tag{7.18}$$

Setzen wir (7.18) in (7.17) ein, so erhalten wir nach Umformung

$$b = \frac{\sum\limits_{i=1}^{n} x_i y_i - n \cdot \bar{x} \cdot \bar{y}}{\sum\limits_{i=1}^{n} x_i^2 - n \cdot \bar{x}^2}. \tag{7.19}$$

Dass die so berechneten Parameter b und c zu einem relativen Minimum von $F(b, c)$ führen, lässt sich mittels Satz 7.6 zeigen:

Mit $F_{bb} = 2 \sum\limits_{i=1}^{n} x_i^2$, $F_{cc} = +2n$, $F_{bc} = F_{cb} = 2 \sum\limits_{i=1}^{n} x_i$ erhalten wir

$$F_{bb} \cdot F_{cc} - (F_{bc})^2 = 4n \sum\limits_{i=1}^{n} x_i^2 - (2 \sum\limits_{i=1}^{n} x_i)^2$$

$$= 4n \left[\sum\limits_{i=1}^{n} x_i^2 - \bar{x} \sum\limits_{i=1}^{n} x_i \right] = 4n \left[\sum\limits_{i=1}^{n} x_i^2 - 2\bar{x} \sum\limits_{i=1}^{n} x_i + \sum\limits_{i=1}^{n} \bar{x}^2 \right]$$

$$= 4n \sum\limits_{i=1}^{n} (x_i - \bar{x})^2 > 0.$$

Da außerdem $F_{bb} = 2 \sum\limits_{i=1}^{n} x_i^2 > 0$, hat $F(b, c)$ in den nach (7.19) und (7.18) bestimmten Parametern b und c ein relatives Minimum, das gleichzeitig auch absolutes Minimum ist, da diese Vorzeichen für alle b und c gelten.

< 7.23 > Für das Streudiagramm in Abb. 7.22 lassen sich die Parameter b und c wie folgt berechnen:

Mit $\bar{x} = \frac{116}{18} = 6,\overline{4}$ und $\bar{y} = \frac{69}{18} = 3,8\overline{3}$ errechnet man nach (7.19) und (7.18) die Lageparameter

$$b = \frac{530,75 - 18 \cdot 6,\overline{4} \cdot 3,8\overline{3}}{977,5 - 18 \cdot (6,\overline{4})^2} = 0,37437,$$

$$c = \frac{69}{18} - 0,37437 \cdot \frac{116}{18} = 1,42075$$

und somit die Regressionsgerade

$$y = 0,37437x + 1,42075,$$

die in das Streudiagramm eingezeichnet ist.   ◆

7.10 Relative Extrema unter Nebenbedingungen

Im Abschnitt 7.8 haben wir das Problem der *unbeschränkten Optimierung* behandelt. Wir suchten die relativen Extrema einer Funktion $f(x, y)$ über einer Menge D, wobei die Variablen x und y unabhängig und frei in D variiert werden durften. Bei den meisten Optimierungsproblemen der Praxis sind aber eine oder mehrere Nebenbedingungen zu berücksichtigen, die eine Abhängigkeit zwischen x und y herstellen. Eine solche Nebenbedingung tritt häufig in der Form

$$g(x, y) = 0 \tag{7.20}$$

auf. Durch die Gleichung (7.20) wird dabei die wechselseitige Abhängigkeit zwischen den Variablen x und y beschrieben, und als Lösung des Optimierungsproblems

$$\underset{(x, y) \in D}{\text{Max}} \; f(x, y) \quad \text{unter Beachtung der Nebenbedingung} \quad g(x, y) = 0$$

kommen dann nur diejenigen Punkte $(x, y) \in$ D in Betracht, die der Nebenbedingung (7.20) genügen.

Als Beispiel für eine Optimierungsaufgabe mit Nebenbedingung betrachten wir die Maximierung des Konsumentennutzens bei beschränktem Budget.

< **7.24** > Die Funktion $u(x, y) = x \cdot y$ gebe für nichtnegative Variablen x und y den Nutzen der Konsumentin Z. Wang wieder, wenn sie über x Einheiten des Gutes X und y Einheiten des Gutes Y verfügt. Der Preis für eine Einheit des Gutes X sei 2,-- €, der Preis für eine Einheit des Gutes Y sei 3,-- €. Für welche Güterkombination soll sich Frau Wang entscheiden, wenn sie nur Güter im Werte von 24,-- € kaufen kann und ihren Nutzen maximieren will. (Das nicht verbrauchte Geld habe den Nutzen Null!).

<u>Lösung:</u> Da Frau Wang nur über 24,-- € verfügt, kann sie nur Güterkombinationen (x, y) kaufen, die in der Menge

$$M = \{(x, y) \in \mathbf{R}_0^2 \mid 2x + 3y \leq 24\},$$

d. h. der Dreiecksfläche mit den Eckpunkten (0, 0), (12, 0) und (0, 8) liegen, vgl. Abb. 7.19.

Da $u_x(x, y) = y > 0$ und $u_y(x, y) = x > 0$, ist die Nutzenfunktion $u(x, y)$ eine im Innern von M bzgl. beider Variablen monoton wachsende Funktion.

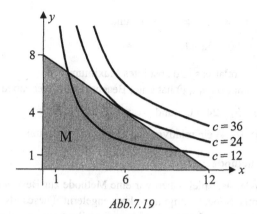

Abb.7.19

Der maximale Nutzen kann daher höchstens für die Güterkombination

$$\overline{M} = \{(x, y) \in \mathbf{R}_0^2 \mid 2x + 3y = 24\} \subseteq M,$$

d. h. für die Punkte auf der *Bilanzgeraden* $y = -\frac{2}{3}x + 8$ erreicht werden. (Die Punkte auf der Bilanzgeraden sind PARETO-*optimal*, denn für alle $(x, y) \in M$ gilt:

$$\not\exists\, (x, y) \in M \mid x > \overline{x} \text{ und } y > \overline{y}.$$

Das vorstehende Maximierungsproblem reduziert sich daher auf die Bestimmung eines Punktepaares $(x, y) \in \overline{M}$, in dem die Nutzenfunktion $u(x, y)$ ihren maximalen Wert annimmt oder mathematisch ausgedrückt: das Maximum der Funktion $u(x, y) = x \cdot y$ mit $x, y \geq 0$ soll bestimmt werden unter Beachtung der Nebenbedingung

$$g(x, y) = 2x + 3y - 24 = 0.$$

Ist nun, wie im vorliegenden Fall, $g(x, y)$ in der gesamten zu Grunde gelegten Definitionsmenge nach einer Variablen eindeutig auflösbar,

$$y = h(x) = -\frac{2}{3}x + 8 \quad \text{bzw.} \quad x = h^{-1}(y) = -\frac{3}{2}y + 12,$$

so kann diese Variable in der Funktion $u(x, y)$ durch die *implizite Funktion* $y = h(x)$ bzw. $x = h^{-1}(y)$ ersetzt werden, und man erhält die Funktion

$$U(x) = u(x, h(x)) \quad \text{bzw.} \quad \overline{U}(y) = u(h^{-1}(y), y)$$

der einen unabhängigen Variablen x bzw. y, deren Maximum man mittels Satz 6.13 bestimmen kann.

$$U(x) = x(-\frac{2}{3}x + 8) = -\frac{2}{3}x^2 + 8x.$$

Da $U'(x) = -\frac{4}{3}x + 8 = 0 \iff x = 6$ und

$U''(x) = -\frac{4}{3} < 0$ für alle x,

hat $U(x)$ in $x = 6$ ihr relatives und absolutes Maximum.

⇒   Die Nutzenfunktion $u(x, y)$ hat unter Beachtung der Nebenbedingung

$g(x, y) = 2x + 3y - 24 = 0$ und $x, y \geq 0$

in $(6, h(6)) = (6, 4)$ ein relatives und absolutes Maximum.   ◆

Die Reduktionsmethode

In dem vorstehenden Beispiel haben wir eine Methode zur Bestimmung von relativen Extrema unter Nebenbedingungen kennengelernt. Dieses als *direkte Reduktionsmethode* bezeichnete Lösungsverfahren ist allerdings nur dann anwendbar, wenn die Nebenbedingung $g(x, y) = 0$ im gesamten Untersuchungsraum D **eindeutig** nach einer der Variablen auflösbar ist. Man setzt dann die durch die Nebenbedingung definierte implizite Funktion $y = h(x)$ oder $x = h^{-1}(y)$ in die Funktion $f(x, y)$ ein und erhält die Funktion

$$F(x) = f(x, h(x)) \quad \text{oder} \quad \hat{F}(x) = f(h^{-1}(y), y), \qquad (7.21)$$

die nur noch Funktion der unabhängigen Variablen x ist.

LAGRANGEs Methode der unbestimmten Multiplikatoren

Ist die Nebenbedingung $g(x, y) = 0$ nicht im gesamten Betrachtungsraum D eindeutig nach einer der Variablen auflösbar und daher die direkte Reduktionsmethode nicht anwendbar, so können wir die *Multiplikatormethode von* LAGRANGE (1736-1813) zur Bestimmung der Punkte heranziehen, die als relative Extrema unter der Nebenbedingung in Frage kommen. Wir wollen zunächst notwendige Bedingungen erörtern, die erfüllt sein müssen, damit eine Funktion $f(x,y)$ unter Berücksichtigung der Nebenbedingung $g(x, y) = 0$ an einer Stelle (x_0, y_0) ein relatives Extremum aufweist.

Dazu gehen wir von der Voraussetzung aus, dass die Funktion $f(x, y)$ an der Stelle (x_0, y_0) ein relatives Extremum besitzt unter Beachtung der Nebenbedingung $g(x, y) = 0$.
Dann muss auf jeden Fall gelten:

I. $g(x_0, y_0) = 0$,

d. h. der Punkt (x_0, y_0) muss die Nebenbedingung erfüllen.

Genügt nun die Funktion $g(x, y)$ in einer Umgebung $U(x_0, y_0)$ der Stelle (x_0, y_0) den Voraussetzungen des Satzes 7.4, so ist $g(x, y) = 0$ in dieser Umgebung $U(x_0, y_0)$ eindeutig nach einer Variablen, z. B. nach y, auflösbar, d. h.

$$g(x, y) = 0 \quad \Leftrightarrow \quad y = h(x) \quad \text{für alle } (x, y) \in U(x_0, y_0).$$

Eingesetzt in $z = f(x, y)$ ergibt sich die für die weiteren Untersuchungen in der Umgebung $U(x_0, y_0)$ relevante Funktion

$$F(x) = f(x, h(x)).$$

Notwendige Bedingung dafür, dass $F(x)$ an der Stelle x_0 ein relatives Extremum hat, ist nach Satz 6.12:

$$\frac{dF(x_0)}{dx} = 0 \quad \overset{(7.7)}{\Leftrightarrow} \quad \frac{\partial f}{\partial x}(x_0, h(x_0)) + \frac{\partial f}{\partial y}(x_0, h(x_0)) \cdot \frac{dh}{dx}(x_0) = 0$$

$$\overset{(7.12)}{\Leftrightarrow} \quad f_x(x_0, y_0) + f_y(x_0, y_0) \cdot (-\frac{g_x(x_0, y_0)}{g_y(x_0, y_0)}) = 0$$

$$\Leftrightarrow \quad \frac{f_x(x_0, y_0)}{f_y(x_0, y_0)} = \frac{g_x(x_0, y_0)}{g_y(x_0, y_0)},$$

sofern neben $g_y(x_0, y_0) \neq 0$ auch $f_y(x_0, y_0) \neq 0$ gilt.

Da zwei Brüche genau dann gleich sind, wenn sie durch Erweiterung auseinander hervorgehen, lässt sich die vorstehende Bedingung auch schreiben als

II. $f_x(x_0, y_0) = \lambda \cdot g_x(x_0, y_0)$ und

III. $f_y(x_0, y_0) = \lambda \cdot g_y(x_0, y_0)$;

dabei wird die reelle Erweiterung $\lambda \neq 0$ als LAGRANGEscher *Multiplikator* bezeichnet.

Die vorstehenden Überlegungen können wir zusammenfassen zum

Satz 7.7: *(Notwendige Bedingung für ein relatives Extremum unter Nebenbedingungen)*

Die Funktionen $f(x, y)$ und $g(x, y)$ seien partiell nach beiden Variablen differenzierbar in einer Menge $D \subseteq \mathbf{R}^2$.

Hat die Funktion f im Punkt $(x_0, y_0) \in D$ ein relatives Extremum unter Beachtung der Nebenbedingung $g(x, y) = 0$, und gilt

$$(f_x(x_0, y_0) \neq 0 \quad \text{und} \quad g_x(x_0, y_0) \neq 0)$$

oder $\quad (f_y(x_0, y_0) \neq 0 \quad \text{und} \quad g_y(x_0, y_0) \neq 0),$

so existiert eine eindeutig bestimmte reelle Zahl $\lambda \neq 0$, so dass gilt:

I. $\quad g(x_0, y_0) \qquad\qquad = 0$

II. $\quad f_x(x_0, y_0) - \lambda\, g_x(x_0, y_0) = 0$

III. $\quad f_y(x_0, y_0) - \lambda\, g_y(x_0, y_0) = 0.$

Definition 7.10:

Die Stellen $(x_0, y_0) \in D$, die den Bedingungen I. bis III. des Satzes 7.7 genügen, werden als *stationäre Stellen* oder *kritische Punkte der Funktion f unter der Nebenbedingung* $g(x, y) = 0$ bezeichnet.

< 7.25 > Bestimmen Sie mittels der LAGRANGEschen Multiplikatormethode Stellen, an denen relative Extrema der Funktion

$$f(x, y) = x^2 + y^2$$

unter Beachtung der Nebenbedingung

$$g(x, y) = x^2 + y^2 - 4x - 2y + 4 = 0$$

liegen können.

Lösung: Da die Funktionen f und g als Polynome in $\mathbf{R}^2$ nach beiden Variablen partiell differenzierbar sind, kommen als relative Extrema nur stationäre Stellen in Betracht.

I $\quad g(x, y) = x^2 + y^2 - 4x - 2y + 4 = 0$

II $\quad f_x - \lambda g_x = 2x - \lambda(2x - 4) \qquad = 0 \qquad | \cdot (y - 1)$

III $\quad f_y - \lambda g_y = 2y - \lambda(2y - 2) \qquad = 0 \qquad | \cdot (-1)(x - 2)$

II + III $\quad 2x(y - 1) - 2y(x - 2) = 0$

$\qquad \Leftrightarrow \quad 2xy - 2x - 2yx + 4y = 0 \quad \Leftrightarrow \quad$ II* $\quad x = 2y.$

II* in I $\quad 4y^2 + y^2 - 8y - 2y + 4 = 0 \quad \Leftrightarrow \quad 5y^2 - 10y + 4 = 0$

$\qquad\qquad\qquad \Leftrightarrow \quad (y - 1)^2 = 1 - \frac{4}{5} = \frac{1}{5},$

d. h. $y_1 = 1 + \frac{1}{\sqrt{5}} \approx 1{,}447$ $\overset{\text{II}^*}{\Rightarrow}$ $x_1 = 2 + \frac{2}{\sqrt{5}} \approx 2{,}894$,

$y_2 = 1 - \frac{1}{\sqrt{5}} \approx 0{,}553$ $\Rightarrow$ $x_2 = 2 - \frac{2}{\sqrt{5}} \approx 1{,}106$.

Die dazu gehörenden eindeutig bestimmten LAGRANGEschen Multiplikatoren sind $\lambda_1 = \sqrt{5} + 1$ und $\lambda_2 = \sqrt{5} - 1$. Damit besitzt die Funktion f unter Beachtung der Nebenbedingung $g(x, y) = 0$ höchstens in den kritischen Punkten

$$P_1 = (2 + \frac{2}{\sqrt{5}}, 1 + \frac{1}{\sqrt{5}}) \text{ oder } P_2 = (2 - \frac{2}{\sqrt{5}}, 1 - \frac{1}{\sqrt{5}})$$

ein relatives Extremum.   ♦

Um festzustellen, ob eine Funktion f unter Beachtung der Nebenbedingung $g(x, y) = 0$ an einer stationären Stelle ein relatives Maximum bzw. ein relatives Minimum aufweist, benötigen wir hinreichende Bedingungen. Solche hinreichenden Bedingungen lassen sich in Analogie zu den Sätzen 6.13 und 7.6 für Extrema ohne Nebenbedingungen auch für den LAGRANGE-Ansatz formulieren. Da dazu aber Kenntnisse der Matrizen- und Determinantentheorie benötigt werden, sind diese hinreichenden Aussagen zusammen mit der Erweiterung auf Funktionen mit mehr als zwei unabhängigen Variablen und mehr als einer Nebenbedingung erst in Band 2 dieses Mathematikbuches dargestellt.

Für den hier behandelten Fall mit zwei unabhängigen Variablen ist es aber oft möglich, mit Hilfe graphischer Methoden festzustellen, ob an einer stationären Stelle wirklich ein relatives Maximum bzw. ein relatives Minimum vorliegt. Dann reicht es aus, die der Nebenbedingung genügende Punktmenge in die Definitionsebene einzuzeichnen und den Verlauf der Höhenlinienschar der Funktion f in der Umgebung der kritischen Punkte zu untersuchen.

< 7.26 > Die Punktmenge, die der Nebenbedingung

$$g(x, y) = x^2 + y^2 - 2y - 4x + 4 = (x - 2)^2 + (y - 1)^2 - 1 = 0$$

genügt, bildet einen Kreis mit dem Mittelpunkt in (2, 1) und dem Radius 1. Die Höhenlinien der Funktion $f(x, y) = x^2 + y^2$ sind, vgl. Abb. 7.6, konzentrische Kreise um den Ursprung der x-y-Ebene.

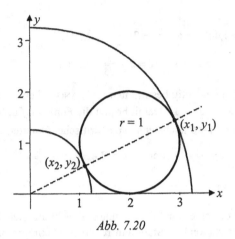

Abb. 7.20

Aus Abb. 7.20 kann man ablesen, dass die Funktion $z = f(x, y)$ unter der Nebenbedingung $g(x, y) = 0$ ein relatives Maximum an der Stelle

$$(x_1, y_1) = (2 + \frac{2}{\sqrt{5}}, 1 + \frac{2}{\sqrt{5}})$$

hat, denn es lässt sich eine Umgebung dieses kritischen Punktes so angeben, dass alle Punkte dieser Umgebung, die auch der Nebenbedingungen $g(x, y) = 0$ genügen, auf Höhenlinien mit einer geringeren Höhe als $f(x_1, y_1)$ liegen. Durch analoge Argumentation kann man schließen, dass f unter der Nebenbedingung $g(x, y) = 0$ in $(x_2, y_2) = (2 - \frac{2}{\sqrt{5}}, 1 - \frac{2}{\sqrt{5}})$ ein relatives Minimum besitzt.   ♦

Haben die Funktionen f und g eine praktische Bedeutung, so lassen sich die LAGRANGEschen Multiplikatoren

$$\lambda = \frac{f_x(x_0, y_0)}{g_x(x_0, y_0)} = \frac{f_y(x_0, y_0)}{g_y(x_0, y_0)}$$

auch inhaltlich interpretieren.

< 7.27 > Gesucht ist das Maximum der Ertragsfunktion $f(r_1, r_2)$ bei vorgegebenen Maximalkosten $K = K(r_1, r_2)$, wenn die Produktionsfunktion f und die Kostenfunktion K nur von den Mengen der eingesetzten Produktionsfaktoren r_1 und r_2 abhängen. Für eine stationäre Stelle $(\bar{r}_1, \bar{r}_2)$ gilt dann

$$\bar{\lambda} = \frac{f_{r_i}(\bar{r}_1, \bar{r}_2)}{K_{r_i}(\bar{r}_1, \bar{r}_2)} = \frac{\frac{\partial f}{\partial r_i}(\bar{r}_1, \bar{r}_2)}{\frac{\partial K}{\partial r_i}(\bar{r}_1, \bar{r}_2)} \approx \frac{\frac{df(\bar{r}_1, \bar{r}_2)}{dr_i}}{\frac{dK(\bar{r}_1, \bar{r}_2)}{dr_i}} = \frac{df(\bar{r}_1, \bar{r}_2)}{dK(\bar{r}_1, \bar{r}_2)},$$

wenn man anstelle der Differentialquotienten als Näherungswerte die entsprechenden Differenzenquotienten verwendet, $i = 1$ oder $i = 2$. D. h. werden im Optimum $(\bar{r}_1, \bar{r}_2)$ die Maximalkosten K um $dK(\bar{r}_1, \bar{r}_2)$ erhöht, so erhöht sich der Ertrag um

$$df = \bar{\lambda} \cdot dK(\bar{r}_1, \bar{r}_2).$$

Dabei spielt es keine Rolle, ob der zusätzliche Geldbetrag $dK(\bar{r}_1, \bar{r}_2)$ benutzt wird, um etwas mehr vom Produktionsfaktor 1 oder vom Produktionsfaktor 2 einzusetzen. Der LAGRANGEsche Multiplikator kann daher in diesem Beispiel interpretiert werden als *Grenzertrag der Kosten*.

Seien die Ertragsfunktion $\quad f(r_1, r_2) = r_1 \cdot r_2$
und die Kostenbedingung $\quad k(r_1, r_2) - K = 2r_1 + 3r_2 - 96 = 0$

gegeben, so lässt sich zeigen, dass $(\bar{r}_1, \bar{r}_2) = (24, 16)$ mit $\bar{\lambda} = 8$ die einzige stationäre Stelle dieses Ertragsmaximierungsproblems ist. Werden nun die Maximalkosten um $dK = 1$ Einheiten erhöht, so kann man für dieses zusätzliche Geld u. a.

$\frac{1}{2}$ Einheiten des Produktionsfaktors 1

oder $\quad \frac{1}{3}$ Einheiten des Produktionsfaktors 2 kaufen.

Da $f(24 + \frac{1}{2}, 16) = 392 = f(24, 16 + \frac{1}{3})$, erhöht sich in beiden Fällen der Output

um $\bar{\lambda} = \dfrac{392 - f(24, 16)}{dk} = \dfrac{392 - 384}{1} = 8$. ♦

7.11 Homogene Funktionen

In den Wirtschaftswissenschaften sind Funktionen von Bedeutung, die die nachfolgend definierte Homogenitätseigenschaft aufweisen.

Definition 7.11:

Eine Funktion $f(x, y)$ heißt *homogen vom Grade s*, wenn gilt:

$$f(\lambda x, \lambda y) = \lambda^s \cdot f(x, y) \quad \text{für alle } \lambda > 0. \tag{7.22}$$

Dabei heißt s der *Homogenitätsgrad* von f.

< 7.28 > a. $f(x, y) = x^2 + 2xy - y^2$,

$f(\lambda x, \lambda y) = (\lambda x)^2 + 2(\lambda x) \cdot (\lambda y) - (\lambda y)^2 = \lambda^2 \cdot f(x, y)$,

d. h. f ist homogen vom Grade 2.

b. $f(x, y) = \sqrt{\dfrac{x + y}{x - y}}$,

$f(\lambda x, \lambda y) = \sqrt{\dfrac{\lambda x + \lambda y}{\lambda x - \lambda y}} = \sqrt{\dfrac{x + y}{x - y}} = \lambda^0 \cdot f(x, y)$,

d. h. $f(x, y)$ ist homogen vom Grade 0.

c. $f(x, y) = 2x + 3xy + y^3$,

$f(\lambda x, \lambda y) = 2\lambda x + 3(\lambda x)(\lambda y) + (\lambda y)^3 = \lambda(2x + 3\lambda xy + \lambda^2 y^3)$,

d. h. diese Funktion ist nicht homogen.   ♦

< 7.29 > Zur Herstellung des Produktes Z benötigt ein Unternehmen die Inputs X und Y, und zwar kann mit x Einheiten von X und y Einheiten von Y der Output

$$z = f(x, y) = 2x + 5y \qquad \textit{Produktionsfunktion}$$

hergestellt werden.

Da $f(\lambda x, \lambda y) = 2\lambda x + 5\lambda y = \lambda(2x + 5y)$, ist diese Produktionsfunktion homogen vom Grade 1 oder *linear homogen*.

In der englischsprachigen Literatur verwendet man auch die Bezeichnung *constant return to scale*, denn eine linear homogene Produktionsfunktion hat die Eigenschaft, dass durch eine Erhöhung aller Inputfaktoren um das λ-fache ebenfalls der Output um das λ-fache steigt.

Auch die COBB-DOUGLAS-Funktion mit $\gamma = 0$, vgl. S. 239,

$$X(A, K) = a \cdot A^\alpha K^{1-\alpha} \quad \text{ist homogen vom Grade 1.} \qquad ♦$$

Der Homogenitätsgrad einer Funktion $f(x, y)$ kann auch auf andere Weise bestimmt werden, gebräuchlich ist u. a. die Formel von EULER.

Satz 7.8:
Sei $f(x, y)$ wenigstens einmal nach beiden Variablen partiell differenzierbar. Die Funktion f ist genau dann homogen vom Grade s, wenn gilt

$$x \cdot f_x(x, y) + y \cdot f_y(x, y) = s \cdot f(x, y). \qquad \textit{Formel von EULER} \qquad (7.23)$$

$< 7.30 > \quad f(x, y) = x^2 + 2xy - y^2$ ist nach Beispiel $< 7.28 >$ homogen vom Grade 2.

$$f_x(x, y) = 2x + 2y, \quad f_y(x, y) = 2x - 2y$$
$$xf_x + yf_y = x(2x + 2y) + y(2x - 2y)$$
$$= 2x^2 + 4xy - 2y^2 = 2 \cdot f(x, y). \qquad \blacklozenge$$

7.12 Aufgaben

7.1 Bilden Sie die partiellen Ableitungen 1. und 2. Ordnung der Funktionen

    a. $f(x, y) = 3x^4 - x^2 y + 5xy^3$

    b. $g(x, y) = (5y - x^2) \cdot \ln y + 3x \cdot e^{-y^2}$

7.2 Bilden Sie die 1. Ableitung der verketteten Funktion

$$H(t) = f(x(t), y(t)) \quad \text{mit} \quad f(x, y) = 3\sqrt{x}\, y + x^3 e^{y^2 - 1},$$
$$x(t) = t^3 + 1, \quad y(t) = 3t - 5$$

mittels der Kettenregel (7.10) an der Stelle $t_0 = 2$.

7.3 Eine Ackerfläche wird, bevor sie mit Weizen bestellt wird, mit x_1 Mengeneinheiten des Naturdüngers N behandelt, und 2 Monate später werden x_2 Mengeneinheiten des Kunstdüngers K ausgestreut. Aus langjähriger Erfahrung kennt der Landwirt den Zusammenhang zwischen Weizenertrag y und Düngung unter normalen Wetterbedingungen:

$$y = f(x_1, x_2) = 840 + 4x_1 - x_1^2 + 10x_2 - 3x_2^2 + 3x_1 x_2.$$

    a. Wie ändert sich das Produktionsergebnis, wenn der Düngereinsatz vom Niveau $(\bar{x}_1, \bar{x}_2) = (10, 20)$ aus so geändert wird, dass 20% mehr Naturdünger, aber 5% weniger Kunstdünger ausgestreut werden?
(Approximative Näherung mit dem totalen Differential erwünscht!)

b. Bei welcher Düngermenge erzielt dieser Landwirt einen maximalen Weizenertrag und wie hoch ist dieser?

7.4 Überprüfen Sie, ob der Punkt $P_0 = (1, 2)$ der Gleichung

$$g(x, y) = x^5 - 4x^2y + 2xy^2 - 1 = 0 \quad \text{genügt.}$$

Wenn ja, wird in einer Umgebung des Punktes P_0 durch diese Gleichung die Variable y implizit als Funktion von x gegeben? Berechnen Sie dann die Gleichung der Tangente, welche in P_0 an die Kurve gelegt werden kann.

7.5 $x(r_1, r_2) = 2r_1 r_2$ sei die Ertragsfunktion und

$K(r_1, r_2) = 12r_1 + 6r_2 + 10$ sei die Kostenfunktion

eines Unternehmens, das ein Gut unter Einsatz der Mengen (r_1, r_2) herstellt. Bestimmen Sie (mittels der Reduktionsmethode) die minimalen Kosten bei einem angestrebten Output von $x = 400$ Mengeneinheiten.

7.6 Bestimmen Sie die stationären Stellen der Funktion

$$f(x, y) = y + \frac{1}{2}(x + 3)^2 - 4 \quad \text{unter Beachtung der Nebenbedingung}$$

$$g(x, y) = (x + 3)^2 + (y - 1)^2 - 5 = 0.$$

Entscheiden Sie dann anhand einer Zeichnung, ob an diesen Stellen Extrema vorliegen.

7.7 Entscheiden Sie, ob die Funktion

   a. $f(x, y) = \dfrac{x^2 y + 3y^3}{2xy - x^2}$ **b.** $g(x, y) = \dfrac{10y^2 \cdot x}{\sqrt{xy}} - 3x^2$

homogen ist, und geben Sie gegebenenfalls den Homogenitätsgrad an.

8. Integralrechnung

Ein weiteres Teilgebiet der Analysis ist die Integralrechnung. Da sie im Vergleich zur Differentialrechnung in den Wirtschaftswissenschaften von geringerer Bedeutung ist, wollen wir uns im Wesentlichen auf die Integration reellwertiger Funktionen mit einer unabhängigen Variablen beschränken. Neben den beiden grundlegenden Begriffen des bestimmten und des unbestimmten Integrals werden auch uneigentliche und STIELTJESsche Integrale behandelt, da letztere in der Statistik von Bedeutung sind.

8.1 Das bestimmte Integral

Die Integralrechnung hat ihren Ursprung in dem Problem, den Inhalt von krumm-linig begrenzten Figuren zu bestimmen. Ein Beispiel ist der Flächeninhalt I_{ab} der Fläche F_{ab} in der Abb. 8.1, die begrenzt wird durch den Graph der positiven, stetigen Funktion $y = f(x)$, der x-Achse und den beiden Parallelen zur y-Achse mit den Gleichungen $x = a$ und $x = b$.

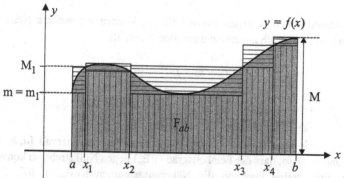

Abb. 8.1: Integralfläche mit Ober- und Untersumme

Gehen wir, wie allgemein üblich, davon aus, dass der Flächeninhalt eines Rechtecks mit den Seitenlängen c und d gleich $c \cdot d$ ist, so lässt sich der gesuchte Flächeninhalt I_{ab} abschätzen durch

$$m(b - a) \leq I_{ab} \leq M(b - a),$$

wobei $m = \min_{x \in [a,b]} f(x)$ und $M = \max_{x \in [a,b]} f(x)$ bedeutet.

Um diese i. Allg. grobe Abschätzung zu verbessern, nehmen wir eine *Einteilung* $E_n = \{x_0, x_1, \ldots, x_n\}$ des Intervalls $[a, b]$ vor, indem wir $(n - 1)$ willkürliche Zwischenpunkte $x_1, x_2, \ldots, x_{n-1}$ wählen mit

$$a = x_0 < x_1 < x_2 < \cdots < x_{n-1} < x_n = b.$$

Dadurch wird das Intervall $[a, b]$ in n Teilintervalle $[x_{k-1}, x_k]$, $k = 1, 2, \ldots, n$ zerlegt. Die positive Zahl

$$G(E_n) = \underset{k \in \{1, 2, \ldots, n\}}{\mathrm{Max}} (x_k - x_{k-1})$$

nennt man *Feinheitsgrad* der Einteilung E_n.
Bezeichnen wir mit

$$M_k = \underset{x \in [x_{k-1}, x_k]}{\mathrm{Max}} f(x) \quad \text{und} \quad m_k = \underset{x \in [x_{k-1}, x_k]}{\mathrm{Min}} f(x)$$

den größten bzw. kleinsten Funktionswert von f im Intervall $[x_{k-1}, x_k]$, dann liegt der Flächeninhalt I_{ab} zwischen

der Untersumme $\quad I_U(E_n, f) = \sum\limits_{k=1}^{n} m_k \cdot (x_k - x_{k-1}) \quad$ und

der Obersumme $\quad I_O(E_n, f) = \sum\limits_{k=1}^{n} M_k \cdot (x_k - x_{k-1}).$

Neben diesen beiden Näherungswerten für I_{ab} können wir weitere Näherungssummen bilden, die sich allgemein darstellen lassen als

$$I(E_n, f) = \sum\limits_{k=1}^{n} f(\xi_k) \cdot (x_k - x_{k-1}),$$

wobei wir aus jedem Intervall $[x_{k-1}, x_k]$ einen beliebigen Wert ξ_k, $x_{k-1} \leq \xi_k \leq x_k$, auswählen.

Vergrößern wir jetzt die Anzahl der Zwischenpunkte im Intervall $[a, b]$ unbegrenzt, und zwar so, dass der Feinheitsgrad $G(E_n)$ gegen Null strebt, so konvergieren für eine stetige Funktion die Näherungssummen $I_U(E_n, f)$, $I(E_n, f)$ und $I_O(E_n, f)$ gegen den Flächeninhalt I_{ab}.

Die vorstehenden Überlegungen führen zu der

Definition 8.1:

Sei $f(x)$ eine im Intervall [a, b] definierte Funktion,

$E_n = \{x_0, x_1, ..., x_n\}$ eine beliebige Einteilung von $[a, b]$,

$\xi_1, \xi_2, ..., \xi_n$ willkürlich gewählte Punkte aus $[a, b]$ mit $\xi_k \in [x_{k-1}, x_k]$, $k = 1, 2, ..., n$.

Existiert der Grenzwert

$$\lim_{G(E_n) \to 0} \sum_{k=1}^{n} f(\xi_k) \cdot (x_k - x_{k-1})$$

unabhängig von der Wahl der x_k und der ξ_k, so bezeichnet man ihn als das *bestimmte RIEMANNsche Integral der Funktion f zwischen den Grenzen a und b* und schreibt

$$\int_a^b f(x)dx = \lim_{G(E_n) \to 0} \sum_{k=1}^{n} f(\xi_k) \cdot (x_k - x_{k-1}). \tag{8.1}$$

Dabei heißt $\int$ *Integralzeichen, f(x) Integrand, a und b untere bzw. obere Integrationsgrenze, [a, b] Integrationsintervall* und das auf das Integrationsintervall beschränkte Argument x des Integranden *Integrationsvariable*. Das Symbol dx gibt an, dass bezüglich der Variablen x zu integrieren ist.

Bemerkungen:

a. Die Symbolik $\lim_{G(E_n) \to 0} I(E_n, f)$ besagt, dass dieser Grenzwert unabhängig ist von der speziellen Wahl einer geeigneten Einteilungsfolge.

b. Eine Funktion f ist genau dann (im RIEMANNschen Sinne) integrierbar, wenn alle Näherungssummen $I(E_n, f)$ gegen den **gleichen** Grenzwert konvergieren, unabhängig von der Wahl der Einteilungsfolge und von der Wahl der Zwischenpunkte ξ_k.

c. Ist f, wie in Abb. 8.1 angenommen, in $[a, b]$ nichtnegativ, so gibt das Integral $\int_a^b f(x)dx$ den Inhalt der Fläche zwischen dem Graph von f, der x-Achse und den beiden Parallelen zur y-Achse $x = a$ und $x = b$ an.

d. Ist $f(x) < 0$ für alle $x \in [a, b]$, dann gilt auch für das Integral $\int_a^b f(x)dx < 0$, da alle Summanden $\underbrace{f(\xi_k)}_{<0} \cdot \underbrace{(x_k - x_{k-1})}_{>0} < 0$ sind.

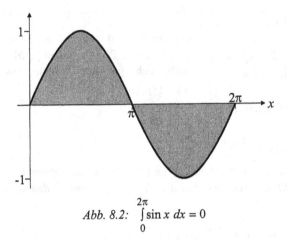

Abb. 8.2: $\int\limits_{0}^{2\pi} \sin x \, dx = 0$

Der nachfolgende Satz 8.1 sichert - ergänzt durch den Satz 8.18 auf S. 323 - in den meisten wirtschaftswissenschaftlichen Anwendungsfällen die Existenz eines bestimmten Integrals:

Satz 8.1:
Jede in einem abgeschlossenen Intervall $[a, b]$ stetige Funktion f ist über diesem Intervall integrierbar.

< 8.1 >

a. Für die stetige Funktion $f(x) = x$ existiert nach Satz 8.1 das Integral

$$\int\limits_{0}^{b} f(x) \, dx = \int\limits_{0}^{b} x \, dx, \quad b > 0 \,.$$

Zur Berechnung des Integrals führen wir die *äquidistante* Einteilung

$$E_n: \ 0 = x_0 < x_1 = \frac{b}{n} < x_2 = \frac{2b}{n} < \cdots < x_k = \frac{kb}{n} < \cdots < x_n = b$$

ein und berechnen die Obersummen

$$I_0(E_n, f) = \sum_{k=1}^{n} M_k \cdot \frac{b}{n} = \sum_{k=1}^{n} \frac{kb}{n} \cdot \frac{b}{n} = \frac{b^2}{n^2} \cdot \sum_{k=1}^{n} k = \frac{b^2}{n^2} \cdot \frac{n(n+1)}{2} \,.$$

Daraus folgt: $\int\limits_{0}^{b} x \, dx = \lim_{n \to \infty} \frac{b^2 \cdot n(n+1)}{2n^2} = \frac{b^2}{2} \cdot \lim_{n \to \infty} \frac{1 + \frac{1}{n}}{1} = \frac{b^2}{2} \,.$

Dieses Ergebnis war auch zu erwarten, denn die Fläche ist ein rechtwinkliges, gleichschenkliges Dreieck mit den Kathetenlängen b.

b. Für $0 < a$ ist $f(x) = x^s$, $s \neq 1$ eine stetige Funktion im Intervall $[a, b]$. Zur Berechnung des nach Satz 8.1 existierenden Integrals $\int\limits_a^b f(x)\,dx = \int\limits_a^b x^s\,dx$ wählen wir eine Einteilung, deren Teilpunkte Glieder einer *geometrischen* Folge sind:

$$E_n:\; x_k^{(n)} = a \cdot (c_n)^k = a \cdot c_n^k \quad \text{mit} \quad c_n = \sqrt[n]{\frac{b}{a}}.$$

Der Feinheitsgrad

$$G(E_n) = b - ac_n^{n-1} = b(1 - \frac{a}{b}(\sqrt[n]{\frac{b}{a}})^{n-1}) = b(1 - \sqrt[n]{\frac{a}{b}})$$

konvergiert für $n \to \infty$ gegen Null.

Als Zwischenpunkte wählen wir nun die linken Endpunkte der Teilintervalle, d. h. $\xi_k^{(n)} = x_{k-1}^{(n)} = a \cdot c_n^{k-1}$, und bilden dann die Näherungssummen

$$I(E_n, f) = \sum_{k=1}^n (ac_n^{k-1})^s \cdot (ac_n^k - ac_n^{k-1}) = \sum_{k=1}^n a^s \cdot c_n^{(k-1)s} \cdot a \cdot c_n^{k-1}(c_n - 1)$$

$$= a^{s+1}(c_n - 1) \cdot \sum_{k=1}^n (c_n^{k-1})^{s+1} \underset{j=k-1}{=} a^{s+1}(c_n - 1) \sum_{j=0}^{n-1} (c_n^{s+1})^j$$

$$\overset{(1.27)}{=} a^{s+1}(c_n - 1) \cdot \frac{(c_n^{s+1})^n - 1}{c_n^{s+1} - 1} = a^{s+1}((c_n^{s+1})^n - 1)\frac{c_n - 1}{c_n^{s+1} - 1}.$$

Da i. $a^{s+1}((c_n^{s+1})^n - 1) = a^{s+1}(\frac{b^{s+1}}{a^{s+1}} - 1) = b^{s+1} - a^{s+1},$

ii. $\lim\limits_{n \to \infty} c_n = \lim\limits_{n \to \infty} \sqrt[n]{\frac{b}{a}} = 1,$

iii. $\lim\limits_{q \to 1} \frac{q^r - 1}{q - 1} = \lim\limits_{q \to 1}(q^{r-1} + q^{r-2} + \cdots + q + 1) = r,$

gilt $\int\limits_a^b x^s dx = \lim\limits_{n \to \infty} I(E_n, f) = (b^{s+1} - a^{s+1}) \cdot \frac{1}{s+1} = \frac{b^{s+1} - a^{s+1}}{s+1}.$ ♦

Eigenschaften des bestimmten Integrals

Aus der Definition des bestimmten Integrals lassen sich unmittelbar, z. B. mittels des Grenzwertsatzes 5.4, folgende Eigenschaften ableiten:

Satz 8.2:

Für alle im Intervall $[a, b]$ integrierbaren Funktionen f und g gilt:

A. Für jede reelle Zahl α ist die Funktion $\alpha \cdot f$ über $[a, b]$ integrierbar, und es ist

$$\int_a^b \alpha \cdot f(x)\,dx = \alpha \cdot \int_a^b f(x)\,dx. \qquad \textit{Homogenität} \qquad (8.2)$$

B. Die Funktion $f + g$ ist über $[a, b]$ integrierbar, und es ist

$$\int_a^b (f(x) + g(x))\,dx = \int_a^b f(x)\,dx + \int_a^b g(x)\,dx \qquad \textit{Additivität} \qquad (8.3)$$

AB. Für beliebige reelle Zahlen α und β ist die Funktion $\alpha \cdot f + \beta \cdot g$ über $[a, b]$ integrierbar, und es ist

$$\int_a^b (\alpha f(x) + \beta g(x))\,dx = \alpha \cdot \int_a^b f(x)\,dx + \beta \cdot \int_a^b g(x)\,dx \qquad \textit{Linearität} \qquad (8.4)$$

C. Die Funktion $|f|$ ist über $[a, b]$ integrierbar, und es ist

$$\left| \int_a^b f(x)\,dx \right| \leq \int_a^b |f(x)|\,dx. \qquad (8.5)$$

D. Die Funktion $f \cdot g$ ist über $[a, b]$ integrierbar.

E. Die Funktion $\dfrac{f}{g}$ ist über $[a, b]$ integrierbar, falls es eine Konstante $\gamma > 0$ gibt, so dass stets $|g(x)| \geq \gamma$ für $x \in [a, b]$.

Satz 8.3:

Für über $[a, b]$ integrierbare Funktionen f und g gilt die *Monotonie*-Eigenschaft:

$$f(x) \geq g(x) \quad \forall\, x \in [a, b] \quad \Rightarrow \quad \int_a^b f(x)\,dx \geq \int_a^b g(x)\,dx.$$

Satz 8.4:

Ist m das Minimum und M das Maximum der stetigen Funktion f im abgeschlossenen Intervall $[a, b]$, dann gilt:

$$(b-a) \cdot m \le \int_a^b f(x)\,dx \le (b-a) \cdot M. \tag{8.6}$$

Die Gültigkeit des Satzes 8.4 folgt unmittelbar aus der Monotonie-Eigenschaft. Da $m \le f(x) \le M$, gilt nach Satz 8.3

$$\int_a^b m\,dx \le \int_a^b f(x)\,dx \le \int_a^b M\,dx \quad \text{und damit (8.6).}$$

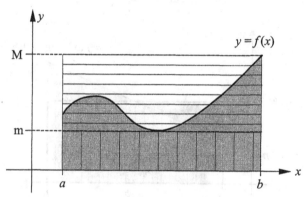

Abb. 8.3: Integralfläche

Da m das Minimum und M das Maximum der Funktion f über $[a, b]$ ist, existiert nach dem Zwischenwertsatz, vgl. S. 186, eine Stelle $z \in [a, b]$, so dass

$$m \le f(z) = \frac{1}{b-a} \int_a^b f(x)\,dx \le M.$$

Es gilt daher der nachfolgende Satz 8.5.

Satz 8.5: *(Mittelwertsatz der Integralrechnung)*

Für jede im abgeschlossenen Intervall $[a, b]$ stetige Funktion f existiert ein $z \in [a, b]$ mit

$$\int_a^b f(x)\,dx = (b-a) \cdot f(z). \tag{8.7}$$

< **8.2** > Da nach Beispiel < 8.1a > und Satz 8.2 gilt

$$\int_a^b (mx + n)\,dx = m\int_a^b x\,dx + n\int_a^b dx$$

$$= m\,\frac{b^2 - a^2}{2} + n(b - a) = (b - a)\cdot[m\cdot\frac{a+b}{2} + n],$$

und andererseits nach dem Mittelwertsatz ein $z \in [a, b]$ so existiert, dass

$$\int_a^b (mx + n)\,dx = (b - a)\cdot(mz + n),$$

so folgt durch Vergleich beider Ergebnisse $z = \dfrac{a+b}{2}$.

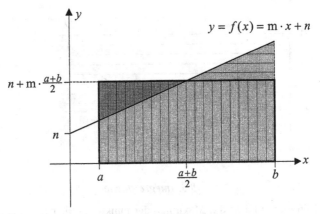

Abb. 8.4: Mittelwertsatz   ◆

Satz 8.6:

Ist die Funktion $f(x)$ über $[a, b]$ integrierbar, so existiert auch das Integral

$$\int_c^d f(x)\,dx \quad \text{für beliebige } c, d \in [a, b].$$

Definition 8.2:

Ist die Funktion $f(x)$ über dem Intervall $[a, b]$ integrierbar, dann definieren wir das Integral der Funktion von d bis c mit $c, d \in [a, b]$

für $d > c$ durch: $\quad \int\limits_{d}^{c} f(x)\,dx = -\int\limits_{c}^{d} f(x)\,dx \qquad$ und

für $d = c$ durch: $\quad \int\limits_{d}^{c} f(x)\,dx = 0$.

Satz 8.7

Ist f über $[a, b]$ integrierbar, dann gilt für alle $c, d, e \in [a, b]$

$$\int\limits_{c}^{d} f(x)\,dx + \int\limits_{d}^{e} f(x)\,dx + \int\limits_{e}^{c} f(x)\,dx = 0. \qquad (8.8)$$

< 8.3 > Ist $c < d < e$, so besagt Gleichung (8.8)

$$\int\limits_{c}^{e} f(x)\,dx = \int\limits_{c}^{d} f(x)\,dx + \int\limits_{d}^{e} f(x)\,dx.$$

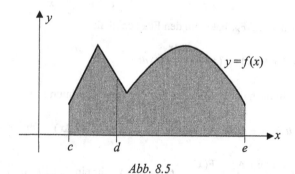

Abb. 8.5   ◆

8.2 Das unbestimmte Integral

Betrachten wir die Fläche F_{cx}, die von der x-Achse, der Bildkurve der stetigen Funktion $f(t)$ und den Ordinaten $t = c$ und $t = x$ begrenzt wird. Der Inhalt I_{cx} dieser Fläche hängt offensichtlich davon ab, an welche Stelle wir die obere Ordinate legen, d. h. der Inhalt I_{cx} ist eine Funktion von x, die wir mit $F(x)$ bezeichnen.

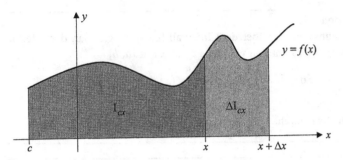

Abb. 8.6: Zum unbestimmten Integral

Der Flächeninhalt $I_{cx} = F(x)$ lässt sich durch das bestimmte Integral der Funktion f mit fester unterer Grenze c und variabler oberer Grenze x darstellen:

$$I_{cx} = F(x) = \int_c^x f(t)\,dt.$$

Analog ist dann

$$I_{cx+\Delta x} = F(x + \Delta x) = \int_c^{x+\Delta x} f(t)\,dt \overset{\text{Satz 8.7}}{=} \int_c^x f(t)\,dt + \int_x^{x+\Delta x} f(t)\,dt.$$

Die Differenzmenge ΔF_{cx} hat dann den Flächeninhalt

$$\Delta I_{cx} = F(x + \Delta x) - F(x) = \int_x^{x+\Delta x} f(t)\,dt.$$

Andererseits gilt nach dem Mittelwertsatz der Integralrechnung

$$\int_x^{x+\Delta x} f(t)\,dt = (x + \Delta x - x)\cdot f(x + \lambda\Delta x) = \Delta x \cdot f(x + \lambda\Delta x) \quad \text{für ein } \lambda \in [0, 1].$$

Es gilt daher: $\dfrac{F(x + \Delta x) - F(x)}{\Delta x} = f(x + \lambda\Delta x)$ für ein $\lambda \in [0, 1]$.

Wegen der Stetigkeit der Funktion f strebt $f(x + \lambda\Delta x)$ für $\Delta x \to 0$ gegen $f(x)$. Es existiert somit der Grenzwert

$$F'(x) = \lim_{\Delta x \to 0} \frac{F(x + \Delta x) - F(x)}{\Delta x} = f(x).$$

Satz 8.8: *(Hauptsatz der Differential- und Integralrechnung)*

Ist die Funktion $f(x)$ im Intervall $[a, b]$ stetig, so ist die auf $[a, b]$ durch

$$F(x) = \int_x f(t)\,dt \quad \text{mit} \quad c \in [a, b]$$

definierte Funktion F in $]a, b[$ differenzierbar, und ihre 1. Ableitung ist gleich dem Wert des Integranden an der oberen Integrationsgrenze

$$F'(x) = \frac{d}{dx} \int_c^x f(t)\,dt = f(x). \tag{8.9}$$

Bemerkung:

In der Literatur wird manchmal die Integrationsvariable und die variable obere Grenze mit demselben Buchstaben symbolisiert, so dass sich ein Ausdruck der

Form $\int_c^x f(x)\,dx$ ergibt. Um Fehlinterpretationen zu vermeiden, wird in diesem

Buch bei Integralen mit variablen Grenzen ein anderes Symbol für die Integrationsvariable gewählt.

Definition 8.3:

Eine Funktion $F(x)$, deren 1. Ableitung eine vorgegebene Funktion $f(x)$ ist, d. h.

$$F'(x) = \frac{dF}{dx}(x) = f(x),$$

heißt *Stammfunktion* von f.

Der Satz 8.8 lässt sich daher auch so formulieren:

Satz 8.8':

Für jede stetige Funktion $f(x)$ ist die auf $[a, b]$ durch

$$F(x) = \int_c^x f(t)\,dt \quad \text{mit} \quad c \in [a, b]$$

definierte Funktion F eine Stammfunktion von f auf $[a, b]$.

Betrachten wir nun zwei beliebige Stammfunktionen F und G von f im Intervall I, so haben sie definitionsgemäß für jedes $x \in I$ die gleiche Ableitung, nämlich $F'(x) = f(x)$ und $G'(x) = f(x)$. Die Ableitung der Funktion $[F(x) - G(x)]$ ist demnach identisch Null, d. h. es gilt:

$$[F(x) - G(x)]' = 0 \quad \text{für alle } x \in I.$$

Nach Satz 6.8 von S. 211 ist eine solche Funktion $[F(x) - G(x)]$ eine konstante Funktion über I. Zwei Stammfunktionen der gleichen Funktion unterscheiden sich daher stets nur um eine additive Konstante.

Da außerdem wegen $[F(x) - C]' = F'(x) + 0 = F'(x)$ für eine beliebige Konstante $C \in \mathbf{R}$ mit $F(x)$ auch jede Funktion $H(x) = F(x) + C$ eine Stammfunktion von f auf I ist, gilt der folgende

---

Satz 8.9:

Ist eine Stammfunktion der Funktion f über dem Intervall I bekannt, so erhält man **jede** andere zu f gehörige Stammfunktion durch Addition einer konstanten Funktion.

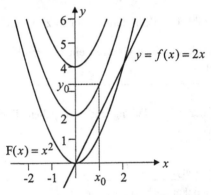

Abb. 8.7: $f(x) = 2x$ und Stammfunktionen

Geometrisch bedeutet die Beziehung $F'(x) = f(x)$, dass der Graph der gesuchten Stammfunktion, oder wie man sagt die *Integralkurve* $y = F(x)$, eine Kurve ist, deren Tangente für jeden beliebigen Argumentenwert x eine vorgegebene Richtung hat, die durch den Richtungskoeffizienten $f(x)$ bestimmt ist. Ist **eine** solche Integralkurve konstruiert, so sind auch **sämtliche** Kurven, die durch Parallelverschiebung längs der y-Achse entstehen, Integralkurven von $f(x)$. Die Parallelverschiebung ist gleichbedeutend mit dem Hinzufügen einer additiven Konstanten C zu den Kurvenordinaten; die allgemeine Gleichung der die Aufgabe lösenden Kurven ist daher $y = F(x) + C$. Fordert man zusätzlich, dass die gesuchte Integralkurve durch den Punkt (x_0, y_0) verläuft, so bestimmt sich C aus der Gleichung $y_0 = F(x_0) + C$ zu $C = y_0 - F(x_0)$, und man erhält die eindeutige Stammfunktion $y = F(x) + (y_0 - F(x_0))$.

Definition 8.4:

Der allgemeine Ausdruck $F(x) + C$ für alle Stammfunktionen einer gegebenen Funktion $f(x)$ wird *unbestimmtes Integral* der Funktion f genannt und geschrieben

$$\int f(x)\,dx = F(x) + C, \quad C \in \mathbf{R}. \tag{8.10}$$

Bei der Berechnung des unbestimmten Integrals einer Funktion $f(x)$ ist daher zu jeder Stammfunktion eine beliebige reelle Konstante C hinzuzufügen.

Für die Berechnung **bestimmter** Integrale ist der folgende Zusammenhang zwischen dem Integral einer Funktion und einer beliebigen ihrer Stammfunktionen von großer Bedeutung.

Ist F eine beliebige Stammfunktion einer Funktion f in einem Intervall $[a, b]$, so existiert eine Konstante $C \in \mathbf{R}$, so dass

$$F(x) = \int_a^x f(t)\,dt + C.$$

Es gilt dann $\quad F(b) - F(a) = (\int_a^b f(x)\,dx + C) - (\int_a^a f(x)\,dx + C) = \int_a^b f(x)\,dx$

und somit der

Satz 8.10: *(Hauptsatz der Integralrechnung)*

Ist f eine im abgeschlossenen Intervall $[a, b]$ stetige Funktion, dann gilt für jede Stammfunktion F von f auf $[a, b]$:

$$\int_a^b f(x)\,dx = [F(x)]_a^b = F(b) - F(a). \tag{8.11}$$

$<8.4>$ **a.** $\int_2^4 x^3\,dx = [\frac{1}{4}x^4]_2^4 = \frac{1}{4}(4^4 - 2^4) = 60$

b. $\int_1^3 \frac{1}{x^4}\,dx = \int_1^3 x^{-4}\,dx = [-\frac{1}{3}x^{-3}]_1^3 = -\frac{1}{3}(\frac{1}{3^3} - \frac{1}{1^3}) = -\frac{1}{3}(\frac{1}{27} - 1) = \frac{26}{81}$,

c. $\int_0^{2\pi} \sin x\,dx = [-\cos x]_0^{2\pi} = -\cos 2\pi + \cos 0 = -1 + 1 = 0$,

d. $\int_2^4 |x - 3|\,dx = \int_2^3 (3 - x)\,dx + \int_3^4 (x - 3)\,dx = [3x - \frac{1}{2}x^2]_2^3 + [\frac{1}{2}x^2 - 3x]_3^4 = 1$.

$\blacklozenge$

8.3 Integrationstabelle

Da jede differenzierbare Funktion eine Stammfunktion ihrer 1. Ableitung ist, kann man die Kenntnisse über die Ableitungen von Funktionen benutzen, um eine Tabelle der unbestimmten Integrale einfacher Funktionen aufzustellen.

Tab.8.1: Unbestimmte Integrale und Ableitungen

$f(x) = F'(x)$	$\int f(x)\,dx = F(x) + C$ [1)
B	Bx
x^n	$\dfrac{1}{n+1} x^{n+1}$
$\dfrac{1}{x^n} = x^{-n}$	$-\dfrac{1}{n-1} \cdot \dfrac{1}{x^{n-1}} = -\dfrac{1}{n-1} x^{-n+1}$
$\sqrt[n]{x} = x^{\frac{1}{n}}, \ x > 0$	$\dfrac{n}{n+1} \sqrt[n]{x^{n+1}} = \dfrac{n}{n+1} x^{1+\frac{1}{n}}$
e^x	e^x
$a^x, \ a > 0$	$\dfrac{1}{\ln a} a^x$
$\dfrac{1}{x}$	$\ln |x|$
$\dfrac{1}{x \cdot \ln a}, \ a > 0, a \neq 1$	$^a\log|x|, \ a > 0, a \neq 1$
$\cos x$	$\sin x$
$\sin x$	$-\cos x$
$\dfrac{1}{\sqrt{a^2 - x^2}}$	$\arcsin \dfrac{x}{a}$ [2)
$\dfrac{1}{a^2 + x^2}$	$\dfrac{1}{a} \arctan \dfrac{x}{a}$ [3)
$\sqrt{a^2 - x^2}$	$\dfrac{x}{2}\sqrt{a^2 - x^2} + \dfrac{a^2}{2} \arcsin \dfrac{x}{a}$

[1) Die Integrationskonstante wird in der Tab. 8.1 weggelassen; $x \in \mathbf{R}, \ n \in \mathbf{N}$.

[2) $y = \arcsin x$ ist die Umkehrfunktion der Funktion $x = \sin y$.

[3) $y = \arctan x$ ist die Umkehrfunktion der Funktion $x = \tan y$.

8.4 Integrationsregeln

8.4.1 Die Methode der partiellen Integration

Für in $]a, b[$ differenzierbare Funktionen u und v gilt die Produktregel der Differentiation:

$$(u \cdot v)' = u' \cdot v + u \cdot v'.$$

Danach ist $u \cdot v$ eine Stammfunktion von $(u' \cdot v + u \cdot v')$ auf jedem Intervall $[c, d] \subset \,]a, b[$.

Falls u' und v' stetig sind, gilt nach Satz 8.10

$$[u(x) \cdot v(x)]_c^d = \int_c^d (u(x) \cdot v(x))' \, dx = \int_c^d (u'(x) \cdot v(x) + u(x) \cdot v'(x)) \, dx$$

$$= \int_c^d u'(x) \cdot v(x) \, dx + \int_c^d u(x) \cdot v'(x) \, dx.$$

Hieraus gewinnt man die folgende Regel:

Satz 8.11: *(Produktintegration oder partielle Integration)*

Sind u und v stetig differenzierbare Funktionen in $]a, b[$, so gilt für jedes Teilintervall $[c, d] \subset \,]a, b[$

$$\int_c^d u(x) \cdot v'(x) \, dx = [u(x) \cdot v(x)]_c^d - \int_c^d u'(x) \cdot v(x) \, dx \qquad (8.12)$$

bzw. für unbestimmte Integrale in $x \in \,]a, b[$

$$\int u(x) \cdot v'(x) \, dx = u(x) \cdot v(x) - \int u'(x) \cdot v(x) \, dx . \qquad (8.12')$$

Die Berechnung des Integrals $\int u \cdot v' \, dx$ kann somit zurückgeführt werden auf die Bestimmung des Integrals $\int u' \cdot v \, dx$. Die Verwendung der Regel (8.12) bzw. (8.12') ist immer dann sinnvoll, wenn das letztgenannte Integral einfacher zu ermitteln ist.

$< 8.5 >$ **a.** $\displaystyle\int_0^\pi x \sin x \, dx \underset{\substack{u=x,\, v'=\sin x \\ u'=1,\, v=-\cos x}}{=} [-x \cos x]_0^\pi + \int_0^\pi 1 \cdot \cos x \, dx$

$$= -\pi \cos \pi + 0 + [\sin x]_0^\pi = -\pi(-1) = \pi .$$

b. $\int e^x \cdot x^2 \, dx \underset{\substack{u=x^2, v'=e^x \\ u'=2x, v=e^x}}{=} x^2 \cdot e^x - 2\int xe^x \, dx$

$\int xe^x \, dx \underset{\substack{u=x, v'=e^x \\ u'=1, v=e^x}}{=} x \cdot e^x - \int e^x \, dx = x \cdot e^x - e^x + C_1$

$\int e^x x^2 \, dx = e^x \cdot (x^2 - 2x + 2) + C \quad \text{mit } C = -2C_1.$

c. $\int \ln x \, dx \underset{\substack{u=\ln x, v'=1 \\ u'=\frac{1}{x}, v=x}}{=} x \cdot \ln x - \int x \cdot \frac{1}{x} \, dx = x \cdot \ln x - x + C.$ ◆

Die Methode der partiellen Integration ist besonders geeignet zur Berechnung von Integralen des Typs $\int x^m \ln x \, dx$ (dabei ist stets $u(x) = \ln x$ zu setzen) und der Typen $\int x^m e^{ax} \, dx$, $\int x^m \sin bx \, dx$ und $\int x^m \cos bx \, dx$ mit $m \in \mathbf{N}$. Bei den letztgenannten Integralen ist stets $u(x) = x^m$ zu setzen und die Methode der partiellen Integration so lange anzuwenden, bis $u'(x) = 1$ wird.

8.4.2 Die Methode der Substitution der Variablen

Ein Integral lässt sich häufig dadurch berechnen, dass man anstelle der gegebenen Integrationsvariablen eine neue unabhängige Variable einführt.
Betrachten wir dazu eine surjektive Funktion

$g: [\alpha, \beta] \to [a, b],$
$\quad t \quad \mapsto x = g(t),$

die stetig in $[\alpha, \beta]$ und differenzierbar in $]\alpha, \beta[$ ist, und eine in $]a, b[$ differenzierbare Funktion

$F: [a, b] \to \mathbf{R}, \quad \text{mit } F'(x) = \frac{dF}{dx}(x) = f(x),$
$\quad x \quad \mapsto F(x).$

Die zusammengesetzte Funktion

$F \circ g: [\alpha, \beta] \to \mathbf{R},$
$\quad t \quad \mapsto F(g(t))$

$$t \overset{g}{\mapsto} g(t) = x \overset{F}{\mapsto} F(x)$$
$$F \circ g$$

lässt sich mittels der Kettenregel differenzieren:

$$\frac{d}{dt}(F(g(t))) = \frac{dF}{dx}(g(t)) \cdot \frac{dg}{dt}(t) = f(g(t)) \cdot g'(t).$$

Sind nun $F(g(t))$ und $f(g(t)) \cdot g'(t)$ stetig in $[\alpha, \beta]$, so ergibt die Integration nach t im Integrationsintervall $[\alpha, \beta]$

$$\int_{\alpha}^{\beta} f(g(t))g'(t)\,dt = \int_{\alpha}^{\beta} (F(g(t)))'\,dt = [F(g(t))]_{\alpha}^{\beta}$$

$$\overset{(8.11)}{=} F(g(\beta)) - F(g(\alpha)) = \int_{g(\alpha)}^{g(\beta)} f(x)\,dx.$$

Es gilt somit der

Satz 8.12: *(Substitutionsregel)*

Sei $g(t)$ eine stetige Funktion von $[\alpha, \beta]$ auf $[a, b]$, die in $]\alpha, \beta[$ differenzierbar ist und f eine stetige Funktion in $[a, b]$, dann gilt

$$\int_{\alpha}^{\beta} f(g(t)) \cdot g'(t)\,dt = \int_{g(\alpha)}^{g(\beta)} f(x)\,dx. \qquad (8.13)$$

Ist g darüber hinaus eine eineindeutige Funktion, dann lässt sich die Substitutionsregel auch schreiben in der Form

$$\int_{g^{-1}(a)}^{g^{-1}(b)} f(g(t)) \cdot g'(t)\,dt = \int_{a}^{b} f(x)\,dx, \qquad (8.14)$$

wobei $t = g^{-1}(x)$ die Umkehrfunktion von $x = g(t)$ darstellt.

Für unbestimmte Integrale lautet die Substitutionsregel

$$\int f(g(t)) \cdot g'(t)\,dt = \int f(x)\,dx. \qquad (8.15)$$

< 8.6 > Für spezielle Funktionen $f(x) = f(g(t))$ lassen sich aus den vorstehenden Formeln weitere Regeln folgern, z. B.

a. für $f(x) = x$ gilt:

$$\int g(t)g'(t)\,dt = \int x\,dx = \tfrac{1}{2}x^2 + C = \tfrac{1}{2}(g(t))^2 + C. \qquad (8.16)$$

b. für $f(x) = x^m$ gilt:

$$\int (g(t))^m g'(t)\,dt = \int x^m\,dx = \frac{1}{m+1}x^{m+1} + C = \frac{(g(t))^{m+1}}{m+1} + C. \qquad (8.17)$$

c. für $f(x) = \dfrac{1}{x}$, $x > 0$ gilt:

$$\int \frac{g'(t)}{g(t)}\,dt = \int \frac{1}{g(t)}\,g'(t)\,dt = \int \frac{1}{x}\,dx = \ln|x| + C = \ln|g(t)| + C. \qquad (8.18)$$

◆

$<8.7>$ **a.** $\displaystyle\int_1^3 (t^3 - 7)3t^2\,dt \overset{\substack{(8.16)\\ x=g(t)=t^3-7\\ \frac{dx}{dt}=g'(t)=3t^2}}{=} \frac{1}{2}[(t^3-7)^2]_1^3 = \frac{1}{2}(400-36) = 182$

b. $\displaystyle\int_2^6 \frac{8t}{t^2+5}\,dt = 4\int_2^6 \frac{1}{t^2+5}2t\,dt \overset{\substack{(8.18)\\ x=g(t)=t^2+5\\ \frac{dx}{dt}=g'(t)=2t}}{=} 4[\ln(t^2+5)]_2^6$

$$= 4(\ln 41 - \ln 9) = 4\ln\frac{41}{9}. \qquad ◆$$

$<8.8>$ $\displaystyle\int_2^3 \frac{5t}{(1-t^2)^2}\,dt = -\frac{5}{2}\int_2^3 \frac{1}{(1-t^2)^2}(-2t)\,dt \overset{\substack{(8.13)\\ x=g(t)=1-t^2\\ \frac{dx}{dt}=g'(t)=-2t\\ g(2)=-3,\ g(3)=-8}}{=} -\frac{5}{2}\int_{-3}^{-8} \frac{1}{x^2}\,dx$

$$= -\frac{5}{2}\int_{-3}^{-8} x^{-2}\,dx = -\frac{5}{2}[-x^{-1}]_{-3}^{-8} = -\frac{5}{2}\left(-\frac{1}{-8}+\frac{1}{-3}\right) = \frac{25}{48}. \quad ◆$$

Bemerkung:
Anstatt zu versuchen, zur Einführung einer neuen Integrationsvariablen $x = g(t)$ das gegebene Integral

$$\int_\alpha^\beta H(t)\,dt \quad \text{auf die Form} \quad k \cdot \int_\alpha^\beta f(g(t))g'(t)\,dt$$

mit $k \in \mathbf{R}$ zu bringen, kann man auch so vorgehen, dass man
i. in $H(t)$ überall $g(t)$ durch x und

ii. dt durch $\dfrac{dx}{g'(t)}$ ersetzt.

Erhält man dann - nach geeigneter Umformung - einen Integranden, der die Variable t nicht mehr enthält, so hat man erfolgreich die Variable t durch die neue Integrationsvariable x substituiert.

$<8.9>$ $\quad \int\limits_1^3 \dfrac{8t^2}{(2t^3-1)^2}\,dt$ $\underset{\substack{x=g(t)=2t^3-1 \\ \frac{dx}{dt}=6t^2 \,\Leftrightarrow\, dt=\frac{dx}{6t^2} \\ g(3)=53,\ g(1)=1}}{=}$ $\int\limits_{g(1)}^{g(3)} \dfrac{8t^2}{x^2}\cdot\dfrac{dx}{6t^2} = \dfrac{4}{3}\int\limits_{g(1)}^{g(3)} \dfrac{1}{x^2}\,dx$

$$= \dfrac{4}{3}\left[-x^{-1}\right]_1^{53} = \dfrac{4}{3}\left(-\dfrac{1}{53}+\dfrac{1}{1}\right) = \dfrac{208}{159}. \qquad \blacklozenge$$

$<8.10>$ Versuchen wir den Flächeninhalt eines Viertelkreises zu berechnen, so ist das Integral

$$\int\limits_0^a \sqrt{a^2-t^2}\,dt$$

zu bestimmen.

Der Ansatz $g(t) = a^2 - t^2$, $g'(t) = -2t$ ist nicht geeignet, da es keine reelle Konstante k so gibt, dass

$$k\cdot f(g(t))\cdot g'(t) = k\cdot\sqrt{a^2-t^2}\,(-2t) = \sqrt{a^2-t^2} \quad \forall\, t \in [0,a].$$

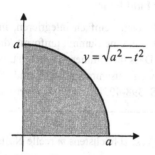

Abb. 8.8: Flächeninhalt eines Viertelkreises

Auch die Ansätze $g(t) = t^2$ bzw. $g(t) = \sqrt{a^2-t^2}$ führen nicht zum Ziel. In diesem Fall hilft uns die Formel (8.14) weiter:

$$\int\limits_0^a \sqrt{a^2-x^2}\,dx = \int\limits_{g^{-1}(0)}^{g^{-1}(a)} \sqrt{a^2-(g(t))^2}\,g'(t)\,dt.$$

Eine geeignete Substitutionsfunktion ist

$$x = g(t) = a\sin t, \quad g'(t) = a\cos t, \quad g^{-1}(0) = 0, \quad g^{-1}(a) = \dfrac{\pi}{2}.$$

$$\int_0^a \sqrt{a^2 - x^2}\, dx = \int_0^{\frac{\pi}{2}} \sqrt{a^2 - a^2 \sin^2 t} \cdot a \cos t\, dt$$

$$= a^2 \int_0^{\frac{\pi}{2}} \sqrt{1 - \sin^2 t}\, \cos t\, dt = a^2 \int_0^{\frac{\pi}{2}} \cos t \cdot \cos t\, dt$$

$$= \frac{a^2}{2} \int_0^{\frac{\pi}{2}} (\cos 0 + \cos 2t)\, dt, \quad \text{da } \cos\alpha \cdot \cos\beta = \tfrac{1}{2}(\cos(\alpha - \beta) + \cos(\alpha + \beta)),$$

$$= \frac{a^2}{2} \left(\int_0^{\frac{\pi}{2}} 1\, dt + \int_0^{\frac{\pi}{2}} \cos 2t\, dt \right) \underset{\substack{z = h(t) = 2t \\ h(0)=0,\, h(\frac{\pi}{2})=\pi \\ \frac{dz}{dt}=2 \Leftrightarrow 2dt = dz}}{=} \frac{a^2}{2} \left([t]_0^{\frac{\pi}{2}} + \frac{1}{2} \int_0^{\pi} \cos z\, dz \right)$$

$$= \frac{a^2}{2} \left(\frac{\pi}{2} + \frac{1}{2} [\sin z]_0^{\pi} \right) = \frac{a^2 \pi}{4}. \qquad \blacklozenge$$

8.4.3 Die Integration rationaler Funktionen

Rationale Funktionen lassen sich relativ einfach integrieren, indem man die gegebene rationale Funktion zunächst in eine Summe umformt, die aus einem Polynom und Partialbrüchen besteht. Dass dies immer möglich ist, zeigen die nachfolgenden Sätze, die hier ohne Beweis zusammengestellt sind. Die fehlenden Beweise können in [HEUSER 1980, S. 398-405] nachgelesen werden.

Satz 8.13:

a. Ein Polynom m-ten Grades besitzt höchstens m reelle Nullstellen.

b. Es gibt nichtkonstante Polynome, die keine reellen Nullstellen besitzen.

Definition 8.5:

Sei $P(x)$ ein beliebiges Polynom vom Grade p, $Q(x)$ ein Polynom vom Grade q. Ist $p > q$, so nennen wir die Funktion

$$R(x) = \frac{P(x)}{Q(x)}$$

eine *unecht gebrochene rationale Funktion*.

Ist $p < q$, so heißt $R(x)$ eine *echt gebrochene rationale Funktion*.

Satz 8.14:

Jede unecht gebrochene Funktion

$$R(x) = \frac{P(x)}{Q(x)},$$

wobei $P(x)$ vom Grade p und $Q(x)$ vom Grade q sind, lässt sich als Summe eines Polynoms $S(x)$ vom Grade $(p - q)$ und einer echt gebrochenen Funktion

$$R_1(x) = \frac{T(x)}{Q(x)} \quad \text{darstellen.}$$

Definition 8.6:

Lässt sich ein Polynom $P(x)$ darstellen als Produkt zweier Polynome $S(x)$ und $Q(x)$, so sagt man, das Polynom sei durch $Q(x)$ bzw. $S(x)$ *teilbar*. $S(x)$ und $Q(x)$ heißen *Teiler* von $P(x)$.

Jedes Polynom P besitzt trivialerweise die Konstanten $c \neq 0$ und die Polynome $P_c(x) = c \cdot P(x)$ als Teiler. Dies sind die so genannten *unechten Teiler* von P.
Alle übrigen Teiler heißen *echte Teiler*. Ein Polynom, das keine echten Teiler besitzt, nennen wir ein *Primpolynom*.

Bemerkung:
Es gibt nur lineare und quadratische Primpolynome im Bereich der reellen Zahlen.

Satz 8.15:
Jedes Polynom lässt sich in eindeutiger Weise als Produkt von Primpolynomen darstellen.

Satz 8.16:

Ist $P(x)$ ein Polynom n-ten Grades ($n > 1$) und x_1 eine reelle Nullstelle von $P(x)$, so lässt sich $P(x)$ zerlegen als

$$P(x) = (x - x_1) \cdot P_1(x),$$

dabei ist $P_1(x)$ ein Polynom vom Grade $(n - 1)$.

Beweis:
Nach Satz 8.14 gilt:

$$R(x) = \frac{P(x)}{x - x_1} = P_1(x) + \frac{c}{x - x_1}, \quad \text{wobei } P_1(x) \text{ den Grad } (n - 1) \text{ hat.}$$

Durch Multiplikation mit $(x - x_1)$ folgt

$$P(x) = P_1(x) \cdot (x - x_1) + c.$$

Für $x = x_1$ folgt daraus $0 = P(x_1) = P_1(x_1) \cdot (x_1 - x_1) + c = c$
und somit $P(x) = P_1(x) \cdot (x - x_1)$.

Definition 8.7:

Ist $Q(x)$ ein Primpolynom, so nennt man die rationale Funktion

$$R(x) = \frac{P(x)}{(Q(x))^k}, \quad k = 1, 2, \ldots,$$

einen *Partialbruch*, falls Grad P < Grad Q ist.

Satz 8.17:

Jede rationale Funktion lässt sich in eindeutiger Weise additiv zerlegen in ein Polynom und eine Summe von Partialbrüchen.

Bemerkung:
Wie die nachfolgenden Beispiele zeigen, sind bei der Zerlegung einer echt gebrochenen rationalen Funktion in Partialbrüche für die Zählerpolynome der Partialbrüche die Ansätze A bzw. $Ax + B$ zu wählen, abhängig davon, ob das Primpolynom im Nenner linear oder quadratisch ist.
Ist ein Primpolynom des Nenners in eine Potenz $k > 1$ erhoben, so sind bei der Partialbruchzerlegung alle Partialbrüche mit den Potenzen $1, \ldots, k$ zu berücksichtigen.

< 8.11 >

a. $R(x) = \dfrac{x^4 - 2x^2 + 2}{x^2 + 1}$

Da R eine unecht gebrochene rationale Funktion ist, lässt sich R als Summe eines Polynoms und einer echt gebrochenen rationalen Funktion darstellen. Diese Zerlegung finden wir mit Hilfe des Divisionsalgorithmus für Polynome (*Polynomdivision*):

$$R(x) = (x^4 - 2x^2 + 2) : (x^2 + 1) = x^2 - 3 + \frac{5}{x^2 + 1}$$

$$\underline{-x^4 + x^2}$$
$$-3x^2 + 2$$
$$\underline{3x^2 - 3}$$
$$5$$

Da $Q(x) = x^2 + 1$ ein Primpolynom ist, ist dies die gesuchte Partialbruchzerlegung.

b. $f(x) = \dfrac{1}{x^2 - 1} = \dfrac{1}{(x-1)(x+1)}$

Um die Partialbruchzerlegung von f zu finden, machen wir den Ansatz

$$f(x) = \frac{1}{x^2 - 1} = \frac{A}{x-1} + \frac{B}{x+1} = \frac{A(x+1) + B(x-1)}{x^2 - 1}$$

und bestimmen die Konstanten A und B durch Koeffizientenvergleich der Zähler:

$$\begin{array}{lcccccccc}
x^1: & A & + & B & = & 0 & \Rightarrow & A = -B & \Rightarrow & B = -\frac{1}{2} \\
x^0: & A & - & B & = & 1 & & 2A = 1 & & A = \frac{1}{2}
\end{array}$$

Die Funktion f besitzt also die Partialbruchzerlegung

$$f(x) = \frac{1}{2(x-1)} - \frac{1}{2(x+1)}.$$

c. $g(x) = \dfrac{1}{(x-1)(x-2)(x-3)}$

Wir wählen den Ansatz

$$\frac{1}{(x-1)(x-2)(x-3)} = \frac{A}{(x-1)} + \frac{B}{(x-2)} + \frac{C}{(x-3)}$$

$$= \frac{A(x-2)(x-3) + B(x-1)(x-3) + C(x-1)(x-2)}{(x-1)(x-2)(x-3)}.$$

Die Bedingung für die Koeffizienten lautet demnach

$$A(x-2)(x-3) + B(x-1)(x-3) + C(x-1)(x-2) = 1.$$

Anstelle eines Koeffizientenvergleiches lassen sich im diesem speziellen Fall die Parameter besonders einfach durch sukzessives Einsetzen der Werte $x = 1$, $x = 2$ und $x = 3$ ermitteln. Wir erhalten dann $A = \frac{1}{2}$, $B = -1$ und $C = \frac{1}{2}$:

$$f(x) = \frac{\frac{1}{2}}{x-1} - \frac{1}{x-2} + \frac{\frac{1}{2}}{x-3} = \frac{1}{2(x-1)} - \frac{1}{x-2} + \frac{1}{2(x-3)}.$$

d. $\quad f(x) = \dfrac{x-4}{(x-1)^2(x+1)}$

Ansatz: $\quad \dfrac{x-4}{(x-1)^2(x+1)} = \dfrac{A}{(x-1)} + \dfrac{B}{(x-1)^2} + \dfrac{C}{x+1}$

Daraus folgt $\quad x - 4 = A(x-1)(x+1) + B(x+1) + C(x-1)^2$
$$= x^2(A+C) + x(B-2C) + (-A+B+C).$$

Also

$$
\begin{array}{lllll}
x^2\colon & 0 = & A \quad\quad + C & A = \quad -C & A = \frac{5}{4} \\
x^1\colon & 1 = & B - 2C \;\Rightarrow & B = 1+2C \;\Rightarrow & B = -\frac{3}{2}, \\
x^0\colon & -4 = & -A + B + C & -4 = 4C+1 & C = -\frac{5}{4}
\end{array}
$$

d. h. $\quad f(x) = \dfrac{5}{4(x-1)} - \dfrac{3}{2(x-1)^2} - \dfrac{5}{4(x+1)}.$

e. $\quad f(x) = \dfrac{x+2}{(x^2+4)(x-1)}$

Ansatz: $\quad \dfrac{x+2}{(x^2+4)(x-1)} = \dfrac{Ax+B}{x^2+4} + \dfrac{C}{x-1}$

$$= \dfrac{Ax^2 + Bx - Ax - B + Cx^2 + 4C}{(x^2+4)(x-1)}$$

Koeffizientenvergleich:

$$
\begin{array}{lllll}
x^2\colon & 0 = & A \quad\quad + C & C = \quad -A & A = -\frac{3}{5} \\
x^1\colon & 1 = & -A + B \;\Rightarrow & B = 1+A \;\Rightarrow & B = \frac{2}{5} \\
x^0\colon & 2 = & -B + 4C & 2 = -1-5A & C = \frac{3}{5}
\end{array}
$$

$$f(x) = \dfrac{-\frac{3}{5}x + \frac{2}{5}}{x^2+4} + \dfrac{\frac{3}{5}}{x-1} \qquad\qquad \blacklozenge$$

Stehen wir nun vor der Aufgabe, zu einer beliebigen rationalen Funktion R ein unbestimmtes Integral anzugeben - nach dem Hauptsatz der Integralrechnung können wir dann auch die entsprechenden bestimmten Integrale lösen - so zerlegen wir R additiv in ein Polynom und in eine Summe von Partialbrüchen. Wegen der Additivität des Integrals ist unser Problem dann vollständig gelöst, wenn wir zu jedem Partialbruch ein unbestimmtes Integral angeben können, wenn wir also die folgenden Typen von Integralen berechnen können:

I. $\int x^k\, dx$,

II. $\int \dfrac{dx}{(x-a)^{k+1}}$,

III. $\int \dfrac{Ax+B}{(x^2+2bx+c)^{k+1}}\, dx, \quad b^2 < c$.

Dabei sind a, b, c, A und B reelle Konstanten und k eine nichtnegative ganze Zahl; $b^2 < c$ ist die Bedingung dafür, dass das quadratische Polynom

$$Q_2(x) = x^2 + 2bx + c$$

keine reellen Nullstellen besitzt, also Primpolynom ist.

Die beiden ersten Integrale haben wir schon kennengelernt, wir können sie sofort angeben:

$$\int x^k\, dx = \frac{x^{k+1}}{k+1},$$

$$\int \frac{dx}{(x-a)^{k+1}} = \begin{cases} -\dfrac{1}{k(x-a)^k} & \text{falls } k = 1, 2, \ldots \\[2mm] \ln|x-a| & \text{falls } k = 0 \end{cases} \quad .$$

Um das Integral $F(x) = \int \dfrac{Ax+B}{(x^2+2bx+c)^{k+1}}\, dx$ zu berechnen, formen wir es zunächst um:

$$\int \frac{Ax+B}{(x^2+2bx+c)^{k+1}}\, dx = \int \frac{\frac{1}{2}A(2x+2b)+(B-Ab)}{(x^2+2bx+c)^{k+1}}\, dx$$

$$= \frac{A}{2}\int \frac{2(x+b)}{(x^2+2bx+c)^{k+1}}\, dx + (B-Ab)\int \frac{dx}{(x^2+2bx+c)^{k+1}}.$$

Das Integral $\int \dfrac{2(x+b)}{(x^2+2bx+c)^{k+1}}\, dx$ können wir jetzt lösen, indem wir die neue Variable $u = g(x) = x^2 + 2bx + c$ einführen.

$$du = 2(x+b)\, dx, \quad f(u) = \frac{1}{u^{k+1}},$$

$$\int \frac{2(x+b)}{(x^2+2bx+c)^{k+1}} \, dx = \int \frac{du}{u^{k+1}} = \begin{cases} \ln(x^2+2bx+c) & \text{für } k=0 \\[2ex] -\dfrac{1}{k} \cdot \dfrac{1}{(x^2+2bx+c)^k} & \text{für } k=1,2,\ldots \end{cases}$$

Um das Integral $\int \dfrac{dx}{(x^2+2bx+c)^{k+1}}$ zu berechnen, wählen wir die Substitution

$$t = g(x) = \frac{x+b}{\sqrt{c-b^2}} :$$

$$dt = \frac{1}{\sqrt{c-b^2}} \, dx \quad \Leftrightarrow \quad dx = \sqrt{c-b^2} \, dt$$

$$x^2 + 2bx + c = (x+b)^2 + (c-b^2) = t^2(c-b^2) + (c-b^2)$$
$$= (t^2+1)(c-b^2),$$

d. h. $\quad \int \dfrac{dx}{(x^2+2bx+c)^{k+1}} = \dfrac{1}{(c-b^2)^{k+\frac{1}{2}}} \int \dfrac{dt}{(1+t^2)^{k+1}}.$

Wir versuchen nun, das Integral $\int \dfrac{dt}{(1+t^2)^{k+1}}$ mit Hilfe der Methode der partiellen Integration zu lösen:

$$\int \frac{1}{(1+t^2)^k} \, dt = \frac{1}{(1+t^2)^k} \cdot t + 2k \int \frac{t^2}{(1+t^2)^{k+1}} \, dt$$

$$u(t) = \frac{1}{(1+t^2)^k}, \qquad v'(t) = 1,$$

$$u'(t) = \frac{-k \cdot 2t}{(1+t^2)^{k+1}}, \qquad v(t) = t.$$

Da $\dfrac{t^2}{(1+t^2)^{k+1}} = \dfrac{1}{(1+t^2)^k} - \dfrac{1}{(1+t^2)^{k+1}}$, können wir auch schreiben:

$$\int \frac{1}{(1+t^2)^k}\,dt = \frac{t}{(1+t^2)^k} + 2k\int \frac{1}{(1+t^2)^k}\,dt - 2k\int \frac{1}{(1+t^2)^{k+1}}dt$$

$$\Leftrightarrow \quad 2k\int \frac{1}{(1+t^2)^{k+1}}\,dt = \frac{t}{(1+t^2)^k} + (2k-1)\int \frac{1}{(1+t^2)^k}\,dt$$

$$\Leftrightarrow \quad \int \frac{1}{(1+t^2)^{k+1}}\,dt = \frac{t}{2k(1+t^2)^k} + \frac{2k-1}{2k}\int \frac{1}{(1+t^2)^k}\,dt. \qquad (8.19)$$

Mit (8.19) haben wir eine Rekursionsformel für die Integrale $I_k(t) = \int \dfrac{1}{(1+t^2)^k}\,dt$ gefunden und können daher alle $I_k(t)$ auf das bekannte Integral

$$I_1(t) = \int \frac{1}{1+t^2}\,dt = \text{arc}\tan t \quad \text{zurückführen.}$$

Damit haben wir eine Methode gefunden, nach welcher Integrale der Form $\int \dfrac{Ax+B}{(x^2+2bx+c)^{k+1}}\,dx$ berechnet werden können.

$< 8.12 >$ **a.** $\displaystyle\int \frac{dx}{x^2-1} = \frac{1}{2}\int \frac{dx}{x-1} - \frac{1}{2}\int \frac{dx}{x+1} = \frac{1}{2}\ln|x-1| - \frac{1}{2}\ln|x+1| = \ln\sqrt{\left|\frac{x-1}{x+1}\right|}$

b. $\displaystyle\int \frac{x-4}{(x-1)^2(x+1)}\,dx = -\frac{5}{4}\int \frac{dx}{x+1} + \frac{5}{4}\int \frac{dx}{x-1} - \frac{3}{2}\int \frac{dx}{(x-1)^2}$

$\qquad\qquad = -\frac{5}{4}\ln|x+1| + \frac{5}{4}\ln|x-1| + \frac{3}{2}\cdot\frac{1}{x-1}$

c. $\displaystyle\int \frac{(x+2)}{(x^2+4)(x-1)}\,dx = \frac{3}{5}\int \frac{dx}{x-1} + \int \frac{-\frac{3}{5}x+\frac{2}{5}}{x^2+4}\,dx$

$\qquad\qquad = \frac{3}{5}\ln|x-1| - \frac{3}{10}\int \frac{2x}{x^2+4}\,dx + \frac{2}{5}\int \frac{dx}{x^2+4}$

$\qquad\qquad = \frac{3}{5}\ln|x-1| - \frac{3}{10}\ln(x^2+4) + \frac{2}{5}\int \frac{dx}{(x^2+4)}\,dx$

$\qquad\qquad = \frac{3}{5}\ln|x-1| - \frac{3}{10}\ln(x^2+4) + \frac{1}{5}\text{arc}\tan\frac{x}{2}$ ◆

8.5 Anwendung bestimmter Integrale

8.5.1 Fläche zwischen dem Graph einer Funktion $f(x)$ und der x-Achse

Sind die Funktionswerte $f(x)$ für alle $x \in [a, b]$ nichtnegativ, so wird der Flächeninhalt gegeben durch das Integral $\int_a^b f(x)\,dx$. Wechselt das Vorzeichen der Funktion im Intervall $[a, b]$, so zerlegt man das Intervall an den Nullstellen. Die Teilintegrale entsprechen dann positiv bzw. negativ orientierten Flächeninhalten. Sieht man von der Orientierung ab, so erhält man die Gesamtfläche als Summe der absoluten Beträge dieser Teilintegrale.

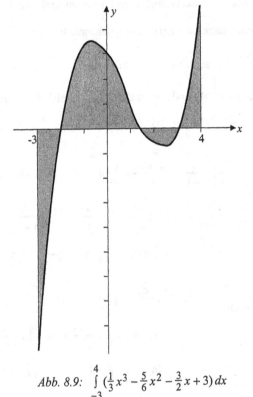

Abb. 8.9: $\int\limits_{-3}^{4} (\frac{1}{3}x^3 - \frac{5}{6}x^2 - \frac{3}{2}x + 3)\,dx$

< 8.13 > Gesucht ist der Inhalt der Fläche zwischen dem Graph der Funktion $f(x)= \frac{1}{3}x^3 - \frac{5}{6}x^2 - \frac{3}{2}x + 3$, der x-Achse und den Geraden $x = -3$ und $x = 4$. Die Funktion f hat in $[-3, 4]$ die Nullstellen $x_1 = -2$, $x_2 = \frac{3}{2}$, $x_3 = 3$, vgl. Abb. 8.9.
Lässt man die Orientierung außer Acht, so ist der Flächeninhalt die Summe der absoluten Beträge der Teilintegrale:

$$I = | \int_{-3}^{-2} f(x)\,dx | + | \int_{-2}^{\frac{3}{2}} f(x)\,dx | + | \int_{\frac{3}{2}}^{3} f(x)\,dx | + | \int_{3}^{4} f(x)\,dx |$$

$$\approx |{-5{,}444} - 1{,}500| + |2{,}297 + 5{,}444| + |1{,}500 - 2{,}297| + |3{,}556 - 1{,}500|$$

$$\approx 17{,}538.$$

Dabei wurde die Stammfunktion $F(x) = \frac{1}{12}x^4 - \frac{5}{18}x^3 - \frac{3}{4}x^2 + 3x$ benutzt. ◆

8.5.2 Fläche zwischen zwei Kurven

Wird ein Flächenstück von zwei sich schneidenden Kurven eingeschlossen, so berechnet man seinen Flächeninhalt als Betrag der Differenz der Inhalte der Flächen „unter" beiden Kurven. Die Integrationsgrenzen sind die Abszissen x_1 und x_2 zweier benachbarter Schnittpunkte beider Kurven; die Orientierung des Flächenstücks lässt man dabei außer Acht.

< 8.14 > $g(x) = x^2 - 4x + 6$; $h(x) = 3\sqrt{x}$, vgl. Abb. 8.10.

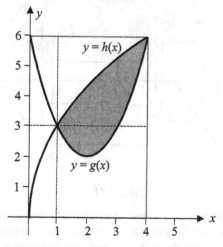

Abb. 8.10: Fläche zwischen zwei Kurven

Die beiden Kurven schneiden sich in den Punkten $(1, 3)$ und $(4, 6)$.

$$g(x) - h(x) = x^2 - 4x + 6 - 3\sqrt{x}$$

$$F = |\int_1^4 (x^2 - 4x + 6 - 3\sqrt{x})\,dx| = |[\tfrac{1}{3}x^3 - 2x^2 + 6x - 2x\sqrt{x}]_1^4|$$

$$= |(\tfrac{64}{3} - 32 + 24 - 16) - (\tfrac{1}{3} - 2 + 6 - 2)| = |21 - 24 - 2| = |-5| = 5. \qquad \blacklozenge$$

8.5.3 Volumenberechnung aus der Querschnittsfläche

Der Körper möge auf ein cartesisches x-y-z-Koordinatensystem bezogen sein und zwischen zwei zur x-Achse senkrechten Ebenen $x = a$ und $x = b$ liegen. Alle Ebenen senkrecht zur x-Achse mögen ihn in Schnittfiguren schneiden, deren Fläche $q(x)$ eine bekannte, stetige Funktion der x-Werte ist. Dann kann man sich den Körper aus n Scheiben der Dicken Δx_i, $i = 1, \ldots, n$, zusammengesetzt denken.

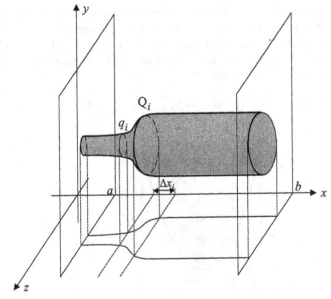

Abb. 8.11

Zu jeder Scheibe gibt es eine kleinste Querschnittsfläche q_i und eine größte Q_i; das Volumen V_i der i-ten Scheibe liegt zwischen dem Volumen eines Zylinders mit der Grundfläche q_i und der Höhe Δx_i und dem Volumen eines Zylinders mit der Grundfläche Q_i und der Höhe Δx_i. Analog der Berechnung des Flächeninhaltes in Abschnitt 8.1 ergibt sich für das Gesamtvolumen V des Körpers eine Unter-summe $v(n)$ und eine Obersumme $V(n)$ mit

$$v(n) = \sum_{i=1}^{n} q_i \cdot \Delta x_i \leq V \leq \sum_{i=1}^{n} Q_i \cdot \Delta x_i = V(n),$$

die mit wachsendem n gegen denselben Grenzwert konvergieren. Demnach lässt sich das Volumen V berechnen als das bestimmte Integral

$$V = \int_a^b q(x)\,dx. \tag{8.20}$$

< 8.15 > Um das Volumen einer Kugel mit dem Radius r zu berechnen, zerlegt man die Kugel in Scheiben der Dicke Δx senkrecht zur x-Achse. Diese Scheiben haben die Grundfläche $q(x) = \pi \cdot \rho^2$ mit $\rho = \sqrt{r^2 - x^2}$. Das Volumen einer Kugel mit dem Radius r ist somit

$$V = 2\int_0^r q(x)\,dx = 2\int_0^r \pi(r^2 - x^2)\,dx = 2\pi[r^2 x - \tfrac{1}{3}x^3]_0^r = \tfrac{4}{3}\pi r^3.$$

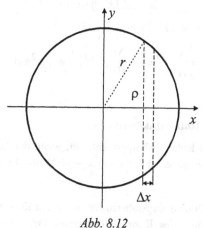

Abb. 8.12   ♦

< 8.16 > Um das Volumen einer Pyramide der Höhe H mit quadratischer Grund-fläche mit der Seitenlänge A zu berechnen, zerlegen wir die Pyramide in Scheiben parallel zur Grundfläche. Da nach dem Strahlensatz gilt

$$\frac{a}{2} : \frac{A}{2} = h : H \quad \text{oder} \quad a = \frac{A}{H} \cdot h,$$

haben die Scheiben die Fläche $\quad q(h) = a^2 = \dfrac{A^2}{H^2} \cdot h^2.$

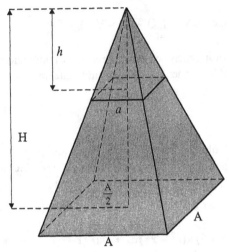

Abb. 8.13: Pyramide

Das Volumen der Pyramide ist dann

$$V = \int_0^H q(h)\,dh = \int_0^H \frac{A^2}{H^2}\,h^2\,dh = \frac{A^2}{H^2}\left[\tfrac{1}{3}h^3\right]_0^H = \tfrac{1}{3}A^2 \cdot H. \tag{8.21}$$

♦

8.5.4 Volumen eines Rotationskörpers

Die Oberfläche eines Rotationskörpers entsteht, wenn der Graph einer Funktion $y = f(x)$ (bzw. der Graph einer Funktion $x = g(y)$) um die x-Achse oder die y-Achse rotiert.

< 8.17 > **a.** Man erhält eine Kugeloberfläche, wenn ein Kreis mit dem Mittelpunkt im Ursprung des Koordinatensystems um eine der beiden Achsen rotiert.

       b. Man erhält ein Paraboloid, wenn eine Parabel $y = ax^2$ um die y-Achse rotiert.

♦

I. Allg. begrenzt man den Rotationskörper durch zwei Schnitte senkrecht zur Rotationsachse. Nach der Volumenberechnung aus der Querschnittsfläche in Abschnitt 8.5.3 erhält man für Rotationskörper:

Tab. 8.2

Rotationsachse	Querschnittsfläche	Volumen
x-Achse	$q(x) = \pi[f(x)]^2$	$V_x = \pi \displaystyle\int_{x_1}^{x_2} [f(x)]^2\, dx$
y-Achse	$q(y) = \pi[g(y)]^2$	$V_y = \pi \displaystyle\int_{y_1}^{y_2} [g(y)]^2\, dy$

Wird ein Körper durch Rotation einer Fläche beschrieben, die von Stücken verschiedener Kurven begrenzt ist, so berechnet man am besten die Einzelvolumina und summiert diese auf.

< 8.18 > Der Graph der Funktion $y = f(x) = \dfrac{x^2}{12}$ zwischen den Grenzen $x_1 = 0$ und $x_2 = 6$ rotiert

a. um die x-Achse, b. um die y-Achse.

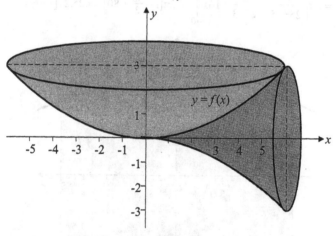

Abb. 8.14: Volumen der Rotationskörper

Für das Volumen der so entstehenden Rotationskörper gilt:

zu a. $V_x = \pi \displaystyle\int_0^6 \left(\frac{x^2}{12}\right)^2 dx = \frac{\pi}{12^2}\left[\frac{1}{5}x^5\right]_0^6 = \frac{\pi \cdot 6^5}{5 \cdot 12^2} = \frac{54}{5}\pi = 10{,}8\pi \,.$

zu b. $y_1 = f(0) = 0$, $\quad y_2 = f(6) = 3$, $\quad x = f^{-1}(y) = \sqrt{12y}$.

$$V_y = \pi \int_0^3 (\sqrt{12y})^2 \, dy = \pi [\tfrac{12}{2} y^2]_0^3 = 6\pi \cdot 3^2 = 54\pi.$$ ◆

< 8.19 > Ein Fass wird durch eine zwischen zwei Grenzen um die x-Achse rotierende Parabel $y = ax^2 + c$ beschrieben. Die Länge des Fasses ist 1 m. Der Durchmesser beider Bodenflächen beträgt jeweils 60 cm, der größte Durchmesser 80 cm.

Wählt man als Längeneinheit 1 dm = 10 cm, so gilt

$$f(0) = c = \tfrac{8}{2} = 4 \quad \text{und} \quad f(5) = a5^2 + c = 3 \quad \Rightarrow \quad c = 4 \quad \text{und} \quad a = -\tfrac{1}{25}.$$

Das Fass hat den Rauminhalt

$$V = \pi \int_{-5}^{+5} \left(-\frac{x^2}{25} + 4\right)^2 dx = 2\pi \int_0^5 \left(\frac{x^4}{25^2} - \frac{8x^2}{25} + 16\right) dx$$

$$= 2\pi \left[\frac{x^5}{25^2 \cdot 5} - \frac{8x^3}{25 \cdot 3} + 16x\right]_0^5 = 2\pi[1 - \tfrac{40}{3} + 80] \approx 425{,}2 \; [\text{Liter}].$$

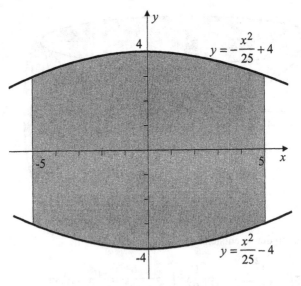

Abb. 8.15: Querschnitt des Fasses   ◆

8.6 Uneigentliche Integrale

Bisher haben wir nur Integrale von Funktionen betrachtet, deren Definitionsbereich ein endliches Intervall war und die selbst auch beschränkt waren. Viele
Anwendungen lassen es aber wünschenswert erscheinen, sich von diesen Be-
schränkungen nach Möglichkeit zu befreien.

8.6.1 Unendliche Integrationsintervalle

Definition 8.8:

Die Funktion f sei im Intervall $[a, +\infty[$ definiert und in jedem endlichen Intervall
$[a, A]$ integrierbar.

Existiert der Grenzwert

$$\lim_{A \to +\infty} \int_a^A f(x)\,dx,$$

so sagt man, das *uneigentliche Integral*

$$\int_a^{+\infty} f(x)\,dx = \lim_{A \to +\infty} \int_a^A f(x)\,dx \quad konvergiert. \tag{8.22}$$

Existiert dagegen dieser Grenzwert nicht, so sagt man, das uneigentliche Integral
divergiert oder „es habe keinen Sinn".

Analog wird für eine im Intervall $]-\infty, b]$ definierte Funktion ein *uneigentliches
Integral*

$$\int_{-\infty}^b f(x)\,dx = \lim_{B \to -\infty} \int_B^b f(x)\,dx \tag{8.23}$$

definiert, falls dieser Grenzwert existiert.

< 8.20 > a. $\displaystyle \int_0^{+\infty} e^{-x}\,dx = \lim_{A \to +\infty} \int_0^A e^{-x}\,dx = \lim_{A \to +\infty} (-e^{-A} + 1) = 1$

b. $\displaystyle \int_0^{+\infty} \frac{dx}{1+x^2} = \lim_{A \to +\infty} \int_0^A \frac{dx}{1+x^2} = \lim_{A \to +\infty} (\arctan A - \arctan 0) = \frac{\pi}{2} - 0 = \frac{\pi}{2}$

c. $\displaystyle \int_0^{+\infty} \frac{dx}{1+x}$ divergiert, denn $\displaystyle \int_0^A \frac{dx}{1+x} = \ln(1 + A) \xrightarrow{A \to +\infty} +\infty$ ◆

Definition 8.9:

Ist die Funktion f in $-\infty < x < +\infty$ definiert, und konvergieren die beiden

uneigentlichen Integrale $\int\limits_{-\infty}^{a} f(x)\,dx$ und $\int\limits_{a}^{+\infty} f(x)\,dx$ für beliebiges $a \in \mathbf{R}$, so

definiert man:

$$\int\limits_{-\infty}^{+\infty} f(x)\,dx = \int\limits_{-\infty}^{a} f(x)\,dx + \int\limits_{a}^{+\infty} f(x)\,dx. \tag{8.24}$$

Der Wert $\int\limits_{-\infty}^{+\infty} f(x)\,dx$ ist offenbar von der Wahl der Stelle a unabhängig.

< 8.21 > a. $\int\limits_{-\infty}^{0} \dfrac{dx}{1+x^2} = \lim\limits_{B \to -\infty} \int\limits_{B}^{0} \dfrac{dx}{1+x^2} = \lim\limits_{B \to -\infty} \left[\arctan x\right]_{B}^{0}$

$$= \lim\limits_{B \to -\infty} (\arctan 0 - \arctan B) = \dfrac{\pi}{2}.$$

Mit dem Ergebnis aus < 8.20b > ergibt sich

$$\int\limits_{-\infty}^{+\infty} \dfrac{dx}{1+x^2} = \int\limits_{-\infty}^{0} \dfrac{dx}{1+x^2} + \int\limits_{0}^{+\infty} \dfrac{dx}{1+x^2} = \dfrac{\pi}{2} + \dfrac{\pi}{2} = \pi.$$

b. $\int\limits_{-\infty}^{0} e^{-x}\,dx = \lim\limits_{B \to -\infty} \int\limits_{B}^{0} e^{-x}\,dx = \lim\limits_{B \to -\infty} (-e^0 + e^{-B}) \xrightarrow{B \to -\infty} +\infty.$

Damit hat auch das Integral $\int\limits_{-\infty}^{+\infty} e^{-x}\,dx$ keinen Sinn.   ♦

Für **konvergente** uneigentliche Integrale sind alle Integrationsregeln gültig, sofern
man noch definiert:

$$\int\limits_{+\infty}^{a} f(x)\,dx = - \int\limits_{a}^{+\infty} f(x)\,dx, \qquad \int\limits_{a}^{-\infty} f(x)\,dx = - \int\limits_{-\infty}^{a} f(x)\,dx,$$

$$\int\limits_{+\infty}^{-\infty} f(x)\,dx = - \int\limits_{-\infty}^{+\infty} f(x)\,dx.$$

< 8.22 >

a. $\int\limits_0^{+\infty} te^{-t^2}\, dt$ $\underset{\substack{x=g(t)=-t^2 \\ g(0)=0,\, g(+\infty)=-\infty \\ \frac{dx}{dt}=g'(t)=-2t \Leftrightarrow dt=\frac{dx}{-2t}}}{=}$ $\lim\limits_{B\to-\infty} \frac{1}{2}\int\limits_B^0 e^x\, dx = \lim\limits_{B\to-\infty} \frac{1}{2}(e^0 - e^B) = \frac{1}{2}.$

b. Die *Verteilungsfunktion* stetiger Zufallsvariablen wird in der Wahrscheinlichkeitstheorie definiert als uneigentliches Integral

$$F(x) = \int\limits_{-\infty}^{x} f(x)\, dx$$

mit einer *Dichtefunktion* $f(x) \geq 0$, die so zu wählen ist, dass gilt

$$F(+\infty) = \int\limits_{-\infty}^{+\infty} f(x)\, dx = 1.$$

c. Ein Ertragsstrom $b(t)$ hat bei stetiger Verzinsung mit dem nominalen Zinssatz γ über T Jahre den Kapitalwert

$$K_0 = \int\limits_0^T b(t)e^{-\gamma t}\, dt.$$

Bei konstantem, unendlichem Ertragsstrom wird K_0 mittels des uneigentlichen Integrals berechnet:

$$K_0 = \int\limits_0^\infty be^{-\gamma t}\, dt = \lim\limits_{T\to+\infty} \int\limits_0^T be^{-\gamma t}\, dt \underset{\substack{\tau=-\gamma t \\ d\tau=-\gamma dt}}{=} \lim\limits_{T\to+\infty} \int\limits_0^{-\gamma T} (-\frac{b}{\gamma})e^\tau\, d\tau$$

$$= \lim\limits_{T\to+\infty} (-\frac{b}{\gamma})[e^{-\gamma T} - e^0] = \frac{b}{\gamma}.$$

Für einen unendlichen Ertragsstrom von jährlich $b = 1000$ [€] und einem nominellen Zinssatz von $\gamma = 0{,}05$ ergibt sich bei stetiger Verzinsung ein Kapitalwert von

$$K_0 = \frac{1.000}{0{,}05} = 20.000[€]. \qquad\qquad \blacklozenge$$

8.6.2 Integration von nicht beschränkten Funktionen

Zur Einführung einer etwas anderen Art von uneigentlichen Integralen hat man
Veranlassung, wenn z. B. eine Funktion $f(x)$

i.   in einem endlichen, nach rechts offenen Intervall $[a, b[$ definiert,

ii.   für jedes $c \in [a, b[$ über dem Intervall $[a, c]$ integrierbar,

iii. in $[c, b[$ nicht beschränkt ist.

$< 8.23 >$ **a.** $f(x) = \dfrac{1}{\sqrt{1 - x^2}}$ in $0 \le x < 1$,

$$\int_0^c \frac{1}{\sqrt{1 - x^2}}\, dx = [\arcsin c - \arcsin 0] \xrightarrow[c \to 1^-]{} \frac{\pi}{2}.$$

b. $g(x) = \dfrac{1}{\sqrt{x}}$ in $0 < x \le 1$,

$$\int_c^1 \frac{1}{\sqrt{x}}\, dx = [2\sqrt{x}]_c^1 = 2 - 2\sqrt{c} \xrightarrow[c \to 0^+]{} 2.$$

c. $h(x) = \dfrac{1}{x^2}$ in $0 < x \le 1$,

$$\int_c^1 \frac{1}{x^2}\, dx = [-x^{-1}]_c^1 = -1 + \frac{1}{c} \xrightarrow[c \to 0^+]{} +\infty. \qquad \blacklozenge$$

Definition 8.10:

a. Ist eine Funktion $f(x)$ in $[a, b[$ definiert, und existiert für jedes c mit $a \le c < b$

das Integral $\displaystyle\int_a^c f(x)\,dx$, ist aber die Funktion f in einer linksseitigen Umge-

bung von b nicht beschränkt, so definieren wir

$$\int_a^b f(x)\,dx = \lim_{c \to b^-} \int_a^c f(x)\,dx \qquad\qquad (8.25)$$

und nennen diesen Grenzwert bei Existenz das *uneigentliche Integral von f*
bzgl. der oberen Grenze.

---

b. Ist eine Funktion $f(x)$ in $]a, b]$ definiert, und existiert für jedes c mit $a < c \leq b$ das Integral $\int\limits_c^b f(x)dx$, ist aber die Funktion f in einer rechtsseitigen Umgebung von a nicht beschränkt, so definieren wir

$$\int\limits_a^b f(x)\,dx = \lim\limits_{c \to a^+} \int\limits_c^b f(x)\,dx \qquad (8.26)$$

und nennen diesen Grenzwert bei Existenz das *uneigentliche Integral von f bzgl. der unteren Grenze*.

c. Ist eine Funktion $f(x)$ in einem offenen Intervall $]a, b[$ definiert, und existiert für jedes Teilintervall $[c, d] \subset]a, b[$ das Integral $\int\limits_c^d f(x)dx$, ist aber f weder in einer rechtsseitigen Umgebung von a noch in einer linksseitigen Umgebung von b beschränkt, so definieren wir

$$\int\limits_a^b f(x)\,dx = \lim\limits_{h \to 0^+} \int\limits_{a+h}^{b-h} f(x)\,dx \qquad (8.27)$$

und nennen diesen Grenzwert bei Existenz *das uneigentliche Integral von f bzgl. beider Grenzen*.

< 8.24 > $\qquad \int\limits_{-1}^{+1} \dfrac{dx}{\sqrt{1-x^2}} = \int\limits_{-1}^{0} \dfrac{dx}{\sqrt{1-x^2}} + \int\limits_{0}^{1} \dfrac{dx}{\sqrt{1-x^2}} = \dfrac{\pi}{2} + \dfrac{\pi}{2} = \pi .$ ◆

Satz 8.18:

Ist die Funktion f im Intervall $a \leq x \leq b$ definiert bis auf endlich viele Stellen x_i, $a \leq x_0 < x_1 < ... < x_n \leq b$, in denen f eine Polstelle hat, ist f in jedem Teilintervall $[c, d] \subset]x_i, x_{i+1}[$ integrierbar, und konvergieren alle Integrale

$$\int\limits_{x_i + h}^{x_{i+1} - h} f(x)\,dx \quad \text{für } h \to 0^+,$$

so existiert das uneigentliche Integral

$$\int\limits_a^b f(x)\,dx = \sum\limits_{i=0}^{n-1} \int\limits_{x_i}^{x_{i+1}} f(x)\,dx. \qquad (8.28)$$

$$< 8.25 > \quad \int_0^5 |x-3|^{-\frac{1}{2}} dx = \lim_{h \to 0^+} \int_0^{3-h} (3-x)^{-\frac{1}{2}} dx + \lim_{h \to 0^+} \int_{3+h}^5 (x-3)^{-\frac{1}{2}} dx$$

$$= \lim_{h \to 0^+} [-2\sqrt{3-x}]_0^{3-h} + \lim_{h \to 0^+} [+2\sqrt{x-3}]_{3+h}^5$$

$$= 2\sqrt{3} + 2\sqrt{2} - 4 \lim_{h \to 0^+} \sqrt{h} = 2(\sqrt{3} + \sqrt{2}). \qquad \blacklozenge$$

8.7 Doppelintegrale

Satz 8.19:

Ist die reellwertige Funktion $f(x, y)$ stetig in $[a, b] \times [c, d]$, dann sind auch die Funktionen

$$F: [c, d] \to \mathbf{R}, \qquad \text{und} \qquad G: [a, b] \to \mathbf{R},$$

$$y \quad \mapsto \int_a^b f(x, y) dx \qquad\qquad x \quad \mapsto \int_c^d f(x, y) dy$$

stetige Funktionen.

Sie werden als *Integrale mit Parametern* oder als *parameterabhängige Integrale* bezeichnet. Weiterhin existieren die so genannten *iterierten Integrale* oder *Doppelintegrale*

$$\int_c^d F(y) dy = \int_c^d (\int_a^b f(x, y) dx) dy, \qquad \int_a^b G(x) dx = \int_a^b (\int_c^d f(x, y) dy) dx.$$

$< 8.26 > \quad f(x, y) = 3x^2 + 2xy + 8y^3$ ist als Polynom stetig in $[1, 4] \times [-2, 2]$.
Die Funktionen

$$F(y) = \int_1^4 (3x^2 + 2xy + 8y^3) dx = [x^3 + x^2 y + 8y^3 x]_{x=1}^{x=4}$$

$$= 63 + 15y + 24y^3 \quad \text{und}$$

$$G(x) = \int_{-2}^2 (3x^2 + 2xy + 8y^3) dy = [3x^2 y + xy^2 + 2y^4]_{y=-2}^{y=2} = 12x^2$$

sind als Polynome in y bzw. x stetig in $[-2, 2]$ bzw. in $[1,4]$.

$$\int\limits_{-2}^{2} F(y)\,dy = [63y + \tfrac{15}{2}\,y^2 + 6y^4]_{-2}^{2} = 252$$

$$\int\limits_{1}^{4} G(x)\,dx = [4x^3]_{1}^{4} = 252 \qquad\qquad\blacklozenge$$

Die Gleichheit der vorstehenden Integrale $\int\limits_{-2}^{2} F(y)\,dy = 252 = \int\limits_{1}^{4} G(x)\,dx$ ist kein Zufall, denn es gilt der

---

Satz 8.20:

Bei jeder im Rechteck $[a, b] \times [c, d]$ stetigen Funktion $f(x, y)$ darf die Reihenfolge der Integration vertauscht werden

$$\int\limits_{c}^{d}(\int\limits_{a}^{b} f(x,y)\,dx)\,dy = \int\limits_{a}^{b}(\int\limits_{c}^{d} f(x,y)\,dy)\,dx. \qquad (8.29)$$

Der Satz 8.20 hat nicht nur theoretische Bedeutung, sondern kann auch gute Dienste leisten bei der Berechnung eines Integrals, wie das nachfolgende Beispiel zeigt.

< 8.27 > Die für $0 < x < 1$ definierte Funktion $f(x) = \dfrac{x^b - x^a}{\ln x}$, $0 < a < b$, ist in $]0, 1[$ stetig und auch beschränkt, da

$$\lim_{x\to 0^+} f(x) = \lim_{x\to 0^+} \frac{bx^{b-1} - ax^{a-1}}{\frac{1}{x}} = \lim_{x\to 0^+} (bx^b - ax^a) = 0 \quad \text{und}$$

$$\lim_{x\to 1^-} f(x) = b - a.$$

Also existiert das Integral

$$I = \int\limits_{0}^{1} \frac{x^b - x^a}{\ln x}\,dx$$

und hat einen wohl bestimmten Wert, gleichgültig wie man $f(x)$ in $x = 0$ und $x = 1$ erklärt. Setzen wir $f(0) = 0$ und $f(1) = b - a$, so ist $f(x)$ für $0 \le x \le 1$ definiert und stetig.

Das nach Satz 8.1 existierende Integral lässt sich mit keinem der bekannten Integrationsverfahren bestimmen. Es gilt aber

$$\int\limits_a^b x^y \, dy = \int\limits_a^b e^{y\cdot\ln x} \, dy \underset{\substack{z=g(y)=y\cdot\ln x \\ dz=\ln x\cdot dy}}{=} \frac{1}{\ln x} \int\limits_{g(a)}^{g(b)} e^z \, dz$$

$$= \frac{1}{\ln x}(e^{b\cdot\ln x} - e^{a\cdot\ln x}) = \frac{x^b - x^a}{\ln x},$$

d. h. $I = \int\limits_0^1 (\int\limits_a^b x^y \, dy)\, dx.$

Da x^y in dem Rechteck $[0,\, 1] \times [a,\, b]$ stetig ist, darf nach Satz 8.20 die Reihenfolge der Integration vertauscht werden:

$$I = \int\limits_a^b (\int\limits_0^1 x^y \, dx)\, dy = \int\limits_a^b [\frac{1}{y+1} x^{y+1}]_0^1 \, dy = \int\limits_a^b \frac{dy}{y+1} = \ln\frac{b+1}{a+1}. \qquad \blacklozenge$$

Ist $f(x,\, y)$ eine partiell nach x und/oder y differenzierbare Funktion, so erhebt sich die Frage, ob die Reihenfolgen von Differentiation und Integration bei $F(y)$ bzw. $G(x)$ vertauscht werden können. Eine Antwort darauf gibt der

---

Satz 8.21:

Ist die Funktion $f(x,\, y)$ an jeder Stelle des Rechtecks $[a,\, b] \times [c,\, d]$ stetig und im Inneren partiell stetig differenzierbar nach y (bzw. nach x), dann ist die Funktion

$$F(y) = \int\limits_a^b f(x,\, y)\, dx \quad \text{bzw.} \quad G(x) = \int\limits_c^d f(x,\, y)\, dy$$

in $[c,\, d]$ bzw. $[a,\, b]$ differenzierbar, und es gilt

$$F'(y) = \int\limits_a^b f_y(x,\, y)\, dx \quad \text{bzw.} \qquad (8.30)$$

$$G'(x) = \int\limits_c^d f_x(x,\, y)\, dy. \qquad (8.31)$$

< 8.28 > Betrachten wir nochmals die Funktion $f(x,\, y)$ aus Beispiel < 8.25 >, so gilt:

$$F'(y) = \frac{dF}{dy}(y) = 15 + 72y^2$$

$$\overset{?}{=} \int\limits_1^4 f_y(x,\, y)\, dx = \int\limits_1^4 (2x + 24y^2)\, dx = [x^2 + 24y^2 x]_1^4 = 15 + 72y^2;$$

$$G'(x) = \frac{dG}{dx}(x) = 24x$$

$$\overset{?}{=} \int\limits_{-2}^{2} f_x(x,y)\,dy = \int\limits_{-2}^{2} (6x + 2y)\,dy = [6xy + y^2]_{-2}^{2} = 24x. \qquad \blacklozenge$$

Der Satz 8.18 lässt sich auf den Fall ausdehnen, dass anstelle der Konstanten a und b Integrationsgrenzen treten, die von y abhängen.

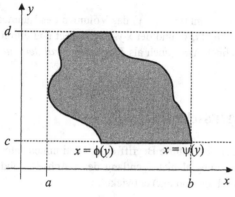

Abb. 8.16:

Satz 8.21:

Sind $\phi(y)$ und $\psi(y)$ zwei in demselben Intervall $[c, d]$ stetige Funktionen, und ist $f(x, y)$ an allen Stellen (x, y) definiert und stetig für die $y \in [c, d]$ und $x \in [\phi(y), \psi(y)]$, so ist die Funktion

$$F(y) = \int\limits_{\phi(y)}^{\psi(y)} f(x,y)\,dx \quad \text{in } [c, d] \text{ stetig.}$$

Sind ferner $\phi(y)$ und $\psi(y)$ im Intervall $]c, d[$ differenzierbar und ist die Funktion $f(x, y)$ in einem Rechteck $[a, b] \times [c, d]$ definiert, das den oben abgegrenzten Wertebereich ganz im Inneren enthält, und ist $f(x, y)$ dort stetig partiell nach y differenzierbar, so ist die Funktion $F(y)$ in $]c, d[$ differenzierbar, und es gilt

$$F'(y) = \int\limits_{\phi(y)}^{\psi(y)} f_y(x,y)\,dx + f(\psi(y), y) \cdot \psi'(y) - f(\phi(y), y) \cdot \phi'(y). \quad (8.32)$$

Ist $F(y) = \int\limits_{\phi(y)}^{\psi(y)} f(x, y) \, dx$ eine stetige Funktion, so können wir das Integral

$I = \int\limits_{c}^{d} F(y) \, dy$ bilden und erhalten somit ein Doppelintegral

$$I = \int\limits_{c}^{d} \left(\int\limits_{\phi(y)}^{\psi(y)} f(x, y) \, dx \right) dy.$$

Da I für eine positive Funktion $f(x, y)$ das Volumen des Raumes angibt, der zwischen dem Graph von $f(x, y)$ und der x-y-Ebene liegt und durch die Fläche B begrenzt wird, bezeichnet man I auch als *Flächenintegral der Funktion $f(x, y)$* über B, vgl. Abb. 8.16.

8.8 Das STIELTJESsche Integral

Der in Abschnitt 8.1 eingeführte Begriff eines bestimmten Integrals lässt sich erweitern, indem das Integral nicht „entlang der x-Achse", sondern entlang einer monoton steigenden Funktion F(x) entwickelt wird.

Definition 8.11:

In einem endlichen Intervall $[a, b]$ seien die Funktionen $g(x)$ und F(x) definiert. Dabei sei dort $g(x)$ eine stetige und F(x) eine monoton steigende Funktion.

Durch die Wahl von (n - 1) willkürlichen Zwischenpunkten $x_1, x_2, ..., x_{n-1}$ mit $a = x_0 < x_1 < ... < x_{n-1} < x_n = b$ nehmen wir eine Einteilung E_n des Intervalls $[a, b]$ in n Teilintervalle vor. Bezeichnen wir mit ξ_k einen beliebigen Punkt des Intervalls $I_k = [x_{k-1}, x_k]$ und mit $G_k = \max\limits_{x \in I_k} g(x)$ und $g_k = \min\limits_{x \in I_k} g(x)$ den größten bzw. kleinsten Funktionswert von g im Intervall I_k, dann können wir für jede Zerlegung die folgenden Summen bilden:

$$S_O(g, F) = \sum_{k=1}^{n} G_k \cdot [F(x_k) - F(x_{k-1})], \qquad \text{die STIELTJES\textit{sche Obersumme},}$$

$$I(g, F) = \sum_{k=1}^{n} g(\xi_k) \cdot [F(x_k) - F(x_{k-1})], \qquad \text{eine STIELTJES\textit{sche Summe},}$$

$$S_U(g, F) = \sum_{k=1}^{n} g_k \cdot [F(x_k) - F(x_{k-1})], \qquad \text{die STIELTJES\textit{sche Untersumme}.}$$

Konvergieren diese drei Summen unabhängig von der Wahl der x_k (und der ξ_k) gegen den gleichen Grenzwert, wenn der Feinheitsgrad $G(E_n)$ der Einteilung E_n gegen Null strebt, so nennen wir diesen das *(eigentliche)* STIELTJES*sche Integral der Funktion g nach der Funktion* F und schreiben

$$\int_a^b g(x)\,dF(x) = \lim_{G(E_n)\to 0} \sum_{k=1}^n g(\xi_k)[F(x_k) - F(x_{k-1})]. \tag{8.33}$$

Das STIELTJESsche Integral, das auch als *Kurven-* oder *Linienintegral* bezeichnet wird, ist eine Verallgemeinerung des bestimmten Integrals in 8.1, man setze nur $F(x) = x$.

Das STIELTJESsche Integral lässt sich ebenfalls auf nicht abgeschlossene Integrationsintervalle ausdehnen:

Definition 8.12:

Sind die Funktionen $g(x)$ und $F(x)$ in $a \le x < \infty$ (bzw. $-\infty < x \le b$ oder $-\infty < x < +\infty$) definiert, ist dort $g(x)$ stetig und $F(x)$ monoton steigend, und existiert der Grenzwert

$$\lim_{A\to\infty} \int_a^A g(x)\,dF(x) \quad \text{(bzw.} \quad \lim_{B\to-\infty} \int_B^b g(x)\,dF(x)$$

$$\text{bzw.} \quad \lim_{\substack{A\to+\infty \\ B\to-\infty}} \int_B^A g(x)\,dF(x)),$$

wobei A (bzw. B) auf beliebige Weise gegen $+\infty$ (bzw. $-\infty$) streben, dann nennen wir diesen Grenzwert *das uneigentliche Integral der Funktion g nach der Funktion* F und schreiben

$$\int_a^\infty g(x)\,dF(x) = \lim_{A\to\infty} \int_a^A g(x)\,dF(x), \quad \int_{-\infty}^b g(x)\,dF(x) = \lim_{B\to-\infty} \int_B^b g(x)\,dF(x),$$

$$\int_{-\infty}^{+\infty} g(x)\,dF(x) = \lim_{\substack{A\to+\infty \\ B\to-\infty}} \int_B^A g(x)\,dF(x).$$

Satz 8.22:

a. Sind α und $\beta > 0$ beliebige reelle Konstanten, und existiert das Integral auf der rechten Seite der nachstehenden Gleichung, so existiert auch das Integral auf der linken Seite, und es gilt:

$$\int_a^b \alpha \cdot g(x)\,d[\beta F(x)] = \alpha \cdot \beta \cdot \int_a^b g(x)\,dF(x). \tag{8.34}$$

b. Existieren die Integrale auf den rechten Seiten der beiden nachstehenden Gleichungen, so existieren auch die Integrale auf den linken Seiten, und es gilt:

$$\int_a^b [g_1(x) + g_2(x)]\,dF(x) = \int_a^b g_1(x)\,dF(x) + \int_a^b g_2(x)\,dF(x), \tag{8.35}$$

$$\int_a^b g(x)\,d[F_1(x) + F_2(x)] = \int_a^b g(x)\,dF_1(x) + \int_a^b g(x)\,dF_2(x). \tag{8.36}$$

c. Wenn $a < c < b$ und die drei Integrale

$$\int_a^b g(x)\,dF(x), \quad \int_a^c g(x)\,dF(x), \quad \int_c^b g(x)\,dF(x)$$

sämtlich existieren, dann gilt

$$\int_a^b g(x)\,dF(x) = \int_a^c g(x)\,dF(x) + \int_c^b g(x)\,dF(x). \tag{8.37}$$

Satz 8.23:

Die Funktion g sei in $[a, b]$ stetig, die Funktion F in $]a, b[$ differenzierbar, und es existiere das Integral der Funktion $F'(x) = f(x)$ über $[a, b]$. Dann gilt

$$\int_a^b g(x)\,dF(x) = \int_a^b g(x) \cdot f(x)\,dx. \tag{8.38}$$

Unter den Voraussetzungen des Satzes 8.23 lässt sich das STIELTJESsche Integral der Funktion g nach der Funktion F auf das bestimmte Integral der Funktion $g(x) \cdot F'(x)$ zurückführen. Der Beweis stützt sich auf den Mittelwertsatz der Differentialrechnung, wie die folgende Beweisskizze zeigt:

$$\int\limits_a^b g(x)\,d\mathrm{F}(x) = \lim_{\mathrm{G}(\mathrm{E}_n)\to 0} \sum_{k=1}^n g(\xi_k)[\mathrm{F}(x_k) - \mathrm{F}(x_{k-1})]$$

$$= \lim_{n\to\infty} \sum_{k=1}^n g(\xi_k)[\mathrm{F}'(\xi_k)(x_k - x_{k-1})]$$

$$= \int\limits_a^b g(x)\mathrm{F}'(x)\,dx.$$

Das Hauptanwendungsgebiet des STIELTJESschen Integrals ist die Statistik, denn es bietet die Möglichkeit, die Integrale für stetige und die Summen für diskrete Zufallsvariablen in Gestalt einer einzigen Formel zu schreiben:

Bezeichnen wir mit $F(x) = P(X \le x) = P(]-\infty, x])$ die Verteilungsfunktion einer Zufallsvariablen X, so kann man die Momente allgemeiner schreiben als:

$$m_r = \mathrm{E}(X^r) = \int\limits_{-\infty}^{+\infty} x^r\,d\mathrm{F}(x) = \begin{cases} \sum\limits_i x_i^r p_i & \text{für } X \text{ diskret} \\ \int\limits_{-\infty}^{+\infty} x^r f(x)dx & \text{für } X \text{ stetig} \end{cases}.$$

Das zentrale Moment zweiter Ordnung, die Varianz, lässt sich schreiben als

$$\sigma^2 = \int\limits_{-\infty}^{+\infty} (x-\mu)^2\,d\mathrm{F}(x) = \begin{cases} \sum\limits_i (x_i - \mu)^2 p_i & \text{für } X \text{ diskret} \\ \int\limits_{-\infty}^{+\infty} (x-\mu)^2 f(x)\,dx & \text{für } X \text{ stetig} \end{cases}.$$

8.9 Aufgaben

8.1 Berechnen Sie die Integrale

    a. $\displaystyle\int\limits_{-4}^2 (x^3 - 3x^2 - 1)\,dx$ **b.** $\displaystyle\int\limits_2^5 \frac{x-2}{x}dx$ **c.** $\displaystyle\int (x^2 - \frac{3}{x} + \frac{2}{x^2})\,dx$.

8.2 Berechnen Sie mittels partieller Integration

    a. $\displaystyle\int x \ln x\,dx$ **b.** $\displaystyle\int\limits_0^{\frac{\pi}{2}} x \sin x\,dx$ **c.** $\displaystyle\int (x^2 - 2x + 3)e^x\,dx$.

8.3   Berechnen Sie durch Substitution der Variablen

  a. $\int (x+4)^3\, dx$ **b.** $\int\limits_{1}^{4} \sqrt{5-x}\, dx$ **c.** $\int x(x^2+3)^3\, dx$

  d. $\int \dfrac{x}{\sqrt{1-x^4}}\, dx$ **e.** $\int \dfrac{x^3}{4x^4+1}\, dx$ **f.** $\int\limits_{1}^{2} \dfrac{x^2+1}{x^3+3x}\, dx$.

8.4   Die Elastizität einer Nachfragefunktion $x(p)$ sei gleich bleibend $-\frac{1}{4}$. Bestimmen Sie die Nachfragefunktion so, dass bei einem Preis $p = 16$ Geldeinheiten gerade 25 Mengeneinheiten nachgefragt werden.

8.5   Eine Investition in Höhe von 2.000 € erzeuge in den nächsten 15 Jahren einen konstanten Gewinn von 200 € im Jahr.

  a. Soll diese Investition getätigt werden, wenn alternativ investierte Beträge stetig mit 8% p. a. verzinst werden?

  b. Wie viele Jahre lang muss dieser konstante Gewinnstrom in Höhe von 200 € pro Jahr bei einer stetigen Verzinsung mit 9% p. a. mindestens fließen, damit sich die Investition lohnt?

8.6   Berechnen Sie die Integrale

  a. $\int\limits_{2}^{+\infty} x e^x\, dx$ **b.** $\int\limits_{-\infty}^{1} x e^{x^2+1}\, dx$ **c.** $\int\limits_{3}^{7} \dfrac{1}{\sqrt{x-3}}\, dx$

  d. $\int\limits_{1}^{+\infty} \dfrac{2}{x}\, dx$ **e.** $\int\limits_{-1}^{3} \dfrac{2x-5}{x-1}\, dx$ **f.** $\int\limits_{1}^{2} \int\limits_{-1}^{y} (xy+3x^2)\, dx\, dy$.

8.7   Berechnen Sie das Integral $\int\limits_{-1}^{+1} \dfrac{3x^2-12x-4}{(x-2)^2(x^2+4)}\, dx$.

Lösungen zu den Übungsaufgaben

Die Lösungen zu den Übungsaufgaben werden hier **nicht ausführlich** dargestellt. Neben dem Ergebnis werden aber Hinweise zum Lösungsweg und wichtige Zwischenergebnisse angegeben, so dass es möglich sein müsste, den Lösungsgang nachzuvollziehen.

Lösungen zu den Aufgaben des 1. Kapitels

1.1 **a.** Definitionsmenge $D = \{x \in \mathbf{N} \mid x \geq 4\} = \{4, 5, 6, \ldots\}$
Lösungsmenge $L = \{x \in \mathbf{N} \mid 4 \leq x < 13\} = \{4, 5, \ldots, 12\}$

b. Definitionsmenge $D = \{x \in \mathbf{R} \mid x \geq 4\}$
Lösungsmenge $L = \{x \in \mathbf{R} \mid 4 \leq x < 13\} = [4, 13[$

1.2 **a.** $\forall\, x < 0\colon x^2 > 0$
b. $\exists\, x > 0 \mid 3x + 7 = 22$
c. $\nexists\, x \in R \mid x^2 < 0$

1.3 **a.** $A \triangle B = \{-1, 0, 2, 3, 4, 6\}, \quad C \setminus D = \{4, 5\}$
b. $\text{Min } B = \text{Inf } B = -1, \quad \text{Inf } D = -3, \quad \nexists\, \text{Min } D$
c.

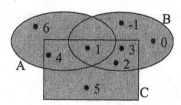

d. $\{1\} = A \cap B \cap C, \qquad \{1, 2, 3, 4, 5, 6\} = A \cup C$
$\{-1, 0\} = B \setminus (A \cup C), \qquad \varnothing = (A \cap B) \setminus C$

1.4

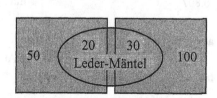

1.5 **a.** $L = [-1, 3[\cup \emptyset = [-1, 3[$

b. $L = [-\frac{7}{5}, \frac{1}{2}[\cup [\frac{7}{5}, +\infty[$

c. $(x-2)^2 < (2x-13)^2 \iff |x-2| < |2x-13|$

$L =]-\infty, 2[\cup [2, 5[\cup]11, +\infty[=]-\infty, 5[\cup]11, +\infty[$

1.6 Die gewünschte Leistung kann für eine Drehzahl U mit $1000 \le U \le 5000$ entnommen werden.

1.7 **a.** $\frac{2}{3} + \frac{9}{4} + \frac{16}{5} = \frac{367}{60}$;   **b.** 136;   **c.** 20;   **d.** $-\frac{9}{4}(1 + (\frac{1}{3})^{11})$.

1.8 **a.** $10(x_0 - x_{18}) + 180$;   **b.** 975.

1.9 **a.** 50;   **b.** 294.

1.10 **a.** $\frac{5}{3}$;   **b.** $\frac{12}{5}$;   **c.** $\frac{81}{40}$.

1.11 **a.** -100;   **b.** 96.

Lösungen zu den Aufgaben des 2. Kapitels

2.1 Es gibt **a.** $8! = 40.320$ Möglichkeiten,

b. $6! \cdot 2! = 1.440$ Möglichkeiten.

2.2 Es sind $4! \cdot 3! = 144$ verschiedene Sitzordnungen möglich.

2.3 **a.** $\frac{4!}{2! \cdot 2!} = 6$;   **b.** $\frac{6!}{2! \cdot 2!} = 180$;   **c.** $\frac{9!}{2! \cdot 3! \cdot 2!} = 15.120$.

2.4 **a.** $\frac{5!}{3!} = 20$;   **b.** $\frac{5!}{3! \cdot 2!} = 10$;

c. $V_5^7 = \binom{7}{5} \cdot 5! = 7 \cdot 6 \cdot 5 \cdot 4 \cdot 3 = 2.520$ ohne Wiederholung

$\overline{V}_5^7 = 7^5 = 16.807$ mit Wiederholung.

2.5 Es lassen sich **a.** $\binom{7+3}{4} = \binom{10}{4} = 210$;

verschiedene Ausschüsse bilden.

b. $\binom{7}{2} \cdot \binom{3}{2} = 21 \cdot 3 = 63$

2.6   Es gibt $V_4^7 = 7 \cdot 6 \cdot 5 \cdot 4 = 840$ injektive Abbildungen.

2.7   Es lassen sich $V_3^5 = \binom{5}{3} \cdot 3! = 5 \cdot 4 \cdot 3 = 60$ verschiedene dreistellige Zahlen bilden.

2.8   Es können $(26^2 + 26) \cdot 10^4 = 7.020.000$ verschiedene Autokennzeichen vergeben werden.

2.9   Der Code hat $\overline{C}_3^{10} = \binom{10+3-1}{3} = \binom{12}{3} = 220$ Zeichen.

2.10   Es gibt $\overline{C}_3^6 - 6 = \binom{6+3-1}{3} - 6 = \binom{8}{3} - 6 = 50$ verschiedene Farbmischungen.

2.11 a. Es gibt $\overline{C}_7^3 = \binom{3+7-1}{7} = \binom{9}{7} = \binom{9}{2} = 36$ verschiedene dreistellige Zahlen mit der Quersumme 7.

b. Es gibt $\overline{C}_{11}^3 = \binom{3+11-1}{11} = \binom{13}{11} = 78$ Möglichkeiten, 11 Einsen auf drei Kasten zu verteilen. Davon sind die Möglichkeiten abzuziehen, dass 10 oder 11 Einsen in einem Kasten liegen. Dies sind

$$3 \cdot \overline{C}_1^3 = 3 \cdot \binom{3+1-1}{1} = 3 \cdot \binom{3}{1} = 9 \text{ Möglichkeiten.}$$

Somit gibt es $78 - 9 = 69$ dreistellige Zahlen mit der Quersumme 11.

Lösungen zu den Aufgaben des 3. Kapitels

3.1 a. Das Anfangskapital war $K_0 = \dfrac{3.800}{1,10^7} = 1.950 \ [\text{€}]$.

b. Das Kapital nach 11 Jahren ist $K_{11} = 3.800 \cdot 1,10^4 = 5.563,58 \ [\text{€}]$.

3.2 $0 = 40.000 \cdot 1{,}04^{15} + 5\,r \cdot 1{,}04 \dfrac{1{,}04^{15}-1}{0{,}04}$

$\Leftrightarrow \quad r = -\dfrac{8.000}{1{,}04} \cdot \dfrac{0{,}04 \cdot 1{,}04^{15}}{1{,}04^{15}-1} = -691{,}85$

Jeder dieser Studenten erhält zu Jahresbeginn $691{,}85$ €.

3.3 Die Barwerte beider Renten müssen gleich sein, d. h.

$2.000 \cdot 1{,}005 \dfrac{1{,}005^{120}-1}{1{,}005^{120} \cdot 0{,}005} = -r \dfrac{1{,}005^{240}-1}{1{,}005^{240} \cdot 0{,}005}$

$\Leftrightarrow \quad r = -2.010 \dfrac{1{,}005^{120}-1}{1{,}005^{240}-1} \cdot 1{,}005^{120} = -1.297{,}08$

Die nun zu zahlende Rente beträgt $1.297{,}08$ €.

3.4 **a.** $K_{1.1.10} = 10.000 \cdot 1{,}10^{8} + 2.000 \dfrac{1{,}10^{8}-1}{0{,}10}$

$K_{31.12.15} = K_{1.1.02} \cdot 1{,}10^{6}$

$\qquad = 10.000 \cdot 1{,}10^{14} + 2.000 \dfrac{1{,}10^{14}-1{,}10^{6}}{0{,}10}$

$\qquad = 37.974{,}98 + 40.518{,}75 = 78.493{,}73$

Der Kontostand am 31.12.2015 ist $78.493{,}73$ €.

b. Herr Eich hätte am 1.1.2002

$\dfrac{40.518{,}75}{1{,}10^{14}} = 10.669{,}85$ € mehr zahlen müssen.

c. $1{,}08^{n} = \dfrac{-9.000}{78.493{,}73 \cdot 0{,}08 - 9.000} = 3{,}30821$

$n = \dfrac{\log 3{,}30821}{\log 1{,}08} = 15{,}55$, d. h. Herr Eich kann die Rente 15 Jahre lang in

voller Höhe beziehen.

3.5 Bis Mitte 2003 hat Lau schon 9 Raten gezahlt, der Vater muss daher die Mai 03-Rate und den Barwert der restlichen 20 Raten zahlen, d. h.

$K = 100 + 100 \dfrac{1{,}01^{20}-1}{0{,}01 \cdot 1{,}01^{20}} = 1.904{,}56\,[\text{€}]\,.$

3.6 Verfügt die Firma über den Kaufpreis von 100.000,-- €, so beläuft sich das Endguthaben nach Kauf und Verkauf der Maschinen auf

$$S_{Kauf} = 0 + (25.000 \cdot 1,12 - 20.000)\frac{1,12^{10}-1}{0,12} + 100.000 \cdot 1,10^{10}$$
$$= 140.389,88 + 259.374,25 = 399.764,13[\text{€}].$$

Da $S_{Kauf} > 100.000 \cdot 1,12^{10} = 310.584,82$, soll die Leasing-Firma die Maschine kaufen.

3.7 Effektiver Zinssatz der Fa. Küchenstolz

$$\frac{(1+i)^{72}-1}{i(1+i)^{72}} = -\frac{10.000}{-195} = 51,28, \quad \text{d. h.} \quad i \approx 0,01$$

$$i_K = (1+0,01)^{12} - 1 = 0,127$$

Effektiver Zinssatz des Geldverleihers W. Ucher:

$$\frac{(1+i)^7-1}{i(1+i)^7} = -\frac{10.000}{-2.000} = 5, \quad \text{d. h.} \quad i_W = 0,09$$

Da $i_W < i_K$, soll die Familie Otlage sich für das Kreditangebot des Geldverleihers entscheiden.

3.8 **a.** $1,04^n = \frac{0-2.500}{20.000 \cdot 1,04^2 \cdot 0,04 - 2.500} = 1,5293$

$$n = \frac{\log 1,5293}{\log 1,04} = 10,83,$$

d. h. nach $11 + 2 = 13$ Jahren ist die Schuld getilgt.

b. $K_8 = 20.000 \cdot 1,04^8 - 2.500\frac{1,04^6-1}{0,04} = 10.788,94$

Die Restschuld nach 8 Jahren ist 10.788,94 €.

c. $0 = 20.000 \cdot 1,04^9 + r\frac{1,04^7-1}{0,04}$

$$\Leftrightarrow \quad r = -20.000\frac{1,04^9 \cdot 0,04}{1,04^7-1} = -3.604,10,$$

d. h. die Annuität müsste um 3.604,10 - 2.500 = 1.104,10 € erhöht werden.

3.9 Der Kauf eines neuen Personenkraftfahrzeugs lohnt sich, wenn der Marktzins kleiner als der interne Zinssatz dieser Investition ist. Dabei ist der
interne Zinssatz definiert als der Zinssatz, für den der Nettobarwert gleich
Null ist.

Um die Rentenformel (3.8) benutzen zu können, muss die Rentenhöhe in
allen 5 Perioden gleich sein. Dies ist gegeben, wenn die Parameter wie folgt
gesetzt werden.

$n = 5$, $-r = 8.00 - 1.500 = 6.500$, $K = 25.000, + 1.500$,

$S = 8.000 + 5.000 - 6.500 = 6.500$.

Eingesetzt in die Rentenformel (3.8) und aufgelöst nach K ergibt sich

$$26.500 = \frac{6.500}{(1+i)^5} + 6.500 \, \frac{(1+i)^5 - 1}{i(1+i)^5} = K(i)$$

Durch Ausprobieren versuchen wir, den Zinssatz i zu ermitteln, für den die
vorstehende Gleichung richtig ist, d. h der Nettobarwert gleich Null ist.

i	0,12	0,13	0,129	0,1285
K(i)	27.119,32	26.389,94	26.461,49	26.497,37

Da der interne Zinsfuß dieser Investition gleich 12,85% p. a. ist, lohnt sich
der Taxi-Kauf, wenn der Marktzins kleiner gleich 12,85% p. a. ist.

3.10 $K = 100.000$

I. $i_{\text{Hausbank}} = 0,065$.

II. BAUHYPO: $-\dfrac{K}{r} = \dfrac{100.000}{2.250} = 44,\overline{4}$,

d. h. der monatliche Zinssatz liegt zwischen 4% und 5%, dies entspricht
einem effektiven Jahreszins zwischen

$(1 + 0,004)^{12} - 1 = 0,0491$ und
$(1 + 0,005)^{12} - 1 = 0,0617$.

III. Los VEGOS: $-\dfrac{K}{r} = \dfrac{100.000}{19.000} = 5,2632$,

da die vorschüssige Zahlung in eine sofort wirksame nachschüssige
umgewandelt werden kann. D. h. Los VEGOS verlangt weniger als 4%
p. a. und bietet daher die günstigste Alternative.

Lösungen zu den Aufgaben des 4. Kapitels

4.1 $R_1 = \{(1, 2), (1, 4), (1, 6), (3, 4), (3, 6), (5, 6)\}$
$R_2 = \{(1, 2), (2, 4)\}$
$R_3 = \{(2, 4), (2, 6), (2, 8), (3, 6), (3, 9)\}$

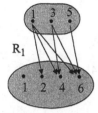
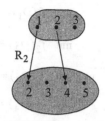
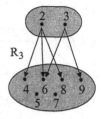

4.2 R_1 ist eine Abbildung, die weder injektiv noch surjektiv ist.
R_2 ist eine bijektive Abbildung.
R_3 ist keine Abbildung, aber eine eindeutige Relation.
R_4 ist keine Abbildung, sondern eine mehrdeutige Relation.

4.3 f_1 und f_5 sind gerade Funktionen, $f(-x) = f(x)$;
f_2 und f_6 sind ungerade Funktionen, $f(-x) = -f(x)$;
f_3 ist spiegelsymmetrisch zu $x_0 = -5$, $f_3(-5 - z) = f_3(-5 + z)$;
f_4 ist spiegelsymmetrisch zu $x_0 = 3$, $f_4(3 - z) = f_4(3 + z)$.

4.4 **a.** Als lineare Funktion mit der Steigung $1 \neq 0$ ist f streng monoton steigend in [-3, 4] und damit injektiv.
Da $f([-3, 4]) = [-1, 6] \subset [-2, 7]$ ist f **nicht** surjektiv.

b. Aus $g(9) = 2 = -\frac{1}{2} \cdot 9 + c \Rightarrow c = \frac{13}{2}$.

Damit die lineare und damit injektive Funktion g bijektiv ist, muss noch gelten $D = g([-1, 9]) = [2, 7]$.

c. Da $f([-3, 4]) = [-1, 6] \subset [-1, 9]$, ist eine Verkettung $g \circ f$ möglich, und es gilt $g \circ f(x) = -\frac{1}{2}(x + 2) + \frac{13}{2} = -\frac{1}{2}x + \frac{11}{2}$.
Da $g([-1, 9]) = [2, 7] \not\subset [-3, 4]$, ist eine Verkettung $f \circ g$ nicht möglich.

4.5 Aus $K(0) = a \cdot 0^2 + b \cdot 0 + c = 2$

$K(2) = a \cdot 2^2 + b \cdot 2 + c = 6$

$K(6) = a \cdot 6^2 + b \cdot 6 + c = 26$

folgt $K(x) = \frac{1}{2}x^2 + x + 2$.

4.6 $x = f_1^{-1}(y) = \dfrac{y+2}{3}$ $\qquad$ mit $f_1(D_1) = \mathbf{R}$,

$x = f_2^{-1}(y) = \dfrac{-2y-1}{y-3}$ $\qquad$ mit $f_2(D_2) = \mathbf{R} \setminus \{3\}$,

$x = f_3^{-1}(y) = -5 + \sqrt{3(7-y)}$ $\quad$ mit $f_3(D_3) =]-\infty, 4]$,

$x = f_4^{-1}(y) = {}^2\!\log\dfrac{y}{3}$ $\qquad$ mit $f_4(D_4) = \mathbf{R}_+$.

4.7 **a.** $z = g(y) = \sqrt{y} - 7$, $\qquad y = f(x) = 3x^2 + 4$;

b. $z = g(x) = e^y + 5y$, $\qquad y = f(x) = x^2 - 3x$;

c. $z = g(y) = {}^{10}\!\log y - 11$, $\quad y = f(x) = 4x^2 + 2x + 3$;

d. $z = g(y) = \dfrac{2y+8}{\sqrt{y}}$, $\qquad y = f(x) = 3x^2 + 1$.

4.8 **a.** $x \cdot \frac{1}{8} = \frac{1}{x}x^2 - 14 \quad \Leftrightarrow \quad x = 16$;

b. ${}^{10}\!\log 9 + {}^{10}\!\log x - {}^{10}\!\log 3 - x = 2\,{}^{10}\!\log x + {}^{10}\!\log 1 - {}^{10}\!\log x$

$\Leftrightarrow \quad 2\,{}^{10}\!\log 3 - {}^{10}\!\log 3 - x = 0 \quad \Leftrightarrow \quad x = +{}^{10}\!\log 3$.

4.9 Aus $W(1) = a + bc^1 = 1$

$W(2) = a + bc^2 = 13$ $\qquad$ folgt $\quad W(x) = -5 + 2 \cdot 3^x$.

$W(3) = a + bc^3 = 49$

4.10 zu M_1: $16x - x^2 + 24y \geq 76 \quad \Leftrightarrow \quad 24y \geq x^2 - 16x + 76$

$\Leftrightarrow \quad 24y \geq (x-8)^2 - 64 + 76 \quad \Leftrightarrow \quad y \geq \frac{1}{24}(x-8)^2 + \frac{1}{2}$,

d. h. die Randkurve ist eine Parabel mit dem Scheitel

$(x_s, y_s) = (8, \frac{1}{2})$ und dem Formparameter $a = \frac{1}{24}$.

zu M_2: $7|x - 8| + 6y \leq 60$ $\qquad$ und $\quad x + 20y \geq 60$

$\Leftrightarrow \quad y \leq 10 - \frac{7}{6}|x - 8|$ $\qquad$ und $\quad y \geq 3 - \frac{1}{20}x$

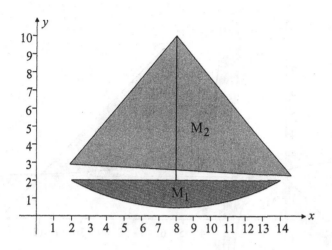

4.11 zu M_1: $xy - 2x - 3y + 4 < 0$ $\Leftrightarrow$ $yx - 3y < 2x - 4$

$\Leftrightarrow$ $y(x - 3) < 2x - 4$

1. Fall: $x > 3$ 2. Fall: $x < 3$ 3. Fall: $x = 3$

$y < \frac{2x-4}{x-3}$ $y > \frac{2x-4}{x-3}$ $0 < 6 - 4 = 2$

d. h. alle Punkte $(3, y)$ mit $y \in \mathbf{R}$ gehören zu M_1

$y = \frac{2x-4}{x-3} = \frac{2(x-3)-4+6}{x-3} = 2 + \frac{2}{x-3}$

$\Rightarrow$ Hyperbel mit dem Zentrum $(3, 2)$ und $K = 2$.

zu M_2: $y \leq 8 - |x - 6|$

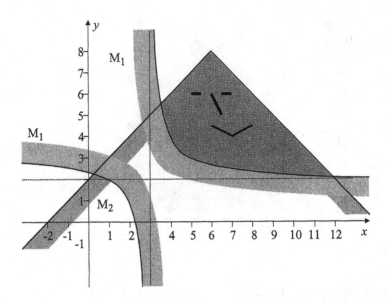

Lösungen zu den Aufgaben des 5. Kapitels

5.1 **a.** $\displaystyle\lim_{n\to\infty}(2+(\tfrac{1}{3})^n)=2$

b. $\displaystyle\lim_{n\to\infty}\frac{3+n}{5-n^2}=\lim_{n\to\infty}\frac{\frac{3}{n^2}+\frac{1}{n}}{\frac{5}{n^2}-1}=0$

c. $\displaystyle\nexists\ \lim_{n\to\infty}(1+(-1)^n)$

d. $\displaystyle\lim_{n\to\infty}(-2+(-\tfrac{3}{2})^n)=\infty$

e. $\displaystyle\lim_{n\to\infty}\frac{2n+1}{5-n}=\lim_{n\to\infty}\frac{2+\frac{1}{n}}{\frac{5}{n}-1}=-2$

f. $\displaystyle\lim_{n\to\infty}\frac{n^3-2n}{5n+8}=\lim_{n\to\infty}\frac{n^2}{5}=+\infty$

5.2 **a.** $\displaystyle\lim_{x\to-4}\frac{3x^2+11x-4}{x^2-16}=\lim_{x\to-4}\frac{3x-1}{x-4}=\frac{13}{8}$

b. $\displaystyle\lim_{x\to-1^-}\frac{-4(x+1)}{3(x+1)}=-\frac{4}{3}$

$\displaystyle\lim_{x\to-1^+}\frac{4(x+1)}{3(x+1)}=\frac{4}{3}$ $\displaystyle\Rightarrow\ \nexists\ \lim_{x\to-1}\frac{4(x+1)}{3x+3}$

c. $\lim\limits_{x\to+\infty} \dfrac{5-x^3}{x^2-3x} = \lim\limits_{x\to+\infty} \dfrac{-x}{1} = -\infty$

d. $\lim\limits_{x\to-\frac{3}{2}} \dfrac{2x+3}{4x^2+12x+9} = \lim\limits_{x\to-\frac{3}{2}} \dfrac{1}{2x+3} = \infty$,

wobei $\lim\limits_{x\to-\frac{3}{2}^-} \dfrac{1}{2x+3} = -\infty$ und $\lim\limits_{x\to-\frac{3}{2}^+} \dfrac{1}{2x+3} = +\infty$

e. $\lim\limits_{x\to 0} \dfrac{\frac{1}{x}-\frac{1}{4x^2}}{\frac{6}{x^3}-\frac{4}{x}} = \lim\limits_{x\to 0} \dfrac{x^2-\frac{1}{4}x}{6-4x^2} = 0$

f. $\lim\limits_{x\to 2} \dfrac{4-2x}{(x+2)-4} = \lim\limits_{x\to 2} \dfrac{2(2-x)}{x-2} = -2$

5.3

$$g(x) = \begin{cases} -2x-5+b = -2x-6 & \text{für } -3\le x < -\frac{5}{2} \\ 2x+5+b = 2x+4 & \text{für } -\frac{5}{2}\le x < 1 \\ -\frac{1}{2}x+4 & \text{für } 1\le x \le 4 \end{cases}$$

a. Als Polynom ist g stetig in $]{-3},\ -\frac{5}{2}[$, $]{-\frac{5}{2}},1[$ und $[1,4]$ und rechtsseitig stetig in $x_0 = -3$ und in $x_1 = -\frac{5}{2}$.

Da $\lim\limits_{x\to-\frac{5}{2}^-}(-2x-6) = -1 = g(-\frac{5}{2})$, ist g stetig in $x_1 = -\frac{5}{2}$.

Da $\lim\limits_{x\to 1^-}(2x+4) = 6 \neq g(1) = \frac{7}{2}$, ist g nicht stetig in $x_2 = 1$.

b. Damit g stetig in $[-3,\ 4]$ ist, muss gelten

$$\lim\limits_{x\to 1^-}(2x+5+b) = 7+b \overset{!}{=} g(1) = \frac{7}{2} \iff b = -\frac{7}{2}.$$

5.4 **a.** Als rationale Funktion ist f stetig auf $\mathbf{R}\setminus\{4\}$.

Da $\lim\limits_{x\to 4} \dfrac{x^2+x-20}{x-4} = 4+5 = 9$, hat f in $x_0 = 4$ eine hebbare Unstetigkeitsstelle.

b. $g(x) = \sqrt{x^2} = \begin{cases} -x & \text{für } x < 0 \\ x & \text{für } x \ge 0 \end{cases}$

ist als Polynom stetig in $]-\infty, 0[$ und $]0, +\infty[$.

Da $\lim\limits_{x \to 0^-} (-x) = 0 = g(0) = \lim\limits_{x \to 0^+} x$, ist g stetig in $x_1 = 0$ und damit stetig auf $\mathbf{R}$.

c. $h(x) = \dfrac{\sqrt{x^2}}{x} = \begin{cases} -1 & \text{für } x < 0 \\ 1 & \text{für } x > 0 \end{cases}$

ist definiert in $\mathbf{R} \setminus \{0\}$ und als konstante Funktion stetig in $]-\infty, 0[$ und $]0, +\infty[$.

Da $\lim\limits_{x \to 0^-} h(x) = -1 \neq \lim\limits_{x \to 0^+} h(x) = +1$, ist die Unstetigkeitsstelle in $x_2 = 0$ nicht hebbar.

5.5 Da $\lim\limits_{x \to -3^-} \dfrac{2x}{x+3} = \lim\limits_{h \to 0^+} \dfrac{2(-3-h)}{-h} = \lim\limits_{h \to 0^+} \dfrac{-6}{-h} = +\infty$ und

$$\lim\limits_{x \to -3^+} ((x+2)^2 + 2) = 3 = f(-3),$$

ist f in $x_0 = -3$ nur rechtsseitig stetig.

Da $\lim\limits_{x \to 0^-} ((x+2)^2 + 2) = 6 = f(0) = \lim\limits_{x \to 0^+} f(x)$, ist f stetig in $x_1 = 0$.

5.6 **a.** Da $\dfrac{3x^2-7}{6x+2} = \dfrac{1}{2}x - \dfrac{1}{6} + \dfrac{-20}{3(6x+2)}$ und $\lim\limits_{x \to \pm\infty} \dfrac{-20}{18x+6} = 0$, hat f_1 die

Asymptote $g_1(x) = \dfrac{1}{2}x - \dfrac{1}{6}$.

b. Da $\dfrac{x^3-2x+3}{1-x+x^2} = x + 1 + \dfrac{-2x+2}{1-x+x^2}$ und $\lim\limits_{x \to \pm\infty} \dfrac{-2x+2}{1-x+x^2} = 0$, hat f_2 die

Asymptote $g_2(x) = x + 1$.

c. Da $\dfrac{2x+1}{x-3} = 2 + \dfrac{7}{x-3}$ und $\lim\limits_{x \to +\infty} \dfrac{7}{x-3} = 0$, hat f_3 die Asymptote $g_3(x) = 2$.

Lösungen zu den Aufgaben des 6. Kapitels

6.1 **a.** $f'(x) = \dfrac{2x+5}{2\sqrt{x^2+5x}}$, $f'(4) = \dfrac{13}{12}$

b. $g'(x) = \dfrac{2x+12}{3(\sqrt[3]{x+3})^4}$, $g'(5) = \dfrac{22}{48} = \dfrac{11}{24}$

c. $h'(x) = \dfrac{-12x+18}{(\sqrt{4x^2+9})^3}$, $\qquad h'(2) = \dfrac{-6}{125}$

6.2 a. $f_1'(x) = x^2 - 4x + 1$, $\qquad t_1(x) = -2(x-1) - \dfrac{17}{3} = -2x - \dfrac{11}{3}$

b. $f_2'(x) = \dfrac{4}{3}x^{-\frac{1}{3}} - \dfrac{8}{3}x^{-\frac{4}{3}}$, $\qquad t_2(x) = \dfrac{1}{2}(x-8) + 12 = \dfrac{1}{2}x + 8$

c. $f_3'(x) = \dfrac{-2x^4 - 3x^2 - 8x}{(x^3-2)^2}$, $\qquad t_3(x) = -13(x-1) - 3 = -13x + 10$

6.3 a. $f'(x) = \dfrac{3}{(3x+1)\cdot\ln 10}$ $\qquad$ **b.** $g'(x) = 7\ln 3 \cdot 3^x + \dfrac{15(\ln x)^2}{x}$

c. $h'(x) = 2\ln x + 2$ $\qquad$ **d.** $k'(x) = 2e^{x+x^2}(1+2x) + \dfrac{6}{x\ln 2}$

6.4 a. $f'(x) = 3x^{x+2} \cdot (\ln x + \dfrac{x+2}{x})$

b. $g'(x) = \dfrac{(x+2)e^{2x+3}}{(1+x)^4}(\dfrac{1}{x+2} + 2 - \dfrac{4}{1+x}) = \dfrac{2x^2+3x-3}{(1+x)^5}e^{2x+3}$

6.5 Als Polynom bzw. als linear gebrochene Funktion ist f differenzierbar in den Intervallen $]-5, 1[$, $]1, 3[$, $]3, 8[$, und es gilt

$$f'(x) = \begin{cases} \dfrac{8}{(3-x)^2} & \text{für } x < 1 \\ 2 & \text{für } 1 < x < 3 \\ \dfrac{1}{3}x + 1 & \text{für } 3 < x \end{cases}.$$

Da $\lim\limits_{x \to 3^-} (2x+1) = 7 \neq f(3) = \dfrac{3}{2} - 2 = -\dfrac{1}{2}$, ist f in $x_2 = 3$ nicht stetig und damit nicht differenzierbar.

Aus $\lim\limits_{x \to 1^-} \dfrac{x+5}{3-x} = 3 = f(1) = \lim\limits_{x \to 1^+} (2x+1)$ folgt, dass f stetig in $x_1 = 1$ ist.

Da auch die übrigen Voraussetzungen des Satzes 6.6 erfüllt sind, folgt aus

$\lim\limits_{x \to 1^-} \dfrac{8}{(3-x)^2} = 2 = \lim\limits_{x \to 1^+} f'(x)$ die Existenz der 1. Ableitung $f'(1) = 2$.

6.6 $f(x) = 3(x-3)^2 - 4$

6.7   **a.** f ist definiert für alle reellen Zahlen $x \in \mathbf{R}$.

$$f'(x) = \tfrac{1}{2}x^2 - x - \tfrac{3}{2} = 0 \quad \Leftrightarrow \quad x = -1 \text{ oder } x = 3$$

$$f''(x) = x - 1 = 0 \qquad\qquad \Leftrightarrow \quad x = 1$$

$$f'''(x) = 1$$

x		-1		1		3	
$f'(x)$	+	0	-	-	-	0	+
$f''(x)$		-		0	+		+
$f'''(x)$		+		+		+	

d. h. f ist streng monoton steigend in $]-\infty, -1]$ und $[3, +\infty[$;

f ist streng monoton fallend in $[-1, 3]$;

f hat in $x_1 = -1$ ein relatives Maximum und in $x_2 = 3$ ein relatives Minimum;

f ist konkav in $]-\infty, 1]$ und konvex in $[1, +\infty[$;

f hat in $x_3 = 1$ einen Wendepunkt.

b. Die Funktion g ist definiert in $D = \mathbf{R} \setminus \{-1, 2\}$ und stimmt dort mit der Funktion $h(x) = \dfrac{x(x+2)}{3(x-2)}$ überein.

$$h'(x) = \frac{x^2 - 4x - 4}{3(x-2)^2} = 0 \quad \Leftrightarrow \quad x = 2 - \sqrt{8} \approx -0{,}83 \text{ oder}$$

$$x = 2 + \sqrt{8} \approx 4{,}83$$

$$h''(x) = \frac{16}{3(x-2)^3} \neq 0$$

$$\lim_{x \to -1} \frac{x(x^2 + 3x + 2)}{3(x-2)(x+1)} = \frac{1}{9}, \quad \text{d. h. hebbare Unstetigkeitsstelle.}$$

$$\lim_{x \to 2^-} \frac{x(x+2)}{3(x-2)} = -\infty \quad \text{und} \quad \lim_{x \to 2^+} \frac{x(x+2)}{3(x-2)} = +\infty,$$

d. h. Polstelle mit wechselndem Vorzeichen.

x	-2	-1	$2-\sqrt{8}$	0	2	$2+\sqrt{8}$
g	-	0	+	0	$-\infty$ | $+\infty$	+
g'		+	0	-	-	0 +
g''				-		+

d. h. g ist streng monoton steigend in $]-\infty, -1[$, $]-1, 2-\sqrt{8}]$ und $[2+\sqrt{8}, +\infty[$;

g ist streng monoton fallend in $[2-\sqrt{8}, 2[$ und $]2, 2+\sqrt{8}]$;

g hat in $x_1 = 2-\sqrt{8}$ ein relatives Maximum;

g hat in $x_2 = 2+\sqrt{8}$ ein relatives Minimum;

g ist konkav in $]-\infty, -1[$ und $]-1, 2[$;

g ist konvex in $]2, +\infty[$;

g hat keinen Wendepunkt.

6.8 **a.** $\mathcal{E}f(x) = -3(x^3 - x)$;   **b.** $\mathcal{E}g(x) = \dfrac{-18}{x^2 - 9}$.

6.9 $\mathcal{E}x(p) = \dfrac{2p^2 - 50p}{p^2 - 50p + 600}$, $\mathcal{E}x(10) = -1,5$

d. h. wenn von $p_0 = 10$ aus der Preis um 1% steigt, sinkt die Nachfrage um 1,5% (bezogen auf $x(10) = 400$).

6.10. $G(x) = 6x - (\frac{1}{12}x^3 - \frac{7}{8}x^2 + \frac{3}{2}x + 10)$

$G'(x) = -\frac{1}{4}x^2 + \frac{7}{4}x + \frac{9}{2} = 0 \Leftrightarrow x = 9$ oder $[x = -2]$

$G''(9) = -\frac{11}{4} < 0$,   d. h. G hat in $x = 9$ ein relatives Maximum.

Da $G(9) = 40{,}625$, $G(0) = -10$ und $\lim\limits_{x \to +\infty} G(x) = -\infty$, hat G in $x = 9$ auch das absolute Maximum für $x \in \mathbf{R}_0$.

Der maximal erzielbare Tagesgewinn ist somit 40.625 €.

6.11 $G(x) = x \cdot p(x) - K_t(x) = -\frac{56}{15}x^2 + 224x - 1.000$

$G'(x) = -\frac{112}{15}x + 224 = 0 \Leftrightarrow x_0 = 30$

Als quadratische Funktion mit dem Parameter $a = -\frac{56}{15}$ hat G in x_0 ein relatives und absolutes Maximum.

Bei einer Nachfrage von 30 Geräten pro Woche wird ein Stückpreis von $p = 150$ [€] verlangt.

Lösungen zu den Aufgaben des 7. Kapitels

7.1   a. $f_x(x, y) = 12x^3 - 2xy + 5y^3$

$$f_{xx} = 36x^2 - 2y, \qquad f_{xy} = -2x + 15y^2$$

$$f_y(x, y) = -x^2 + 15xy^2$$

$$f_{yx} = -2x + 15y^2, \qquad f_{yy} = 30xy$$

b. $g_x(x,y) = -2x\ln y + 3e^{-y^2}$

$$g_{xx} = -2\ln y, \qquad g_{xy} = -\frac{2x}{y} - 6ye^{-y^2}$$

$$g_y(x,y) = 5\ln y + 5 - \frac{x^2}{y} - 6xye^{-y^2}$$

$$g_{yx} = -\frac{2x}{y} - 6ye^{-y^2}, \qquad g_{yy} = \frac{5}{y} + \frac{x^2}{y^2} - 6x(1-2y^2)e^{-y^2}$$

7.2 $x(2) = 9, \; x'(t) = 3t^2, \; x'(2) = 12; \; y(2) = 1, \; y'(t) = 3 = y'(2)$

$$f_x(x, y) = \frac{3}{2\sqrt{x}} y + 3x^2 e^{y^2 - 1}, \quad f_x(9, 1) = 243,5$$

$$f_y(x, y) = 3\sqrt{x} + x^3 e^{y^2 - 1} \cdot 2y, \quad f_y(9, 1) = 1.467$$

$H'(2) = 243,5 \cdot 12 + 1.467 \cdot 3 = 7.323$

7.3   a. $f_{x_1}(x_1, x_2) = 4 - 2x_1 + 3x_2, \qquad f_{x_1}(10, 20) = 44$

$$f_{x_2}(x_1, x_2) = 10 - 6x_2 + 3x_1, \qquad f_{x_2}(10, 20) = -80$$

$$d_{x_1} = 2, \; d_{x_2} = -1,$$

$$d_f = 44 \cdot 2 - 80 \cdot (-1) = 168,$$

d. h. der Weizenertrag erhöht sich um ca. 168 Mengeneinheiten.

b. Aus $f_{x_1} = 0$ und $f_{x_2} = 0$ folgt $(x_1, x_2) = (18, \frac{32}{3})$.

Da $\quad f_{x_1 x_1} \cdot f_{x_2 x_2} - f_{x_1 x_2}^2 = (-2)(-6) - 3^2 = 3 > 0 \quad$ und

$$f_{x_1 x_1}(x_1, x_2) = -2 < 0,$$

hat f in $(18, \frac{32}{3})$ ein relatives Maximum, das für diese quadratische Funktion gleichzeitig das absolute Maximum darstellt. Der maximal erzielbare Weizenertrag ist $f(18, \frac{32}{3}) = 929,34$ [ME].

7.4 Da $g(1, 2) = 1 - 8 + 8 - 1 = 0$ und

$$g_y(1, 2) = -4 \cdot 1^2 + 4 \cdot 1 \cdot 2 = 4 \neq 0,$$

wird nach Satz 7.5 durch die Gleichung $g(x, y) = 0$ eine Funktion $y = h(x)$ in einer Umgebung von P_0 definiert:

$$h'(1) = -\frac{g_x(1, 2)}{g_y(1, 2)} = -\frac{-3}{4} = \frac{3}{4}, \quad t(x) = \frac{3}{4}(x - 1) + 2 = \frac{3}{4}x + \frac{5}{4}.$$

7.5 $x(r_1, r_2) = 2r_1 r_2 = 400 \iff r_2 = \dfrac{200}{r_1}$

$$K(r_1) = 12r_1 + \frac{1.200}{r_1} + 10$$

$$K'(r_1) = 12 - \frac{1.200}{r_1^2} = 0 \overset{r_1 > 0}{\iff} r_1 = 10$$

$$K''(r_1) = +\frac{2.400}{r_1^3} > 0 \quad \text{für } r_1 > 0,$$

d. h. K hat in $r_1 = 10$ ein relatives und absolutes Minimum. Die minimalen Kosten in Höhe von 250 Geldeinheiten werden bei der Faktorkombination $(r_1, r_2) = (10, 20)$ erreicht.

7.6 Aus $g(x, y) = (x + 3)^2 + (y - 1)^2 - 5 = 0$

$$f_x - \lambda g_x = (x + 3) - 2\lambda(x + 3) = 0$$

$$f_y - \lambda g_y = 1 - 2\lambda(y - 1) = 0$$

berechnet man die vier stationären Stellen

$$P_1 = (-1, 2), \quad P_2 = (-5, 2), \quad P_3 = (-3, 1 + \sqrt{5}), \quad P_4 = (-3, 1 - \sqrt{5}).$$

Zeichnet man in ein Koordinatensystem den Kreis $g(x, y) = 0$ und die Höhenlinien $f(x, y) = y + \frac{1}{2}(x + 3)^2 - 4 = f(x_i, y_i)$ für alle stationären

Stellen (x_i, y_i), $i = 1, 2, 3, 4$, so erkennt man, dass f unter Beachtung der Nebenbedingung $g(x, y) = 0$

i. in P_1 und P_2 relative Maxima besitzt, die beide zugleich absolute Maxima darstellen.

ii. in P_3 und P_4 relative Minima hat, wobei in P_4 gleichseitig das absolute Minimum liegt.

7.7 **a.** $f(\lambda x, \lambda y) = \dfrac{(\lambda x)^2(\lambda y) + 3(\lambda y)^3}{2(\lambda x)(\lambda y) - (\lambda x)^2} = \lambda^1 f(x, y), \quad s = 1$

b. $g(\lambda x, \lambda y) = \dfrac{10(\lambda y)^2(\lambda x)}{\sqrt{\lambda x \lambda y}} - 3(\lambda x)^2 = \lambda^2 g(x, y), \quad s = 2$

Lösungen zu den Aufgaben des 8. Kapitels

8.1 **a.** $\int\limits_{-4}^{2} (x^3 - 3x^2 - 1)\, dx = [\tfrac{1}{4}x^4 - \tfrac{3}{3}x^3 - x]_{-4}^{2} = -6 - 132 = -138$

b. $\int\limits_{2}^{5} \dfrac{x-2}{x}\, dx = \int\limits_{2}^{5} 1\, dx - \int\limits_{2}^{5} \dfrac{2}{x}\, dx = [x]_2^5 - 2[\ln x]_2^5 = 3 - 2\ln\tfrac{5}{2} = 1{,}17$

c. $\int \left(x^2 - \dfrac{3}{x} + \dfrac{2}{x^2}\right) dx = \tfrac{1}{3}x^3 - 3\ln|x| - \dfrac{2}{x} + C$

8.2 **a.** $\int x \ln x\, dx = \tfrac{1}{2}x^2 \ln x - \tfrac{1}{2}\int x\, dx = \tfrac{1}{2}x^2(\ln x - \tfrac{1}{2}) + C$

b. $\int\limits_{0}^{\frac{\pi}{2}} x \sin x\, dx = [-x \cdot \cos x]_0^{\frac{\pi}{2}} + \int\limits_{0}^{\frac{\pi}{2}} \cos x\, dx = [\sin x]_0^{\frac{\pi}{2}} = 1$

c. $\int (x^2 - 2x + 3)\, e^x\, dx = (x^2 - 2x + 3)e^x - \int (2x - 2)\, e^x\, dx$

$= (x^2 - 2x + 3)e^x - (2x - 2)e^x + \int 2e^x\, dx = (x^2 - 4x + 7)e^x + C$

8.3 **a.** $\int (x + 4)^3\, dx = \tfrac{1}{4}(x + 4)^4 + C$

b. $\int\limits_{1}^{4} \sqrt{5 - x}\, dx = -\tfrac{2}{3}[(\sqrt{5 - x}^3)]_1^4 = -\tfrac{2}{3}(1 - 8) = \dfrac{14}{3}$

c. $\int x(x^2+3)^3\,dx = \frac{1}{2}\cdot\frac{1}{4}(x^2+3)^4 = \frac{1}{8}(x^2+3)^4 + C$

d. $\int \dfrac{x}{\sqrt{1-x^4}}\,dx = \frac{1}{2}\arcsin x^2 + C$

e. $\int \dfrac{x^3}{4x^4+1}\,dx = \frac{1}{16}\ln(4x^4+1) + C$

f. $\int\limits_1^2 \dfrac{x^2+1}{x^3+3x}\,dx = \frac{1}{3}\big[\ln|x^3+3x|\big]_1^2 = \frac{1}{3}\ln\frac{7}{2} = 0{,}42$

8.4 $\quad Ex(p) = \dfrac{p}{x(p)}x'(p) = -\frac{1}{4} \iff \int\dfrac{x'(p)}{x(p)}\,dp = \int\dfrac{-1}{4p}\,dp$

$\iff \ln x(p) = -\frac{1}{4}\ln p + C \iff x(p) = C_1 p^{-\frac{1}{4}}$

$25 = C_1\cdot 16^{-\frac{1}{4}} \iff C_1 = 50, \quad \text{d.h.}\ x(p) = 50 p^{-\frac{1}{4}}.$

8.5   **a.** $K_0 = \int\limits_0^{15} 200 e^{-0,08t}\,dt = -\dfrac{200}{0,08}\big[e^{-0,08t}\big]_0^{15} = 1.747{,}01$

Da $K_0 - 2.000 = -252{,}99 < 0$, soll die Investition nicht getätigt werden.

b. $K_0 = \int\limits_0^{n} 200 e^{-0,09t}\,dt = -\dfrac{200}{0,09}\big[e^{-0,09t}\big]_0^{n} > 2.000$

$\iff e^{-0,09n} \le 0{,}10 \iff n \ge 25{,}58,$

d. h. der Gewinnstrom muss mindestens 26 Jahre lang fließen.

8.6   **a.** $\int\limits_2^{+\infty} x\cdot e^x\,dx = \lim_{A\to+\infty}\big((A-1)e^A - e^2\big) = +\infty$

b. $\int\limits_{-\infty}^{1} x e^{x^2+1}\,dx = \lim_{B\to-\infty}\frac{1}{2}\big(e^2 - e^{B^2+1}\big) = -\infty$

c. $\int\limits_3^{7} \dfrac{1}{\sqrt{x-3}}\,dx = \lim_{A\to 3^+}\big(2\sqrt{4} - 2\sqrt{A-3}\big) = 4$

d. $\int\limits_1^{+\infty} \dfrac{2}{x}\,dx = \lim_{A\to+\infty}\big(2\ln A - 2\ln 1\big) = +\infty$

e. $\int\limits_{-1}^{3} \dfrac{2x-5}{x-1}\,dx = \int\limits_{-1}^{1}\left(2-\dfrac{3}{x-1}\right)dx + \int\limits_{1}^{3}\left(2-\dfrac{3}{x-1}\right)dx$

$\quad = \lim\limits_{A\to 1^-}\left(2(A+1)-3\ln\dfrac{A-1}{-2}\right) + \lim\limits_{B\to 1^+}\left(2(3-B)-3\ln\dfrac{2}{B-1}\right)$

$\quad = \infty + (-\infty)$,

d. h. das Integral divergiert.

f. $\int\limits_{1}^{2}\int\limits_{-1}^{y}(xy+3x^2)\,dx\,dy = \int\limits_{1}^{2}[\tfrac{1}{2}x^2y+x^3]_{-1}^{y}\,dy$

$\quad\quad\quad\quad\quad\quad = \int\limits_{1}^{2}(\tfrac{1}{2}y^3+y^3-\tfrac{1}{2}y+1)dy = [\tfrac{3}{8}y^4-\tfrac{1}{4}y^2+y]_1^2 = \dfrac{47}{8}$

8.7 $\dfrac{3x^2-12x-4}{(x-2)^2(x^2+4)} = \dfrac{A}{x-2}+\dfrac{B}{(x-2)^2}+\dfrac{Cx+D}{x^2+4}$

$\quad = \dfrac{(A+C)x^3+(-2A+B-4C+D)x^2+(4A+4C-4D)x+(-8A+4B+4D)}{(x-2)^2(x^2+4)}$

I.	A	$+\,C$	$=0$		$A=1$
II.	$-2A+$	$B\;-4C+\,D=$	3	$\Rightarrow$	$B=-2$
III.	$4A$	$+4C\;-4D=$	-12		$C=-1$
IV.	$-8A+4B$	$+4D=$	-4		$D=3$

$\int\limits_{-1}^{+1}\dfrac{3x^2-12x-4}{(x-2)^2(x^2+4)}\,dx = \int\limits_{-1}^{+1}\left(\dfrac{1}{x-2}-\dfrac{2}{(x-2)^2}+\dfrac{-x+3}{x^2+4}\right)dx$

$\quad = \int\limits_{-1}^{+1}\dfrac{1}{x-2}\,dx - \int\limits_{-1}^{+1}\dfrac{2}{(x-2)^2}\,dx - \int\limits_{-1}^{+1}\dfrac{x}{x^2+4}\,dx + \int\limits_{-1}^{+1}\dfrac{3}{x^2+4}\,dx$

$\quad = [\ln|x-2|]_{-1}^{+1} - 2\cdot\tfrac{1}{-1}\left[\dfrac{1}{x-2}\right]_{-1}^{+1} - \tfrac{1}{2}[\ln(x^2+4)]_{-1}^{+1} + \tfrac{3}{2}\left[\arctan\dfrac{x}{2}\right]_{-1}^{+1}$

$\quad = 0 - \ln 3 + (-2)-\left(-\dfrac{2}{3}\right) - \tfrac{1}{2}\ln 5 + \tfrac{1}{2}\ln 5 + \tfrac{3}{2}\arctan\dfrac{1}{2} - \dfrac{3}{2}\arctan\left(-\dfrac{1}{2}\right)$

$\quad = -\dfrac{4}{3}-\ln 3 + 3\arctan\dfrac{1}{2}$.

Ausgewählte Literatur

BADER H./ FRÖHLICH S.: Einführung in die Mathematik für Volks- und Betriebswirte. 9. Aufl., Oldenbourg Verlag, München Wien 1988

BECKMANN M. J./ KÜNZI H. P: Mathematik für Ökonomen I. Heidelberger
Taschenbücher, Band 56, 2. Aufl., Springer-Verlag, Berlin Heidelberg New
York 1973

BOSCH K./JENSEN U.: Großes Lehrbuch der Mathematik für Ökonomen. 8. Aufl.,
Oldenbourg Verlag, München Wien 1994

BRONSTEIN I. N./ SEMENDJAJEW K. A./ MUSIOL G./ MÜLLIG H: Taschenbuch der
Mathematik. 4. Aufl., Verlag Harri Deutsch, Thun Frankfurt a. M. 2000

BÜNING H. /NAEVE P. /TRENKLER G.: Mathematik für Ökonomen im Haupt-
studium, Oldenbourg Verlag, München Wien 2000

CAPRANO E./ GIERL A.: Finanzmathematik. 6. Aufl., Verlag Vahlen, München
1998

COURANT R./ JOHN F.: Introduction to Calculus and Analysis, Volume I, Springer
Verlag, Berlin Heidelberg New York 1998

HAUPTMANN H.: Mathematik für Betriebs- und Volkswirte. 3. Aufl., Oldenbourg
Verlag, München Wien 1995

HETTICH G./ JÜTTLER H./ LÜDERER B.: Mathematik für Wirtschaftswissenschaftler
und Finanzmathematik. 4. Aufl., Oldenbourg Verlag, München Wien 1999

HEUSER H.: Lehrbuch der Analysis, Teil 1. 12. Aufl., B.G. Teubner Verlag, Stuttgart 2000

HOFFMANN S.: Mathematische Grundlagen für Betriebswirte. 5. Aufl., Verlag
Neue Wirtschaftsbriefe, Herne Berlin 1999

HUANG D. S. /SCHULZ W.: Einführung in die Mathematik für Wirtschaftswissenschaftler, Oldenbourg Verlag, München Wien 1998

KOSIOL E.: Finanzmathematik. 11. Aufl., Gabler Verlag, Wiesbaden 1991

KÖNIG W./ ROMMELFANGER H./ OHSE D. u. a.: Taschenbuch der Wirtschaftsinformatik und Wirtschaftsmathematik, Verlag Harri Deutsch, Frankfurt a. M. 1999

MANGOLD H. VON, Höhere Mathematik, Band 1 bis 4. S. Hirzel-Verlag, Stuttgart

NEUNZERT H. /ESCHMANN W. G. /BLICKENSDÖRFER-EHLERS A. /SCHELKES K.: Analysis 1. Ein Lehrband für Studienanfänger, Springer Verlag, Berlin Heidelberg 1999

OLIVE J.: Maths - A Student's Survival Guide. Cambridge University Press, Cambridge 1998

OHSE D.: Mathematik für Wirtschaftswissenschaftler I, Analysis. 4. Aufl., Verlag Vahlen, München 1998

OPITZ O.: Mathematik, Lehrbuch für Ökonomen. 7. Aufl., Oldenbourg Verlag, München Wien 1999

RÖDDER W./ PICHLER G./ KRUSE H.-J./ ZÖRNIG P.: Wirtschaftsmathematik für Studium und Praxis 2, Analysis. Springer Verlag, Berlin, Heidelberg 1997

ROMMELFANGER H.: Fuzzy Decision Support-Systeme - Entscheiden bei Unschärfe. 2. Aufl., Springer Verlag, Berlin, Heidelberg 1994

STÖWE H./ HÄRTTER E.: Lehrbuch der Mathematik für Volks- und Betriebswirte. 3. Aufl., Vanderhoeck & Ruprecht Verlag, Göttingen 1990

ZIETHEN R. E.: Finanzmathematik. 2. Aufl., Oldenbourg Verlag, München Wien 1992

Rentenbarwertfaktoren $\dfrac{(1+i)^n - 1}{(1+i)^n \cdot i}$

n \ i	0,0050	0,0100	0,0150	0,0200	0,0300	0,0400	0,0500
1	0,9950	0,9901	0,9852	0,9804	0,9709	0,9615	0,9524
2	1,9851	1,9704	1,9559	1,9416	1,9135	1,8861	1,8594
3	2,9702	2,9410	2,9122	2,8839	2,8286	2,7751	2,7232
4	3,9505	3,9020	3,8544	3,8077	3,7171	3,6299	3,5460
5	4,9259	4,8534	4,7826	4,7135	4,5797	4,4518	4,3295
6	5,8964	5,7955	5,6972	5,6014	5,4172	5,2421	5,0757
7	6,8621	6,7282	6,5982	6,4720	6,2303	6,0021	5,7864
8	7,8230	7,6517	7,4859	7,3255	7,0197	6,7327	6,4632
9	8,7791	8,5660	8,3605	8,1622	7,7861	7,4353	7,1078
10	9,7304	9,4713	9,2222	8,9826	8,5302	8,1109	7,7217
12	11,6189	11,2551	10,9075	10,5753	9,9540	9,3851	8,8633
14	13,4887	13,0037	12,5434	12,1062	11,2961	10,5631	9,8986
16	15,3399	14,7179	14,1313	13,5777	12,5611	11,6523	10,8378
18	17,1728	16,3983	15,6726	14,9920	13,7535	12,6593	11,6896
20	18,9874	18,0456	17,1686	16,3514	14,8775	13,5903	12,4622
25	23,4456	22,0232	20,7296	19,5235	17,4131	15,6221	14,0939
30	27,7941	25,8077	24,0158	22,3965	19,6004	17,2920	15,3725
35	32,0354	29,4086	27,0756	24,9986	21,4872	18,6646	16,3742
40	36,1722	32,8347	29,9158	27,3555	23,1148	19,7928	17,1591
45	40,2072	36,0945	32,5523	29,4902	24,5187	20,7200	17,7741
50	44,1428	39,1961	34,9997	31,4236	25,7298	21,4822	18,2559

n \ i	0,0600	0,0700	0,0800	0,0900	0,1000	0,1500	0,2000
1	0,9434	0,9346	0,9259	0,9174	0,9091	0,8696	0,8333
2	1,8334	1,8080	1,7833	1,7591	1,7355	1,6257	1,5273
3	2,6730	2,6243	2,5771	2,5313	2,4869	2,2832	2,1065
4	3,4651	3,3872	3,3121	3,2397	3,1699	2,8550	2,5887
5	4,2124	4,1002	3,9927	3,8897	3,7908	3,3522	2,9906
6	4,9173	4,7665	4,6229	4,4859	4,3553	3,7845	3,3255
7	5,5824	5,3893	5,2064	5,0330	4,8683	4,1604	3,6046
8	6,2098	5,9713	5,7466	5,5348	5,3349	4,4873	3,8372
9	6,8017	6,5152	6,2469	5,9952	5,7590	4,7716	4,0310
10	7,3601	7,0236	6,7101	6,4177	6,1446	5,0188	4,1925
12	8,3838	7,9427	7,5361	7,1607	6,8137	5,4206	4,4392
14	9,2950	8,7455	8,2442	7,7862	7,3667	5,7245	4,6106
16	10,1059	9,4466	8,8514	8,3126	7,8237	5,9542	4,7296
18	10,8276	10,0591	9,3719	8,7556	8,2014	6,1280	4,8122
20	11,4699	10,5940	9,8181	9,1285	8,5136	6,2593	4,8696
25	12,7834	11,6536	10,6748	9,8226	9,0770	6,4641	4,9476
30	13,7648	12,4090	11,2578	10,2737	9,4269	6,5660	4,9789
35	14,4982	12,9477	11,6546	10,5668	9,6442	6,6166	4,9915
40	15,0463	13,3317	11,9246	10,7574	9,7791	6,6418	4,9966
45	15,4558	13,6055	12,1084	10,8812	9,8628	6,6543	4,9986
50	15,7619	13,8007	12,2335	10,9617	9,9148	6,6605	4,9995

Sachverzeichnis